气田公司职业技能培训教程与试题集

天然气净化操作工

（下册）

陕西延长石油（集团）有限责任公司气田公司　编

石油工业出版社

内 容 提 要

本书是陕西延长石油（集团）有限责任公司气田公司依据天然气净化操作工国家职业标准，统一组织编写的"气田公司职业技能培训教程与试题集"中的一本。本书包含天然气净化操作工技师、高级技师2个级别的内容，分别介绍了天然气净化操作工应掌握的理论知识、技能操作与相关知识，并给出了部分理论知识试题和技能操作试题。

本书语言通俗易懂，理论知识重点突出，且实用性和可操作性较强，是天然气净化操作工职业培训的必备教材。

图书在版编目（CIP）数据

天然气净化操作工．下册／陕西延长石油（集团）有限责任公司气田公司编．—北京：石油工业出版社，2024.8

气田公司职业技能培训教程与试题集

ISBN 978－7－5183－6851－8

Ⅰ．TE665.3

中国国家版本馆 CIP 数据核字第 20249FD746 号

出版发行：石油工业出版社
（北京市朝阳区安华里2区1号楼　100011）
网　　址：www.petropub.com
编辑部：（010）64269289
图书营销中心：（010）64523633
经　销：全国新华书店
印　刷：北京晨旭印刷厂

2024年8月第1版　2024年8月第1次印刷
787毫米×1092毫米　开本：1/16　印张：29
字数：742千字

定价：95.00元
（如出现印装质量问题，我社图书营销中心负责调换）
版权所有，翻印必究

《天然气净化操作工》编委会

主　　任：王遵贵
副 主 任：雷小承　万永平　郭向东
委　　员：崔海轮　高树生　高　扬　封建树　刘志行
　　　　　严云奎　孟祥振　崔延生　郑庆斌　王小纲
　　　　　李宝成　白传中　高　胜　马　东　吴春林
　　　　　陈根生　靳　弘　路朝阳　高志伟　李张鹏
　　　　　闫　飞　李　云　游海兵　赵秀飞　王　强
　　　　　刘建忠　吴赵平

《天然气净化操作工》编审组

主　　编：雷小承

执行主编：万永平　郭向东

副 主 编：李张鹏　刘春林　王小纲　刘宝平　薛　波

参编人员：白　杨　崔璐璐　董云勇　冯　钰　高　焕
　　　　　高　勇　葛登宇　韩　丹　郝艺聪　贺志超
　　　　　黑景林　李立波　李　楠　李　强　梁　晨
　　　　　刘　博　刘谷雨　刘海兵　刘　涛　刘霄鹏
　　　　　刘延峰　米　雨　强智博　任世发　史　楠
　　　　　宋海海　宋文迪　孙博林　田丹梦　王　伟
　　　　　王永安　吴欣尧　杨　炜　姚　茹　臧　灏
　　　　　张维东

参审人员：吴　勇　权　娇　邓　振　常　莉　马　雄
　　　　　刘子文　贺　蒙　苗　苗　董　楠　刘　杰
　　　　　杨　波　梁　晨　马繁朝　白　明　杨栋才
　　　　　高凯军

随着气田公司的不断发展壮大,先进的装备技术不断更新,对从业人员的素质和技能提出更高的要求。从 2019 年开始,陕西延长石油(集团)有限责任公司气田公司决定开发一套具有延长气田特色的职业技能培训教材——"气田公司职业技能培训教程与试题集"。本书是其中一本,书中内容依据天然气净化操作工应掌握的理论知识和技能操作编写,符合气田公司天然气净化操作工的技能特点和岗位需求,具有提升员工职业技能水平的作用。

本书包括天然气净化操作工技师理论知识和技能操作、高级技师理论知识和技能操作试题两大部分。理论知识内容包括天然气净化操作工应掌握的基础知识与专业知识,知识要素由天然气净化基础、天然气预处理、天然气脱酸、天然气脱水、空氮系统、蒸汽及冷凝水系统等构成。技能操作内容是天然气仿真操作认定考核内容,突出天然气净化操作工应掌握的典型天然气净化操作。本书配套了相应等级的理论知识试题和技能操作试题,以便于员工对知识点的理解和掌握。

本书是按照国家职业技能等级标准相关要求编写而成,旨在提高气田公司员工队伍素质和技能水平,满足员工学习、培训、认定需要。本书适用于天然气净化操作工职业技能认定前的培训,也可用于岗位培训和自学提高。

由于编者水平所限,书中难免存在疏漏和不足,请广大读者提出宝贵意见。

CONTENTS 目录

第一部分 技师理论知识

第一章 天然气净化基础 ·········· 3
 第一节 天然气基础知识 ·········· 3
 第二节 流体力学基础与微粒分离方法 ·········· 14
 第三节 净化装置 ·········· 19

第二章 天然气预处理 ·········· 21
 第一节 预处理工艺原理及流程 ·········· 21
 第二节 预处理装置操作 ·········· 21

第三章 天然气脱酸 ·········· 24
 第一节 脱酸工艺原理及流程 ·········· 24
 第二节 脱酸操作影响因素 ·········· 25
 第三节 脱酸装置操作 ·········· 27

第四章 天然气脱水 ·········· 45
 第一节 三甘醇脱水法 ·········· 45
 第二节 分子筛脱水法 ·········· 51

第五章 空氮系统 ·········· 55
 第一节 空氮系统工艺原理 ·········· 55
 第二节 空氮系统装置操作 ·········· 56

第六章 蒸汽及冷凝水系统 ·········· 59
 第一节 蒸汽及冷凝水系统工艺原理及流程 ·········· 59
 第二节 蒸汽及冷凝水系统装置操作 ·········· 59

第七章 天然气净化装置开停车 ·········· 67
 第一节 天然气净化装置首次开车 ·········· 67
 第二节 天然气净化装置正常开车程序 ·········· 77
 第三节 天然气净化装置正常停运程序 ·········· 81
 第四节 天然气净化装置紧急开停车常见事故 ·········· 83

第八章 技术文件与应急预案编制 ·········· 86
 第一节 技术文件 ·········· 86
 第二节 应急预案 ·········· 91

第九章　天然气净化常用仪表、电气及化学知识……………………………… 111
　　第一节　仪表知识…………………………………………………………… 111
　　第二节　电气知识…………………………………………………………… 132
　　第三节　化学知识…………………………………………………………… 146
第十章　安全环保与职业道德……………………………………………………… 153
　　第一节　安全生产知识……………………………………………………… 153
　　第二节　环保知识…………………………………………………………… 155
　　第三节　职业道德知识……………………………………………………… 165
理论知识模拟试题及答案…………………………………………………………… 167
　　模拟试题一…………………………………………………………………… 167
　　模拟试题一答案……………………………………………………………… 173
　　模拟试题二…………………………………………………………………… 173
　　模拟试题二答案……………………………………………………………… 180
　　模拟试题三…………………………………………………………………… 180
　　模拟试题三答案……………………………………………………………… 186
　　模拟试题四…………………………………………………………………… 187
　　模拟试题四答案……………………………………………………………… 193
　　模拟试题五…………………………………………………………………… 194
　　模拟试题五答案……………………………………………………………… 201

第二部分　技师技能操作

技能训练一　分析及处理重沸器窜漏故障………………………………………… 205
技能训练二　分析及处理重沸器蒸汽流量异常故障……………………………… 208
技能训练三　分析及处理溶液循环泵流量异常故障……………………………… 211
技能训练四　分析及处理换热器换热效果差故障………………………………… 212
技能训练五　分析脱酸单元节能降耗措施………………………………………… 214
技能训练六　分析及处理脱酸单元腐蚀问题……………………………………… 216

第三部分　高级技师理论知识

第一章　职业道德与安全生产和管理……………………………………………… 221
　　第一节　职业道德…………………………………………………………… 221
　　第二节　安全生产…………………………………………………………… 222
第二章　天然气脱水与凝液回收…………………………………………………… 234
　　第一节　天然气脱水工艺…………………………………………………… 234
　　第二节　天然气凝液回收工艺……………………………………………… 238

第三章　天然气预处理 … 242
第一节　天然气分离技术 … 242
第二节　天然气冰堵防治 … 246
第三节　天然气净化厂 MDEA 溶液发泡防治 … 251

第四章　硫磺回收 … 257
第一节　硫磺回收基本原理 … 257
第二节　硫磺回收工艺 … 260
第三节　硫磺回收相关试剂 … 269
第四节　硫磺回收系统安全性防护 … 271

第五章　消防知识 … 273
第一节　消防安全知识 … 273
第二节　消防报警及联动控制系统 … 278

第六章　天然气操作设备知识 … 283
第一节　压力表 … 283
第二节　风机 … 286
第三节　阀门 … 292
第四节　装置检修 … 301

第七章　天然气净化电气、仪表、化学知识 … 309
第一节　天然气净化电气知识 … 309
第二节　天然气净化化学知识 … 314

第八章　天然气净化装置知识 … 321
第一节　气动球阀 … 321
第二节　离心泵 … 323
第三节　加热炉 … 326
第四节　润滑剂 … 329
第五节　火炬及放空系统 … 332
第六节　油（液）气分离器 … 335

理论知识模拟试题及答案 … 341
模拟试题一 … 341
模拟试题一答案 … 347
模拟试题二 … 348
模拟试题二答案 … 354
模拟试题三 … 355
模拟试题三答案 … 361
模拟试题四 … 362

模拟试题四答案 …… 368
模拟试题五 …… 369
模拟试题五答案 …… 375

第四部分　高级技师技能操作试题

试题一　组织装置开车 …… 379
试题二　组织装置停车 …… 384
试题三　分析脱硫贫液达不到质量要求的原因并处理 …… 389
试题四　整定调节器 PID 运行参数 …… 393
试题五　绘制零件加工图 …… 399
试题六　编写锅炉检修方案 …… 402
试题七　编制脱硫吸收塔检修方案 …… 409
试题八　编写罐类设备检修方案 …… 416
试题九　编写过滤器、分离器检修方案 …… 422
试题十　编写离心泵维护及检修方案 …… 428
试题十一　编写往复泵维护及检修方案 …… 434
试题十二　组织装置检修后质量验收 …… 440
试题十三　安全检查管理 …… 444
试题十四　进入容器检修前准备 …… 448
试题十五　安全教育培训 …… 450

参考文献 …… 454

第一部分

技师理论知识

第一章　天然气净化基础

第一节　天然气基础知识

天然气广泛用于工业和民用各个领域，工业上主要用于发电，以天然气为燃料的燃气轮机电厂的废物排放水平大大低于燃煤与燃油电厂，而且发电效率高、建设成本低、建设速度快；另外，燃气轮机启停速度快、调峰能力强、耗水量少、占地省。

此外，天然气还大量用作化工原料。以天然气为原料的一次加工产品主要有合成氨、甲醇、炭黑等，经二次或三次加工后的重要化工产品则包括甲醛、乙酸、碳酸二甲酯等50多个品种。以天然气为原料的化工生产装置具有投资省、能耗低、占地少、人员少、环保性好及运营成本低的优点。

液化天然气（Liquefied Natural Gas，LNG）无色、无味、无毒且无腐蚀性，其体积约为同量气态天然气体积的1/600。液化天然气的质量仅为同体积水的45%左右，燃烧后对空气污染小，而且放出热量大。它的制造过程是先将气田生产的天然气净化处理，经一连串超低温液化后，利用液化天然气船运送。

液化石油气（Liquefied Petroleum Gas，LPG）的主要组分是丙烷（超过95%），还有少量的丁烷。LPG在适当的压力下以液态储存在储罐容器中，常用作生活用燃料。

一、天然气的分类

（一）按我国习惯分类

我国习惯上把天然气分为气田气、凝析气和伴生气。

（1）气田气，是指从纯气田开采出来的天然气。它在开采过程中没有或只有较少天然汽油凝析出来。这种天然气在气藏中，烃类以单相存在，其甲烷的含量为80%~90%，还含有少量的乙烷、丙烷和丁烷等气体组分，而戊烷以上的烃类组分含量很少。

（2）凝析气，是指在开采过程中有较多天然汽油凝析出来的天然气。这种天然气中戊烷以上的组分含量较多，但是在开采中没有较重组分的石油同时采出，只有凝析油同时采出。

（3）伴生气，是指在油田中与石油一起开采出来的天然气，又称为油田伴生气。在开采过程中，随着压力下降到低于饱和压力，天然气从石油中分离出来。这种天然气是油藏中的烃类以液相或气液两相共存，采油时与石油同时被采出，天然气中的重烃组分较多。

（二）按组成分类

按烃类组成，天然气可分为干气和湿气或贫气和富气。对于从气井井口采出的，或由油气田矿场分离器分出的天然气而言，其划分方法如下：

(1) 分为干气和湿气。

干气：1m³（20℃、101.325kPa）天然气中，戊烷以上烃类（C_{5+}）按液态计小于 10mL。

湿气：1m³ 天然气中，戊烷以上烃类（C_{5+}）按液态计大于 10mL。

(2) 分为贫气和富气。

贫气：1m³ 天然气中，丙烷以上烃类（C_{3+}）按液态计小于 100mL。

富气：1m³ 天然气中，丙烷以上烃类（C_{3+}）按液态计大于 100mL。

按硫化氢、二氧化碳含量，天然气可分为洁气（甜气、非酸性天然气）和酸气（酸性天然气、含酸气）。

(1) 洁气：硫化氢和 CO_2 含量甚微或根本不含，不需净化就可利用的天然气。

(2) 酸气：含有明显的硫化氢和 CO_2 等酸性气体，必须净化后才能达到商品气气质指标的天然气。

由上述内容可知，洁气和酸气的划分采取了模糊的判据，而具体的数值指标并无统一的标准。在我国，由于对 CO_2 的净化处理要求不严格，而一般采用含酸量不高于 20mg/m³ 作为界定指标，把含酸量低于 20mg/m³ 的天然气称为洁气，高于 20mg/m³ 的天然气称为酸气。

二、天然气组成

(一) 天然气组分

天然气是以各种碳氢化合物为主的混合物。化验分析证实，不同产地、不同类型油气藏的天然气，所含的组分也各不相同。国内外广泛采用气相色谱法进行天然气的全组分分析。现已知各类天然气中包含的组分超过 100 种，主要组分大致可分为两大类：烃类组分和非烃类组分。

1. 烃类组分

由碳、氢两种元素组成的有机化合物称为烃。大多数天然气中烃类组分含量为 60%~90%，是天然气中最主要的成分。其中，大多数是相对分子质量较小的烷烃，也含有少量烯烃、炔烃和芳香烃。

1) 烷烃

最简单的烷烃是甲烷。甲烷是天然气的主要成分，大多数天然气中甲烷含量达 70%~90%。除甲烷外，天然气中还有乙烷、丙烷和丁烷。天然气中也含有一定量的戊烷、己烷、庚烷、辛烷、壬烷和癸烷等含碳量更高的烷烃。天然气中 C_5 以上的组分在常温常压下是液体，是汽油的主要成分。在天然气开采过程中，这些组分会凝析为液体而被回收，该液体称为凝析油，是一种天然汽油。更高含碳量的烷烃在天然气中含量很少。

2) 烯烃和炔烃

天然气中含有少量的低分子烯烃，主要是乙烯和丙烯等。天然气中有时含有极微量的炔烃，如乙炔。烯烃和炔烃通称为不饱和烃，在天然气中，不饱和烃总量大多数小于 1%。

3) 环烷烃和芳香烃

有的天然气含有少量的环戊烷和环己烷。天然气中的芳香烃多为苯、甲苯、二甲苯。

苯系芳香烃为无色有芳香气味的可燃性液体，具有一定的毒性。它们通常可以和凝析油一起从天然气中分离出来。

2. 非烃类组分

1）含硫组分

天然气中的含硫组分可分为无机硫化合物和有机硫化合物两类。

（1）无机硫化合物。

天然气中的无机硫化合物只有硫化氢。硫化氢是一种可燃、有剧毒且在低浓度下具有臭鸡蛋气味的气体。硫化氢的水溶液称为氢硫酸，显酸性，故称硫化氢为酸性气体。硫化氢可引起人体的窒息性中毒和刺激损伤。在有水存在时，硫化氢对金属有强烈的腐蚀作用。硫化氢还会使工业生产中常用的催化剂中毒而失去活性。因此，天然气中的硫化氢是最主要的有害气体，必须经过净化处理加以脱除后才能使用。天然气处理工艺可以将其中的硫化氢脱除并加以回收，转化为硫磺和生产其他化工产品。硫磺主要用于制硫酸，此外可用于橡胶、造纸、医药、火柴、农药、漂白剂等制造工业。

（2）有机硫化合物。

有机化合物分子中含有硫原子的化合物称为有机硫化合物。天然气中的有机硫成分：硫醇，主要是甲硫醇和乙硫醇；硫醚，主要是甲硫酸醚和乙硫醚；二硫化物、如甲基二硫化物、硫化碳、二硫化碳；硫酚等。天然气中有机硫的含量一般都很少。

有机硫化物对金属腐蚀虽不严重，但它们大多有毒，有臭味，具有一定的安全环保隐患，并且对天然气化工催化剂的毒害作用大，通常应全部脱除。

2）其他组分

（1）二氧化碳和一氧化碳。

天然气中通常含有相当数量的二氧化碳，个别气井二氧化碳含量高达10%以上。二氧化碳是无色无臭的不可燃气体。二氧化碳溶于水生成中等酸性的碳酸，所以二氧化碳也是一种酸性气体。在有水存在时，二氧化碳对金属的腐蚀相当严重，而且含量高会影响单位体积天然气的发热量。故通常在天然气的脱酸工艺中将二氧化碳脱除至3%（摩尔分数）以下。一氧化碳在天然气中含量甚微。

（2）氮气和氢气。

大多数天然气中都含有氮气。氮气在天然气中的含量一般在10%以下，但也有的高达50%，甚至94%。氮气无毒，对金属设备也没有腐蚀性，但氮气不可燃，天然气中含氮量太高，会降低天然气的热值。当天然气中氮气含量不太高时，一般不必脱除。天然气中氢气的含量一般低于1%。

（3）氦和氩。

有的天然气中还可能含有微量的惰性气体，主要是氦和氩。它们的含量一般都低于1%。氦不可燃，无臭无色，在高频弧光下发出金黄色的光。它在气象、潜水、焊接、航空、军事及宇航等多方面都有广泛的用途。世界上氦的含量有限，因此天然气中的氦是极为贵重的资源，工业上常用深度冷冻等方法提取天然气中的氦气。

世界上消耗的氦气主要来自含氦天然气，因地区不同天然气中含氦量也有相当大的变化，大致可分为：富氦的天然气，氦含量高于0.1%（摩尔分数）；贫氦的天然气，氦含量低于0.01%（摩尔分数）。与之相比，大气中氦含量约为5.4×10^{-6}（摩尔分数），即使目前认为无经济价值的贫氦天然气，其氦含量也要比大气中的氦高出两个数量级，故迄今含氦天然气几乎是唯一经济的提氦来源。我国天然气提氦工业主要在四川省。

（4）水汽。

从地下开采出来的天然气，大多含饱和水蒸气，即水汽。当压力、温度发生变化时，天然气中的水汽可能会冷凝成液态水。在天然气净化处理过程中脱水是一个重要的环节。

（二）天然气组成表示法

天然气的组成是指在一定数量的天然气中，所含有的组分及各组分的数量与总数量的比值。由于所用的单位不同，组成就有不同的表示法。天然气的组成通常有三种表示法，即体积组成、质量组成和摩尔组成。

1. 体积组成

以天然气中各组分的体积分数表示的组成称为天然气的体积组成。天然气的总体积等于天然气的各组分体积之和：

$$V = V_1 + V_2 + V_3 + \cdots + V_n = \sum V_i \tag{1-1-1}$$

2. 质量组成

以天然气中各组分的质量分数表示的组成称为天然气的质量组成。根据质量守恒定律，天然气的总质量应等于其各组分气体的质量之和：

$$m = m_1 + m_2 + m_3 + \cdots + m_n = \sum m_i \tag{1-1-2}$$

3. 摩尔组成

以天然气中各组分的摩尔分数表示的组成称为摩尔组成。天然气各组分的摩尔分数表示为：

$$y_i = \frac{n_i}{\sum n_i} \tag{1-1-3}$$

如果混合气体中每一组分气体都服从阿伏伽德罗定律，那么在同温同压下，某组分气体的体积应与该组分的物质的量成正比。所以，天然气的摩尔组成在数值上等于它的体积组成。

三、天然气性质

物质不需要经过化学变化就表现出来的性质，称为物理性质。物质的有些性质，如颜色、气味、味道、是否易升华、挥发等，都可以利用人们的眼、耳、鼻、舌等感官感知，还有些性质，如熔点、沸点、硬度、导电性、导热性、延展性等，可以利用仪器测知，另外如溶解性、密度等可以通过实验室获得。这些性质在实验前后物质都没有发生改变，都属于物理性质。天然气的密度、相对分子质量、溶解度等是它的物理性质。

物质在发生化学变化时才表现出来的性质称为化学性质，如可燃性、不稳定性、酸性、碱性、氧化性、还原性等。天然气燃烧等是天然气的化学性质。

（一）天然气状态参数

状态参数是描述天然气所处状态的物理量。温度、压力和体积是描述气体状态最基本的物理量，这些状态参数的变化，会导致其他参数及物性的变化。只要温度、压力、体积确定了，气体的状态也就确定了。

1. 温度

温度是表征物体冷热程度的物理量，而物体的冷热程度又是由物体内部分子热运动的激烈程度，即分子的平均动能所决定的。因此，严格地说，温度是物体分子运动平均动能大小的标志，温度越高，表示物体内部分子热运动越剧烈，分子的平均动能越大。

温度的度量标准称为温标，常用的温标有热力学温标和摄氏温标。热力学温标是建立在热力学第二定律基础上的，是一切温度测量的标准温标。热力学温度的符号为 T，单位是开尔文，单位符号为 K。

摄氏温标规定在 101.325kPa 压力下，冰和溶有饱和空气的水处于平衡状态下的温度为 0℃，水和它的饱和蒸汽处于平衡状态下的温度定为 100℃。摄氏温度的符号为 t，单位是摄氏度，单位符号为℃。

2. 压力

压力表测压都是在环境大气压下进行的，故压力表的读数为比当地大气压高出的数值（正表压），因此，绝对压力应等于：

$$p_绝 = p_表 + p_a \tag{1-1-4}$$

式中　$p_绝$——气体的绝对压力，Pa 或 MPa。

$p_表$——压力表指示的压力，Pa 或 MPa。

p_a——当地大气压力，Pa 或 MPa。

若绝对压力低于大气压力，用真空表测得的压力称为真空压力或真空度。真空表的读数为比大气压力低出的数值（负表压）。此时的绝对压力：

$$p_绝 = p_a - p_真 \tag{1-1-5}$$

式中　$p_真$——真空表测得的真空压力或真空度，Pa 或 MPa。

天然气和其他气体一样具有可压缩性，它的体积随温度和压力而改变，为了在生产和使用天然气时便于比较和计量，有必要规定在一定的温度和一定的压力下的状态为标准状态，此种状态下的天然气体积为标准状态下的体积。

在理论研究上，规定温度为 273.15K（0℃）和 101.325kPa 压力下的状态为物理标准状态，简称标准状态。在此状态下 1m³ 的气体称为 1 标准立方米。

我国天然气工程中规定温度为 293.15K（20℃）和 101.325kPa 压力下的状态为我国工程中使用的基准状态，在此状态下，1m³ 气体称为 1 基准立方米。

世界上其他的国家和地区也规定了不同的一些基准状态，这里不再详细叙述。

（二）视相对分子质量

天然气是多种气体组成的混合物，其组分和组成也无定值。天然气本身无明确的分子式，也无固定的相对分子质量。但在工程上为了计算和使用方便，人为地将标准状态下（0℃、101.325kPa），体积为 22.4L 的天然气称为 1mol 天然气。1mol 天然气的质量即为该天然气的摩尔质量，将天然气的摩尔质量数值看作天然气的相对分子质量，称为天然气的视相对分子质量。显然，天然气的视相对分子质量随组成不同而变化，没有一个恒定的值。

天然气的视相对分子质量可以根据天然气组分的体积组成加权平均而求出，即天然气的视相对分子质量等于各组分的体积分数与该组分相对分子质量乘积的总和,所以又称为天然气的平均相对分子质量。

(三) 相对密度

在相同的压力、温度条件下,天然气的密度与干空气密度之比称为天然气的相对密度。

相对密度虽然是一个比值,但是密度 ρ 是状态函数,即 $\rho=f(t,p,y_i)$。在不同的压力、温度下,气体的密度变化很大。值得注意的是,即使在相同条件下,从一种状态变到另一种状态,不同组分的天然气与空气的压缩因子不同,其体积的变化量各不相同,故密度的变化也不相同。所以,气体的相对密度并不是一个恒定的值,它要受天然气和空气的压缩因子影响。在进行精确计算时,应该把这部分影响考虑在内。在物理标准状态下,1mol任何理想气体都占有约 22.4L 的体积,而 1mol 气体的质量为该气体的摩尔质量,数值上等于它的相对分子质量。所以气体的相对密度等于该气体的摩尔质量与空气的摩尔质量的比值,也等于相对分子质量的比值。

天然气在不同状态下的真实相对密度可以通过实验测得组分后求得,在要求精度不太高的情况下,可以把天然气相对密度近似地看成一个定值,用标准状态下的相对密度作为天然气的相对密度。天然气的相对密度一般小于1,为 0.5~0.7,所以天然气比空气轻。

(四) 蒸气压

液体表面分子蒸发变为蒸气,这些蒸气所产生的压力称为液体的蒸气压。一方面液体表面的分子离开液面变为蒸气,这个过程表现为蒸发,而另一方面蒸气中的分子又回到液体中,这一过程表现为凝结。液体的蒸发和凝结同时都在不断进行着,若在同一时间内离开液体的分子数和回到液体的分子数相等,则液体和它的蒸气处于动态平衡状态。在一定的温度下,与液体相互平衡的蒸气所具有的压力称为平衡蒸气压,又称为饱和蒸气压。饱和蒸气压的大小与液体的物理化学性质及温度有关。

(五) 沸点

饱和蒸气压与外界压力相等时的温度称为液体的沸点,也是气体的液化点。在常压下,戊烷以上组分的沸点高于27℃,而甲烷、乙烷、丙烷、丁烷的沸点则低于0℃,说明戊烷以上的烃类组分在常温常压下都是液态,甲烷、乙烷、丙烷、丁烷组分为气态。水的沸点为100℃,就是说水在100℃时的饱和蒸气压等于大气压,水即沸腾。

(六) 含水量

天然气中总是含有一定数量的水蒸气,单位体积天然气中含水蒸气的数量称为天然气的含水量,常用湿度来表示。

天然气的饱和含水量大小取决于温度、压力和气体的组成。在压力不变的情况下,天然气温度越高,则气中水汽含量越高;在温度不变的情况下,天然气中的水汽含量随压力的升高而降低;天然气的相对分子质量越大,则单位体积内的水汽含量就越少;当天然气中含有氮气时,水汽含量会减少;而当含有重烃、二氧化碳和硫化氢时,水汽含量会增高;水中的含盐量增加,天然气的含水汽量会降低。

饱和绝对湿度对应最大的含水汽量,在一定的温度、压力下,天然气的含水量达到饱和绝对湿度,天然气中就开始析出液态水。

在一定的压力下,刚达到饱和绝对湿度时的温度称为天然气的水露点,简称露点。它是指刚有一滴露珠出现时的温度。

在同一压力下,天然气含水量越高,露点温度越高;天然气含水量越低,露点越低。换句话说,天然气的露点高低反映了天然气中含水量的多少。因此,在天然气集输净化工程中,通常直接用露点来表示天然气中的水蒸气含量,并作为天然气的质量标准之一。若天然气温度低于露点,天然气就会出现液态水滴。为了使集输净化管线中不出现液态水,通常要对天然气进行脱水处理以降低天然气的含水汽量,从而降低它的露点。

管输要求天然气的露点在最大输气压力下应比管线周围介质(大气或土壤)的最低温度还要低5℃以上。

(七) 溶解度

在一定的温度、压力下,天然气可以部分溶解于地层油和地层水中,形成油溶气和水溶气。单位体积液体中所含有天然气的体积数称为天然气在该种液体中的溶解度。天然气的溶解度与温度、液体的性质以及天然气的组成等有关。天然气在纯水中的溶解度随温度升高而降低,随压力的升高而增加。

(八) 热容

天然气净化工程有关的热力计算中,经常涉及天然气热容的问题。由于度量气体的单位不同,比热容可分为质量热容、容积热容和摩尔热容三种。一般在工程中常用的是前两种。

(1) 质量热容:即比热容,1kg气体温度升高1K所需加的热量,单位为kJ/(kg·K)。

(2) 容积热容:在标准状态下,1m³气体温度升高1K所需加的热量,单位为kJ/(m³·K)。

气体的热容与气体加热过程有关,工程上常用的加热过程是定容过程和定压过程,所以热容又可分为质量定容热容和质量定压热容两种。

(1) 质量定容热容(c_v):加热时气体的体积不变,热量全部转化为气体的内能。

(2) 质量定压热容(c_p):加热时保持气体压力不变,热量除了增加气体的内能外还做膨胀功。显然,质量定压热容始终大于质量定容热容,两者之差就是定压下气体膨胀所做的功。

理论和实验都证明,除在温差不大的近似计算时可取为定值外,气体的热容与压力和温度有关,即热容不是一个常数。由于温度对气体热容的影响显著,而压力的影响往往可以忽略不计,故工程计算时,把气体热容视为温度的单值函数,并把气体热容与温度的关系近似地用直线关系表示。在气体热容与温度的关系中,相应某一温度下的气体热容为真实热容。工程计算中常用平均热容,即气体在两个温度之间的平均热容,由于已把气体热容与温度的关系视为直线关系,气体的平均热容恰好等于平均温度下的气体真实热容。

(九) 燃烧热值

天然气的重要用途之一是用作燃料。天然气组分大多含有氢、碳和硫元素,都可以在空气中燃烧而发生高温氧化反应,生成水、二氧化碳、二氧化硫等产物,同时放出大量的反应热。天然气中大量的成分是甲烷,天然气的燃烧大部分都是甲烷燃烧。当空气量过剩时，甲烷燃烧生成二氧化碳和水；当空气量不足时，甲烷燃烧生成有毒的一氧化碳和水。单位体积或单位质量天然气燃烧时所发出的热量称为天然气的燃烧热值，简称天然气热值，它表明了天然气的热力价值，是天然气很重要的质量指标。天然气的热值有高热值（全热值）和低热值（净热值）两种表示方法。

1. 高热值

天然气燃烧时产生的水蒸气冷凝成水要放出汽化潜热（水的汽化潜热为2256.7kJ/kg），把水蒸气的汽化潜热计算在内的热值称为高热值。

2. 低热值

实际工程上，天然气燃烧时，由于烟筒内烟道气温度很高，燃烧产生的水蒸气不能冷凝，汽化潜热无法利用，因此不包括水的汽化潜热在内的燃烧热值称为低热值。

（十）燃烧限和爆炸限

自燃是指可燃物在空气中没有外来火源的作用，靠自热或外热而发生燃烧的现象。自燃点是指在规定条件下，不用任何辅助引燃能源而达到引燃的最低温度。

可燃物在空气或氧气中燃烧，必须要达到该物质着火燃烧所需要的最低温度，这个最低温度称为该物质的着火点。

可燃气体剧烈燃烧，在几千分之一秒内产生2000~3000℃的高温，发出2000~3000m/s高速传播的燃烧波（爆炸波），体积突然膨胀，同时发生巨大的声响，这种现象称为爆炸。可燃气体与空气混合引起的爆炸具有很大的破坏力，必须予以高度重视。

可燃气体与空气混合就组成可燃或可爆气体混合物。对于敞开系统，可燃气体在空气中的浓度达到一定的浓度范围就能稳定燃烧，高于或低于此浓度范围便不能稳定燃烧。可燃气体在混合物中可以稳定燃烧的最低浓度称为可燃性下限，最高浓度称为可燃性上限；下限和上限之间的浓度范围称为可燃性界限，简称可燃性限。

可燃气体与空气的混合物在封闭系统中，如遇到明火就会发生爆炸。可能发生爆炸的可燃气体最低浓度称为爆炸下限，最高浓度称为爆炸上限，下限和上限之间的浓度范围称为爆炸极限。

有的可燃气体的爆炸限和可燃限是一致的，有的爆炸限只是可燃性限的一个更小的区间，如氢气在空气中可燃性限是4%~74.2%（体积分数），而它的爆炸限为12%~45%（体积分数）。压力对可燃性限有很大的影响，压力低于6665Pa（50mmHg），天然气和空气的混合物遇明火不会发生爆炸。在常温常压下，天然气的爆炸限为5%~15%，随天然气压力的升高，爆炸上限急剧增加，可燃气体与纯氧气的混合物的可燃性限比它与空气的混合物的可燃性限的浓度范围更大，且燃烧与发生爆炸的剧烈程度也大得多。

天然气在输气管线和净化设备内与空气混合发生爆炸会引起天然气迅速着火燃烧，产生高速的燃烧波和冲击波，使管道和设备内压力剧增，造成重大事故，具有很大的危险性和破坏力。因此，在天然气净化生产中，应严防空气混入天然气的集输管线和设备内。

（十一）黏度

天然气的黏度是气体流动计算的重要参数。天然气采输、净化工程中遇到很多气体流动的问题，在计算时都需要确定天然气的黏度。天然气的黏度有两种表示方法，即动力黏度和运动黏度。

气体的黏度与液体的黏度不同之处在于，气体黏度随温度的升高而增大，随相对分子质量的增大而减小。天然气的黏度与温度、压力和相对分子质量有关，而且在低压和高压下黏度变化的规律并不相同。

1. 低压（<0.98MPa）下气体黏度

在低压的情况下，气体黏度具有下列特性：

(1) 气体黏度几乎与压力无关；
(2) 气体黏度随温度的升高而增大；
(3) 气体黏度随相对分子质量的增大而减小；
(4) 非烃类气体比烃类气体的黏度高。

低压下气体黏度的这种特性，主要是低压下气体分子间距离很大，分子作用力不明显，温度起着主导作用。温度升高，气体分子的动能增大，分子碰撞的机会增多，因此黏度随温度升高而增大。

2. 高压（>6.86MPa）下气体黏度

高压下气体黏度特性近似液体黏度特性，具体如下：

(1) 黏度随压力增加而增大；
(2) 气体黏度随温度的增高而降低；
(3) 气体黏度随相对分子质量的增大而增大。

在高压下，气体分子间的距离很小，分子作用力起主导作用，并表现为分子间的结合力。温度不变时，压力增加，分子间的距离缩短，在同一动量级下，分子碰撞增加，因而黏度随压力的升高而增大。压力不变，随着温度升高，气体分子运动速度增大，使分子结合条件恶化，气体黏度变小。另外，在高压下，气体分子之间的引力大，在温度相同的同一动量级，相对分子质量大的引力大，黏度高；相对分子质量小的引力较小，黏度低。

（十二）天然气的节流效应

天然气在管道和设备中流动，途中会遇到孔板等节流阀件时，气体将从突然缩小的流通截面流过，因而流速增大，节流前后天然气的压降增大，节流后气体膨胀，温度急剧降低，甚至在管壁内外产生冰冻现象。

气体因节流降温冷却的现象称为气体的节流效应，也称为焦耳-汤姆逊效应，它是实际气体固有的特性。这种现象的原因是气体分子间的引力作用。当气体在节流处由于压力降低而迅速膨胀时，分子间的距离增大，这就必须供给以克服分子间引力的能量，但因膨胀速度很大，来不及与外界进行热交换（可近似认为节流是绝热膨胀过程），故所需的能量只能由消耗气体本身的内能来供给，从而使气体冷却，温度降低。

从地层开采出的天然气含有大量的水蒸气，在采输过程中遇到节流、阀门、弯头等局部阻力件时易形成天然气水合物堵塞，影响天然气的正常输送。在天然气净化过程中，可以利用节流效应产生温降，以实现低温分离油和水。

四、天然气集输

天然气集输系统分为采集和输送两部分。天然气的集输包括原料天然气的集输和净化天然气的集输。

原料天然气集输系统是天然气集输系统的子系统，是整个系统的源头部分，它包括井场、集气管网、集气站、天然气处理厂等环节所构成的整个系统。

气田中各气井、集气站、天然气处理厂等之间是通过管网连接的，按其连接的几何方式可以分为放射状集气管网、树枝状集气管网（线形集气管网）、环形集气管网以及它们的组合型集气管网。

原料天然气从地层开采出时压力较高，而且气体中含有水分、凝析油以及一些岩屑、砂砾等杂质，不宜直接输送往用户，需对天然气进行必要的预处理。同时，对于两口井以上的天然气还要汇集集中处理。针对处理天然气的不同方式，原料天然气的集输就具有不同的工艺流程，一般都有井场流程和集气站流程。

井场流程中，最主要的装置是采集树，它是由阀门、四通等部件构成的一套管汇。采集树节流阀后有控制和测量流量及压力、温度的仪表，以及处理气体中的凝析油和机械杂质的设备，即构成了一套井场流程。

当多口井的天然气集中在某处集中处理时，常把该站称为集气站。集气站流程有常温集气分离流程和低温集气分离流程两种。

净化天然气集输是天然气工业的重要组成部分。由于大量用气的中心城市和工业企业距离气源较远，需要通过长输管道将商品天然气安全不断地输送到用户。因此，天然气的储存和输配系统便成为天然气工业体系中不可缺少的重要环节。陆上及近海天然气的输送一般采用管道输送，对于跨洋长距离天然气输送，多采用液化天然气（LNG）的方式。

（一）长输管道

长输管道是指天然气长距离连续输送系统，不需要常规的输送设备和占用大量土地及建筑物，靠自身的压力或加压后将天然气送到目的地，具有输量大、经济有效、安全等特点。

天然气的产、供、销是由采气、净化、输气和销售等环节组成，是在一个全密封的管道中完成的，上下游紧紧相连、相互制约，构成一个较复杂的系统，这使得它在设计和操作管理上比其他管道更复杂。

由于长输管道担负着向城镇和工业企业提供大量能源和原料的责任，一旦供气中断，将影响城镇和工业企业的生活和生产，造成巨大的经济损失。因此，必须确保安全、连续、可靠供气。

由于天然气生产的均衡性和用户的波动性，使得长输管道系统的压力处于不断变化之中，这就要求管道有一定的储气能力或增加储气的设施，以适应用气量的变化。

由于天然气输送的连续性和重要性，要求要有与长输管道系统相配套的完善附属设施，尤其是通信和自动控制系统、先进完善的调度操作系统，以保证长输管道平稳安全输气。

压气站是输气管道系统中重要组成部分，压气站工况变化将会引起整条管线系统工况的变化。压气站的主要功能是给管道增压，提高管道的输送能力，按压气站在输气管道上的位置可分为首站、中间站、末站。末站增压除提高输气能力外，通常还有增加末段管道储气调峰的作用，有的干线压气站与储罐或地下储气库相连。

压气站通常与清管站合建，除增压外，它还要完成清管作业。首站和末站或支线上的压气站还有调节计量的功能，压气站由主气路系统和辅助系统组成。压缩机组、除尘设备、循环阀组、截断阀组、调压阀、流量计、空气冷却器等设备及相连这些设备的管道构成主气路系统；辅助系统又分为各自独立的密封油系统、润滑油系统、自动气系统，以及保护压气站安全的控制系统和消防系统。

（二）天然气储存及输配

1. 储存

在天然气供应和需求之间始终存在着不均衡性。随着天然气消费量的增加，天然气的平均运距和运时都大大增加，更使得供需不均衡的矛盾加剧。天然气消费需求量不均衡的主要原因是季节性气温变化和人们生活方式造成的用气量变化，以及某些用气企业生产、停产检修及事故等引起用气量的不均衡性。为了能够安全、平稳、可靠地向用户供气，就需要进行天然气储备，即把用气低峰时输气系统中富余的天然气储存在消费中心附近，在用气高峰时用以补充供气量的不足和输气系统发生故障时用以保证连续供气。

天然气储存是调节供气不均衡的最有效手段，可以减轻季节性用量波动和昼夜用气波动所带来的管理上和经济上的损害；保证系统供气的可靠和连续性；可以充分利用生产设备和输气系统的能力，保证输供系统的正常运行，提高输气效率，降低输气成本。

天然气储存方式粗分为地面储存和地下储存；细分为容器储存、低温溶剂储存、天然气液化储存、天然气水合物储存（固态储存）和地下储气库储存。

2. 输配

城镇天然气输配系统是一个综合设施，主要由天然气输配管网、储配站、调压计量站控制设施和运行管理操作等部分组成。

天然气供气方式按气源压力区分，可以分为低压供气、中压供气和高压供气三种方式。根据各种压力级别的管道不同组合，城镇天然气管网系统的压力级别可分为以下几种：

（1）一级制系统：仅由低压或中压一种压力级别的管网分配和供给天然气的管网系统。

（2）二级制系统：以中低压或高-低压两种压力级别的管网组成的管网系统。

（3）三级制系统：以低压、中压和高压三种压力级别的管网组成的管网系统。

城镇天然气输配系统的设置应根据气源规模、用气量分布、城镇的地形地貌、城镇状况及发展、材料设备的供应条件、施工难易程度和运行条件等因素综合考虑，对管网、储配站和调压计量站作出具体的设置。

在进行天然气输配系统的设计时，首先要确定年用气量，它是确定气源、管网和设备通过能力的依据。年用气量主要取决于用户类型、数量及用气指标。城市供气的对象主要有居民生活用气、公共建筑用气和工业生产用气三个方面。

居民生活用气定额与生活水平、生活习惯、居民每户平均人口、地区的气象条件、住宅区内生活服务网的发展程度、有无集中采暖设备和热水供应设备，以及天然气价格等因素有关。公共建筑用气定额与用气设备的性能、热效率、加工食品的方式和地区的气象条件等因素有关。

城镇各天然气用户的需用工况，即用气变化规律是不均匀的，随月、日、时而变化，这是城镇天然气输配管网建设中必须考虑的一个重要问题。用气不均匀性可分为月不均匀性（或季节不均匀性）、日不均匀性和时不均匀性三种。

天然气输配管网的供气能力应按计算月的小时最大用气量来计算。小时计算流量的确定，直接影响到输配管道建设的经济性和供气的可靠性。确定小时计算流量的方法有不均匀系数法和同时工作系数两种。这两种方法各有其特点和应用范围。

城市天然气需用工况是不均匀的，但是一般气源供应的气量是均匀的，不可能完全按需用工况而变化。为了解决均匀供气与不均匀需求之间的矛盾，不间断地向用户供应天然气，保证各类用户有足够的气量和正常的压力，必须采取适当的方法使天然气输配达到平衡。

第二节　流体力学基础与微粒分离方法

一、流体力学基础

气体和液体统称为流体。流体流动状态对化工生产中的单元操作有着很大的影响。体积不随压力和温度的变化而变化的流体称为不可压缩流体；体积随压力和温度的变化而变化的流体称为可压缩流体。实际流体都是可压缩的。由于液体的体积随压力和温度变化很小，所以一般把它当作不可压缩流体；当压力温度变化时，气体的体积会有很大的变化，应当属于可压缩流体。但如果压力和温度变化率很小时，气体通常也可以当作不可压缩流体来处理。

（一）流体静力学知识

静止的流体是流体运动的一种特殊形式。研究流体静力学的任务是研究静止流体的内部变化规律。

1. 流体主要物理量

1）密度

液体的密度一般由试验测定，在运算中可以从物性数据手册中查取。温度对液体的密度有一定的影响。在查用密度时，要注意与温度相对应。化工生产中经常遇到混合物，其密度准确值需由试验测定，也可由经验公式估计。

气体具有可压缩性和膨胀性，其密度随温度和压力变化很大。在一般温度和压力下，气体的密度常用理想气体状态方程近似计算：

$$\rho = m/V = pm/(nRT) \qquad (1\text{-}1\text{-}6)$$

式中　p——气体的压力，kPa；

　　　V——气体的体积，m³；

　　　T——热力学温度，K；

　　　n——气体的物质的量，kmol；

　　　R——通用气体常数，为 8.314kJ/(kmol·K)。

任何气体的 R 值相同。R 的数值，随 p、V、T 等的单位不同而异。选 R 值时，应注意单位。

相对密度是物质的密度与参考物质的密度在各自规定的条件下之比,符号记为 d。工程上将参考物质的密度定为 277K 纯水的密度,即 1000kg/m³,所以,流体的密度又可以表示为:

$$\rho = 1000d \tag{1-1-7}$$

纯水的密度可以通过试验测得。不同单位制下,密度的单位和数值都不同。液体混合物的密度可选用经验公式估算。

2) 质量体积

体积除以质量称为质量体积,也称比体积,用符号 v 表示,单位 m³/kg。由质量体积的定义可知,它是密度的倒数,故流体的密度也可以表示为:

$$\rho = 1/v \tag{1-1-8}$$

3) 流体压力

垂直作用在流体单位表面上的力称为流体的静压力(也称为压强),简称压力或压强,用符号 p 表示,其单位为 Pa。

$$p = F/S \tag{1-1-9}$$

用液柱高度表示压力时,因 $F = mg = v\rho g = Sh\rho g$,代入式(1-1-9)中,故:

$$p = \rho g h \tag{1-1-10}$$

$$h = p/(\rho g) \tag{1-1-11}$$

式中 F——力,N;
    S——面积,m²;
    h——液柱高度,m;
    g——重力加速度,m/s²。

液体一定时,h 与 p 呈比例关系;同一压力,h 与 ρ 成反比,且与液体的种类有关,ρ 值不同,其 h 值也不同。因此用液柱高度来表示流体的压力时,必须注明是何种液体,该液体一般按常规温度确定 ρ 值,若注明了温度则应按注明的温度确定 ρ 值。

在生产中,测压仪表测得的压力为表压,不是真实压力。在公式计算中,一般都要用真实压力,真实压力又称为绝对压力。以绝对零压力为起点的压力称为绝对压力,简称绝压。以大气压为起点,比大气压高的压力称为表压;比大气压低的部分称为真空度(负压)。三者关系如图 1-1-1 所示。

$$绝压(正压) = 表压 + 大气压 \tag{1-1-12}$$

$$绝压(负压) = 大气压 - 真空度 \tag{1-1-13}$$

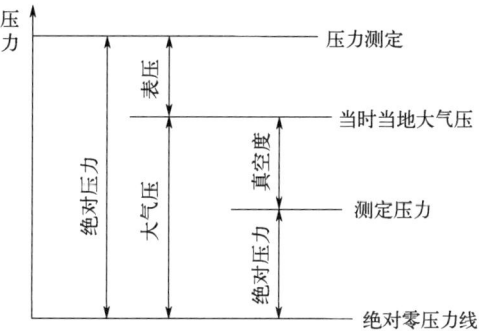

图 1-1-1 绝压、表压、真空大气压之间的关系

表压值是以当地大气压为基准的压力,可用压力表直接测得。真空度也是以大气压为基准的压力,也可由真空表直接测量。熟悉压力的各种计量单位与基准及换算关系,对于以后的学习和实际工程计算十分重要。

2. 流体静力学基本方程式

在重力场中,流体在重力和压力作用下达到静力平衡,因而处于相对静止状态,重力是不变的,但静止流体内部各点的压力是不同的,即在不同高度的水平面上,流体的静压力不同:

$$p_2 = p_1 + \rho g h \tag{1-1-14}$$

式(1-1-14)称为静力学基本方程式,表明了静止流体内部压力变化规律,从式中可以看出:

(1) 在静止的液体中,液体任意一点的压强与液体密度和其深度有关,液体密度、深度越大,则该点的压力越大。

(2) 当液体上方的压强或液柱内部任意一点的压强有变化时,必将使液体内部其他各点的压强发生同样大小的变化。

(3) 在连通的同一静止液体内部,同一水平面的流体压强相等,或是压强能够相等的两点必在同一水平面上。

(二) 流体动力学知识

流体动力学是研究流体在外力作用下的运动规律,即研究作用在流体上的力与流体运动之间的关系。化工厂中的流体大多数是沿密闭的管道流动的,因此研究沿管内流体的流动规律是十分有必要的。

1. 流速

流速是指单位时间内,流体在流动方向流过的距离。

(1) 平均速度:流体流经管道截面上各点的速度是不同的,管道中心处的流速最大,越靠近管壁流速越小,在管壁处流速为零。流体在截面某点的流速称为点流速。流体在同一管壁上的流速平均值称为平均流速,以 v 表示,单位为 m/s。

(2) 质量流速:

单位时间内流过单位有效截面的流体质量,常用符号 w 表示,单位为 $kg/(m^2 \cdot s)$。

2. 流量

流量有体积流量和质量流量两种计量方法。

(1) 体积流量:单位时间内流经管道有效截面的流体体积,常以符号 Q 表示,单位为 m^3/s 或 m^3/h。有效截面指与流体流动方向垂直且被流体充满的流通截面。

(2) 质量流量:单位时间内流经管道有效截面的流体质量,常以符号 G 表示,其单位为 kg/s 或 kg/h。

质量流量与体积流量的关系可以表示为:

$$G = Q\rho \tag{1-1-15}$$

流量与流速间的关系可表示为：
体积流量：
$$Q = vS \tag{1-1-16}$$

质量流量：
$$G = Q\rho \tag{1-1-17}$$

平均流速：
$$v = Q/S \tag{1-1-18}$$

质量流速：
$$w = G/S = v\rho \tag{1-1-19}$$

由于气体的体积流量随温度、压力的变化而变化，所以表示气体的流量时，应指明其相应温度和压力。通常将其换算到 273.15K、101.325kPa 下的体积流量称为标准体积流量，单位 m^3/s。

二、微粒分离方法

含尘气体及悬浮液常用的分离方法有沉降分离法和过滤分离法。沉降分离法是指使气体和液体中的固体颗粒受重力、离心力或惯性力的作用而沉降的方法；过滤分离法是指利用气体或液体能通过过滤介质，而固体颗粒不能穿过过滤介质的性质进行分离的方法。

（一）沉降分离法

沉降分离法是指微粒在流体中受到重力作用慢慢降落而从流体中分离出来，适用于分离较大的固体颗粒。

固体颗粒在真空中自由降落时，只受到重力作用，微粒以等加速度运动下落。但是，当微粒在静止的流体中降落时，不但受到重力作用，同时还要受到流体浮力和阻力的作用。悬浮在分散介质中的固体微粒降落时，作用在粒子上的力是这三种力的合力。重力和浮力的大小对一定的粒子是固定的，而流体对微粒的摩擦阻力则随粒子和流体的相对运动速度的增大而增大。

当微粒在静止的介质中，借本身重力的作用时，最初由于重力胜过浮力和阻力的作用，致使微粒做加速运动。由于流体阻力随降落速度的增大而迅速增加，经过很短的时间，当三种力的作用达到平衡时，粒子以加速运动的末速度做等速下降。这种不变的降落速度称为沉降速度。沉降速度的大小表明微粒沉降的快慢。

处理悬浮液的重力沉降设备有沉降槽、沉降罐等。沉降方式可以分为间歇式、半间歇式和连续式三种。原料天然气预处理单元就运用了大量的重力沉降分离罐。

（二）过滤分离法

通常所说的过滤是指悬浮物的过滤。过滤操作是利用一种具有很多毛细孔道的物体作为过滤介质，在过滤介质两侧压力差的推动下，使被过滤的液体从介质的毛细孔道中通过，而将悬浮在液体中的固体微粒截留，达到分离固液两相的目的。它是分离悬浮液最普遍和最有效的单元操作之一，可以使固体微粒和液体分离较为完全。在过滤器操作中，通常将原有的悬浮液称为滤浆或料浆，被截留在过滤介质上的固体颗粒层称为滤渣或滤饼，通过滤渣和过滤介质的澄清液称为滤液。

1. 过滤方法

1) 深层过滤

当悬浮液中所含颗粒很小，而且含量很少时，可用较厚的颗粒床层做成过滤介质进行过滤。由于悬浮液中的颗粒尺寸比过滤介质孔道直径小，当颗粒随液体进入床层内细长而弯曲的孔道时，靠静电分子力的作用而附在孔道壁上。过滤介质床层上面没有滤饼形成，因此这种过滤称为深层过滤。由于它用于从稀悬浮液中得到清液体，所以又称为澄清过滤。

2) 滤饼过滤

悬浮液过滤时，液体通过过滤介质而颗粒沉积在过滤介质的表面而形成滤饼。当然，当颗粒尺寸比过滤介质的孔径大时就会形成滤饼。当颗粒尺寸比过滤介质小时，过滤开始会有部分颗粒进入过滤介质孔道内，迅速发生"架桥现象"，但也会有少部分颗粒穿过介质而与滤液一起流走。随着滤渣的逐渐堆积，过滤介质上面会形成滤饼层。此后，滤饼层就成为有效的过滤介质而得到澄清的滤液，这种过滤称为滤饼过滤。它用于颗粒含量较多（液中颗粒体积大于1%）的悬浮液。化工厂中所处理的悬浮液，颗粒含量较多，多采用滤饼过滤。

2. 过滤介质

基本要求：

(1) 具有多孔性、阻力小，使液体溶液通过，而孔道的大小应该能使悬浮粒子被截留。

(2) 具有化学稳定性、耐腐蚀和耐热性。

(3) 具有足够的机械强度。

工业上常用的过滤介质：

(1) 织状介质：工业上使用最广泛的一种过滤介质，如用棉、麻、羊毛、蚕丝等天然纤维以及各种含有玻璃纤维物质织成的滤布等。滤布的选择视选择所过滤粒子的大小、液体的腐蚀性、操作温度，以及对强度和耐磨性的要求等条件而定，有时需要将多层滤布叠合使用。

(2) 轻状介质，如细沙、石砾、玻璃碴、木炭屑、骨灰等堆积层，常用于给水设备的过滤池，用于含滤渣较多的悬浮液。

(3) 多孔性固体介质，如多孔性陶瓷、多孔性塑料板等，通常耐腐蚀性较好而孔隙较小，常用于过滤含少量微粒悬浮液的间歇过滤设备。

3. 过滤过程

过滤操作得以进行，就在于利用过滤推动力来克服过滤阻力。滤液在通过过滤介质时要克服过滤介质的过滤阻力。过滤推动力通常是作用在悬浮液上的压力，起推动作用的是滤渣和过滤介质流出侧的压差。增加滤渣面上的压力和降低滤液流出空间的压力，都可以使推动力增大。对于不可压缩滤渣，加压可以提高过滤速度；对于可压缩滤渣，加压不能有效地提高过滤速度。

在操作刚开始时，过滤阻力只有过滤介质一项，随着时间的延长，形成滤渣后，阻力就表现为滤渣阻力和过滤介质阻力之和。随着操作的进行，滤渣将变得越来越厚。所以，在大多数情况下过滤阻力主要取决于滤渣阻力，滤渣越厚，颗粒越细，阻力越大。

过滤速度是指单位时间内通过单位面积上的滤液体积。过滤速度的大小与推动力成正比，而与阻力成反比。当推动力一定时，过滤速度将随操作时阻力的增加而降低。

第三节　净化装置

一座完整的天然气净化装置通常包括原料气预处理、脱硫脱碳、脱水、硫磺回收、尾气处理、酸水汽提等主体单元和辅助装置及公用系统（硫磺成型、消防、污水处理、蒸汽及冷凝水系统、工厂风及仪表风系统、氮气系统和燃料气系统等）。如果原料天然气中富含轻烃，还应设轻烃回收装置。天然气净化装置要正常运转，自动化控制、化验分析、供配电和维修等配套设施也是必需的。

一、主体单元

（一）原料气预处理单元

原料气预处理单元主要通过重力分离器和过滤器将原料气携带的化学药剂、重烃、游离水和固体杂质等分离出去。

（二）脱硫脱碳单元

经过预处理的天然气进入 MDEA 吸收塔，通过气-液吸收和化学转化等途径除去天然气中的硫化氢及二氧化碳，使其达到商品天然气的管输标准。天然气脱酸主要采用化学吸收法。

MDEA 吸收酸性气体后成为富液，通过降压、升温达到解吸效果，再生为 MDEA 贫液，从而重复循环利用。

（三）脱水单元

天然气脱水一般采用三甘醇吸收法和分子筛吸附法脱除天然气中的水分，从而达到天然气管输标准的水露点。吸收过水分的三甘醇可通过再生橇再生为三甘醇贫液循环利用。

（四）硫磺回收单元

硫磺回收单元可对脱硫、尾气处理和酸水汽提单元生产大的酸气进行后续处理，工业上普遍采用的是各种形式的克劳斯工艺。

（五）尾气处理单元

尾气处理单元可对尾气作进一步处理，使大气污染物二氧化硫达到规定的排放要求。

（六）酸水汽提单元

酸水汽提单元可对各单元来的酸水采用蒸汽加热汽提，将其中的 H_2S、CO_2、NH_3 等少量易挥发组分汽提出来，使之达到污水处理装置要求。

二、辅助装置和公用系统

（一）硫磺成型装置

硫磺成型装置可对来自硫磺回收单元的液硫进行储存、冷却、成型、计量与包装。

(二) 消防装置

根据生产特点,配备的各种消防器材及设施,以备发生火灾时使用。

(三) 污水处理装置

污水处理装置可对全厂生产、检修过程中产生的污水进行收集处理,使之达到国家排放标准。在水资源贫乏地区,应满足水使用的要求。

(四) 火炬及放空装置

处理工厂开车、停车及紧急事故情况下排出的原料气、湿净化气、净化气、酸气等,通过火炬燃烧排放,可有效减少对环境的污染。

(五) 新鲜水和循环水处理系统

新鲜水处理是对原水进行处理,使水质、水量、水压满足生产需要。循环水处理可为整个净化装置提供合格的用水。

(六) 蒸汽及冷凝水系统

该系统负责供给全厂装置生产时所需的蒸汽,并回收蒸汽凝结水。蒸汽主要用于溶液的再生和全装置的保温。

(七) 工厂风及仪表风系统

该系统为全装置提供净化空气和非净化空气。净化空气主要作为各气动调节阀驱动气,非净化空气主要用于装置的开工、停工吹扫及其他用风。

(八) 氮气系统

氮气系统为全装置提供合格的氮气。氮气在净化厂主要作为吹扫置换气和保护气。仪表风故障时也可以用作仪表风。

(九) 燃料气系统

燃料气系统为全装置提供燃料气。装置正常生产期间,燃料气主要有脱酸单元、脱水单元的闪蒸气和净化天然气供给,在装置停产期间,燃料气一般由外部供给。

三、其他装置

(一) 自动化控制系统

天然气净化装置通常采用 DCS(集散控制系统)、ESD(紧急停车系统)以及 F&GS(火灾及气体检测报警系统)进行监视、控制和管理。全厂设中央控制室,DCS 采用开放式网络结构,中央控制室对工艺装置区、辅助生产区等进行集中监视控制。ESD 实现对生产过程自动监视和事故状态下安全联锁保护,分设备级、装置级、全厂级三联锁。F&GS 实现全厂火灾、可燃气体和有毒气体的泄漏检查、报警及安全保护。

(二) 供配电系统

供配电系统主要为全装置提供 6kV、380V、220V 等电源,一般由高压配电室、低压负荷中心控制室、不间断电源(UPS)、主变室组成。

第二章　天然气预处理

由于各种气井采出的天然气气质千差万别，多数含有硫化氢、有机硫、二氧化碳、化学药剂、水及固体杂质等，除在井场采用简单工艺分离天然气中的固相杂质外，天然气净化前还需要进一步对天然气进行预处理。

第一节　预处理工艺原理及流程

一、工艺原理

用于实现气体和液体、气体和固体的物理分离原理有三种，即动量分离、沉降分离、聚结分离。一般分离器都是应用了这三种原理中的一种或几种。被分离流体中的各相之间不相容，且密度不相同，因此得到分离。

二、工艺流程

原料天然气进入重力分离器分离出绝大部分凝析油、游离水和固体杂质后，进入过滤分离器进一步脱除所携带的微小液滴和固体杂质，为增强过滤分离效果，可在其后增设高效过滤器，形成多级分离。被分离出的凝析油、游离水和固体杂质进入污液处理装置处理。

第二节　预处理装置操作

一、日常操作

（一）排油水操作

在生产过程中，要监视设备油水液位变化情况，防止天然气将油水带入脱酸装置，污染脱酸溶液。当进行排油水操作时，由于高含硫化氢天然气的危险性较大，应特别注意。下面以原料气重力分离器为例介绍排油水操作，预处理单元其他设备的排油水操作与此类似。

（1）检查确认排油水设备完好，阀门开关状态正确。
（2）先打开重力分离器排污球阀，再缓慢打开排污截止阀，并监视重力分离器液位和油水压送罐压力、液位变化情况。
（3）当重力分离器液位降至规定值时，关闭排污截止阀和排污球阀。
（4）将油水压送罐的油水压送至储罐，并泄至常压。
（5）排油水过程中，若油水压送罐液位或压力达到规定值，应停止排油水操作，将油水压送至储罐后，根据重力分离器液位情况，继续进行排油水操作。

操作中应注意：

（1）排污阀门应缓慢打开，严禁快开或全开。

（2）密切监视重力分离器和油水压送罐液位和压力变化情况，严防窜气或严重的气液夹带现象，避免发生设备爆炸事故。

（3）操作时应两人以上，一人操作，一人监视液位和压力变化，两人相互监护。

（二）过滤分离器操作

当过滤器的压差达到规定值时，需进行切换操作。确定原料气过滤分离器由生产运行的 A 台切换至备用的 B 台，切换、清洗操作步骤如下：

（1）确认 B 台具备运行条件，设备正常、仪表完好等。

（2）缓慢打开 B 台进口阀、出口阀，A、B 两台并列运行。确认 B 台运行正常，缓慢关闭 A 台进口阀，A 台停用。

（3）关闭 A 台出口阀，打开放空阀，缓慢泄压至较低压力时，关闭放空阀，打开排污阀，排尽其储液筒内油水后，关闭排污阀，再打开放空阀泄压至 0MPa。

（4）倒通氮气置换管线盲板，打开 A 台氮气阀置换，置换气排至火炬灼烧放空。

（5）取样分析合格后，即 H_2S 含量低于 $10mg/m^3$、CH_4 含量低于 3%（摩尔分数），关闭放空阀和氮气阀。

（6）拆开 A 台，检查、清洗或更换过滤元件。

（7）A 台复位后，进行氮气置换合格后关闭氮气阀，倒断氮气管线盲板。

（8）检压、检漏，合格后打开 A 台出口阀备用。

二、异常情况处理

（一）原料气压力偏高

1. 现象

原料气压力上升。

2. 原因

（1）上游输气站输出的原料气压力过高，原料气流量过大。

（2）下游产品气用户用气减少等原因造成系统背压升高。

（3）产品气调节阀故障关闭。

（4）设备管线堵塞。

（5）联锁阀故障。

3. 处理方法

（1）严密监视系统压力，超过操作压力规定值时放空。

（2）加强上下游单位协调，调整系统压力和流量。

（3）若产品气调节阀故障，打开产品气压力调节阀的旁路阀，控制系统压力。

（4）采取有效措施清洗设备管线。

（5）若联锁阀故障，做紧急停工处理。

（二）分离过滤效果差

1. 现象

（1）吸收塔发泡拦液。

（2）系统溶液变脏，浊度上升。

2. 原因

（1）进厂原料气夹带上游的凝析油、化学药剂、固体杂质等较多。

（2）过滤元件破损，过滤器短路。

（3）分离器排液不及时。

3. 处理方法

（1）加强上游操作。

（2）更换过滤元件。

（3）加强分离器排液。

三、事故处理

油水压送罐出现超压爆炸事故的现象、原因及处理方法如下：

（1）现象：

① 油水压送罐压力超高。

② 现场 H_2S、CH_4 报警仪报警。

③ 油水压送罐爆炸泄漏。

（2）原因：

① 排液过快。

② 油水压送罐泄压放空流程不畅。

③ 窜气超压。

（3）处理方法：

① 切断进入油水压送罐的所有通路。

② 作紧急停工处理，对爆炸设备采取措施，尽快恢复生产。

第三章　天然气脱酸

第一节　脱酸工艺原理及流程

一、工艺原理

天然气酸性气体的脱除大多数采用化学溶剂吸收法。化学溶剂吸收法以可逆反应为基础，以碱性溶液为吸收溶剂，在低温高压下，溶剂与原料气中的酸性组分反应生产某种化合物，在高温低压条件下，该化合物释放出酸性组分并使溶剂得以循环使用。

醇胺类化合物分子中至少含有一个羟基和一个氨基。羟基的作用是降低化合物的蒸气压，增加醇胺在水中的溶解度；而氨基则使溶液呈碱性，能促进溶液对酸性组分的吸收。

醇胺和 H_2S、CO_2 的主要反应均为可逆反应。在吸收塔内，由于酸性组分的分压较高、温度较低，反应向右移动，原料气中的酸性组分被脱除；在再生塔内，由于酸性组分的分压较低、温度较高，反应向左移动，溶液释放出酸性组分，从而实现溶液再生。MDEA 溶剂吸收法吸收选择性高，具有节能效果显著、腐蚀轻微、溶剂不易变质等优点。

由于 MDEA 和 CO_2 无法直接反应，只能与其水溶液进行反应，这个反应与 CO_2 在水中的溶解度有很大关系，这种反应机理上的巨大差别造成了反应速率的不同，构成了选择性吸收的基础，可以合理利用以上反应的不同速率，在 CO_2 与 H_2S 共存的情况下达到选择吸收 H_2S 的目的。同时，上述反应是体积缩小的放热可逆反应，因此在低温高压下，有利于反应向右进行，利用此特点，在吸收塔内可使几乎全部的酸气从原料气中脱除，从而实现净化天然气的目的；在高温低压下，有利于反应从右向左进行，利用此特点，在再生塔内使酸气从溶液中解吸出来，使溶液得以再生，以便循环使用。

溶液再生：溶液从再生塔上部进入，塔底重沸器将富液加热解吸出酸气，酸气和二次蒸气上升与塔内自上而下的富液在填料上逆流接触，在逐渐加热富液过程中，酸性组分被逐渐分离出来，在塔的下部变成半贫液进入重沸器，从而解吸出酸性组分，半贫液回到再生塔后气液两相分离，溶液成为贫液流入再生塔底，产生的二次蒸气与最后解吸出的酸性组分从塔底向塔顶流动，二次蒸气在流动过程中被冷却，酸性组分则从塔顶流出形成酸气。酸气经过冷却分离出其中的水后，进入到硫磺回收单元进行硫磺回收，酸水则回流至再生塔的顶部，用于保持溶液的水平衡和降低溶剂的蒸发损失。

二、工艺流程

脱酸工艺流程如图 1-3-1 所示。原料天然气由下而上与溶液逆流接触通过吸收塔，脱除酸性组分后的湿净化气进入脱水单元。从吸收塔流出的含酸性组分的富液首先在闪蒸罐内闪蒸，闪蒸出来的烃类进入燃料气系统。闪蒸后的富液通过溶液过滤后，经贫富液换热器将贫液中的热量回收后进入再生塔进行再生，再生合格的贫液通过贫富液换热器和贫液冷却器冷却后，再通过循环泵加压后进入吸收塔完成循环。再生出来的酸性组分经过冷却将水分分离后，进入硫磺回收装置，水分则回到再生塔顶部，以保持溶液中水组分的平衡和降低溶剂的蒸发损失。

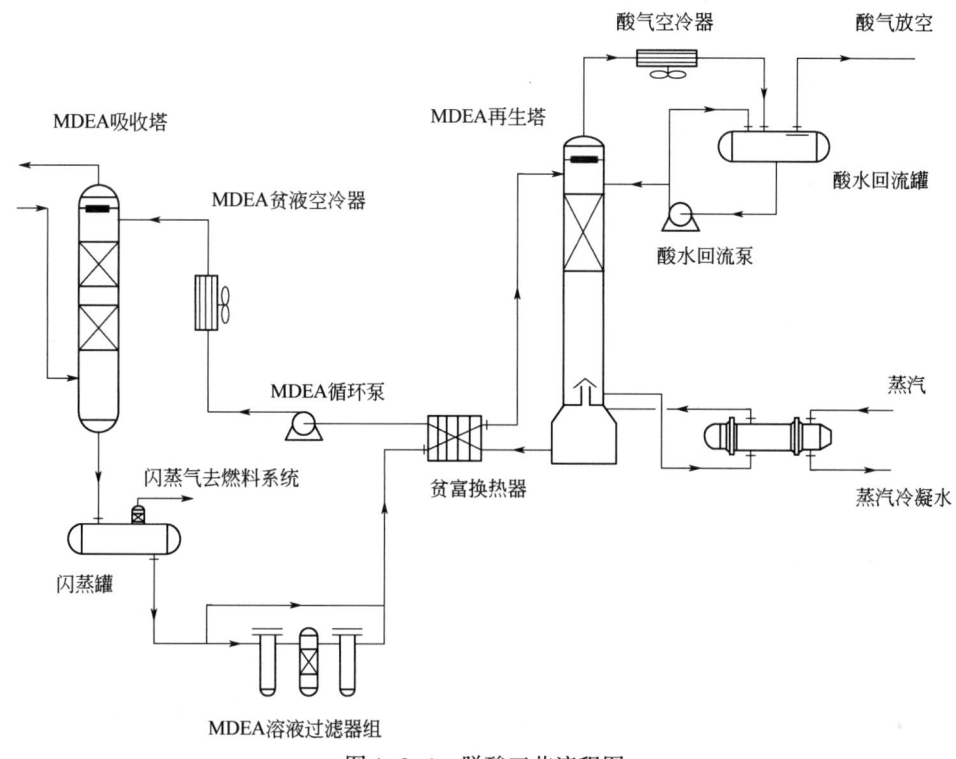

图 1-3-1　脱酸工艺流程图

第二节　脱酸操作影响因素

一、气液比

气液比是单位体积溶液处理的气体体积数，是影响净化结果和过程经济性的首要因素，也是在操作过程中最容易调节的工艺参数。提高气液比可改善选择性，但受一些因素的限制，首先是需要保证 H_2S 净化度。随气液比上升，净化气中 H_2S 含量随之上升，因此，H_2S 净化度决定了可操作的气液比范围。

二、溶液浓度

在相同的气液比条件下，选择性随溶液浓度上升而改善，溶液浓度升高的同时提高气液比运行时，选择性的改善更明显。

三、贫液入塔层数

MDEA 与 H_2S 的反应是瞬时反应,与 CO_2 的反应为慢速反应。在吸收塔内,H_2S 浓度呈指数曲线变化,而 CO_2 浓度的变化则几乎为直线。在达到所需的 H_2S 净化度后,增加吸收塔板几乎只正比例地吸收 CO_2,因此无论在何种气液比条件下运行,选择性随塔板数增加而变差。

四、吸收温度

原料气温度均较贫液温度低,当原料气酸气较低时,随温度的升高,净化率升高;当原料气酸气较高时,随温度的升高,净化率则降低。最佳吸收温度为40℃。

五、吸收压力

在酸气吸收过程中,操作压力是由原料气条件、管输要求、用户要求等多因素决定的,同时也受系统设计限制,一般不允许随意增减。从选择性的角度来讲,降低吸收压力有助于改善选择性。随着总压或相应 CO_2 分压的降低,对 CO_2 的传质与反应产生不利影响。溶液酸负荷降低,装置的处理能力也下降。所以在操作吸收时一般按设计的压力来进行操作。

六、酸气负荷

脱酸溶液的酸气负荷是影响选择吸收效率的重要参数。在循环量固定时,酸气负荷高,气液比也高,气液接触时间缩短,有利于提高选择吸收效率。工业装置上在溶液循环量等操作条件不变时,提高 MDEA 浓度意味着降低酸气负荷,此时 CO_2 的共吸收率降低。

七、贫液温度

MDEA 溶液的选择吸收性能主要受动力学因素控制,提高贫液温度则加快溶液吸收 CO_2 的速率,但对 H_2S 吸收速率的影响不明显,因此总的结构是贫液温度升高,CO_2 的共吸收率增加。工业装置上贫液入塔温度一般控制在40℃以下。

八、再生质量

操作压力和塔底温度的确定主要取决于要求的净化度。在原料气中 CO_2 含量不超过3%的情况下,仅考虑 H_2S 的净化要求;但对于 CO_2 含量很高的原料气,则应结合考虑两者的净化要求。一般再生塔底温度控制在117℃以下。

九、回流比

贫液质量与再生塔顶回流比有关。在再生塔底温度不变的情况下,提高蒸汽流率就提高了再生塔顶的回流比,贫液中的酸气含量也随之下降。

第三节 脱酸装置操作

一、日常操作

(一) 排油水操作

在生产过程中,要监视设备油水液位变化情况,防止有水带入脱酸装置,污染脱酸溶液。当进行排油水操作时,由于夹带有高含硫化氢天然气,危险性较大,应特别小心。

操作中应注意:

(1) 排污阀门缓慢打开,严禁快开或全开。

(2) 密切监视重力分离器和油水压送罐液位和压力变化情况,严防窜气或严重气液夹带,避免发生设备爆炸事故。

(3) 操作时必须两人以上(含两人),一人操作,一人监视液位和压力变化,两人互相监护。

(二) 过滤分离器切换操作

当过滤器的压差达到规定值时,需进行切换操作,例如将 A 切换至 B。过滤分离器切换操作注意事项如下:

(1) 确认 B 台过滤器的运行条件、设备是否正常,仪表是否完好。

(2) 打开投用过滤器的进口阀、出口阀,待运行正常,关闭 A 台过滤器的进口阀、出口阀。

(3) 打开 A 台放空阀泄压,至较低压力时关放空阀,开排油水阀,排尽后关排油水阀再开放空阀泄压至 0MPa。

(4) 打开氮气阀对 A 台过滤器进行氮气置换,排至火炬放空系统。

(5) 取样分析 H_2S 和 CO_2,合格后关闭放空阀和氮气阀。

(6) 拆开 A 台过滤分离器,检查清洗或更换过滤元件。

(7) A 台过滤分离器复位后,进行氮气置换,合格后关闭氮气阀,氮气管线加盲板,检漏合格后,打开 A 台过滤分离器出口阀备用。

(三) 吸收塔操作

由于 MDEA 与 H_2S 是瞬时反应,而与 CO_2 是慢反应。在达到所需的 H_2S 净化度后增加塔板数实际上几乎成正比地多吸收 CO_2,其结果是无论在何种气液比条件下运行,选择性总是随塔板数增加而变差。同时增加吸板数不仅对选择性不利,而且在高气液比条件下还因多吸收 CO_2 造成对 H_2S 的不利影响,从而导致 H_2S 的净化度变差。

随着循环量的减少,净化气 H_2S 含量随之上升,但选择性则是相应提高。因此,在保证净化气质量的前提下,应该选择合适的循环量,以保证酸性气体质量并实现装置节能降耗。

在 MDEA 法中,选择性随着塔板层数的减少而增强,随着气液比的增加而增强。为了便于调节,吸收塔没有多个贫液进口。由于吸收塔是在较高压力下操作,而与富液出口相连设备是在低压下操作,因此必须防止出现窜压事故。虽然 MDEA 水溶液与 H_2S、CO_2 的反应均受温度的影响,但 CO_2 的反应速率受温度的影响较大,提高贫液温度将加快溶液吸收 CO_2 的速率,但对 H_2S 吸收速率影响不明显,因此从选择性而言宜选用较低的吸收温度。

吸收实际操作中并不是贫液温度越低越好,还要综合考虑溶液黏度、轻质烃组分的冷凝等;为防止进口气中的轻质烃组分进入溶液,导致溶液系统发泡,应保持贫液温度比进口气温度高 5~10℃。

吸收塔日常操作注意事项:

(1) 控制适宜的气液比,根据原料气气质、气量和产品气质量及时调整循环量和贫液入塔层数。

(2) 控制好吸收塔压力、液位。

(3) 控制好溶液浓度、入塔贫液温度。

(4) 注意观察吸收塔的压差,及时分析压差发生变化的原因,判断塔的工作情况,防止溶液发泡或拦液而造成净化气质量不合格。

(5) 调整系统压力时应缓慢进行,避免聚升骤降。

(四) 再生塔操作

富液从再生塔上部进入,与塔内自下而上的蒸汽在塔内逆流接触,在富液逐渐加热过程中大部分酸性组分被汽提出来。富液在塔的下部变成半贫液进入重沸器加热后,返回再生塔进行气液两相分离,溶液成为贫液流入再生塔底,产生的二次蒸气与最后解吸出的酸性组分从塔底向塔顶流动。塔顶酸气经冷却分离出其中的酸水,进入硫磺回收单元处理,酸水则回流至再生塔顶部,用于降低酸气分压和维持系统溶液组成稳定。

再生塔的操作在低压下进行,影响其再生效果的主要因素为温度。影响再生温度的因素有溶液的循环量(进入再生塔的富液量)、溶液的酸气负荷、重沸器蒸汽量、酸水回流量、再生压力和富液入塔温度等,且它们之间是相互影响的。

再生塔正常运行时的注意事项:

(1) 避免进入再生塔的富液大幅度波动,控制好酸水回流量、重沸器蒸汽量,确保进入硫磺回收装置的酸气流量平稳。

(2) 平稳控制再生塔液位和压力,以免溶液循环泵发生抽空、汽蚀等故障。

(3) 控制好再生塔顶的再生温度,补充溶液和水时应缓慢进行,以稳定酸气量和再生质量。

(4) 胺法装置再生回流比一般为 3:1~1:1,回流比过低将影响贫液再生质量,过高将导致能耗增大,在日常操作中应保持适宜的回流比。

(五) 溶液发泡操作

MDEA 脱除天然气中的酸性气体是一个气液界面间传质并发生反应的过程,当采用板式塔时,气泡从塔板上的胺液中穿过,在正常情况下气泡穿过胺液后应迅速破裂。当塔内产生致密的气泡且相当稳定而不迅速破裂时,泡沫会被气流就夹带到上层塔板。塔内的持液量增加会影响液面变化。溶液发泡的原因很复杂,主要有以下几方面:

(1) 胺液发生降解出现降解产物，或溶液中有腐蚀产物硫化铁。
(2) 原料气带入溶液的烃类凝液或气田水、各种表面活性剂及阀门润滑油等。
(3) 贫液温度过低，溶液黏度过大。
(4) 吸收塔操作压力、流量波动大，处理量大，浮阀在塔盘上被卡死，有效截面积减少，气体流速过大发生拦液，导致起泡。
(5) CO_2 导致泡沫稳定性增加。脱酸溶液中通过入 CO_2 气体后，随吸收时间延长，脱酸溶液的起泡能力和泡沫稳定性增加。
(6) 溶液的浓度过高或过低，易于发泡。

为避免溶液发泡，日常操作需要注意以下事项：
(1) 控制天然气进吸收塔的压力、流量，防止波动过大导致发泡。
(2) 控制溶液再生温度，防止温度过高出现降解物。
(3) 控制天然气及胺液进吸收塔温度，温度过低则溶液黏度偏高，可能导致溶液发泡。
(4) 加强原料气的过滤，防止带入杂质。

加注消泡剂后系统可能会出现吸收塔差压下降、液位上升、液位调节阀开大等现象，此时应注意以下事项：
(1) 及时观察压力及液位。
(2) 调节吸收塔液位，防止窜气和满液。
(3) 调整溶液循环量，防止再生塔抽空、溶液循环泵损坏。
(4) 控制好闪蒸罐液位和压力、再生塔压力、重沸器蒸汽流量，保证再生质量，防止酸气流量波动过大。
(5) 密切监控酸水分离罐液位以及酸水回流泵的运行情况。

二、异常情况分析处理

（一）供电异常

1. 现象

现场转动设备运转不正常或停运。

2. 原因

供电系统故障。

3. 处理

(1) 关闭产品气外输阀，原料气、酸气作放空处理，系统保压；
(2) 关闭溶液循环泵出口阀和酸水回流泵出口阀；
(3) 关闭贫液流量调节阀、吸收塔液位调节阀、闪蒸罐液位调节阀、酸气分离器液位调节阀、酸气压力调节阀和重沸器蒸汽流量调节阀；
(4) 关闭贫液入塔流量调节阀前切断阀、小股贫液阀、吸收塔液位调节阀前切断阀和闪蒸罐至再生塔切断阀；
(5) 严密监视控制系统各点压力、液位；
(6) 电源恢复后按程序恢复生产。

(二) 溶液发泡

1. 现象

(1) 系统液位发生较大变化;

(2) 闪蒸气量出现较大波动;

(3) 湿净化气带液严重,净化度下降;

(4) 塔压差波动大。

2. 原因

(1) 原料气夹带污物进入系统,污染溶液;

(2) 贫液温度过低,原料气中的轻质烃组分凝结;

(3) 溶液含水量过低或过高,易发泡;

(4) 溶液杂质过多,过滤效果差。

3. 处理

(1) 加强原料气预处理装置的过滤和排污操作;

(2) 适当提高溶液温度;

(3) 调整溶液浓度;

(4) 加入适量消泡剂,平稳操作或适当减少处理量;

(5) 加强溶液过滤,做好溶液保护。

(三) 吸收塔拦液

1. 现象

(1) 吸收塔差压明显上升;

(2) 系统液位逐渐下降;

(3) 闪蒸气量波动较大。

2. 原因

(1) 溶液杂质过多,严重发泡;

(2) 气相、液相流量过大或流量波动过大;

(3) 吸收塔降液槽堵塞,浮阀卡死或堵塞,塔盘垮塌。

3. 处理

(1) 关小吸收塔液位调节阀,维持吸收塔液位,防止窜气;

(2) 在安全范围内,适当提高系统操作压力;

(3) 适当加入消泡剂;

(4) 如采取前面措施无效果,降低处理量运行;

(5) 如果产品气质量不合格,关闭产品气调节阀,原料气放空;

(6) 加强原料气和溶液过滤;

(7) 若无法维持生产,停产检修。

(四) 再生塔拦液

1. 现象

(1) 再生塔液位下降;

(2) 再生塔差压增大;

(3) 再生塔顶温度下降；
(4) 酸气量下降。

2. 原因

(1) 溶液杂质多，溶液发泡；
(2) 调节重沸器蒸汽量时波动过大；
(3) 气相、液相负荷过大；
(4) 富液过滤效果差，再生塔堵塞，造成拦液。

3. 处理

(1) 适当降低溶液循环量，以免再生塔底泵发生抽空、汽蚀等故障；
(2) 适当加入消泡剂；
(3) 适当提高再生塔压力；
(4) 适当减少重沸器蒸汽量；
(5) 加强溶液过滤操作；
(6) 适当降低处理量；
(7) 若无法维持生产，停产检修。

(五) 净化气质量异常

1. 现象

净化气 H_2S 含量明显上升。

2. 原因

(1) 原料气气质、气量波动；
(2) 原料气温度高；
(3) 贫液质量差；
(4) 溶液发泡；
(5) 贫液入塔温度过高；
(6) 贫液循环量低，气液比过高；
(7) 吸收塔性能下降。

3. 处理

(1) 加强与上游的联系，确保原料气气质、气量的平稳；
(2) 适当提高再生塔顶温度，加强溶液再生操作；
(3) 分析贫液质量，查找贫液质量差的原因；
(4) 如果溶液发泡，加强溶液过滤，投加消泡剂；
(5) 采取措施降低贫液入塔温度；
(6) 适当提高溶液循环量；
(7) 若无法维持生产，停产检修。

(六) 溶液再生质量异常

1. 现象

(1) 净化气 H_2S 含量上升；
(2) 贫液 H_2S 含量上升。

2. 原因

(1) 再生蒸汽量小，H_2S 解吸不彻底；

(2) 溶液水含量低，传热困难，再生效果差；

(3) 溶液发泡拦液；

(4) 设备故障（如贫富液换热器窜漏等），造成贫液质量下降。

3. 处理

(1) 适当提高再生蒸汽量，保证再生效果；

(2) 适当补充水，改善换热和再生效果；

(3) 加强溶液过滤，投加消泡剂；

(4) 适当降低再生塔压力；

(5) 分析贫液质量，查明设备故障部位，必要时停产检修。

(七) 溶液循环量偏低

1. 现象

(1) 贫液流量下降，贫液流量调节阀开大；

(2) 溶液循环泵出口压力波动。

2. 原因

(1) 泵或吸入管内有气体；

(2) 再生塔压力或液位过低；

(3) 管路不畅通；

(4) 电动机异常；

(5) 泵异常。

3. 处理

(1) 重新灌泵排气；

(2) 适当提高再生塔压力和液位；

(3) 检查疏通管路；

(4) 检修或更换电动机；

(5) 对泵检修或更换；

(6) 必要时停产检修。

(八) 再生塔液位异常

1. 现象

再生塔液位出现明显上升或下降。

2. 原因

1) 上升原因

(1) 原料气污液进入系统；

(2) 系统溶液发泡；

(3) 系统补充溶液过多；

(4) 系统补充水量过多；

(5) 冷换设备窜漏。

2) 下降原因

(1) 系统拦液；

(2) 湿净化气带液量大；

(3) 酸气温度高，带水量大；

(4) 清洗切换设备等操作，退出系统的溶液量大；

(5) 系统跑、冒、滴、漏严重。

3. 处理

1) 液位上升的处理

(1) 加强原料气排油水操作，防止污水、污油进入系统；

(2) 加强溶液过滤，降低溶液中杂质，减少溶液发泡；

(3) 控制好系统溶液补充量；

(4) 控制系统补充水量，必要时采取甩水操作；

(5) 检修窜漏设备。

2) 液位下降的处理

(1) 加强溶液过滤，降低溶液中杂质，减少溶液发泡拦液；

(2) 及时回收湿净化气分离器内溶液；

(3) 控制好酸气温度，加强酸水回收操作；

(4) 控制好系统溶液和水的补充量；

(5) 加强系统维护，杜绝跑、冒、滴、漏现象。

(九) 重沸器加不进蒸汽

1. 现象

(1) 再生塔顶温度低；

(2) 重沸器蒸汽流量下降。

2. 原因

(1) 溶液水含量低；

(2) 蒸汽及凝结水系统管路不畅；

(3) 再生塔半贫液集液槽或釜式重沸器挡板泄漏；

(4) 重沸器结垢，换热效果差。

3. 处理

(1) 调整溶液水含量；

(2) 排除蒸汽及凝结水系统管路故障；

(3) 加强溶液过滤，保持溶液清洁；

(4) 查明设备故障部位，停产检修。

(十) 闪蒸罐超压

1. 现象

(1) 闪蒸罐压力超高；

(2) 闪蒸罐安全阀启跳，发出异响，火炬火焰增大；

(3) 闪蒸气量增大。

2. 原因

(1) 进入闪蒸罐富液流量过大；

(2) 富液到再生塔流程堵塞；

(3) 闪蒸气流量调节阀故障或操作失误；

(4) 系统溶液发泡严重，富液夹带大量的烃类气体；

(5) 吸收塔液位失控，高压气体通过富液管线窜入闪蒸罐；

(6) 循环泵不上量或抽空，贫液出口流量联锁阀失灵，高压气体通过小股贫液管线窜入闪蒸罐。

3. 处理

(1) 关闭吸收塔底富液进入闪蒸罐的阀门；

(2) 打开闪蒸罐至再生塔液位调节的阀门；

(3) 打开闪蒸罐放空阀，将闪蒸罐泄压至正常压力范围；

(4) 控制闪蒸罐液位，防止闪蒸罐满液逸出至放空系统；

(5) 如果酸气波动大，及时调节硫磺回收装置；

(6) 检查系统设备，重新调校闪蒸罐安全阀；

(7) 调校相关仪表。

三、常见故障分析及其处理措施

(一) 吸收塔冲塔

1. 现象

(1) 吸收塔液位迅速下降；

(2) 吸收塔差压先升后降，波动幅度大；

(3) 湿净化分离器液位上升；

(4) 净化气 H_2S 含量上升；

(5) 管线发出啸叫声。

2. 原因

(1) 吸收塔进气量过大；

(2) 溶液发泡、拦液严重；

(3) 塔盘堵塞，浮阀卡死。

3. 处理

(1) 控制好吸收塔液位，防止窜气；

(2) 打开原料气放空压力调节阀，系统保压；

(3) 关闭产品气压力调节阀，产品气停止外输；

(4) 降低溶液循环量；

(5) 若是系统溶液发泡，加入消泡剂，加强原料气和溶液过滤；

(6) 回收湿净化气分离器中的溶液，并补充至系统；

(7) 若拦液冲塔现象得到控制或消除，及时恢复正常生产；

(8) 若拦液冲塔现象短时间内无法控制或消除，装置紧急停产。

(二) 再生塔冲塔

1. 现象

(1) 再生塔液位迅速下降；

(2) 再生塔差压先升后降，波动幅度大；

(3) 酸气分离器液位迅速上升；

(4) 酸气流量波动大；

(5) 塔顶再生温度波动大。

2. 原因

(1) 溶液发泡、拦液严重；

(2) 塔盘或填料堵塞。

3. 处理

(1) 降低溶液循环量控制再生塔液位，防止循环泵抽空；

(2) 降低重沸器蒸汽用量，适当提高再生操作压力；

(3) 加强酸气分离器操作，防止溶液带入硫磺回收装置；

(4) 控制好闪蒸罐进入再生塔的富液量；

(5) 若是系统溶液发泡，加入消泡剂，加强原料气和溶液过滤；

(6) 补充系统溶液，维持再生塔液位正常；

(7) 若拦液冲塔现象得到控制或消除，及时恢复正常生产；

(8) 若拦液冲塔现象短时间内无法控制或消除，装置紧急停产。

(三) 系统窜压

1. 现象

系统窜压的现象可分为高压窜中压和高压窜低压两种情况。

高压窜中压有以下现象：

(1) MDEA 闪蒸罐压力瞬间超高，安全阀启跳。

(2) 闪蒸气量猛增，闪蒸气压调阀开度增大，燃料气管网安全阀启跳。

(3) 燃料气罐压力瞬间超高，燃料气罐安全阀启跳。

(4) 火炬火焰增大。

高压窜低压有以下现象：

(1) MDEA 再生塔压力瞬间超高、安全阀启跳、酸气放空。

(2) 酸气压调阀开度增大，主燃烧炉温度升高、回压迅速上升。

2. 原因

系统窜压的原因可分为高压窜中压和高压窜低压。

(1) 高压窜中压：MDEA 吸收塔假液位（比实际液位偏高较多），现场实际液位太低，联锁阀未动作，造成 MDEA 吸收塔高压天然气窜入 MDEA 闪蒸罐。

(2) 高压窜低压：MDEA 溶液循环泵停运，出口阀未能及时关闭，单向阀失灵，造成 MDEA 吸收塔高压天然气通过泵入口窜入 MDEA 再生塔。

3. 处理

系统窜压的处理措施可分为高压窜中压和高压窜低压两种情况。

高压窜中压处理措施如下：

(1) 手动关闭吸收塔液位超低联锁阀、吸收塔液位调节阀。

(2) 关闭吸收塔液位调节阀切断阀。

(3) 开启 MDEA 闪蒸罐和燃料气罐手动放空阀，手动放空闪蒸气、燃料气，待压力正常后，关闭手动放空阀。

(4) 待中压系统压力恢复正常后，操作人员佩戴安全防护器材对设备、管线及附件进行检查。

(5) 适当提高 MDEA 溶液循环量，对 MDEA 吸收塔建液位。

(6) 联系仪表人员检查、调校液位。

(7) 待 MDEA 吸收塔液位正常后，开启吸收塔液位超低联锁阀和吸收塔液位调节阀，逐渐建立溶液循环。

高压窜低压处理措施如下：

(1) 关闭流量调节阀，开启酸气压力超高放空阀，关闭硫回收单元的酸气联锁阀和流量调节阀，进行原料气手动放空（应控制系统压力）。

(2) 将产品气压力调节阀置于手动并关闭，停止向下游输送产品气。

(3) 关闭 MDEA 溶液循环泵出口阀。

(4) 待低压系统压力恢复正常后，操作人员佩戴安全防护器材对设备、管线及附件进行检查。

(5) 检查正常后，对贫液管路系统进行充分排气。排气完毕后，启运 MDEA 溶液循环泵进行溶液循环。

(6) 逐步向系统进原料气，调整溶液循环量，当产品气合格后外输。

(7) 酸气流量正常后，硫磺回收单元酸气恢复生产。

（四）天然气泄漏

天然气在空气中含量达到一定浓度后会使人窒息，如果天然气处于高浓度的状态，并使空气中的氧气不足以维持生命会导致人死亡。同时部分原料气中含有硫化氢，硫化氢有剧毒性，溶于水后为强酸。通常硫化氢中毒时会对身体造成很多的危害，主要以中枢神经系统、呼吸神经系统和其他多脏器官受损为主。因此在天然气净化厂发现天然气泄漏要及时、有效地处理。

1. 现象

(1) 现场有异味或装置声音异常刺耳。

(2) 系统天然气压力波动。

(3) 现场可燃性气体检测器报警。

2. 原因

(1) 设备、管线、阀门等法兰连接密封面损坏。

(2) 磁翻板液位计上下丝堵损坏。

(3) 管线弯头处损坏。

(4) 压力表损坏。

(5) 管道破损。

3. 处理

当发现现场有天然气泄漏时,第一发现人应立即报告班长,班长快速上报值班人员,值班人员上报值班领导,值班领导上报厂调度。汇报一定要明确发生的时间、地点、性质、影响范围、时间、发展趋势和采取措施等。

在处理天然气泄漏时,应根据其泄漏和燃烧特点,迅速有效地排除险情,避免发生爆炸燃烧事故。在处理天然气泄漏,排除险情的过程中必须贯彻"先防爆,后排险"的指导思想,坚持"先控制火源,后制止泄漏"的处理原则,灵活关阀断气,堵塞漏点。

1)可控

(1)发现漏点后首先拉起警戒线,防止其他操作人员不知情误入现场,避免发生意外,同时现场人员佩戴空气呼吸器。

(2)开始逐级上报泄漏情况。

(3)根据泄漏点的实际情况判断泄漏是否可控,如可控则切断泄漏点,确保装置正常运行。

(4)施工人员佩戴空气呼吸器进入现场进行维修处理泄漏点,并做好所有现场人员信息登记记录。

(5)待漏点处理好后验漏,并检查现场环境是否合格,合格后恢复原有状态。

(6)收拾工具、清理现场。

2)不可控

(1)现场人员发现漏点后先拉起警戒线,防止其他操作人员不知情误入现场,避免发生意外,同时现场人员佩戴空气呼吸器。

(2)判断泄漏不可控,同时逐级上报。如现场有中毒人员应将中毒人员拖至安全地点,并实施营救措施,同时拨打120派专人负责接待护送。

(3)在领导的安排下,班长组织人员紧急停车,现场放空。凡进入现场的人员必须佩戴空气呼吸器,同时做好人员信息登记。

(4)专业维修人员进入现场开始处理(有监护人员)。

(5)待维修好后进行检漏,并对现象进行环境监测,确认是否达操作条件。

(6)条件满足后恢复生产。

(7)收拾工具清理现场。

(五)装置停电

电力系统是装置中最为重要的一部分,所有的阀门、信号、点火都要用电来处理,当装置区紧急停电时,装置会出现憋压、高温、高液位等一系列危害,严重时会造成泄漏着火事故。因此,当装置紧急停电后应立即安排人员进行处置。

1. 现象

(1)装置区照明系统停电,中控室照明灯突闪。

(2)MDEA贫液循环泵、TEG贫液循环泵、MDEA再生塔顶回流泵、锅炉给水泵、MDEA贫液空冷、MDEA再生塔顶空冷、电加热器、压缩机、干燥器和锅炉均停运。装置内电子仪表失灵,声光报警系统失灵。

（3）MDEA 贫液温度、酸气温度升高；MDEA 再生塔液位逐渐升高；MDEA、TEG 循环量降为零；DCS 报警。

（4）系统压力波动大。

2. 原因

（1）自然因素造成动力停电。

（2）站内装置供电系统出现故障。

（3）电力部门供电系统出现故障。

（4）电网出现晃电、欠压、失压。

3. 处理

1）班长处理措施

（1）将厂区停电情况及时上报至站值班人员。上报流程：班长→站值班人员→值班领导→生产副站长→站长，并报厂调度及相关科室、厂级领导。

（2）现场指挥人员关闭脱碳装置、脱水装置相关阀门，防止高压窜低压以及加热温度过高。

（3）随时向站值班人员、站领导汇报停电故障处理进展。

（4）及时联系电气组，询问停电原因、电力恢复时间，如遇长时间停电（>30min）则应请示值班领导是否通知上下游单位停止进气、输气以及对装置进行保压或放空等操作。

2）中控室处理措施

（1）关闭 MDEA 吸收塔塔底液位调节阀、MDEA 闪蒸罐液位调节阀以及 MDEA 贫液流量计。

（2）关闭 TEG 吸收塔塔底液位调节阀门、TEG 闪蒸罐液位调节阀。

（3）立即电话通知上下游和厂调度本厂的停电情况。同时，密切观察各塔、罐液位压力，尤其是涉及高低压互窜的控制点。

（4）关闭 MDEA 再生塔底重沸器蒸汽流量控制阀。

（5）正常供电，对装置进行恢复生产，将运行参数调整至最佳。

3）外操人员处理措施

（1）关闭 MDEA 贫液循环泵出口阀。

（2）关闭 MDEA 吸收塔塔底液位调节阀以及 MDEA 闪蒸罐液位调节的前后阀门。

（3）关闭湿净化器分离器至 MDEA 闪蒸罐的阀门。

（4）关闭 TEG 贫液循环泵出口阀。

（5）关闭 TEG 吸收塔底液位调节阀与 TEG 闪蒸罐液位调节阀的前后阀门。

（6）关闭 MDEA 贫液流量计前后手阀。

（7）关闭 TEG 再生橇加热炉燃料气阀门。

（8）密切关注仪表风、工厂风储罐压力，确保停电期间仪表风的正常供给。

（9）正常供电，对装置进行恢复生产操作。

4）司炉工处理措施

（1）关闭燃料气进入锅炉的阀门。

（2）将锅炉切出系统，关闭分气缸蒸汽出口阀门，短时间对锅炉进行保压操作，长时间打开锅炉放空泄压。

（3）正常供电，对装置进行恢复生产操作。

5）电工处理措施

（1）检查高低压配电室机柜运行是否正常。

（2）若机柜运行正常，则联系上游供电单位确定停电原因及何时能正常供电。

（3）若工业用电电路无法正常供电，则可将电路切换至民用供电网供电。

（4）正常供电（或电压稳定）后，电工配合外操人员迅速启动停运的所有设备，待设备正常运行后，内操人员逐渐调整各运行参数至正常值。

（六）仪表风系统故障

仪表风系统是装置重要的一部分，当装置长时间停风，仪表风压力骤降时，所有气控阀门将无法动作，各设备会出现憋压、高温、高液位等一系列危害，严重时会造成泄漏着火事故。因此，当装置紧急停风后应立即安排人员进行处置。

1. 现象

（1）DCS 系统中仪表风压力值低于正常值，且压力持续下降，仪表风低压报警。

（2）低压配电柜停电，空气压缩机与仪表风干燥橇块的 PLC 显示故障导致空气压缩机或仪表风干燥橇块的设备停运。

（3）现场发现仪表风管线大量泄漏。

（4）现场仪表远程控制不灵敏，甚至发生联锁关断或打开。

2. 原因

（1）装置系统长时间停电。

（2）空气压缩机或仪表风干燥器故障，包括配电柜断电、PLC 系统控制故障等。

（3）仪表风管线泄漏量过大。

3. 处理

1）班长处理措施

（1）将停风事故情况及时上报至厂（站）值班人员。上报流程：班长→厂（站）值班人员→值班领导→生产副厂（站）长→厂（站）长，并报厂调度及相关科室、厂级领导。

（2）根据厂内预案，现场指挥当班人员对停风事故进行处理。

（3）随时向厂（站）值班人员、厂（站）领导汇报停风故障处理进展。

（4）若停风事故无法及时有效处理，应在厂（站）领导的统一安排下对装置进行紧急停车处理。

2）中控处理措施

（1）密切关注仪表风系统压力变化情况，同时关注装置风阀、切断阀的运行情况，保持与班长及现场人员联系。

（2）联系电气人员对配电柜、线路进行检查。

3）外操处理措施

（1）立即现场排查停风故障的原因。

(2) 若正在向装置区供应工厂风,则立即关闭工厂风至装置区的闸阀,停止向装置区供工厂风。

(3) 若现场仪表风管线泄漏量大,立即对泄漏点进行隔离并进行紧急处理。

(4) 若空气压缩机或仪表风干燥橇块某一台出现故障,应立即切换至备用设备并手动运行。

(5) 若低压配电柜断电或PLC控制系统无法正常工作,当仪表风压力降至0.5MPa时,应立即启动氮气系统向仪表风系统供风,即打开氮气储罐与仪表风储罐相连管线的阀门,并搬运足够的氮气瓶实时准备向氮气系统补充氮气。

(6) 现场实时关注切断阀、风阀的运行情况。

四、硫磺回收工艺

天然气中含有H_2S时,不仅会污染环境,而且对天然气的生产和利用都有不利影响,故需采取措施脱除其中的H_2S。此外,从天然气中脱除的H_2S又是生产硫磺的重要原料。设置硫磺回收装置,既可使宝贵的硫资源得到综合利用,又可防止环境污染。

天然气净化厂主要采用以空气为氧源、将H_2S转化为硫磺的克劳斯工艺回收硫磺。克劳斯法工艺从再生出来的酸性气体中回收硫的工艺是天然气或炼厂气净化中应用最广泛的工艺。

自20世纪80年代中期开始,为了提高硫回收率以保护环境,降低装置能量消耗,并解决从贫酸气及组成复杂的原料气中回收硫等问题,克劳斯法工艺技术有了很大的改进,主要体现在开发出多种新型工艺、硫磺回收工艺与尾气处理工艺相结合、配套催化剂的研制,以及在深入研究反应机理的基础上,形成了多种数学模型与模拟计算软件,其主要技术发展动向大致可归纳为以下四个方面。

(一) 亚露点硫磺回收工艺

从热力学角度分析,经典的克劳斯法制硫过程中,H_2S最高能达到的总转化率只取决于最后一个催化反应器的操作温度,由于受到气相中硫露点的限制,其最低操作温度通常只能控制在180~200℃范围内。

20世纪70年代开发成功的冷床吸附(CBA)法,首次突破了硫露点对操作温度的限制,使克劳斯法工艺在低于硫露点的温度下进行,生成的液硫则吸附在低温反应催化剂上。在CBA法的基础上,随后又成功开发了MCRC、Clinsulf-SDP等多种类型的亚露点法工艺,从而将克劳斯法工艺的总硫收率提高到约99.2%的水平。

(二) 直接氧化制硫工艺

克劳斯反应属化学平衡反应,其平衡常数受反应温度的限制,但硫化氢直接氧化为元素硫和水的反应属强放热反应,反应过程很难控制,反应热又无法回收。基于以上原理,常规克劳斯工艺与H_2S直接氧化相结合形成了超级克劳斯法。此法不要求精确地控制H_2S和SO_2的比例为2:1,甚至要求在前级反应器中H_2S保持过剩,而在直接氧化反应器的催化剂床层中补入空气,在一种特制的催化剂上将H_2S氧化成单质硫。此工艺可使装置的总硫收率达到99%~99.5%的水平。

(三) 氧基硫磺回收工艺

为解决 H_2S 含量很低的贫酸气制硫及已建装置的扩容等问题,在克劳斯法工艺中采用以富氧空气取代常规空气的氧基硫磺回收工艺受到普遍重视。目前,约15%的克劳斯法装置在不同程度上利用了富氧空气。对于建在炼厂的装置,利用氧基硫磺回收工艺来提高燃烧炉温度具有重要意义。

(四) 液相氧化还原法工艺

液相氧化还原法脱硫适于中低含硫及中小规模天然气脱硫或酸气处理,它为硫化氢回收提供了一种恒温、低成本运行的方法。大量技术经济对比研究和工业实践表明,对于碳硫比高而含硫量很低的天然气,或者硫磺回收量小于25t/d的贫酸气,采用液相氧化还原法处理在技术上是可靠的,在经济上则更加有利。

1. 工艺原理

液相氧化还原反应式如下:

$$H_2S + 1/2O_2 =\!=\!= H_2O + S$$

这一反应发生于水基溶液中,通过加入水溶性金属离子完成该反应。因为在空气或酸气中,水溶性金属离子容易被氧气氧化,并有稳定的电极将硫离子氧化成单质硫。

该化学反应可以划分为吸收和再生两个部分。

1) 吸收部分

(1) 络合剂水溶液吸收 H_2S 气体:

$$H_2S(气体) + H_2O \Longleftrightarrow H_2S(水合) + H_2O$$

(2) 离解:

$$H_2S(水合) \Longleftrightarrow H^+ + HS^-$$

(3) 高价铁离子(Fe^{3+})氧化二价硫:

$$HS^- + 2Fe^{3+} =\!=\!= 2Fe^{2+} + H^+ + S$$

吸收部分总方程式:

$$H_2S(气体) + 2Fe^{3+} =\!=\!= 2H^+ + S + 2Fe^{2+}$$

2) 再生部分

(1) 络合溶液吸收氧气:

$$1/2O_2(气体) + H_2O \Longleftrightarrow 1/2O_2(水合) + H_2O$$

(2) 亚铁离子再生反应(Fe^{2+})

$$1/2O_2(水合) + H_2O + 2Fe^{2+} =\!=\!= 2OH^- + 2Fe^{3+}$$

再生部分总方程式:

$$1/2O_2(气体) + H_2O + 2Fe^{2+} =\!=\!= 2OH^- + 2Fe^{3+}$$

2. 工艺流程

液相氧化还原法工艺流程如图 1-3-2 所示。

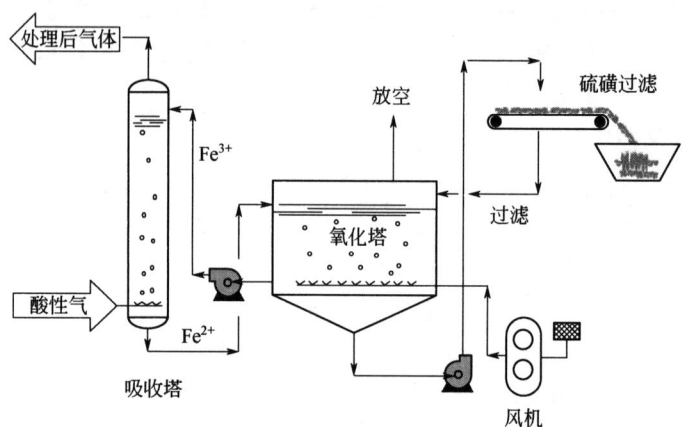

图 1-3-2 液相氧化还原法工艺流程

图 1-3-2 中双塔型结构适用于原料气中含有不能与空气接触的气体，或来源气带压，处理后需返回利用等状况。

内外筒结构自循环在处理胺酸气体及其他非易燃低压气体时可以使用。在该系统中，吸收器和氧化器被整合为一个装置，从而减少一个容器，也省去溶液循环泵以及相关的管道等装置，如图 1-3-3 所示。

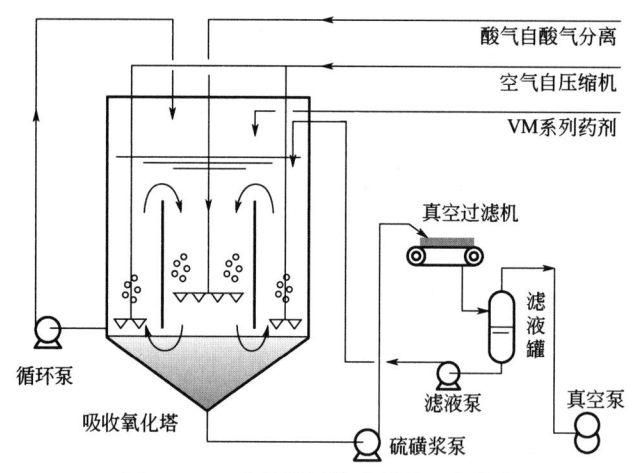

图 1-3-3 内外筒结构自循环工艺流程

3. 添加剂

1）铁氧化剂

催化剂溶液中的铁浓度必须保持在设计水平以保证可以获得足够的铁使硫化物经过氧化转变成元素硫。

为补偿系统中随硫饼或系统排放输出流失的铁，铁以浓缩螯合铁合成物的形式被连续添加入系统。

2）螯合剂

铁借助螯合剂的作用溶于溶液里。这种特殊的化学品混合物能够使铁稳定适应 pH 值的大范围波动，从而也使运行成本费用最小化，螯合剂就是用于这个目的的稳定螯合物。

3）细菌抑制剂

为防止任何细菌在硫磺回收系统内生长的潜在可能，需要向系统中连续添加少量的细菌抑制剂。

4）硫磺润湿剂

硫磺颗粒会附着于微小的气泡上，或是被碳氢化合物裹挟因而漂浮于溶液的表面，而不是从溶液中沉淀析出。连续添加入少量的硫磺润湿剂可以促进硫颗粒的润湿，使其能够沉淀于氧化装置的圆锥形底部，并因而能够被清除出系统。

5）消泡剂

不符合需要的外部物质进入系统或者过度添加硫磺润湿剂都会引发泡沫。如果出现泡沫，可以根据情况一次性添加非常少量的消泡剂。

6）稳定剂

在处理过程中会连续产生出少量的硫代硫酸盐，虽然硫代硫酸盐是一种副产品，但也具有减少螯合物降解的有益副作用。由于在系统启动的初始阶段中溶液里的硫代硫酸盐非常少，因此需要在这段时间内加入一种浓缩的硫代硫酸盐溶液，用以阻止螯合物的降解。

7）pH 值调节剂

为了在一定程度上减少具有竞争性的副反应的发生，需要加入一些碱性材料以维持溶液 pH 值的相对稳定，确保硫化氢的吸收状况良好。

五、硫磺成型

硫磺成型是将液硫制成市场所需要的、合乎安全及环保要求产品的过程。随着环保及安全要求日趋严格，成型工艺的重要性也在上升。

液硫冷却后成为固体，早期常在池内自然冷却，然后机械破碎为块状硫。在破碎过程中有粉尘产生且劳动条件差，硫磺也易被杂质所污染。在产量很小时也曾采取在盒内冷却然后取出的办法。这些简易方法现已淘汰。

为了提高成型工艺的机械化程度，国外开发了带式结片工艺，国内也开发了转鼓结片工艺，产品呈大小不等的片状，虽然解决了劳动强度的问题，但由于片状硫磺易脆，装运过程中会产生大量硫磺粉尘，存在安全隐患及污染环境问题。

硫磺的脆性与其颗粒的尺寸有关，随尺寸增大而脆性迅速上升。因此，当前硫磺成型的主流工艺是造粒工艺，所得产品颗粒规整、不易破碎产生粉尘问题。应用较多的造粒工艺是钢带造粒工艺和滚筒造粒工艺。此外，空冷造粒及水冷造粒工艺也曾建有不少装置。

（一）转鼓结片工艺

四川石油设计院于 20 世纪 60 年代开发了转鼓结片工艺，在国内天然气净化厂及炼油厂的中小型硫磺回收装置中得到相当广泛的应用。

液硫泵送的液硫经分布管较均匀地分布到旋转的转鼓上面，在转鼓内壁以水将其冷却至65℃左右凝固，以刮刀将其剥离，硫磺片厚约4mm，装置的处理能力为4t/h。

（二）带式结片工艺

带式结片工艺是在旋转的长带上铺洒一层液硫，带下以水间接冷却，至65℃硫磺凝固，在其离开旋转带时以刮刀破碎之。瑞典Samd-vik公司的带式结片工艺使用不锈钢带，加拿大Vennard&Ellithorpe公司则使用橡胶带。

（三）钢带造粒工艺

钢带造粒工艺的主要特点是液硫通过一个造粒机在钢带上冷却形成一个个半球颗粒，由于冷却时液硫收缩，因此颗粒顶部常产生一些小洞。为使半球状硫磺易于剥离，钢带上敷有脱膜剂。

第四章 天然气脱水

天然气中以液相或气相存在的水均会降低管道的输送能力,在较低温度下还有可能形成固体水合物,堵塞阀门、管路和设备。含有 CO_2、H_2S 等酸性气体的天然气带水,会加剧设备、管道的腐蚀。为了减轻设备腐蚀等危害,达到合格的管输标准,必须对天然气进行脱水,使其露点达到一定要求。天然气脱水方法主要有低温冷却法、吸收法、吸附法等,其中应用最广泛的脱水方法是三甘醇脱水法和分子筛吸附法。

第一节 三甘醇脱水法

一、工艺原理

溶剂吸收法脱水是利用某些亲水液体良好的溶水能力,并且不与水分发生化学反应,与天然气在塔内逆流接触脱除水蒸气,吸收了水蒸气的溶剂通过再生去除水分后循环使用的方法,甘醇法在天然气脱水中使用较普遍。

甘醇类化合物具有良好的吸水性,此类包括乙二醇、二甘醇、三甘醇及四甘醇等。甘醇脱水原理是每个甘醇分子有两个羟基(-OH),在结构上与水相似,甘醇的羟基与水分子可以形成氢键,由于缔合分子的键长很长,键能小,因此缔合分子是可逆的,并且可在低于甘醇沸点,高于水的沸点温度下再生提纯以供循环使用。

根据脱水效果、运行成本和可靠性,工艺生产装置广泛采用的溶剂是三甘醇(TEG),三甘醇脱水露点降可达-40℃。

二、工艺流程

湿净化气经分离器分离后,进入脱水塔底部向上流经各层塔板,与向下流动的三甘醇溶液逆流接触吸收水汽。从塔顶流出的干净气与贫三甘醇溶液换热后进入产品气管道外输。吸收了水汽的三甘醇溶液先经再生精馏柱预热后进入闪蒸罐,闪蒸出来的烃类气体作为燃料气回收利用。富液从闪蒸罐出来后与从缓冲罐出来的高温贫液在贫富液换热器中进一步换热后进入再生釜进行再生,脱出所吸收的水汽后成为贫三甘醇。通过向重沸器与缓冲罐之间的贫液汽提柱通入汽提气,可以提高贫甘醇溶液浓度。再生后的贫三甘醇经换热冷却,由甘醇泵加压进入脱水塔顶,与干净化气换热后循环使用。

三、装置操作

(一)日常操作

1. 脱水塔操作

湿天然气在脱水塔中的脱水效果随贫三甘醇浓度、循环比和脱水塔塔板数的增加而增加。三甘醇的循环量一般为 12.5~33.3L/kg。

脱水塔脱水深度受水在天然气-贫甘醇体系中气液平衡的限制。已知吸收温度、所要求的干气实际露点（其值一般比相应的平衡露点高 3~6℃），通过吸收塔的平衡露点、吸收温度和贫三甘醇浓度，可以确定达到所要求露点降时贫甘醇最低浓度。不论吸收塔塔板数（或填料高度）和贫三甘醇循环比如何，低于此浓度时出塔干气就不能达到露点要求。在三甘醇循环比和贫液浓度恒定的情况下，塔板数越多，露点降越大。

根据脱水装置日常操作工艺要求需要注意以下几方面：
（1）控制适宜的循环量；
（2）控制脱水塔温度、压力、液位；
（3）控制贫液浓度和贫液入塔温度；
（4）控制产品气的水含量、甘醇溶液夹带量；
（5）调整系统压力时应缓慢，防止产品气夹带大量三甘醇；
（6）定期检查和回收脱水塔底部分离出来的液体。

2. 再生釜系统操作

再生釜系统一般由精馏柱（包括回流冷凝器）、再生釜及缓冲罐组合而成。在再生釜与缓冲罐之间还设有贫液汽提柱。再生釜通常在常压下操作。

1）精馏柱

由脱水塔出来并经过预热、闪蒸后的富甘醇在再生釜精馏柱和再生釜内进行再生。精馏柱顶部设有冷却盘管（回流冷却器）、通过控制柱顶温度，使上升的部分水蒸气冷凝，成为柱顶冷回流。较高的精馏柱顶温度会增加甘醇的损失；较低的精馏柱温度导致更多的水冷凝，将增加再生釜的热负荷。

通过控制进入冷却盘管的富液量来实现精馏柱顶部温度的精确控制。在日常操作中，当温度低于设定值时，应及时减小进入冷却盘管的富液量，开大旁通量；当温度高于设定值时，应及时增加进入冷却盘管的富液量，减小旁通量。

2）再生釜

再生釜的作用是提供热量将富甘醇加热到一定温度，使甘醇溶液吸收的水分汽化，甘醇溶液得到再生。再生釜一般为卧式容器，当没有其他合适热源时，天然气净化装置常采用火管加热。甘醇在高温下易分解变质，应严格控制再生釜再生温度。

再生釜日常操作应注意：
（1）三甘醇再生温度不能超过 204℃；
（2）检查再生釜液位，液位下降应立即停炉检查；
（3）检查加热炉火焰燃烧状况，调整配风；
（4）清扫加热炉进风滤网，防止滤网堵塞。

3）缓冲罐与汽提柱

再生后的热贫甘醇进入缓冲罐。部分装置缓冲罐内部设有换热盘管，有的缓冲罐中不设换热盘管，换热器在外部单独设置。在再生釜和缓冲罐之间的汽提柱还填充有填料，汽提气采用经过预热的产品气，从贫液汽提柱下方通入。再生汽提气经冷却分离后，灼烧排空。加入汽提气主要是为了降低再生釜汽相中的水汽分压，提高三甘醇贫液浓度，其浓度能达到99.2%（质量分数）以上。

汽提气量应控制合理：过大对贫液浓度的提高无明显效果，同时还会增加天然气消耗和三甘醇损耗；过小则可能导致贫液再生质量下降，造成产品气水含量超标。

3. 明火加热炉点火

三甘醇脱水装置普遍采用明火加热方式，也有采用中压蒸汽加热或电加热的方式。采用明火加热方式时，点火操作要严格按照吹扫、点火、开气三步进行。点火操作常采用自动程序点火或现场手动点火。无论哪种点火操作，点火前都应对加热炉进行吹扫操作，且吹扫时间不能太短，以保证炉内可燃气体浓度符合安全要求。

4. 往复系统操作

往复泵具有低流量、高扬程的特点，所以脱水装置三甘醇循环普遍采用往复泵，并可采用变频调速的方法来进行三甘醇流量调节，以达到节能的目的。往复泵属于正位移泵，它的出口压力随出口管路压力的增加而增加，因此启动往复泵时，应先全开回流阀然后启泵，通过缓慢关小回流阀将出口压力调节到系统压力，再全开出口阀，最后全关回流阀。

5. 补充溶液操作

三甘醇溶液损失主要由热降解、氧化降解、溶液夹带、汽提气夹带、蒸发损失、跑、冒、滴、漏等原因造成。对正常运行的装置，每处理$100\times10^4 m^3$天然气，三甘醇损失通常为8~16kg，超过范围时应检查原因。采取平稳操作、溶液氮气保护、合理的汽提气量、再生温度控制、设备维护保养、杜绝跑、冒、滴、漏等措施，可以降低溶液损失。当系统存液量减少时，应及时向系统补充溶液。

常见的溶液补充方式有补充至再生釜和补充至缓冲罐两种。这两种方法均能实现系统溶液的补充。无论采取哪种方法，当补充速度过快、补充量过大时，都存在以下风险：

（1）若补充的溶液含水较高、温度较低，溶液受热急剧汽化出现炸沸现象，三甘醇溶液随水汽被带出系统，造成三甘醇损失；

（2）降低再生温度和贫液浓度，影响产品气质量。

综上所述，在进行三甘醇溶液补充时应严格控制补充速度。

6. 操作优化

（1）选择合理的操作参数：各种操作参数中，温度对三甘醇损失量的影响最大。脱水塔温度应保持在20~50℃，超过50℃后三甘醇蒸发损失量过大。严格控制再生釜再生温度，不应超过204℃。

（2）平稳控制闪蒸压力和液位，提高闪蒸效果。合理控制汽提气量，减少溶液损失和废气排放。

（3）保持溶液清洁。加强湿净化气分离、溶液过滤、溶液保护的操作，确保溶液清洁，避免系统发泡、拦液。

（4）保持系统平稳，防止大幅度波动。

（二）异常情况处理

1. 供电异常

1）现象

现场转动设备运转不正常或停运。

2）原因

装置供电系统故障。

3）处理措施

（1）关闭产品气外输阀，湿净化气放空，系统保压；

（2）关闭三甘醇溶液循环泵出口阀；

（3）关闭脱水塔液位调节阀、闪蒸罐液位调节阀、汽提气流量调节阀、手动联锁再生釜明火加热炉燃料气联锁阀和明火加热炉温度调节阀；

（4）严密监视控制系统各点压力、液位；

（5）电源恢复后按程序恢复生产。

2. 产品气水含量偏高

1）现象

产品气含水量升高。

2）原因

（1）湿净化气处理量波动；

（2）湿净化气温度偏高、含水量大；

（3）三甘醇质量差；

（4）贫液入塔温度过高；

（5）三甘醇溶液循环量低；

（6）溶液发泡；

（7）脱水塔性能下降。

3）处理措施

（1）加强上游操作，确保湿净化气气量的平稳，适当降低湿净化气温度；

（2）分析贫液质量，查找贫液质量差的原因；

（3）适当提高再生温度，增加汽提气量；

（4）调整入塔贫液温度；

（5）适当提高溶液循环量；

（6）如果溶液发泡，投加消泡剂，加强溶液过滤；

（7）若无法维持生产，停产检修。

3. 溶液再生质量差

1）现象

（1）产品气水含量偏高；

（2）贫液中水含量偏高。

2）原因

（1）再生温度较低；

（2）再生压力较高；

（3）汽提气流量偏低；

（4）溶液氧化、变质；

（5）设备故障（如换热器窜漏等），造成贫液再生质量下降。

3)处理措施

(1)适当提高再生温度;

(2)检查疏通废气管路,降低再生压力;

(3)适当提高汽提气流量;

(4)分析贫液质量,查明设备故障部位,必要时停产检修。

4. 溶液发泡

1)现象

(1)脱水塔压差上涨;

(2)脱水塔液位调节阀波动较大;

(3)产品气含水量波动较大。

2)原因

(1)处理量过大,气流速度过高;

(2)操作不平稳,波动较大;

(3)溶液被液烃、缓蚀剂、盐类等杂质污染。

3)处理措施

(1)精心调整,确保系统平稳运行;

(2)加消泡剂临时处理发泡问题;

(3)保证贫甘醇温度高于气体进口温度约5℃,防止烃类冷凝析出;

(4)提高闪蒸效率;

(5)控制再生温度,防止甘醇过热降解;

(6)加强富液过滤,及时清洗和更换过滤元件;

(7)防止氧气进入系统产生降解,保持溶液 pH 值正常。

5. 系统液位偏低

1)现象

正常操作中,缓冲罐液位出现明显下降。

2)原因

(1)溶液发泡或拦液;

(2)进料气气速过高,干净化气带液严重;

(3)再生温度过高,溶液分解严重;

(4)汽提气量过大,溶液被废气带走;

(5)溶液跑、冒、滴、漏严重。

3)处理措施

(1)加消泡剂,加强溶液过滤和溶液保护,避免溶液发泡、拦液;

(2)控制合适的气速,加强干净化气分离器的操作,降低干净化气带液量;

(3)控制合理的再生温度,降低溶液分解;

(4)适当降低汽提气量。

6. 明火加热炉燃烧异常

1) 现象

(1) 火焰燃烧不稳定；

(2) 炉膛积炭严重；

(3) 燃料气流量偏高；

(4) 废气烟囱冒黑烟。

2) 原因

(1) 配风不合理或配风过滤网堵塞；

(2) 燃料气带重烃；

(3) 再生釜温度控制故障；

(4) 明火加热炉炉管穿孔，泄漏三甘醇。

3) 处理措施

(1) 清洗滤网，调整配风；

(2) 提高燃料气质量；

(3) 调校温度调节控制系统；

(4) 若明火加热炉火管穿孔，应停产检修。

(三) 常见故障分析及其处理措施

1. 闪蒸罐超压

1) 现象

(1) 闪蒸罐压力过高，安全阀启跳，发出异响；

(2) 闪蒸罐压力先升后降；

(3) 闪蒸气量增大；

(4) 火炬火焰增大。

2) 原因

(1) 进入闪蒸罐富液流量增大；

(2) 富液到再生釜流程堵塞；

(3) 闪蒸气流量调节阀故障或操作失误；

(4) 系统溶液发泡严重，富液夹带大量的烃类气体；

(5) 脱水塔液位失控，高压气体通过富液管线窜入闪蒸罐。

3) 处理措施

(1) 关闭脱水塔底富液进入闪蒸罐的阀门；

(2) 打开闪蒸罐至再生釜液位调节的阀门；

(3) 打开闪蒸罐放空阀，将闪蒸罐泄压至正常压力范围；

(4) 控制闪蒸罐液位，防止闪蒸罐满液逸出至放空系统；

(5) 检查系统设备，重新调校闪蒸罐安全阀；

(6) 调校相关仪表。

2. 明火加热炉闪爆

1）现象

加热炉发出闪爆声响，严重时设备损坏。

2）原因

（1）系统吹扫不彻底，可燃气体含量超标，点火时发生闪爆；

（2）燃料气阀内漏，系统吹扫不合格，点火时发生闪爆；

（3）系统熄火，联锁保护失灵。

3）处理措施

（1）关闭燃料气阀门；

（2）分析闪爆原因并采取相应措施；

（3）严格执行点火操作程序；

（4）检查设备，视损坏情况及时检修设备。

第二节　分子筛脱水法

一、工艺原理

吸附法脱水是用多孔性的固体吸附剂处理气体混合物，使其中所含的水吸附于固体表面，从而达到分离的目的。吸附法脱水主要用于天然气凝液回收、天然气液化装置中的天然气深度脱水，防止天然气在低温条件下生成水合物堵塞设备和管道。

吸附剂一般都可再生循环使用，通过加热再生除去被吸附的水，通常采用经过预热的干气作为再生气来加热床层，使吸附剂再生。

分子筛脱水属于吸附法脱水的一种。分子筛是人工合成沸石，是一种结晶硅铝酸盐，是强极性吸附剂，对极性、不饱和化合物和易极化分子有很强的亲和力，可按照分子极性、不饱和度和空间结构的不同对原料气进行分离。

分子筛热稳定性、化学稳定性高，比表面积大（$300\sim1000m^2/g$）；脱水深度高，其露点降可达120℃以上，即脱水后干天然气露点可降到-100℃以下，能满足低温冷凝分离工艺的要求和车用压缩天然气脱水的要求；动态湿容量高；不易被液态水损坏；寿命长。虽然分子筛价格高，再生能耗也大，但由于它具有上述优点，仍获得广泛的应用。一般分子筛脱水法采用3A或4A分子筛。

二、工艺流程

原料气进入分离器分离后再自上而下流过吸附塔，脱水后的天然气作为产品气外输。吸附操作进行一定时间后，进行吸附剂再生。来自干气管线上的部分气体作为再生气，经加热从分子筛吸附塔下部进入、顶部离开，对分子筛再生，再生气经空冷器冷却，大部分的水冷凝成液体，经分水器分离，分离出的水进入污水总管，分离后的再生气经过增压返回原料气管线。

三、装置操作

（一）日常操作

1. 分子筛吸附塔操作

（1）控制系统压力在规定范围；

（2）平稳操作，防止气量波动较大，导致床层跳动、分子筛粉化；

（3）加强进料天然气排液操作，严禁液体进入吸附塔污染分子筛；

（4）调节燃料气流量，确保再生气温度在控制范围内；

（5）调节冷吹气流量在规定范围内，确保冷吹效果；

（6）调节再生气流量在规定范围内，确保再生效果；

（7）密切关注再生温度变化，再生过程中，进口温度是恒定的，出口温度是一条先缓慢上升、后上升较快的曲线；

（8）控制合适的再生温度，避免过高再生温度缩短分子筛的寿命。

2. 再生气加热炉操作

（1）控制再生气出炉温度在工艺要求范围内；

（2）调整烟道挡板开度，保持炉膛微带负压；

（3）调节燃料气和空气比例，确保天然气完全燃烧；

（4）缓慢调节燃料气和空气量，减少炉膛出口温度波动；

（5）控制好加热炉顶部温度，及时调整烟道挡板开度。

（二）异常情况分析及其处理措施

1. 产品气含水量偏高

1）现象

产品气中水含量上升。

2）原因

（1）进料气流量大，操作压力波动较大；

（2）进料气温度较高，水含量高；

（3）分子筛床层温度高；

（4）分子筛再生效果不好；

（5）程序控制阀动作不到位或内漏；

（6）分子筛粉化、污染。

3）处理措施

（1）平稳控制上游压力与流量，减少波动；

（2）调整上游装置操作，降低进气含水量；

（3）提高冷吹气流量和冷却时间，提高冷吹效果；

（4）提高再生气流量、温度和再生时间，提高再生效果；

（5）检查检修程序控制阀；

（6）筛选、更换分子筛。

2. 分子筛再生效果差

1）现象

产品气含水量上升。

2）原因

（1）分子筛再生温度不够；

（2）再生气流量低；

（3）分子筛再生时间不足；

（4）再生气流程短路。

3）处理措施

（1）提高再生气温度；

（2）提高再生气流量；

（3）增加再生加热时间；

（4）检查再生气流程。

3. 分子筛活性下降

1）现象

（1）产品气含水量上升；

（2）压力升降过快。

2）原因

（1）进料气量、压力升降过快，床层跳动；

（2）进料气夹带液烃或液态水；

（3）分子筛超温；

（4）分子筛污染；

（5）分子筛粉化。

3）处理措施

（1）平稳控制进料气气量、压力；

（2）加强进料气排液操作；

（3）加强再生操作，防止超温损坏；

（4）若分子筛污染，用氮气吹扫；

（5）若分子筛粉化，应降低处理量或更换分子筛。

(三) 常见故障分析及其处理措施

分子筛脱水常见的故障是再生气加热炉闪爆。

1. 现象

（1）加热炉闪爆并发出巨大声响；

（2）严重时设备损坏，天然气泄漏。

2. 原因

（1）系统吹扫不彻底，可燃气体含量超标，点火时发生闪爆；

（2）再生气加热盘管泄漏，燃料气阀内漏，系统吹扫不合格，点火时发生闪爆；

（3）系统熄火，联锁保护失灵。

3. 处理措施

(1) 关闭燃料气阀门；

(2) 分析闪爆原因并采取相应措施；

(3) 严格执行点火操作程序；

(4) 对设备进行检查，视损坏情况及时检修设备。

第五章 空氮系统

第一节 空氮系统工艺原理

空氮系统主要是向全装置提供净化空气、非净化空气和氮气。净化空气为仪表用风，非净化空气和氮气为装置的开停车时吹扫用风及其他用气。

一、空压机工艺原理

空气从空气过滤器吸入，然后进入压缩机后被压缩，压缩后的油气混合物进入油气分离器，油气分离后的压缩空气经空气冷却器和分水器冷却分离后，进入稳压罐。从油气分离器分离出的润滑油，经油冷却器、油过滤器后返回压缩机。通过压缩机电脑控制器自动加载和卸载，使压缩空气压力保持在设定范围内。

压缩后的空气，一部分进入工厂风储罐直接供至装置工厂风使用点。另一部分压缩空气经前过滤器过滤后进入干燥器干燥。干燥器通常有两个罐，罐内均装填吸附剂，其中一罐干燥，另一罐再生，两罐切换使用，由程序自动控制。干燥空气经后过滤除去干燥剂粉末后，进入仪表风罐直接供至装置仪表风使用点。

二、变压吸附制氮工艺原理

变压吸附（PSA）制氮是以碳分子筛为吸附剂，利用加压吸附降压解吸，从空气中吸附和释放氧气，从而分离出氮气的。

由表1-5-1和图1-5-1可知，经干燥后的压缩空气通过空气进气阀（KV106）、左吸进气阀（KV101A）进入左吸附塔（T101），塔内压力升高，压缩空气中的氧分子被碳分子筛吸附，被吸附的氮气穿过吸附床，经过左吸出气阀（KVI02A）、氮气产气阀（KV107）进入氮气缓冲罐，这个过程的持续时间为几秒。同时右吸附塔中碳分子筛吸附的氧气通过右排气阀（KV103B）降压释放回大气当中。左吸过程结束后，左吸附塔与右吸附塔通过上、下均压阀（KV105、KV104）连通，使两塔压力达到均衡，这个均压过程的持续时间为2~3s。均压结束后，压缩空气经过空气进气阀（KV106）、右吸进气阀（KV101B）进入右吸附塔（T102），压缩空气中的氧分子被碳分子筛吸附，富集的氮气经过右吸出气阀（KV102B）、氮气产气阀（KV107）进入氮气储罐，这个过程持续时间为几十秒。同时，左吸附塔中碳分子筛吸附的氧气通过左排气阀（KV103A）降压释放回大气当中。为使分子筛中降压释放出的氧气完全排放到大气中，氮气通过一个常开的反吹阀吹扫正在解吸的吸附塔，把塔内的氧气吹出吸附塔。这个过程与解吸是同时进行的。右吸结束后，进入均压过程，完成循环过程。

表 1-5-1　变压吸附制氮工艺切换程序

状态	打开	说明
吸附塔 T101 吸附，T102 解吸	KV101A、KV102A、KV103B	T101 内分离空气，T102 内碳分子筛再生
T101 和 T102 进行压力平衡	KV104、KV105	T102 加压减少空气需求
T101 解吸，T102 吸附	KV101B、KV102B、KV103A	T101 内碳分子筛再生，T102 内分离空气
T101 和 T102 进行压力平衡	KV104、KV105	T101 加压以减少空气需求

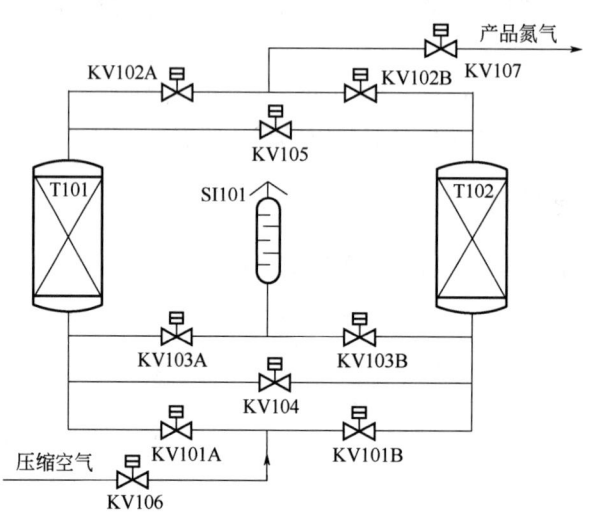

图 1-5-1　变压吸附工艺过程

第二节　空氮系统装置操作

一、日常操作

空氮系统日常排油水操作要注意以下几点：
(1) 在启运压缩机之前，将停机时的冷凝水排尽；
(2) 在运行过程中，应注意观察疏水器是否正常工作；
(3) 定期对空压机、空气缓冲罐排水；
(4) 检查系统运行参数是否正常。

二、异常情况分析及其处理措施

(一) 压缩机排气温度偏高

1. 现象
(1) 空气压缩机排气温度显示偏高；
(2) 油冷却器和气冷却器排除冷凝水偏少。

2. 原因
(1) 冷却水温度太高或流量不足；

(2) 润滑油冷却系统油位不足；

(3) 油冷却器结垢、堵塞，换热效果不好；

(4) 回流阀失灵；

(5) 压缩机空气入口滤芯堵塞；

(6) 空气压缩机设备存在异常。

3. 处理措施

(1) 提高冷却水流量，加强冷却效果；

(2) 检查补充润滑油；

(3) 清洗、疏通油冷却器，提高换热效率；

(4) 及时更换回流阀；

(5) 更换滤芯；

(6) 检修设备。

(二) 仪表风含油偏高

1. 现象

(1) 仪表风系统带油严重；

(2) 空气压缩机润滑油损耗大。

2. 原因

(1) 油气分离器内的回油管堵塞，油无法正常回流，油随空气排出；

(2) 油气分离器破裂，造成部分压缩空气未经分离直接排出；

(3) 排气压力太低，离心力分离油不彻底，增大油气分离器的负荷；

(4) 机头温度过高，油挥发性增大，油分子变小，油分离不彻底；

(5) 机组加油过多，油气分离器液位太高，油分离不彻底；

(6) 过滤器分离效果差。

3. 处理措施

(1) 疏通、更换回油管；

(2) 检修、更换油气分离器；

(3) 控制空气压缩机排气压力；

(4) 加强通风冷却效果；

(5) 控制系统油位在正常范围内；

(6) 加强过滤器分离效果，及时更换滤芯。

(三) 仪表风含水量偏高

1. 现象

仪表风系统带水严重。

2. 原因

(1) 进气量过大；

(2) 进气温度过高；

(3) 进气中含液态水；

(4) 干燥剂被污染；

(5) 再生气量小，进气压力低；
(6) 干燥器旁通阀内漏；
(7) 疏水器失效。

3. 处理措施

(1) 将进气量控制在额定范围内；
(2) 加强冷却器效果；
(3) 检查油气分离器及干燥器；
(4) 根据情况更换干燥剂；
(5) 检查再生气流程；
(6) 检修更换干燥器旁通阀；
(7) 更换疏水器。

(四) 氮气含氧量偏高

1. 现象

氮气系统中氧含量偏高。

2. 原因

(1) 氮气流量过高；
(2) 制氮装置吸附塔进气程控阀内漏；
(3) 氧分析仪故障。

3. 处理措施

(1) 检查流量控制器设置点，将流量调小；
(2) 检修更换泄漏的吸附塔进气程控阀；
(3) 调校氧分析仪。

(五) 仪表供风中断

1. 现象

(1) 仪表风系统压力下降；
(2) 自动控制仪表失灵。

2. 原因

(1) 停电；
(2) 空气压缩机发生故障；
(3) 压缩空气过滤器堵塞；
(4) 仪表风管线堵塞、破裂；
(5) 干燥器故障。

3. 处理措施

(1) 通知相关单元停产，查找原因；
(2) 切换至备用设备，查找故障原因；
(3) 更换过滤器滤芯；
(4) 疏通检修仪表风管线；
(5) 检修干燥器。

第六章　蒸汽及冷凝水系统

第一节　蒸汽及冷凝水系统工艺原理及流程

一、工艺原理

天然水中含有溶解盐类、悬浮物、胶体以及溶解气体等各种杂质，需要采取措施对锅炉用水加以处理。经过除盐和除氧处理后的水进入锅炉，通过燃料气燃烧释放的热能使水变成蒸汽，通过蒸汽管网输送到各用热设备，蒸汽经热量利用后变成冷凝水返回蒸汽及凝结水系统循环使用。

二、工艺流程

天然气净化厂蒸汽及凝结水系统工艺流程：锅炉和硫磺回收装置废热锅炉及酸冷凝器产生的蒸汽汇合后进入蒸汽管网，经脱酸再生重沸器、酸水汽提塔重沸器、液硫保温及其他系统伴热等进行热量利用后变成凝结水，通过凝结水管网进入凝结水回水器，凝结水回水器产生的二次蒸汽进入除氧器加热从水处理装置来的除盐水，经除氧器除氧后的除氧水与凝结水回水器凝结水混合，通过上水泵供至锅炉或硫磺回收装置循环使用。

第二节　蒸汽及冷凝水系统装置操作

一、日常操作

（一）锅炉运行调整

保持锅炉运行参数的稳定，是保证锅炉运行安全性、经济性的关键。日常操作中应注意以下几点：

（1）及时调整锅炉的负荷以适应工艺需求；
（2）控制好锅炉蒸发量和上水量，保持锅炉水位平稳，避免发生缺水和满水事故；
（3）保持锅炉出汽压力和温度正常，以免造成蒸汽用户汽量波动；
（4）严格加药操作，控制锅炉进水和炉水水质，减少锅炉结垢和腐蚀；
（5）控制合理的配风操作，维持燃烧稳定，提高锅炉热效率；
（6）控制好锅炉的排污频率和排污量。

（二）液位计冲洗

液位计冲洗的日常操作应注意以下几点：

（1）检查记录液位计液位；

(2) 打开放水阀门，冲洗汽水通路和玻璃板液位计；
(3) 关闭液相水阀门，单独冲洗汽相通路和玻璃板液位计；
(4) 关闭汽相阀门，打开液相水阀门，单独冲洗液相通路；
(5) 关闭放水阀门，打开汽相阀门，使液位计恢复正常；
(6) 确认液位计液位正常。

（三）叫水操作

玻璃板液位计叫水操作是在锅炉液位出现异常时判断锅炉缺水或满水程度的一项基本操作。叫水操作分为缺水叫水操作和满水叫水操作。

1. 缺水叫水操作

打开玻璃板液位计底部排水阀，然后关闭汽相阀，再关闭排水阀，之后再打开排水阀，一开一关多次重复操作。操作时注意观察玻璃板液位计是否有水位出现。若有水位出现，为轻微缺水；若无水位出现，则为严重缺水。

2. 满水叫水操作

打开玻璃板液位计底部排水阀，然后关闭液相阀，再关闭排水阀，之后再打开排水阀，一开一关多次重复操作。操作时注意观察玻璃板液位计是否有水位出现。有水位下降，则为轻微满水；若无水位下降，则为严重满水。

（四）锅炉排污

锅炉排污分为连续排污和定期排污。

1. 连续排污

连续排污又称表面排污，可连续不断地从循环回路中含盐浓度最大和危害最大的近水位放出炉水，以降低炉水表面的碱度，减少氯离子、泡沫和悬浮物，维持一定的炉水水含盐量，防止汽水共腾的发生和减少炉水对锅筒的腐蚀。排污量应根据炉水的化验结果确定，通过调节排污管线上的阀门开度来调节。

2. 定期排污

定期排污又称间断排污或底部排污。定期排污是弥补连续排污的不足，从锅炉的最低点间断进行的，它是排除锅炉内形成泥垢及其他沉淀物质的有效方式。

锅炉的定期排污在锅炉低负荷、高液位的条件下进行。锅炉的排污应采取勤排、少排的方式进行，以确保锅炉的安全平稳运行。排污是先开启慢开阀，再开快开阀进行快速排污。排污结束后，先关闭快开阀，再关闭慢开阀，这种方法可使慢开阀受到保护。排污操作应短促间断进行，即每次排污阀开后即关，关后再开。如此重复数次，依靠吸力使渣垢迅速向排污口汇合，然后集中排出。在排污过程中，应注意以下几个方面：

(1) 锅炉上水时要缓慢进行，防止给水系统压力下降或锅炉发生满水事故。
(2) 禁止一台锅炉两个点同时排污或两台锅炉同时排污。
(3) 排污前要检查排污管道、阀门以及排污扩容器是否完好，必要时应采取暖管措施。
(4) 排污时要严密监视水位，防止发生缺水事故。
(5) 排污阀卡住或扳动不灵活时，严禁用其他工具敲打或蛮干，以防阀门损坏；排污结束后，应检查排污阀是否关严。

(6) 排污时不能进行其他操作，若必须进行其他操作时，应先关闭排污阀停止排污。

二、异常情况分析及其处理措施

(一) 离子交换器出水异常

1. 现象

(1) 出水电导率偏高；

(2) 周期制水量下降。

2. 原因

(1) 进水水质恶化；

(2) 树脂再生不好；

(3) 树脂中毒失效；

(4) 树脂流失；

(5) 发生窜水。

3. 处理措施

(1) 查找分析上游水质异常原因；

(2) 检查再生液质量、再生程序，彻底反洗，重新再生；

(3) 更换失效树脂；

(4) 补充流失树脂；

(5) 检查流程，避免窜水。

(二) 反渗透出水电导偏高

1. 现象

(1) 出水电导升高；

(2) 脱盐率低。

2. 原因

(1) 产水量偏大；

(2) 给水水质异常；

(3) 反渗透压力偏高；

(4) 反渗透膜污染；

(5) 反渗透膜短路。

3. 处理措施

(1) 调整合适的产水量；

(2) 检查给水水质；

(3) 检查反渗透加压泵；

(4) 反渗透膜再生或更换膜元件；

(5) 检查反渗透膜安装情况。

(三) 给水氧含量偏高

1. 现象

(1) 分析数据氧含量偏高；

(2) 设备氧腐蚀严重。

2. 原因

(1) 除氧器效果差；

(2) 氧气进入凝结水系统；

(3) 除氧设备损坏。

3. 处理措施

(1) 控制好除氧器压力、温度；

(2) 分析药剂质量，调整除氧药剂量；

(3) 加强凝结水系统操作，防止氧气进入；

(4) 检修除氧设备。

(四) 锅炉汽水共沸

1. 现象

(1) 水位计内的水位上下波动剧烈，看不清水位；

(2) 严重时蒸汽带水，管道有水击声音；

(3) 过热蒸汽温度降低，含盐量增加。

2. 原因

(1) 炉水含盐量高；

(2) 锅炉负荷增加过快；

(3) 锅炉水位过高，开启主汽阀过猛；

(4) 凝结水被污染。

3. 处理措施

(1) 加强锅炉排污换水，降低锅炉炉水含盐量；

(2) 控制好锅炉液位，平稳调整锅炉负荷；

(3) 查找凝结水污染原因，及时处理；

(4) 加强蒸汽系统汽水分离和疏水；

(5) 增加分析频率。

(五) 锅炉水位偏低

1. 现象

(1) 水位计水位低于正常值；

(2) 锅炉低水位报警。

2. 原因

(1) 锅炉负荷增大；

(2) 上水自动调节阀动作迟缓或失灵；

(3) 锅炉排污阀泄漏；

(4) 给水压力降低；

(5) 增加负荷或蒸汽阀打开过猛，蒸汽带水。

3. 处理措施

(1) 适当降低锅炉负荷；

(2) 对锅炉进行自动补水，调校上水调节阀；
(3) 检修或更换排污阀；
(4) 适当提高给水系统压力；
(5) 增加锅炉负荷时应平稳进行。

（六）锅炉水位偏高

1. 现象

(1) 水位计水位高于正常值；
(2) 锅炉高水位报警。

2. 原因

(1) 锅炉负荷降低；
(2) 上水阀开度过大或内漏；
(3) 给水压力过高；
(4) 锅炉"泡涨"。

3. 处理措施

(1) 减少锅炉上水；
(2) 适当排污；
(3) 调整给水压力；
(4) 平稳调整锅炉负荷。

（七）蒸汽管网压力偏低

1. 现象

(1) 蒸汽系统压力下降；
(2) 保温效果差。

2. 原因

(1) 锅炉负荷偏小；
(2) 系统用汽量增大，用户增多；
(3) 蒸汽系统泄漏，设备窜漏。

3. 处理措施

(1) 适当提高锅炉负荷；
(2) 查找用汽量大的原因，及时调整；
(3) 查找检修蒸汽系统泄漏点。

（八）蒸汽管网水击

1. 现象

蒸汽管线水击，发出声响，震动大。

2. 原因

(1) 投用蒸汽管线时，暖管速率过快或未暖管，造成水击；
(2) 锅炉水位偏高，蒸汽带水进入系统，蒸汽质量差；
(3) 蒸汽管网保温效果差，疏水阀失灵或汽水分离器效果不好。

3. 处理措施

(1) 加强暖管、疏水；

(2) 控制好锅炉液位，调整锅炉压力时要缓慢进行，防止蒸汽带水；

(3) 加强蒸汽管线保温。

(九) 锅炉给水水质差

1. 现象

(1) 给水总硬度偏高；

(2) 给水溶解氧偏高。

2. 原因

(1) 离子交换器效果差；

(2) 反渗透除盐效果差；

(3) 除氧器除氧效率低；

(4) 凝结水回水质量差。

3. 处理措施

(1) 加强离子交换设备调整，加强树脂再生操作，必要时更换树脂；

(2) 加强反渗透装置操作；

(3) 控制好除氧器压力和温度，确保除氧效果；

(4) 检查流程，防止其他介质窜漏污染凝结水。

(十) 炉水水质异常

1. 现象

(1) 炉水 pH 值、总碱度、PO_4^{3-} 含量等分析数据异常；

(2) 锅炉发生汽水共沸。

2. 原因

(1) 给水水质差；

(2) 加药量调整不当；

(3) 锅炉排污量控制不合理。

3. 处理措施

(1) 加强锅炉给水处理监控，避免给水水质超标；

(2) 提高分析频率，调整加药频率和加药量；

(3) 规范锅炉排污操作。

(十一) 凝结水回水不畅

1. 现象

(1) 凝结水回水箱液位不断下降；

(2) 凝结水系统轻微水击；

(3) 脱酸单元凝结水罐液位上涨；

(4) 蒸汽保温系统保温效果变差。

2. 原因

(1) 凝结水回水箱压力偏高；

(2) 疏水阀泄漏，凝结水中夹带大量蒸汽；
(3) 凝结水管线堵塞。

3. 处理措施

(1) 控制好凝结水回水箱压力；
(2) 检查疏水阀疏水效果，必要时更换疏水阀；
(3) 检修或疏通设备和凝结水管线。

三、事故分析及其处理措施

(一) 锅炉炉膛闪爆

1. 现象

(1) 炉膛爆炸，发出声响，震动；
(2) 衬里垮塌，烟囱冒烟。

2. 原因

(1) 点火前未吹扫或吹扫不彻底；
(2) 燃料气阀内漏，检漏开关失灵。

3. 处理措施

(1) 立即切断气源；
(2) 维持锅炉水位正常；
(3) 检查分析炉膛爆炸原因，并作相应处理；
(4) 若衬里损坏，燃料气阀泄漏，应及时检修；
(5) 规范锅炉点火程序及操作。

(二) 锅炉炉管爆裂

1. 现象

(1) 水位迅速下降，蒸汽压力下降，排烟温度下降；
(2) 在燃烧室和烟道内发出蒸汽喷射异响；
(3) 从视窗可见蒸汽喷出；
(4) 燃烧不稳定，燃烧火焰发暗；
(5) 给水流量增加，蒸汽流量明显下降。

2. 原因

(1) 炉水水质不合格，管内结垢腐蚀；
(2) 水循环不良，管束局部过热；
(3) 管束材质或焊接质量不合格；
(4) 烟管烟气腐蚀大；
(5) 热负荷不均匀或排污量过大造成水循环破坏。

3. 处理措施

(1) 紧急停炉，启运备用锅炉；
(2) 启动风机，冷却置换炉内蒸汽和烟气；
(3) 查找原因，及时检修。

(三) 锅炉本体爆炸

1. 现象

(1) 锅炉爆炸，发出巨响；

(2) 大量蒸汽喷出；

(3) 严重时房屋倒塌，可能出现人员伤亡。

2. 原因

(1) 锅炉压力超高；

(2) 安全阀和超压保护失灵；

(3) 锅炉严重缺水时上水；

(4) 锅炉结垢、腐蚀；

(5) 锅炉本体缺陷。

3. 处理措施

(1) 锅炉严重缺水时，立即停炉，严禁上水；

(2) 人员紧急撤离；

(3) 生产装置紧急停产；

(4) 启动应急预案。

第七章　天然气净化装置开停车

第一节　天然气净化装置首次开车

一、开车前准备工作

（1）物资准备：包括各种化学原材料和填充物的准备工作，如三甘醇溶液、MDEA溶液、活性炭、杀菌剂、缓蚀剂等。

（2）各种润滑脂的准备：根据现场设备厂家提供的操作手册或产品说明书准备相应的润滑油。

（3）工艺、动力设备和仪表的检查。

（4）塔、罐等静设备的检查：如内部构件是否完整，化学药品、干燥剂、催化剂、瓷球等填料是否装填完毕。

（5）运行设备的检查：

① 检查润滑油加入量是否适合。

② 需要手动盘车的设备必须盘车检查。

③ 检查电动机的旋转方向是否正常。

④ 进行电动机单机空载试车，直到电动机的温度稳定，确保电动机轴承不发生过热现象，大负载进行试车。

⑤ 检查机、泵的报警系统、紧急停车系统是否正常。

（6）仪表系统的检查：

① 检查仪表前应用仪表风吹扫所有输送与调节系统用风管线。

② 检查调节阀和各种流量计的安装方向是否正确。

③ 检查各类仪器仪表的操作可靠性。

（7）管路系统的检查：

① 准备好吹扫、冲洗操作中需要更换的垫子、法兰、短管、盲板、临时连接件及有关工具。

② 隔断或拆除调节阀、输水器和粗滤器等进行吹扫、冲洗操作，完成后复原。

③ 检查各种阀门的开关及灵活情况，检查所有8字形盲板的到位情况。

二、开车程序

开车时将生产区划分为公用工程、工艺装置和辅助装置三部分：

（1）公用工程，包括供电系统，供水系统，通信系统，循环水系统，非净化空气、净化空气、氮气系统，燃料气系统，火炬及放空系统，锅炉及蒸汽系统。

(2) 工艺装置，包括原料气与处理单元、脱酸气单元、脱水单元、硫磺回收单元。这些单元的开工准备应同步进行，减少天然气和酸气的损失，这是开工前必须注意的问题。

(3) 辅助装置，包括污水处理装置和硫磺成型装置。

（一）循环水单元

1. 开车前检查、准备工作

(1) 所有设施均安装就位并验收合格，操作人员培训合格并取得上岗证。

(2) 电气仪表全面检查调校完毕，确保电源可靠并处于送电状态，流量、压力、温度等参数指示准确。

(3) 全面检查机泵、管线、阀门及附件是否保养完好、灵活，处于备用状态。

(4) 所需化学药品按需要配备足量齐全，并将短期使用药品按比例配好备用。

(5) 确认界区外有合格的新鲜水供给，循环水池已清洗干净，各用水单元已做好用水准备和配合。

(6) 准备好各项生产记录和必要工具。

(7) 检查其他各项设施是否符合安全生产的要求，安全防护用品配备齐全。

2. 水洗、清洗与预膜

循环冷却水装置首次开车需要进行水洗、清洗与预膜。

1）水洗

注入新鲜水到循环水池设计低液位，将所有冷却设备的出口阀开到最大位置，启运循环水泵，对循环冷却水系统进行大循环量水洗，根据水量、水质情况打开补水阀、排水阀置换水，当水洗水无浑浊现象和杂质时应停止水洗。

2）清洗

在循环水池挂监测片，启动循环水系统清洗 24~36h。按 500mg/L 投加缓蚀阻垢剂和黏泥控制剂，如一次性投入循环水池循环，循环 1~2h 后待药剂循环均匀时，取水样分析并微量补充药剂，循环水中总磷含量应控制在 40mg/L 左右，清洗期间总磷呈下降趋势。每 4h 对循环水进行 1 次总磷、总铁、浊度分析，并观察其变化。当总浑浊度连续 2 个数据相同时，清洗结束，用新鲜水进行置换，直到循环水浊度小于 10mg/L 为止。

3）预膜

测定水中的总磷含量，按 25~30mg/L 控制补充缓蚀阻垢剂、黏泥控制剂，常温下运转约 36h，每隔 4h 取水样分析总磷和浊度，当挂片上出现均匀蓝色衍射光时，预膜达到要求，结束预膜。浊度小于 10mg/L 后可转入正常运行。

3. 开车操作

(1) 完成准备工作后，将循环水系统调整到开车运行工况。

(2) 按水质处理加药要求启运加药系统，按循环水量计算药品投加量，并按要求加入循环水池中，通知化验岗进行水质分析。

(3) 启运循环水泵，控制好出口压力，注意检查循环水泵的运行情况和循环水池液位，并向水池不间断补充部分新鲜水，确保水池液位正常。

(4) 根据循环水温度和天气情况，启运凉水塔及风机，调整凉水塔回水阀门开度，控制喷水头出水呈均匀雾状。在气温偏低、循环水温度较低时，应停运冷却塔风机。

（5）投运完毕后，对系统管路、设备、仪表、运行参数等进行全面检查，向上级汇报并做好记录。

（二）空氮站

1. 投运前准备工作

（1）工艺、电气、仪表等安装工程顺利完成并进行了全面检查。

（2）水、电等引入装置并运转正常。

（3）完成了本单元管道及净化风罐、非净化风罐的吹扫、试压与排污。

（4）正式进料前确保本单元的全部压力检测仪表、安全阀前后的截断阀处于全开状态，手动排污阀、放空阀处于关闭状态，其他各部阀门的开闭状态正确。

（5）仪表调试运转正常并按设定值投入自动运行。

2. 投运操作

启动空气压缩机，空气压缩机运行正常后启运仪表风干燥系统。待储罐压力达到工作压力时向管网送气，同时打开管网低点排液阀及最末端阀门排气，直到排出的压缩空气露点达到工艺要求。关闭管网低点排液阀及最末端阀门，仪表风系统处于待用状态。

（三）燃料气系统

1. 投运前准备工作

（1）工厂风、仪表风安装工程顺利完成并进行了全面检查验收。

（2）完成了本单元管道及燃料气稳压罐的吹扫与排污。

（3）燃料气供给已联系好，阀门处于正确的开闭状态。

2. 投运操作

（1）打开氮气吹扫阀，对燃料气系统进行吹扫，确认取样分析合格。

（2）缓慢打开燃料气供给阀门，并打开各处末嘴甩头，置换燃料气系统内的氮气，置换合格后，关闭末端甩头，控制系统压力在正常值待用。

（四）火炬及放空系统

（1）工艺、电气、仪表等安装工程顺利完成并进行了全面检查验收。

（2）水、电、燃料气等引入装置并运转正常。

（3）完成了本单元管道及放空分离器的吹扫与排污。

（4）确保本单元的全部压力检测仪表检测准确，所有放空安全阀起跳设定正确，放空截断阀处于正确的开关状态；手动排污阀和所有的旁通阀处于关闭状态；其他各阀门打开，装置吹扫时同步吹扫放空管线，吹扫完毕后用氮气置换出其中的空气，分析放空系统内的氧含量合格后才能引入可燃气体，然后再点燃长明灯。点火时，可采用多种方式分别进行，以确保各种点火方法都能正常进行点火操作（如电点火、外传点火、内传点火等）。正常生产时，可将燃料气引入火炬分子封，形成微压隔离空气。

（五）锅炉及蒸汽系统

1. 装置开车前准备

（1）投用锅炉软水系统并进行水质分析，若不合格，则进行调试，直至合格，合格后方可将其引入软水罐中。

(2) 煮炉。

① 煮炉前按锅炉机组升火检查规定进行全面检查,升火按锅炉点炉操作规程进行。

② 煮炉加药量:NaOH 为 2~3kg/m³,$Na_3PO_4-12H_2O$ 为 2~3kg/m³。

③ 药剂加入方法:将 NaOH 和 Na_3PO_4 放入磷酸三钠罐中,用锅炉给水稀释,配制成 20% 的溶液,然后启动搅拌器搅拌均匀。启动计量泵,将配制好的药液打入给水泵的进口管线,随锅炉给水注入锅炉内。

④ 煮炉期间炉水指标要求:pH 值为 10~12;碱度不低于 50mmol/L;磷酸根含量为 10~30mg/L;当锅炉炉水碱度低于 50mmol/L,应立即补充药液。

⑤ 分析项目和频率:pH 值 2h 分析 1 次;碱度 2h 分析 1 次;磷酸根 2h 分析 1 次。

⑥ 煮炉完毕应满足要求:锅炉内壁应无油垢、无附着物质,金属表面无锈斑。

(3) 确认所有设备、设施均安装到位,并检查验收合格,操作人员培训合格并取得上岗操作证。

(4) 联系燃料气源。

(5) 联系电源。

(6) 启动软水系统,待软水箱有一定的液位后,启动泵向除氧器供给软水。

(7) 确认除氧器能连续供水后,启动泵上水,上水应缓慢进行,并密切注意有无泄漏的地方。

(8) 当锅炉液位比正常液位稍高时可关闭上水阀,停止上水,同时停运。若锅炉本体上的阀门、液位计、人孔等有问题,就必须进行水压试验,具体做法:继续向锅炉上水,同时打开锅炉上的放空阀,排气完毕后关闭,此时应注意观察压力表的读数。试验压力控制在最高工作压力的 1.25 倍,达到这个压力后停止上水,关闭上水阀保持 5min;若压力下降小于 0.05MP,表明锅炉无泄漏,可投入使用,若发现压力下降很快就应查明原因,及时排除,直到试验合格为止,试验合格后,打开放空阀、排污阀待液位降到正常液位时,关闭排污阀和放空阀。

(9) 检查炉前天然气压力是否正常且气压稳定,炉前压力可通过稳压器调整。

(10) 检查炉前天然气管道上的各阀门、法兰间的紧固件是否拧紧,以免在运行中发生振动。

(11) 点火前准备工作:

① 检查确认锅炉无任何报警,且其报警状态已消除。

② 检验调节阀动作情况,开度是否与表盘、中控室一致,有问题立即联系仪表。

③ 进行锅炉各项保护试验:

a. 超压保护:将锅炉点燃,试验其超汽压停炉操作,及汽压恢复后的自动启炉操作。低液位保护检验低液位停炉保护操作,将锅炉排污阀打开,一直排到极限低液位,观察其停炉保护动作,是否同时报警。

b. 熄火保护:将点燃的锅炉突然切断气源,听其是否将报警。

④ 确认锅炉、冷凝水罐的安全阀前截止阀处于"开"的状态。

2. 装置开车

1）点火、升压

（1）确认各种工作均已完成后方可点火，监视燃料气压力。

（2）保证锅炉点燃后处于最小负荷状态下运行，此时整个点火处于自动点火状态。

（3）当投入自动后，燃烧机首先进行系统检漏，若检漏通过，则燃烧机进行吹扫程序，然后点火，点火枪点燃后，再点燃燃烧器。每一步都是自动进行的，若其中任何一步出现故障，燃烧机停止点火程序，并输出相应报警信号，直到问题解决点火系统才能继续进行下一步程序。

（4）锅炉升压：

升压时，锅炉的燃烧控制方式改为手动控制。升压过程可按 0.1MPa、0.2MPa、0.3MPa、0.4MPa、0.5MPa 等压力等级进行，每个压力等级正常燃烧 10min，同时检查汽水系统、烟气系统、燃烧系统是否正常工作，同时进行管道设备、连接部件的热紧固工作。

锅炉升压的注意事项：

① 升压过程中，注意检查汽水系统、烟气系统、燃烧系统是否正常工作，若有异常，及时进行处理。

② 锅炉从冷却状态开始升压，应维持正常的燃烧率，不要让锅炉各部件产生剧烈的振动和局部过热。此外，升压速度不能太快。

③ 当压力升至 0.2MPa、0.3MPa 时，冲洗玻璃板液位计和压力表，再次检查压力表、液位计是否完好。

④ 锅炉压力在 0.1MPa、0.2MPa 时进行排污操作，检查排污阀开关是否灵活和严密，同时也起到使锅炉各部分受热均匀和促进锅炉水循环的作用。

⑤ 勤检查省煤器的温度并间断上水，防止水汽化发生爆炸事故。

2）暖管送气

（1）暖管准备工作：关闭疏水阀旁通，打开疏水阀前后阀及现场所有蒸汽甩头，通知用气单元做好暖管准备工作。

（2）暖管：缓慢打开锅炉蒸汽出口阀，对锅炉房内的管路进行暖管；缓慢打开蒸汽出口总阀，对蒸汽系统管网进行暖管，各甩头无液态水流出时关闭各甩头。

暖管时如发生振动或水击，应立即停止暖管，同时应加疏排水，待振动或水击消除后，再缓慢开启出口阀，继续进行暖管；各汽阀缓慢开启至全开后，应回转半圈，以防止汽阀受热膨胀后卡住；暖管时应缓慢升温，速度为 2~3℃/min。

（3）供气：暖管完毕后，缓慢开启蒸汽总管出口阀，开始向工艺装置供气，此时锅炉进入正常运行。燃烧方式由"手动"改为"自动"。

（六）脱酸单元

1. 装置开车前准备

1）系统检查

（1）塔、罐等静设备的检查：

① 内部构件是否安装完整；

② 化学药品是否准备齐全；
③ 干燥剂、活性炭、磁球等是否装填完毕；
④ 公用设施是否具备供电、供水、供气（汽）条件；
⑤ 火炬及放空设施已做好准备，且火炬已点火。

(2) 管路系统的检查：
① 准备好吹扫、冲洗操作所需要更换的垫子、法兰、短节、盲板、临时连接件及有关工具；
② 隔断或拆除调节阀、疏水器和粗滤器等进行吹扫、冲洗操作，完成后复原；
③ 检查所有阀门的开关及灵活情况，检查所有8字形盲板到位情况。

(3) 仪表系统的检查：
① 在仪表部件前应用仪表风吹扫所有输送与调节系统用风管线；
② 检查调节阀和各种流量计安装方向是否正确；
③ 检查各类仪器仪表的操作可靠性。

2) 转动设备单机试运转

转动设备（泵、风机等）应进行单机试运，泵的单机试运行与系统水洗同时进行。

3) 系统空气吹扫

根据流程将装置分成几个系统进行。系统的划分可按高压系统、中压系统、低压系统或气、液系统划分。利用管线上预留的吹扫接头引入压缩空气进行吹扫。首次开工前吹扫和水洗时，要拆除调节阀、孔板和过滤元件。

4) 系统惰性气体（氮气）置换

在管道系统试压检漏及准备溶液之前，装置应用惰性气体吹扫置换，以防止空气残留在系统造成危害。置换时要低压、低流量缓慢进行，直到各取样点的含氧量（体积分数）低于3%为止。

5) 试压检漏

(1) 脱酸装置开车前，必须用天然气或氮气、水分别对高压系统、中压系统、低压系统进行试压检漏。检漏前应检查确认所有阀门处于正确的"开"或"关"位置。

① 应关闭的阀门：界区进出口大阀、进出厂联锁阀、各分离器排污阀门、燃料气系统阀门、氮气进系统阀门、蒸汽吹扫阀门、脱酸溶液进出脱酸塔的阀门以及高压天然气管线上的所有旁通阀和甩头。

② 应开启的阀门：所有安全阀。

(2) 高压系统试漏。

试漏介质：高压天然气（原料气）。

试漏试剂：检漏剂采用专用检漏剂、肥皂水或洗涤剂水。对于原料气试压检漏，还可采用醋酸铅试纸。

试漏等级：根据装置操作压力逐级试压检漏。

试漏步骤：脱酸吸收塔注入20%~50%的水，防止窜气。引入天然气，升压速度不大于0.3MPa/min。在各个压力阶梯，当压力达到要求时应稳压10~15min，同时认真检漏，发现问题停止升压，及时整改到合格后继续试压。当压力升至规定试验压力时，稳压 15~30min。在升压过程中，应注意检查闪蒸罐的压力。检漏完成，天然气放空至火炬，且脱酸吸收塔及高压系统保持一定压力。

（3）中压系统试漏。

试漏介质：工业水、氮气、空气（以工业水为例）。

试漏等级：根据装置操作压力逐级试压检漏。

试漏步骤：向中压系统注水工业水，高点排气，直至加满为止，关闭顶部排气阀。用试压泵向系统缓慢升压到试验压力，停止升压，检查各连接处有无渗漏现象，若发现泄漏停止升压，及时整改；若系统无泄漏，稳压 30min 后无压力降，试压结束，从低点排尽工业水。

（4）低压系统试漏。

试漏介质：氮气或空气。

试漏等级：根据装置操作压力逐级试压检漏。

试漏剂：试漏剂采用专用试漏剂、肥皂水或洗涤剂水。

试压步骤：向低压系统引入试压介质，当压力达到要求试验压力时（一般为 0.08~0.1MPa），停止升压，检查各入孔、连接处等有无渗漏现象，若发现泄漏应及时整改，若系统无泄漏，稳压 10~30min，试压结束，排尽试压介质。

6）化学清洗

（1）准备工作：用低压蒸汽溶解碳酸钠，碳酸钠水溶液经漏斗引入溶液配制罐，用除氧水将碳酸钠溶液配制成 3% 的浓度（质量分数），碳酸钠溶液经溶液补充泵由低位罐（溶液配制罐）泵入溶液中，直至储罐内储有总容量的 80% 的碳酸钠溶液后停止溶解碳酸钠，在储罐和低位罐之间用补充泵循环碳酸钠溶液，使大储罐内的碳酸钠溶液浓度均匀，最后确认其浓度（质量分数）为 3%，碳酸钠溶液配制完毕后再按以下步骤引入系统：

① 将碳酸钠溶液由储罐经循环泵泵入吸收塔或放入低位罐，用溶液补充泵将碳酸钠溶液从低位罐泵入再生塔。

② 系统建压：用天然气将吸收塔增压至 1.0MPa，再生塔增压至 0.08MPa。

③ 当吸收塔、再生塔达到最高液位后，停泵，注意向低位罐内补充碳酸钠溶液。

④ 溶液循环泵入口之前的贫液系统灌注碳酸钠溶液，注意高点排气操作。

⑤ 缓慢打开吸收塔液位调节阀，向内蒸罐引入碳酸钠溶液，当闪蒸罐液位正常后，将闪蒸罐压力建压至 0.4MPa。

⑥ 启动溶液循环泵，将碳酸钠溶液泵入脱硫吸收塔，注意调节贫液流量控制阀、吸收塔和内蒸罐液位调节阀。

⑦ 当再生塔到低液位时，停循环泵。

⑧ 启动碳酸钠溶液补充泵向再生塔补充碳酸钠溶液到最高液位后停泵。

⑨ 重复操作数次，直至吸收塔、闪蒸罐、再生塔等均达到正常液位为止（注意：当吸收塔、闪蒸罐液位较低时应关闭其调节阀，防止窜气）。

(2) 化学循环清洗：

① 用天然气调整系统压力，使吸收塔压力保持在 1.0MPa，闪蒸罐压力保持在 0.4MPa，再生塔压力保持在 0.05MPa。

② 启动溶液循环泵。

③ 将仪表投入自动位置运行。

④ 调整溶液循环量至合适值。

⑤ 向再生塔底重沸器供给蒸汽，使碳酸钠溶液温度达 60℃左右。

⑥ 碱液循环 24h。

⑦ 化学清洗完成之后，将系统内全部碳酸钠溶液排往污水处理。

(3) 工业水洗：步骤与步骤（1）、步骤（2）相同，但要在清洗过程中不停地补充工业水和排水。排出的碳酸钠溶液 pH 值小于 8 时停止，将工业水排入污水处理装置。

(4) 软化水洗：用除氧水清洗装置以除去装置系统内残留的碱液，步骤与步骤（1）、步骤（2）相同，同时清洗溶液储罐和配制罐。最后将清洗水排放至污水处理装置。

(5) 在水洗同时进行仪表调校。

系统在进行清洗时，当塔、罐液位正常后，应调校仪表，调校正常后才能进行系统循环。

(6) 待系统清洗合格后，清洗机械过滤器，向活性炭过滤器内填装活性炭。

7) 溶液准备

(1) 在低位罐中配制溶液（配制前，必须把低位罐和储罐清洗干净）。

(2) 配制好后由补充泵送至储罐，反复数次，配完为止。

(3) 储罐中采样，测定溶液浓度。

(4) 充氮气保护储罐及低位罐（溶液配制罐）。

2. 装置开车

1) 开车前状况检查

(1) 确认火炬及放空设施已做好准备，且火炬已点火；公用设施已准备好。

(2) 确认各仪表调节系统完好，处于开车状态；过滤器已做好开车准备；脱水单元、硫磺回收单元已做好开车准备；所有阀门处于正确的"开"或"关"位置以及 DCS 能正常投用。

2) 开车步骤

(1) 冷循环：按化学清洗的方法将溶液引入系统，然后建立系统的循环。

(2) 热循环：

① 投运酸气空冷器和水冷器。

② 向再生塔底重沸器供给蒸汽。

③ 当胺液温度达到 60℃以后，将溶液循环量调大，进气之后再调整循环量。

④ 当酸气分离罐达适当液位时，启动回流泵。

(3) 原料气的引入：当再生塔塔底温度达 120℃时，开始引入原料天然气，引入量为设计量的 50%。进气前 16~30min，将溶液循环量调大一些。同时，调整重沸器的蒸汽用量，使塔顶温度控制在 100℃左右。产生的酸气通过酸气放空阀排放至火炬，当酸气量达硫磺回收装置设计进料的50%以上且无大的波动时送往硫磺回收装置。

（七）脱水单元

1. 装置开车前准备

1) 系统检查

（1）塔、罐等静设备的检查：

① 检查内部构件是否安装完整；

② 检查化学药品是否准备齐全；

③ 检查干燥剂、活性炭、磁球等是否装填完毕；

④ 检查公用设施是否具备供电、供水、供气（汽）条件；

⑤ 确认火炬及放空设施已做好准备，且火炬已点火。

（2）管路系统的检查：

① 准备好吹扫、冲洗操作所需要更换的垫子、法兰、短节、盲板、临时连接件及有关工具；

② 隔断或拆除调节阀、疏水器和粗滤器等进行吹扫、冲洗操作，完成后复原；

③ 检查各种阀门的开关及灵活情况，检查所有8字形盲板到位情况。

（3）仪表系统的检查：

① 在仪表部件前应用仪表风吹扫所有输送与调节系统用风管线；

② 检查调节阀和各种流量计安装方向是否正确；

③ 检查各类仪器仪表的操作可靠性。

2) 转动设备单机试运

转动设备（泵、风机等）应进行单机试运，泵的单机试运可与系统水洗同时进行。

3) 系统空气吹扫

根据流程将装置分成几个系统进行。系统的划分可按高压系统、中压系统、低压系统或气、溶液系统划分。

4) 惰性气体（氮气）置换

在管道系统试压检漏及准备溶液之前，装置应用惰性气体吹扫置换，以防止空气残留在系统造成危害。置换时要低压、低流量缓慢进行，直到各取样点的含氧量低于3%（体积分数）为止。

5) 试压检漏

（1）脱水装置开车前，必须用天然气或氮气分别对高压系统、中压系统、低压系统进行试压检漏。检漏前，应检查所有阀门处于正确的"开"或"关"位置。

① 应关闭的阀：界区进出口大阀及各处的排污阀、蒸汽吹扫阀、脱水溶液进出脱水塔的阀以及高压天然气管线上的所有旁通阀和甩头。

② 应开启的阀：所有安全阀的前后截止阀、高压天然气管线上除旁通阀和界区阀以外的阀门以及冷换热设备冷却水进口阀。

（2）高压系统试漏：脱水单元高压系统的试压检漏一般与脱酸单元同步进行，但也可单独进行。检漏剂采用专用检漏剂、肥皂水或洗涤剂水，对于原料气还可采用醋酸铅试纸。

试漏等级：根据装置操作压力逐级试压检漏。

试漏步骤：

① 关闭截止阀或加盲板试压部分与其他部分隔断，截止阀下游必须有排放口与大气相通，防止内漏憋压。在开始试压前必须仔细检查各处阀门，防止窜气。

② 脱水吸收塔升压前可注入部分水（20%~50%），以防止窜气。

③ 引入高压天然气，升压速度不大于 0.3MPa/min。在各个压力阶梯，当压力达到要求时应稳压 10~15min，同时认真检漏，发现问题停止升压，及时整改到合格后继续试压。当压力升至规定试验压力时，稳压 15~30min。在进气升压过程中应密切注意闪蒸罐压力，防止窜压；升压过程中，要注意检查各处是否有漏点，若发现应立即整改。检漏完毕，天然气放空至火炬，且脱水吸收塔保持一定压力，其他部分泄压至 0MPa。

④ 当压力泄至常压时，倒换盲板。

(3) 中压系统试漏：

试漏介质：氮气或空气。

试漏等级：根据装置操作压力逐级试压检漏。

试漏步骤：向中压系统引入试压介质，当压力达到要求试验压力时（一般为 0.4MPa 左右），停止升压，检查各人孔、连接处等有无渗漏现象，若发现泄漏应及时整改；若系统无泄漏，稳压 10~30min，试压结束，排尽试压介质。若中压系统试压采用燃料气试压，则试压前必须用氮气进行置换，合格后才能进行试压。燃料气可由燃料气系统通过闪蒸调节阀引入至闪蒸罐。

(4) 低压系统试漏：

试漏介质：氮气或空气。

试漏等级：根据装置操作压力逐级试压检漏。

试漏剂：试漏剂采用专用试漏剂、肥皂水或洗涤剂水。

试压步骤：向低压系统引入试压介质，当压力达到要求试验压力时（一般为 0.01~0.1MPa），停止升压，检查各人孔、连接处等有无渗漏现象，若发现泄漏应及时整改，若系统无泄漏，稳压 10~30min，试压结束，排尽试压介质。

6) 化学清洗及水联运

参见"（六）脱酸单元（6）化学清洗"相关内容。

注意：化学清洗和水联运后，必须全部排除积水，否则在系统进溶液后，会降低溶液的浓度，影响脱水效果。

7) 溶液准备

溶液准备步骤：

(1) 将桶装三甘醇充入三甘醇补充罐，使补充罐液位达到 80%，然后用三甘醇补充泵将甘醇液送往三甘醇富液精馏柱，当三甘醇缓冲罐到正常液位后停泵。

(2) 启动甘醇循环泵将三甘醇液送至三甘醇吸收塔，当三甘醇再生塔的液位到低液位时停泵。

(3) 重复步骤（1）和步骤（2），直至整个甘醇循环系统中所有管线充满三甘醇。注意检查再生釜废气排放阀是否打开，同时及时向补充罐补充三甘醇。

（4）若三甘醇储罐有管线进入循环泵，在进行步骤（1）时，也可同时进行步骤（2），以提高进溶液的进度。

2. 装置开车

1) 开车前状况检查

确认火炬及放空设施已做好准备，且火炬已点火；公用设施已准备好。

确认各仪表调节系统完好，处于开车状态；过滤器已做好开车准备；脱酸单元、硫磺回收单元已做好开车准备；所有阀门处于正确的"开"或"关"位置以及DCS能正常投用。

2) 开车步骤

（1）冷循环：

① 启运三甘醇循环泵，开始溶液循环；

② 启动三甘醇吸收塔塔底和三甘醇闪蒸罐液位调节仪表；

③ 若吸收塔闪蒸罐和三甘醇缓冲罐液位低于正常值时，应向系统补充溶液；

④ 溶液全通过机械过滤器和活性炭过滤器；

⑤ 检查、调校所有仪表。

（2）热循环及进气：

① 最初的燃料气量由手动调节，观察甘醇温升情况，控制温升速率35℃/h，调节燃烧器的吸风门，确保燃料气燃烧正常。

② 当三甘醇再生釜中三甘醇温度达到195℃时，燃料气量转入自动控制，三甘醇吸收塔开始进气。

③ 向三甘醇再生釜引入汽提气。

第二节　天然气净化装置正常开车程序

正常开工是指全厂生产装置、工艺设备、管道、电气设备、仪表控制系统、分析化验设备、安防通信系统、土建工程等进行有计划停工检修后的开工，主要内容包括开工前准备工作、开工条件确认、供电系统投用、通信系统投用、公用辅助装置投用、主体单元投用、系统进气生产、产品外输等。

一、开工前准备工作

(一) 开工工（器）具及材料准备

(1) 准备工（器）具安全防护器材、通信器材。

(2) 准备开工所需溶剂、催化剂、活性炭、过滤元件、润滑油脂等物料。

(3) 准备检漏试剂、化学试剂等物料。

(二) 开工人员准备

(1) 准备开工操作人员。

(2) 准备开工化验及维修人员。

(3) 准备安全及医疗人员。

(4) 确定所有人员培训合格、清楚开工方案及开工顺序。

(5) 开工节点及开工进度明确、清楚。

二、开工条件确认

(1) 确认装置检修项目完成，质量验收合格，设备复位完成。

(2) 确认上下游装置已做好开工准备。

(3) 确认供电系统、通信系统具备投运条件。

(4) 确认所有阀门开关灵活、操作可靠。

(5) 确认 DCS、ESD、F&GS、SCADA 数据采集与监控系统检修完毕，调试合格。

(6) 确认所有现场仪表、远程控制仪表检修完毕，具备投用条件。

(7) 确认所有安全阀校验合格，具备投用条件。

(8) 确认安全防护器材准备齐全到位，安全通道畅通。

三、供电系统投用

(1) 按供电要求投用照明系统。

(2) 按程序投用 DCS 及仪表供电。

(3) 按程序投用动力系统供电。

四、通信系统投用

(1) 投用固定电话或移动电话。

(2) 投用广播电话或应急广播系统。

(3) 投用 DCS、ESD、F&GS、SCADA，并分别测试。

五、公用辅助装置投用

(一) 投用供水和消防水系统

(1) 检查供水系统流程和仪表。

(2) 投用供水系统。

(3) 检查消防水系统流程。

(4) 投用消防水系统。

(5) 投用消防水应急水池，检查消防器材备用情况。

(二) 投用循环冷却水系统

(1) 检查循环冷却水工艺流程和仪表。

(2) 循环冷却水池注水。

(3) 启运循环冷却水泵。

(4) 清洗循环冷却水管网。

(5) 循环冷却水管网系统预膜。

(6) 循环冷却水系统正常运行。

(三) 投用工厂风、仪表风、氮气系统

(1) 检查工厂风、仪表风、氮气系统流程和仪表。

(2) 启运空气压缩机。

(3) 投运工厂风系统。

(4) 投运干燥器系统。

(5) 确认仪表风水露点合格后投运仪表风系统。

(6) 投运制氮系统。

(7) 确认氮气合格后投运氮气系统。

(四) 投用燃料气系统

(1) 检查燃料气系统流程和仪表。

(2) 燃料气系统氮气置换、试压。

(3) 倒通燃料气系统盲板，燃料气系统进气。

(4) 联系相关的单元，燃料气系统供气。

(五) 投用火炬及放空装置

(1) 检查火炬及放空装置工艺流程和仪表。

(2) 联系所有单元停止使用放空系统。

(3) 放空系统氮气置换。

(4) 氮气置换合格后，点火火炬。

(5) 联系相关单元恢复使用火炬及放空装置。

(六) 投用蒸汽及凝结水系统

(1) 检查蒸汽及凝结水系统流程和仪表。

(2) 投运除盐水处理装置。

(3) 投运除氧水处理装置。

(4) 投运锅炉给水系统。

(5) 锅炉上水试压。

(6) 测试锅炉联锁程序。

(7) 锅炉点火、升温。

(8) 投用锅炉加药系统。

(9) 蒸汽及凝结水系统管网暖管。

(10) 蒸汽系统供汽。

(11) 投用凝结水系统。

六、主体单元投用

(一) 投用原料气预处理单元

(1) 检查工艺流程，检查仪表并投用。

(2) 空气吹扫。

(3) 氮气置换。

(4) 投用原料气放空管网。

(5) 分等级试压检漏，检漏合格后等待进气生产。

(二) 投用脱硫脱碳单元

(1) 检查工艺流程，检查仪表并投用。

(2) 空气吹扫。

(3) 氮气置换。

(4) 投用湿净化气及酸气放空管网。

(5) 分段、分等级试压检漏。

(6) 工业水水洗。

(7) 凝结水水洗。

(8) 进溶液冷循环。

(9) 热循环。

(10) 投运联锁及自控程序。

(11) 调整工艺参数，等待进气生产。

(三) 投用脱水单元

(1) 检查工艺流程，检查仪表并投用。

(2) 空气吹扫。

(3) 氮气置换。

(4) 投用净化气放空管线。

(5) 分段、分等级试压检漏。

(6) 根据脱水工艺种类进行后续操作。溶剂法脱水工艺主要包括工业水水洗和凝结水水洗。

(7) 进溶液冷循环。

(8) 热循环。

(9) 调整艺参数等待进气生产。

七、系统进气生产

(1) 倒通原料气预处理、脱硫脱碳、脱水、脱烃单元高压气相流程，确认全装置高压段压力平衡。

(2) 联系上下游装置，明确进气时间及处理量。

(3) 确认各工艺参数符合进气条件。

(4) 缓慢打开原料气进气阀，升压至操作压力。

(5) 首先将湿净化气放空，当湿净化气中酸性介质合格后关闭湿净化气放空阀。

(6) 其次将净化气放空，当净化气水露点合格后关闭干净化气放空阀。

(7) 最后将脱烃放空，当净化气烃露点合格后，打开净化气外输阀，关闭脱烃放空阀。

(8) 调整原料气处理量至正常值。

第三节　天然气净化装置正常停运程序

正常停运是指全厂生产装置、工艺设备、管道、电气设备、仪表控制系统等进行有计划停运，停运后装置应具备检修的状态，主要内容包括停运条件确认、停气、主体单元停运、辅助装置停运、公用装置停运、停运界面交接等。

一、停运条件确认

(1) 停运相关人员准备到位（操作人员、化验及维修人员、安全及医疗人员）。
(2) 停运工（器）具、材料准备充分。
(3) 完成停运方案编写工作和培训。
(4) 完成火炬及放空装置排液操作。
(5) 溶液回收储罐清洗合格，具备接收溶液条件。
(6) 检查疏通溶液回收阀及排污阀。

二、停气

(1) 联系上下游装置，确认停气时间。
(2) 缓慢关闭原料气入厂进气阀。
(3) 根据系统压力，缓慢关闭净化气外输阀。
(4) 当酸气流量过低时，停止酸气进入硫磺回收单元，硫磺回收单元燃料气除硫。
(5) 监控系统压力和各点操作参数。

三、主体单元停运

（一）停运原料气预处理单元

(1) 排原料气过滤器、分离器积液。
(2) 高压泄压。
(3) 氮气置换。
(4) 倒闭原料气界区盲板。
(5) 空气吹扫。

（二）停运脱硫脱碳单元

(1) 排湿净化气分离器积液。
(2) 热循环、冷循环。
(3) 回收溶液。
(4) 高压段部分泄压。
(5) 凝结水水洗。
(6) 工业水水洗。
(7) 完全泄压。
(8) 氮气置换。

(9) 倒换盲板。
(10) 空气吹扫。

(三) 停运甘醇法脱水单元

(1) 脱水塔分液段排液。
(2) 热循环、冷循环。
(3) 回收溶液。
(4) 高压段部分泄压。
(5) 工业水水洗。
(6) 完全泄压。
(7) 氮气置换。
(8) 倒换盲板。
(9) 空气吹扫。

四、辅助装置停运

(一) 停运蒸汽及凝结水系统

(1) 确认蒸汽系统无用户。
(2) 降低锅炉负荷。
(3) 停运锅炉。
(4) 停运锅炉给水设备。
(5) 停运锅炉加药设备。
(6) 停运除氧水、除盐水设备。
(7) 停止锅炉燃料气供给。
(8) 蒸汽管网排水。
(9) 锅炉燃料气管线泄压、氮气置换。
(10) 除盐水、除氧水管线及设备排水。
(11) 锅炉自然冷却后排尽锅炉内余水。

(二) 停运火炬及放空装置

(1) 确认所有单元已停止放空。
(2) 停止火炬燃料气供给。
(3) 火炬燃料气管网泄压，进行氮气置换。
(4) 火炬及放空装置进行氮气置换。
(5) 放空分离器排液。

五、公用装置停运

(一) 停运燃料气系统

(1) 确认燃料气系统无用户。
(2) 切断燃料气系统来源。
(3) 燃料气系统泄压。

(4) 氮气置换。

(5) 倒闭燃料气系统所有盲板。

(二) 停运制氮系统

(1) 确认氮气无用户。

(2) 停运制氮设备。

(3) 排尽氮气储罐内的氮气。

(4) 空气吹扫。

(三) 停运循环冷却水系统

(1) 停止循环冷却水系统加药。

(2) 停止循环冷却水系统补充水。

(3) 确认循环冷却水系统无用户。

(4) 停运循环冷却水冷却风机。

(5) 停运循环冷却水泵。

(6) 循环冷却水管网排水。

(四) 停运仪表风、工厂风系统

(1) 确认仪表风、工厂风无用户。

(2) 停运空气干燥设备。

(3) 停运空压机。

(4) 排尽仪表风、工厂风储罐余气。

六、停运界面交接

(1) 确认所有盲板倒换合格。

(2) 关闭所有安全阀前后截断阀。

(3) 打开设备现场排放阀。

(4) 做好溶液氮气保护。

(5) 切断所有转动设备电源。

(6) 对重要的设备及阀门上锁挂牌。

(7) 停运 DCS、ESD、F&GS、SCADA。

(8) 确认设备具备检修条件。

第四节 天然气净化装置紧急开停车常见事故

天然气净化厂装置在开停车及检修期间属于事故高发期,尤其是装置紧急开停车期间。若操作不当、程序错误,或处理不及时,均容易导致生产事故的发生,致使装置无法及时恢复生产,甚至可能造成设备损坏或人员伤亡事故。

一、窜压

紧急停车期间系统波动较大,此时系统流体容易发生高压窜低压的事故。尤其是高压气体，在降压过程中气体迅速膨胀，若低压设备放空不及时，将导致低压设备超压，安全阀起跳，特别严重时低压设备将发生爆裂、爆炸事故。

二、超压

紧急停车时自动保护系统会切断进气和产品气输出，但上游气源不可能瞬时切断，必须通过放空系统进行放空处理，如不及时放空将会导致进气管网和设备超压，轻则安全阀起跳，重则可能发生爆炸。

三、超温

天然气净化厂装置一般都有冷热流体换热系统，装置紧急开停车期间，系统波动，冷热系统冷热流体流量不平衡，有可能有高温流体流入低温管道与设备，造成管道设备发生超温、法兰密封失效、设备损坏等事故。

四、闪爆

天然气净化装置紧急开车过程中，锅炉、脱水单元再生釜、硫磺回收加热炉会进行点火操作。在点火过程中，如不严格按照规定的吹扫点火程序进行操作，极易发生闪爆事故。

五、燃烧

由于硫磺回收催化剂内吸附大量液态硫，在紧急开停车期间若处理不当，过量空气进入催化剂床层，将导致床层内液硫发生猛烈燃烧，从而烧毁设备、管道，并导致催化剂损坏。

六、溶液损失

天然气净化装置紧急停车期间，若高压系统放空过大过猛，大量气体快速流经吸收塔时，极易将塔内溶液带至放空系统，从而造成系统溶液大量损失。

七、气体泄漏

天然气净化装置紧急开停车时，通常装置的原料气和酸气须进行放空燃烧处理。若原料气和酸气未燃烧或燃烧不完全，原料气或高浓度的酸性气体直接排至大气，必将造成环境污染和人员中毒等的重大安全环保事故。

硫磺回收装置在紧急停车时，若不及时切断酸气供应和空气总阀，还会发生酸气倒窜，并从主风机空气进口处逸出，造成操作人员 H_2S 中毒等事故发生。

八、系统堵塞

天然气净化装置紧急停车时，因系统蒸汽临时中断，如不及时恢复，将造成硫磺回收单元系统内的液硫凝固、反应器内催化剂板结，导致系统严重堵塞而无法恢复生产。

九、设备故障

由于天然气净化装置紧急开停车时系统波动相对较大，若不控制好流量、温度、压力、液位等各项工艺参数，易造成装置设备尤其是转动设备的损坏。

若紧急停产未及时关闭高压泵出口阀，可能发生高压泵反轴承超温烧毁等事故。在紧急开车时，若不及时调整流量、压力等参数，会直接导致泵抽空、机械密封干膜烧毁等事故的发生。

紧急开停车期间，如发生压力和温度升降过快等操作不当事故以及仪表失灵等，容易发生憋压、锅炉缺水、烧干锅、衬里垮塌、密封泄漏、阀门损坏等设备损坏事故。

十、操作失误

天然气净化装置紧急开停车期间，若操作人员经验不足，技术不精，高度紧张甚至惊慌失措，容易造成操作处理不及时或操作失误，极可能引发更严重的操作事故。

紧急开停车时，天然气净化厂应要求各生产相关人员在第一时间到达装置，管理干部指挥，技术干部指导，熟练工人操作，分工明确，定岗定人，每步操作落实到人，不留隐患死角，避免人为操作失误的发生。

第八章　技术文件与应急预案编制

第一节　技术文件

一、操作卡编制

操作卡编制就是将涉及天然气生产的具体操作制成卡片，规范各项操作遵守的操作要点，明确操作中的注意问题、危害识别及风险控制，员工按照操作卡列出的操作步骤逐一确认，逐一落实，实现装置设备安全操作、受控管理的目标。操作卡规定的操作应具体、完整，并具有可操作性，同时结合生产实际不断完善。

操作卡分为开工操作卡、停工操作卡、日常处理卡、异常处理卡、事故处理卡五类。

（一）开工操作卡

开工操作卡是在装置停运检修完成后开工或首次开工时，对生产装置各单元具体操作步骤进行规定，指导开工人员规范操作。开工人员要记录好相应的下达指令单位/人员、通知时间、执行指令单位/人员、执行时间。

（二）停工操作卡

停工操作卡是在装置停产时，对生产装置各单元具体操作步骤进行规定，指导停工人员规范操作。停工人员要记录好相应的下达指令单位/人员、通知时间、执行指令单位/人员、执行时间。

（三）日常操作卡

日常操作卡是对装置日常生产操作，包括泵、风机、压缩机的启停运（切换）、过滤器的切换、过滤元件的更换、明火加热炉、尾气灼烧炉、锅炉点火、停炉及定期排污等操作步骤进行规范。

（四）异常处理卡

异常处理卡是针对装置发生异常情况的处理，包括脱硫、脱水等各单元供电异常、原料气超压、脱硫吸收塔拦液、再生塔拦液、产品气质量异常、硫磺回收单元回压超高、反应器床层温度异常、仪表风压力低、燃料气压力异常、仪表风含油和含水异常等的处理步骤进行规范。

（五）事故处理卡

事故处理卡是在装置即将发生或已发生一般生产事故或操作大幅度波动的状态下，避免事态扩大，为使事态向可控制的方向发展、达到最终的安全受控状态的处理步骤。它包括脱硫单元窜气超压事故、脱硫吸收塔冲塔事故、废热锅炉严重缺水事故、锅炉严重缺水事故的处理等。

二、工艺操作规程与装置检修规程编制

(一) 编制要求

(1) 以工程设计为依据,确保技术指标、技术要求、操作方法科学合理。

(2) 总结长期生产实践的经验,保证同一操作的统一性,成为人人严格遵守的操作行为指南。

(3) 保证操作步骤的完整、细致、准确,有利于装置和设备的可靠运行。

(4) 将安全环保、节能降耗和产品质量等有机结合起来,优化操作,提高装置生产效益。

(5) 明确岗位操作人员的职责,做到分工明确、配合密切。

(6) 在生产实践中及时修订、补充和不断完善,实现从实践到理论的不断提高。

(二) 工艺操作规程主要内容

工艺操作规程主要内容:

(1) 装置概况,包括生产规模、生产能力、建成的时间和历年改造情况。

(2) 装置在正常开产、停产期间的操作步骤,包括开工、停工前期的检查、准备工作,开工、停工顺序和控制要点,开工、停工注意事项。

(3) 净化装置仪表自动控制系统介绍,包括 DCS、主要工艺仪表逻辑控制回路、ESD 及装置主要联锁回路介绍等。

(4) 装置各单元的工艺原理与流程描述。

(5) 工艺指标,包括原料指标、成品指标、安全阀定压值、参数报警值、公用工程指标、主要操作条件、原材料消耗、公用工程消耗及能耗指标和污染物产生及排放控制指标。

(6) 生产流程图,包括工艺管线和仪表控制图、工艺流程图、装置污染物排放流程图,说明流程图的画法及图样中的图形符号应符合国家标准或行业标准的规定。

(7) 各单元主要设备,如泵、风机、换热器、过滤器等的启停、切换、清洗操作及关键部位等的操作程序和注意事项。

(8) 装置的平面布置图,标出危险点、排污点、报警器、灭火器和其他应急设备位置。

(9) 设备、仪表明细表,将设备、仪表分类列表,注明名称、代号、规格型号、主要设计性能参数等。

(10) 常用基础数据,包括某些气体、液体的物理化学性能参数和化工原材料(醇胺、三甘醇、催化剂等)的性能等。

(三) 装置检修规程主要内容

装置检修规程主要内容:

(1) 组织机构,包括时间安排、组织安排、检修内容、检修领导小组、各专业组和联系方式。

(2) 施工管理,包括停产检修实施项目、停产检修总进度安排、重难点项目施工进度、施工组织设计、遵循的主要技术规范、检修项目验收、修项目验收、物资管理、竣工资料收集和归档。

(3) 装置停产方案，包括停产进度安排、停产准备确认和停产方案。

(4) 装置开产方案，包括开产进度安排、开产准备确认和开产方案。

(5) 装置开停产及检修过程的危险源、环境因素识别，风险分析及削减措施。

(6) 安全预案。

三、装置开停车方案编制

装置开停车方案的编制应结合装置检修和改造的实际情况进行，主要内容包括开停车统筹图、开停车说明、开停车操作、安全注意事项、盲板图表、应急预案、风险识别等。负责操作人员的培训，按经审批的开停车方案细化装置开停车安排、组织做好装置开停车工作。

（一）正常开车程序

装置正常开车程序如下：

(1) 检查确认。开工前的检查按"开工条件确认表"逐项进行检查并签字，全面细检查各项检修项目是否完工，拆卸过的设备是否全部复位，所有仪表和阀门是否处于正确开关状态等。

(2) 装置供电、供水、通信正常。

(3) 循环水、消防水系统开车。

(4) 空压、气系统开车。

(5) 污水装置开车。

(6) 燃料气系统投用。

(7) 火炬和放空系统投用。

(8) 锅炉及蒸汽供热系统开车。

(9) 尾气处理装置开车。

(10) 硫磺回收装置开车：

① 硫磺回收装置空气吹扫；

② 确认回收装置所有阀门开关位置正常；

③ 系统氮气置换、气密性试验；

④ 硫磺回收系统管线保温，液硫封灌注硫磺；

⑤ 各级冷凝器上水和暖锅；

⑥ 灼烧炉点火烘炉；

⑦ 燃烧炉点火烘炉，系统升温，热紧固；

⑧ 酸气系统倒盲板；

⑨ 进气生产。

(11) 原料气预处理、脱硫、脱水装置开车：

① 对检修设备和管线进行空气吹扫除渣；

② 确认系统管路所有阀门处于正确开关状态；

③ 原料气预处理、脱硫、脱水系统氮气置换、倒盲板；

④ 原料气预处理、脱硫、脱水系统试压检漏；

⑤ 脱硫、脱水装置工业水洗；

⑥ 脱硫、脱水装置凝结水水洗、仪表联校；

⑦ 脱硫、脱水装置进溶液；

⑧ 脱硫、脱水装置冷循环；

⑨ 脱硫、脱水装置热循环；

⑩ 原料气预处理、脱硫、脱水装置进气生产。

（12）硫磺成型装置开车。

（二）正常停车程序

装置正常停车程序如下：

（1）停运原料气预处理、脱硫、脱水装置单元：

① 原料气预处理、脱硫、脱水装置停气；

② 脱硫、脱水装置热循环；

③ 脱硫、脱水装置冷循环；

④ 脱硫、脱水装置回收溶液；

⑤ 脱硫、脱水装置进行凝结水水洗；

⑥ 脱硫、脱水装置工业水洗；

⑦ 氮气置换；

⑧ 倒盲板；

⑨ 空气吹扫。

（2）停运硫磺回收装置：

① 热浸泡；

② 燃料气除硫；

③ 装置冷却。

（3）停运尾气处理装置。

（4）停运硫磺成型装置。

（5）停运锅炉及蒸汽供热系统。

（6）停运火炬及放空系统。

（7）停运燃料气系统。

（8）停运空冷装置。

（9）停运循环水装置。

（10）停运污水处理装置。

（11）全装置停产完毕，待修。

四、技术方案编写

（一）编写目的

技术方案是为研究解决天然气净化各类技术问题所提出的办法与对策，包括科研方案、设计方案、施工方案、生产方案、管理方案、技术措施、技术路线和技术改革方案等。

（二）编写原则

技术方案要遵循以下编写原则：

（1）针对性，主要面向某一实际生产技术问题；

（2）科学性，技术方案必须科学合理；

（3）可操作性，技术方案具有现场可指导性，经实施后能有效提高生产效率及保障生产安全。

（三）编写内容

技术方案的编写内容：

（1）编写的缘由；

（2）编写的依据，要有利于保证安全、节约成本、提高效益；

（3）具体施工和实施步骤，包括如何施工、明确相关人员职责、所需设备材料、工程进度计划及预计完成时间等；

（4）风险识别和危害控制，对安全、健康、环境、产品质量、成本等的影响。

五、技术总结和技术论文编写

（一）技术总结

技术总结旨在及时总结工厂生产运行情况，对已解决的问题及存在的问题进行详细分析，总结经验和提出改进措施，以便更好地指导生产。上级生产技术部门对上报的技术总结进行审核，同时对上报的问题进行分析、会签和反馈。

技术总结按时间分为月技术总结、季度技术总结、半年及全年技术总结。技术总结一般包括以下内容。

（1）装置生产概况，包括：

① 主要生产任务及技术指标完成数据，包括天然气处理量和输出量、产品气控制指标、天然气商品率、硫磺回收率等；

② 主要设备能耗数据；

③ 化工原材料消耗数据；

④ 污染物外排数据，包括外排达标数据、环境保护及有关监测数据。

（2）工艺技术分析，包括：

① 主要生产任务及技术指标完成情况分析；

② 主要设备能耗情况对比分析；

③ 主要化工原材料消耗对比分析；

④ 污染物外排情况分析；

⑤ 装置生产的操作技术分析，包括装置生产异常情况、非计划停产及事故分析和解决措施。

（3）技术改造、技术革新、科技研究和合理化建议措施落实情况。

（4）装置检修情况。

（5）工艺技术管理改进和工艺纪律执行情况。

（6）物资材料使用情况。

（二）技术论文

技术论文属于学术论文的范畴，是最为常见的科研文体之一，旨在真实、全面、及时和系统地总结生产管理、工艺技术、理论研究等方面的经验和研究成果，开展技术交流，有效指导生产实践和科学研究。

1. 技术论文基本特征

1）独创性

独创性突出的就是一个"新"字，论文应提供新的科技信息，其内容应有所发现、有所发明、有所创造、有所前进，而不是重复、模仿、抄袭前人的工作。严格地说，独创性是指论文所提出的观点，是对某一个问题的全新认识，是与众不同或前所未有的看法。

2）科学性

技术论文只有具备科学性，才能起到应有的作用，这是一篇论文所应具备的起码的条件。科学性要求论文作者具有科学的工作态度，要善于公正客观地分析问题、解决问题，从论文的论点客观、正确，论据可靠、充分，论证周密、严谨等几个方面去努力。

3）理论性

技术论文的理论性，首先就体现在论述的严整上。一篇学术论文，应当自成一个理论认识系统。从提出问题到解决问题，从论述的展开到观点的明确，要围绕着一个中心，要一环紧扣一环。写入论文的所有内容，只有上升到一定的理论高度的观点和认识，才能成为论文的内容核心。

2. 技术论文内容和格式

技术论文应包括以下内容：

（1）论文的标题，即正文所研究的主要题目；

（2）作者和单位；

（3）摘要和关键词，即所研究的主要内容和结论；

（4）正文部分，包括引言、研究内容的详细论述、对比分析和结论；

（5）参考文献；

（6）作者简介。

论文的格式要求按相关标准执行。

第二节　应急预案

应急预案的编制是一项非常重要的基础管理工作，应急预案管理的好坏涉及能否应对企业的各类突发事件，确保安全环保形势的稳定，关乎人员安全、企业利益、社会稳定等大问题，必须给予高度的重视。

一、应急预案编制基本程序

应急预案编制的基本程序包括成立应急预案编制领导小组、进行现状评估、开展编写人员和审核员业务培训、开展制修订工作、进行内部审核、进行管理评审并以公文发布、培训和演练、变更管理、备案等。

(一) 成立组织

应急预案编制（或修订）一般由领导小组、编制小组或工作组组成。领导小组负责编制的总协调和把关，协调工作人员、机构的落实，负责编制计划和工作方案的审批，对涉及有关部门、单位的工作职责、流程变化等工作进行协调，落实经费及应急物资等事项。

在编制领导小组直接领导下，成立应急预案编制小组或工作组，具体负责工作方案的起草、应急预案的编制、应急预案的审核等工作，落实和督察编制计划和工作方案中的相关事项，控制好编制进度和工作质量。编制小组人员由管理人员、专业人员及专家组成。预案编制小组的组建取决于组织规模、风险和应急工作所要达到的目的等情况。编制工作需要大量的时间和精力的投入，更多的人参与投入会促进工作的开展，同时还能促进大家更深入地理解应急管理。编制小组或工作组的成员最好是在预案制定和实施中有重要作用或可能是应急状态下受影响的人。

此外，小组成员也可以包括来自地方政府、社区和相关部门（如安全、消防、公安、环保、气象、公共服务等）的代表，这样可以消除企业应急预案与政府应急预案的不一致性。同时，也可以明确应急状态下紧急事件影响到外部时涉及的单位及其职责。

领导小组制定应急预案编制的工作方案，确定编制步骤和任务分工，制定应急预案编制准备、编制、验证、评审和发布的工作计划和时间安排。预案编制小组根据已确定的应急职责，结合已确定的应急对象和范围，制定详细的工作方案，包括各预案的编制分工，初稿起草、检查修改、验证（演练）、评审、发布等各项工作的工作计划和时间安排。

应急预案编制（修订）工作计划和工作方案是编制应急预案的行动计划和工作指南，也是应急预案编制小组或工作组的一项重要基础工作。应急预案能否得到有效实施，关键在于各应急机构和相关部门人员的职责是否明确以及落实情况。因此，在编制预案前必须在工作方案中把应急机构和人员的应急职责联系起来，并在将要编写的应急预案中体现。实际上，在日常的工作和应对一些突发事件的基础上，各相关部门的工作流程、人员的工作职责应该比较明确。但是要落实到应急预案中且做好有关部门的响应及联动，就必须进行沟通，对工作程序和职责进行梳理，进一步明确应急任务和分工，并保障应急程序清楚和有效地执行。再者，应急工作需要必要的组织、经费作保障，同时涉及专家的认定、职责的划分、物资的准备甚至是工作流程的改变等，需要协商解决。因此，应急预案编制方案应该得到领导小组的批准，并以会议纪要的形式印发，以便保证应急预案编制工作的顺利开展。

(二) 危险性分析和应急能力现状评估

危险性分析和应急能力现状评估是指分析企业已存在和可能存在的危险，评估相应的应急能力，确定应急对象和范围，构建应急预案体系框架。危险分析应包括危险识别和风险分析，以及法律法规的符合性分析。在危险因素分析及事故隐患排查、治理的基础上，确定本单位的危险源、可能发生突发事件的类型和后果，进行风险分析，并指出可能产生的次生、衍生事件，形成分析报告，分析结果作为应急预案的编制依据。应急能力包括应急资源（应急人员、应急设施、装备和物资等）、外部可用力量和保障措施的评估，应急人员技术、素质、经验和接受的培训等，它将直接影响应急行动的快速性和有效性。应急能力评估就是依据危险分析的结果，对应急资源准备状况的充分性和从事应急救援活动所具备的能力评估，以明确应急救援的需求和不足，为应急预案的编制奠定基础。

初始阶段的工作可以分为三个部分：收集相关资料和信息；危险识别、后果分析和风险评价；应急资源和能力的评估并确定需要的应急资源。编制小组组建并授权职责后，小组的首要任务就是收集制定预案的必要资料和信息，并进行分析评估。这些资料和信息应包括适用的法律、法规和标准；集团公司和地方政府的有关规定；企业安全记录、突发事件发生情况；目前 HSE 管理及发展计划；企业现有的应急资源和能力状况；预案范围内地区的地理、环境和气象资料；同类企业的事故资料及应急预案等。编制小组应提出如下问题，并组织讨论、回答这些问题，开展企业危险分析和应急能力评估，确定应急对象和范围。

（1）企业会发生什么样的突发事件？
（2）这种突发事件的后果如何？现场和企业外部会受到什么影响？
（3）这类突发事件是否可监控、预防和预警？如何预防？
（4）如果不能，会产生怎样的紧急情况？
（5）如何报警？
（6）谁来评价这种紧急情况？依据什么？
（7）应急通信能否保障？如何建立有效的应急通信？
（8）目前具备什么资源？分布及状态如何？
（9）应该具备什么资源？如何取得？
（10）外部可以用的有效救援力量如何？怎样得到？
（11）有哪些应急工作相关的制度和措施保障？
（12）人员培训及素质（特别是现场操作人员和救援人员）状况如何？
（13）其他相关问题等。

上述问题是进行危险性分析和能力评估以及编制应急预案过程中必须分析和考虑的部分。在初始阶段，编制小组应辨识所有可能发生的突发事件场景并评价现有资源，包括人力、物资、设备、资金以及应急专项技术、技能等。

（三）开展业务培训

在明确了企业风险和突发事件的可能性后，如何按照法律、法规的要求编写符合自己单位实际的应急预案，就成为一个迫切需要解决的实际问题。最简单快捷的办法就是开展业务培训。

培训的主要内容包括国家有关法律、法规；风险管理理论及应用；应急预案的编制规范、制度及要求；应急预案的审核、备案；应急预案的演练；事故模型、仿真模拟技术；功能性可视化数字应急技术应用；应急信息管理、物资储备等制度；应急救护知识及防护装备使用；应急管理与 HSE 管理体系、安全环保管理等相关知识及要求。

（四）编制应急预案

针对可能发生的事故，结合本单位的危险源状况、危险性分析和应急能力评估结果等信息，编制相应的应急预案，应急预案自下而上逐级编制完成，形成应急预案体系。应急预案不是为了编制而编制，而是要做到有效应对可能发生的突发事件。从突发事件发生的情况看，重点在基层、要害在岗位、预防在前提。预防工作是日常性的工作，可以通过作业文件、操作规程解决。但应对突发事件，就应该从现场、岗位的应急工作开始，即先解决第一步、第一时间的应急问题。

编制应急预案切不可盲目求大，不管也不结合企业实际，盲目针对一些突发事件先制定一个高层次、高级别的预案，不关注现实、不解决基层问题、不化解事故苗头，不对基层负责任，其结果可能是出大事故。如果真出了事故，基层和岗位解决不了，自下而上不知道如何响应，到那时，再好的文本也是与应急的目的是相背离的。

（五）内部审核

应急预案初稿完成后，应由牵头部门对应急预案进行审核。审核的内容和要求按照编制指南及有关规定的要求进行，重点对应急职责、程序、资源和保障措施进行验证和评审。审核时可采用桌面演练的方式，重点根据情景模拟和事故推演，分析可能的后果及采取的措施，既要程序清楚，还要职责明确，把工作流程打通，应急准备做足，应急目的和效果做实。应急预案的审核应形成记录。专项应急预案特别是现场的处置预案制定完成后，应对预案进行测试和演练，确保预案的充分性和适宜性，以确保预案能有效实施。一般应至少进行桌面演练，有条件的可以进行现场演练。

（六）评审和发布

在对应急预案审核提出的不符合进行论证后，由组织进行管理评审，总体应急预案或综合应急预案评审后报安全生产（HSE）委员会审定，审定过后由组织主要负责人签批，并以公文的形式发布（注意：涉密内容应严格按照保密规定执行，确保公开发布的预案不涉及组织的保密内容）。

企业及所属单位级总体应急预案或综合应急预案一般由本级组织的主要负责人签署发布；专项预案可由主要负责人授权的主管领导签署发布。现场应急处置方案由于其特殊性，一般由现场相关单位负责人或企业授权的负责人签署后即可组织实施。

（七）预案实施及后期处理

预案签署或发布后，即表明应急预案进入实施阶段。对应急预案中涉及的部门、单位，均应发放受控版本的应急预案，每一个收到应急预案的部门或单位都要求签字确认。

应急预案发布后应及时组织培训学习、宣传，培训、演练是应急预案的一项重要功能，通过培训、演练可以及时发现预案存在的问题，不断进行完善。普及生产安全事故预防、避险、自救和互救知识，应急预案的要点和程序应当张贴在应急地点和应急指挥场所，并设有明显标志。同时，应急预案的程序被大家理解、接受并熟练掌握，从而使事态越发向小的方向控制，直至控制和杜绝各类事故，使应急预案真正起到事故预防的作用。

应当制定本单位的应急预案演练计划，根据本单位突发事件预防重点，每年至少组织一次综合应急预案或者专项应急预案演练，每半年至少组织一次现场处置方案演练。演练结束后，应当对演练效果进行评估，撰写评估报告，分析存在的问题，并提出修改意见。

应急预案发布后,发生一些变化或通过演练发现问题,就要及时对应急预案进行变更。小的变更可以用局部修改的方式进行,并告知收到受控文本的部门和人员进行变更。法律、法规及有关标准中对变更的条件作出了明确要求,各级组织应严格按照执行,做好应急预案的日常管理。制定的应急预案至少每三年修订一次,预案修订情况应有记录并归档,应当及时向有关部门或单位报告应急预案的修订情况。

二、应急预案核心要素

应急预案是针对各类可能发生的突发事件和所有危险源制定应急方案,必须考虑事前、事发、事中、事后的各个过程中相关部门和有关人员的职责,物资、装备的储备、配置等方方面面的需要。各类应急预案由于其事发机理、管理机制体制的不同,预案文本的内容及编制形式也不统一。就事故灾难类应急预案来看,国家应急管理部及有关科研机构、企业做了大量工作,进行了不断完善和探索。企业应急预案一般应包括方针与原则、危险性分析、应急准备、应急响应、应急恢复以及预案管理与评审改进六个核心要素。

(一)方针与原则

应急预案应说明作为指导本企业应急工作纲领的方针与原则。方针与原则应反映应急工作的优先方向、政策和总体目标,同时应体现损失控制、高效协调和持续改进的思想。应急的策划和准备、应急策略的制定和现场应急救援及恢复都应当围绕方针与原则开展。

(二)危险性分析

危险性分析包括危害分析和环境评价及能力评估等内容,是应急预案编制的依据和基础。危险性分析的内容和结论,既可以作为应急预案的主要内容和构成部分,也可以单独以专题分析报告的形式作为应急预案的支持性文件。因为危险和影响以及应急能力都是不断变化的,所以危险性分析也应该是一个动态的过程,应急预案的内容也必须随危险性分析作出相应的调整。

(三)应急准备

应急准备主要针对可能发生的突发事件,应做好各项准备工作,能否成功地在应急救援中发挥作用取决于应急准备得充分与否。应急准备基于应急策划的结果,明确所需的应急组织及其职责权限、应急队伍的建设和人员培育、应急物资的准备、预案的演练、公众的应急知识培训和签订必要的互助协议等。应急预案主要包括以下内容:

1. 应急机构、职责和权限

应急预案应明确以本企业最高管理者为代表的应急机构及组成人员以及与应急工作相关的从事管理、执行和验证工作的机构和人员的应急职责和权限。

2. 应急资源提供和保障措施

应说明本企业为实施和改进应急预案所提供必要的可用资源和保障措施,这些资源和措施可包括且不限于:

(1)人力资源和专项技能的储备和提供;

(2)物资、装备和基础设施的储备和提供;

(3)通信的畅通和保密;

(4)财力的投入和使用;

（5）专业技术的研究和应用；

（6）人员防护、医疗卫生和后勤服务。

应急资源和保障措施应包含与邻近企业和专业机构签订的形成文件的应急互助协议所包括的应急资源和保障措施。

应急资源清单可以附录的形式列出。

3. 培训和验证

应急预案应对与企业应急工作相关或受其影响的人员进行应急培训以及对应急预案的有效性验证提出要求，以提高企业的应急能力。

4. 应急监测

应急预案应阐述企业与政府部门、上下级企业和专业机构相连接的突发事件监测系统及有关要求，以及时汇集、储存、分析、传输有关突发事件的信息。

（四）应急响应

应急预案应依据应急策划的结果和应急准备的情况，对应急状态下企业的活动和程序进行说明。

1. 应急预警

对于可以预警的突发事件，应急预案应确定预警级别，制定企业的预警行动和预警解除程序。

2. 应急信息传递

应急预案应确定在应急状态下对与应急工作相关或受其影响的机构或人员的应急信息传递的程序、内容和方法。应急信息的传递应形成记录。

3. 指挥与控制

应急预案应确定在应急状态下应急机构实施应急救援的指挥程序；多个应急机构联合参与应急救援时，应明确任务分工。

应急预案应确定在应急状态下与应急相关的机构和人员对突发事件的控制程序，或取得这些程序的有效途径和方法。这些程序可包括但不限于专项应急预案和现场处置方案、操作规程、经验证的经验和技术方案。

4. 人员防护

应急预案应确定在应急状态和应急救援中可能受到伤害或影响的人员的防护措施，或取得这些措施的有效途径和方法。这些措施可包括但不限于告知、转移、隔离、提供医疗和卫生服务。

5. 公共关系

应急预案应确定应急状态下企业处理公共关系的程序，或取得这些程序的有效途径和方法。这些程序可包括但不限于对外信息发布程序、对内信息告知程序。

（五）应急恢复

应急恢复是指事故发生后期的处理，如泄漏物的污染问题处理，伤员的救助、后期的保险索赔，生产秩序的恢复等一系列问题，应急预案应确定应急救援结束的条件和应急恢复的程序。这些程序可包括但不限于监测、检验和现场恢复，应急资源和保障措施的恢复，应急工作总结及改进计划。

(六) 预案管理与评审改进

预案管理与评审改进强调在事故后（或演练后）的对于预案不符合和不适宜的部分进行不断的修改和完善。应急预案应确定对应急预案内容的评审要求，以及对应急预案评审过程中发现的不符合、不适宜、不充分内容的改进要求。

三、应急预案编制内容

(一) 应急预案基本内容

（1）封面，包括预案编号、应急预案版本号、延长石油石油花标志（位于预案封面左上角）、企业名称、实施日期、应急预案名称和版本有效标志。

（2）批准页，包括发布及实施要求、签发人（签字）和签发日期。

（3）目录。

（4）正文。

（5）附件。"附件"样标在附件的左上角，附件名称、序号应在目录中体现，并保持前后标志一致。

(二) 总体应急预案主要内容

1. 总则

1）编制目的

明确应急预案编制的目的、要达到的目标和作用等。

2）编制依据

明确应急预案编制所依据的国家法律法规、规章制度、部门文件、有关行业技术规范标准，以及延长石油关于应急工作的有关制度和管理办法等。

3）适用范围

规定应急预案适用的对象、范围以及突发事件类型、级别等。

4）工作原则

明确应急工作应遵循的主要原则，内容应简明扼要；应从应急准备、监测与预警、应急处置与救援、事后恢复与重建等要求方面阐述。

5）预案体系

明确应急预案体系的构成情况，应辅以体系框架图，表明应急预案之间的联系与关系。

2. 组织机构与职责

1）应急组织体系

明确应急组织体系的构成，一般由应急领导小组、应急领导小组办公室、办公室日常办事和工作机构、应急工作主要部门、应急工作支持部门、信息组、专家组、现场应急指挥部等构成。

2）机构与职责

规定应急组织体系中各部门的职责。

3. 风险分析与应急能力评估

1) 企业概况

简述企业地址、性质、从业人数、隶属关系、主要原材料、主要产品、产量、生产装置、工艺流程、生产设施等内容，以及周边区域的公众、社区、重大危险源、重要设施、环境（气候、河流、地质）以及医疗、消防、交通通信等情况。

2) 风险分析

按照自然灾害、事故灾难、公共卫生、社会安全四种突发事件类别，对存在的风险进行识别。

对可能引发事故灾难类突发事件的危险目标，应分析其关键装置、要害部位、重大危险源等突发事件的类型及风险程度，作为事件分级的主要依据。

3) 应急能力评估

针对各种类型突发事件的风险程度，对本企业的应急资源和处置能力进行分析和评估，并列出不足。在应急保障中针对这些不足项，采取适当的强化保障措施。

4) 事件分类与分级

依据行业规范、标准中关于事件分类分级的规定，及延长石油相关文件，结合本企业及外部应急处置能力实际，参照突发事件风险分析结果进行事件分类分级。

4. 预防和预警

1) 预防与应急准备

按照突发事件的四种类型，结合本企业的应急管理工作现状，分别描述防止事件发生应采取的措施。从完善预案体系、健全规章制度、开展宣传教育、提高员工素质、应急硬件设施建设、新技术开发、强化应急管理等方面进行准备。

2) 监测与预警

根据企业应急能力情况及可能发生的突发事件类型及事件特征，有针对性地开展应急监测工作。通过新闻媒体、上级预警、下级报送、风险评估、应急监测等途径，获取突发事件的预报信息，对突发事件发生的可能性和严重程度进行判断。当发生突发事件的可能性和严重程度较大时，发出预警通知，按既有预警程序采取行动，并按程序进行应急响应准备。

3) 信息报告与处置

明确 24 小时应急值守电话、内部信息报告的形式和要求，以及事故信息的上报流程；明确事故信息上报的部门、方式、内容和时限等内容；明确事故发生后向可能遭受事故影响的单位，以及向请求援助单位发出有关信息的方式、方法。

例如，发生灾情后，现场人员应利用一切可能的通信手段立即向值班室、消防队报警，提供准确、简明的事故现场信息，并提供报警人的联系方式。企业发生化学事故，很重要的是前期扑救工作，如进行紧急处理并组织人员疏散等措施。值班室或消防队接到报警后，应首先报告应急救援领导小组，报告内容包括事故发生的时间和地点、事故类型（如火灾、爆炸、泄漏等）、估计造成事故的物资量及后果，领导小组全面启动事故处理程序，通知各专业队火速赶赴现场，实施应急救援行动，然后向上级应急指挥部门报告，根据事故的级别判断是否需要启动区域性应急预案。

5. 应急响应

1）响应流程

根据所编制预案的类型和特点，明确应急响应的流程和步骤，并以流程图表示。

2）应急响应分级

根据事故紧急和危害程度，对应急响应进行分级，明确事故状态下的决策方法、应急行动程序和保障措施。应急响应分级要清晰，Ⅰ级为最高响应级别。

3）应急响应启动

明确应急响应启动条件和启动方式。

4）应急响应程序

按照突发事件发展态势和过程顺序，结合事件的特点，根据需要明确接警报告和记录、应急机构启动、资源调配、媒体沟通和信息告知、后勤保障、应急状态解除和现场恢复等应急响应程序。

5）恢复与重建

明确开展恢复重建工作的内容和程序。

6）应急联动

明确应急联动程序。

6. 应急保障

1）应急保障计划

制定年度应急资源建设及储备目标，落实责任主体，确定外部依托机构，针对应急能力评估中发现的不足制定措施。

2）应急资源

应急保障责任主体依据既有应急保障计划，落实应急队伍、应急资金、应急物资配备、调用标准及措施。

3）应急通信

明确与应急工作相关的单位和人员联系方式及方法，并提供备用方案；建立健全应急通信系统与配套设施，确保应急状态下信息通畅。

4）应急技术

阐述应急处置技术手段、技术机构等内容。

5）其他保障

根据应急工作需求，确定其他相关保障措施，如交通运输保障、治安保障、医疗保障、后勤保障、体制机制保障等。

7. 预案管理

1）预案培训

说明对本单位人员开展的应急培训计划、方式和要求。如果预案涉及相关方，应明确宣传、告知等工作。

2）预案演练

根据需要，说明应急演练的方式、频次等内容。

3）预案修订

说明应急预案修订、变更、改进的基本要求及时限，以及采取的方式等，以实现可持续改进。

4）预案备案

说明预案备案的方式、审核要求、报备部门等内容。

(三) 现场应急处置方案主要内容

1. 事故特征

1）危险性分析

根据现场及作业环境可能出现的突发事件类型，对现场进行风险识别。重点分析关键装置、要害部位、重大危险源等突发事件可能性及后果的严重程度，对现场及可以依托的资源的应急处置能力进行分析和评估。

2）事件及事态描述

简述现场可能发生的事件，分析事态发展、判断事故的危害性。对已发生的事件，组织现场有关人员和专家进行研究分析，根据分析结果和判断，对事态、可能后果及潜在危害等进行描述。

2. 组织机构及职责

1）应急处置流程图

绘制应急处置流程图，并按照流程中的处置环节对组织机构及岗位人员的工作职能进行分配。

2）应急处置工作职责

参照专项应急预案中组织机构职责及要求，明确现场应急领导小组及具体的人员组成，并按照现场应急工作分工，组成负责综合、抢险、通信、专家善后、后勤、信息报送及对外信息发布等应急工作的若干工作小组，确定人员的岗位工作职责。

3. 应急处置

1）应急处置程序

应急处置应坚持"早发现、早处置、早控制、早报告"工作方针，始终贯彻"以人为本、安全第一，关爱生命、保护环境"的工作原则，力争在第一时间、第一现场达到控制事态、防止事故扩大的目的。组织开展现场危害及风险分析，针对可能发生的事故类别及现场情况，明确事故报警、应急信息报送、应急措施启动、应急救援人员引导、事故扩大及同企业应急预案的衔接的程序。

2）应急处置要点

针对可能发生的各类事件，从操作措施、工艺流程、现场处置、监测、监控，以及事态控制、紧急疏散与警戒、人员防护与救护、环境保护等方面制定应急处置措施，细化应急处置步骤。

采用文字或图表形式表达应急处置流程图，对应流程中的每个节点，绘制机构或人员职能分配表。

四、应急预案管理

(一) 应急预案审核与备案

1. 审核

应急预案编制完成后,应按照 HSE 管理体系的文件审核要求,组织有关部门和人员进行内部审核,并形成审核报告。内部审核完成后,有关部门要对审核出的问题(不符合)进行修改,修改完成后,由预案签发负责人组织管理评审。管理评审应在文件审查的基础上,采取桌面演练、功能推演方式进行审核,有条件的,还应按照应急预案的程序进行模拟演练,以审查应急预案的可操作性。管理评审可以邀请当地政府、上级主管部门以及有关专业机构人员或专家参加。演练时,也应该邀请相关方参加,以检验应急预案的关联性。

审核的主要内容:

(1) 符合国家相关法律、法规和延长石油有关制度及规定;
(2) 与地方和上下级相关应急预案的有效衔接;
(3) 与事故风险和应急能力相适应;
(4) 组织机构分工明确、责任落实;
(5) 应急程序和应急资源保障措施清晰具体、操作性强;
(6) 内容及要素完整,文字简洁,信息准确;
(7) 满足国家、行业和延长石油的其他有关要求。

2. 备案

企业首次编制或更换版本的应急预案应在正式实施之后的 15 个工作日之内向备案机构提出备案申请。局部修订的应急预案应在修订内容正式实施之后的 15 个工作日之内向备案机构提出备案申请,并提交修订说明。

企业应急预案申请备案的基本条件:

(1) 按规定程序和要求完成应急预案的编制或修订;
(2) 按规定进行了应急预案内部审核和管理评审;
(3) 应急预案已批准发布 3 个月,并至少组织过一次培训和演练;
(4) 首次编制或更换版本的应急预案至少开展一次综合性验证性演练。

企业应急预案备案应以正式发布的书面文本形式,报当地政府有关部门备案。同时,按照分级管理的原则,企业级应急预案报延长石油预案管理部门备案。按照国家生产安全应急预案管理办法等有关规定,延长石油对重点企业的备案提出备案审核的要求。基本思路是由企业委托相对第三方审核机构,成立专门的审核组,按照预案审核的规定,对企业提交的应急预案和相关材料,根据审核依据对照审核内容进行审核,形成审核报告。备案审核完成后,审核机构出具审核报告,企业凭审核报告报延长石油主管部门备案。同时,具有审核资质的审核机构也可以给企业发放应急预案审核证书,企业可以凭该证书向有关方展示其应急预案的客观公正性审核结论,以减少相关方对企业应急预案文本的重复性审查。

(二) 应急培训与演练

应急管理一个典型的特点就是有效性，要保证当紧急事件发生时应急预案的真正有效，必须做好应急培训和演练工作。企业为全面提高应急能力，应对员工和公众的应急培训和教育、应急演练作出相应的规定，包括其内容、计划、组织与准备、效果评估等。

为提高救援人员的技术水平与救援队伍的整体能力，以便在事故的救援行动中达到快速、有序的效果，经常性地开展应急救援培训和演练应是救援队伍的一项重要日常性工作。

应急救援培训和演练的指导思想应以加强基础、突出重点、边练边战、逐步提高为原则。

应急培训和演练的基本任务：锻炼和提高队伍在突发事件情况下的快速抢险救援、及时营救伤员、正确指导和帮助群众防护或撤离、有效消除危害后果、开展现场急救和伤员转送等应急救援技能和综合素质，降低事故危害，减少事故损失。

1. 应急培训

制订培训计划之前，首先要对应急救援系统各层次和岗位人员进行工作和任务分析，根据培训者在应急工作中的职责和任务确定该应急岗位所要达到的能力要求，制定一个工作和（或）任务摘要，这样能够明确学习目标和培训后受训者希望的效果。工作和（或）任务摘要简表的基本格式应该包括以下内容：

(1) 使命：岗位的总体目标。

(2) 重要职责：按职责对工作全面说明。

(3) 任务：每项职责要履行的各种任务。

(4) 任务说明：明确说明责任人该如何做。

(5) 小组与个人：个人执行任务和小组执行任务之间的区别。

2. 应急演练

开展应急演练的主要目的是检验预案、完善准备、锻炼队伍、磨合机制和科普宣教。

(1) 检验预案：通过开展应急演练，查找应急预案中存在的问题，进而完善应急预案，提高应急预案的实用性和可操作性。

(2) 完善准备：通过开展应急演练，检查应对突发事件所需应急队伍、物资、装备、技术等方面的准备情况，发现不足及时予以调整补充，做好应急准备工作。

(3) 锻炼队伍：通过开展应急演练，增强演练组织单位、参与单位和人员等对应急预案的熟悉程度，提高其应急处置能力。

(4) 磨合机制：通过开展应急演练，进一步明确相关单位和人员的职责任务，理顺工作关系，完善应急机制。

(5) 科普宣教：通过开展应急演练，普及应急知识，提高公众防范意识和自救互救等灾害应对能力。

五、典型应急预案

(一) 系统性检修开工 HSE 安全预案

1. 系统性检修开工安全预案

1) 风险分析及削减措施

应对以下过程进行风险分析,并编制相应的风险的减措施:

(1) 盲板未完全拆除的风险。

风险分析:在开工准备过程中未将停工时倒换、加装的盲板全部拆除,可能导致设备超压等事故。

削减措施:

① 指定专人负责盲板倒换、拆除工作。

② 盲板倒换拆除必须按停工时确认的盲板倒换工作单逐一倒换、拆除并记录。

(2) 系统检漏过程中存在窜压、中毒、爆炸等风险。

风险分析:系统检漏过程中可能存在阀门开关错误引发的窜压事故,检修安装质量的原因以及升压速度过快也可能会导致爆炸事故以及 H_2S 泄漏造成中毒事故等。

削减措施:

① 严格执行启动前安全检查管理规定。

② 高压系统、中压系统、低压系统应分段分级检漏。

③ 升压速度不高于 0.3MPa/min。

(3) 进气时,存在系统超压的风险。

风险分析:脱硫脱碳单元进气时,上下游沟通不畅、出厂界区阀和调节阀打不开等原因可能会造成系统超压。

削减措施:

① 进气前确认上下游的通信联络是否畅通。

② 进气过程中加强与上下游单位的协调。

③ 紧急情况下,可采取原料气部分放空的办法。

④ 进气时应安排现场重点岗位操作人员值守,情况紧急可现场手动放空。

(4) 进气放空时,存在环境污染和 H_2S 中毒的风险。

风险分析:进气过程中原料气或酸气放空时,如果火炬熄灭,可能造成环境污染和 H_2S 中毒。

削减措施:

① 进气前检查火炬燃烧情况,可适当增大长明火燃料气量。

② 进气前检查确认放空分液罐无液位。

③ 放空过程中密切监视火炬燃烧情况,并适当控制放空速度。

2) 作业前准备

(1) 正压式空气呼吸器、防毒面具、气体检测仪、便携式报警仪等安全防护器材应处于正常状态。

(2) 特种作业应由取得相应操作证的人员进行操作。

（3）进入作业现场操作前要认真检查 HSE 设施是否齐全，个人防护用品是否准备好。

3）作业安全通则

（1）开工人员须严格遵守各项 HSE 管理制度，严禁"违章指挥、违章操作、违反劳动纪律"的"三违"现象发生。

（2）进入作业现场的所有人员应正确穿戴劳动保护用品。

（3）开工期间送电由单元负责人执行，须按规定申请解除电气隔离。

（4）杜绝习惯性违章十大共性问题：

① 进入生产环境未按规定穿戴劳动保护用品或操作时佩戴饰物。

② 攀爬、登高作业未采取防护措施或上下台阶不扶扶手。

③ 未执行监护监督制度，单人进行操作。

④ 选用工具不当，随意放置和丢弃工具，忽视工具维护保养。

⑤ 随意扔、倒或排放易燃、易爆、有毒、有害废弃物。

⑥ 进入易燃易爆环境未按规定做消除静电处理、携带火种或接、拨手机。

⑦ 使用汽油、柴油等有机溶剂擦拭设备、场地或用湿布擦拭带电电气设备。

⑧ 酒后驾驶、疲劳驾驶、驾驶时不系安全带或接拨手机，超速、超载或客货混运。

⑨ 封闭或堵塞安全通道。

⑩ 进入受限空间或可能存在有毒有害、易燃易爆气体空间作业前未按规定进行检测。

2. 系统性检修开工环境保护方案

1）环境因素识别

开工前组织对开工作业过程中可能出现对环境造成影响的因素进行识别评价和管理。

开工过程中主要环境因素：

（1）清洗溶液储罐、排放放空分液罐和管线积液时存在 H_2S 中毒的风险。

风险分析：清洗溶液储罐排放空分液罐和管线积水等操作存在 H_2S 中毒的风险。

削减措施：

① 放污水时尽可能密闭排放。

② 进入前必须用轴流风机在储罐的上人孔抽风，使空气由下人孔向上人孔流动，取样分析合格后方可进入溶液储罐清洗，必须严格按受限空间作业要求执行。

③ 现场作业必须按规定佩戴 H_2S 报警仪，并注意观察风向，站在上风向且2人以上时作业，现场安全监护人员不得离开。

（2）阀门试压过程中存在爆炸的风险。

风险分析：使用氧气做试压介质或操作失误以及机械疲劳等都有发生试压设备或试压阀门爆炸的风险。

削减措施：

① 严禁使用氧气做试压介质。

② 试压时，操作人员严禁正对阀门手轮。

③ 严格按试压设备操作规程进行操作。

④ 试压时严禁超过阀门额定压力。

⑤ 操作时不能戴沾有油污的手套作业。

(3) 集气站和净化厂存在发生超压事故的风险。

风险分析：停气过程中，上下游动作不协调或沟通不及时，如净化厂直接关闭出厂界区阀可能造成装置超压，直接关闭进厂界区阀可能造成上游集气站超压。

削减措施：

① 压力控制设置在自动控制状态，并设定恰当设定值。

② 确认上下游通信畅通，加强同上下游单位协调。

③ 根据原料气、净化气流量，原料气进厂、系统压力等参数综合判断关闭进出厂界区阀的时机。

④ 在关闭进出厂界区阀时应安排操作工值守在原料气现场放空阀处预防出现紧急情况。

(4) 放空管道积液，放空管网存在损坏的风险。

风险分析：放空管道或放空分液罐内积液，导致在系统放空泄压过程中，天然气、酸气、燃料气等不能顺利放空至火炬，使放空管道剧烈振动，从而可能造成放空管网损坏。

削减措施：

① 停气前，排尽放空管道及分液罐中液体。

② 放空过程中，要控制放空速度，避免迅猛开启放空阀泄压。

(5) 原料气、酸气放空时，存在环境污染及中毒的风险。

风险分析：装置放空时，如果火炬熄灭，造成原料气和高浓度酸气未燃烧，直接排至大气，将造成环境污染和人员中毒等重大安全环保事故。

削减措施：

① 放空前确认火炬正常燃烧。

② 放空时，控制放空速度，观察火炬燃烧情况。

(6) 热、冷循环过程中再生塔出现负压的风险。

风险分析：冷循环过程中如果再生塔压力控制不好，加之塔内温度大范围变化，可能造成再生塔负压抽空事故。

削减措施：

① 确认再生塔压力控制处于自动状态，加强该参数的监控。

② 在冷循环开始前要打通再生塔升压流程，如果压力下降应及时补入氮气。

(7) 脱硫脱水停止循环后，存在发生高压、中压、低压窜压的风险。

风险分析：脱硫脱水停止循环后，如果高压段、中压段、低压段隔断阀门内漏或未有效隔断，可能发生窜压事故。

削减措施：

① 在停止循环后，应首先通过观察设备液位变化及管线内液体流动状况分析判断高压段、中压段、低压段的隔断是否有效，如阀门内漏应及时关闭相邻的手动截断阀，并在检修中更换泄漏阀门。

②在检查确认后建议有条件的关闭高压段、中压段、低压段隔断的联锁阀，彻底隔断高压段、中压段、低压段。

（8）回收溶液时，存在窜压的风险。

风险分析：回收溶液时，各段压力不同，如高压段、中压段、低压段同时回收或者排放速度过大都可能发生窜压。

削减措施：

①回收溶液前打开溶液储罐上部排气阀。

②冷循环的过程中，利用运行压力疏通脱硫单元、脱碳单元、脱水单元各低位回收点，以保证溶液回收顺利进行。

③冷循环结束之后，对高压段放空适当降低压力，然后再回收溶液。

④回收溶液应严格按高单元、中单元、低压顺序分阶段进行，严禁同时排放。必须有人监视回收点，当有气体排出时，应立即关闭阀门。

⑤严格控制回收液速度。

⑥应记录回收前后溶液储罐液位，计算较准确的溶液回收量，以判断回收工作进行程度。

（9）回收溶液时，可能发生 H_2S 中毒的风险。

风险分析：停工回收溶液过程中，可能有 H_2S 逸出，造成操作人员 H_2S 中毒事故的发生。

削减措施：

①停工过程中，脱硫热循环应使溶液中 H_2S 彻底解析。

②疏通低位回收点时，一定要在溶液热循环结束之后冷循环过程中进行。

③在冷循环过程中应使用氮气置换再生塔（控制置换速度，排放置换气应注意火炬燃烧状况）。

④在回收溶液之前，要关闭至硫磺回收单元的酸气阀，同时将再生段放空泄压至零，以防酸气逸出。

⑤回收溶液时应注意溶液储罐和低位罐附近 H_2S 以免中毒。

⑥现场作业必须按规定携带 H_2S 报警仪，随时观察风向，站在上风向（即逆风方向）进行作业，并且现场安排 2 人以上作业。

（10）回收溶液存在溶液灼伤的风险。

风险分析：在回收溶液过程中，可能存在溶液泄漏，导致灼伤事故。

削减措施：

①在回收溶液之前，首先要确认关闭好相应阀门，并控制溶液回收速度，以防止回收溶液时溶液溢出。

②穿戴好劳保用品。

（11）水洗过程中存在 H_2S 中毒的风险。

风险分析：水洗之后排水时，可能有 H_2S 的逸出，从而造成操作人员 H_2S 中毒。

削减措施：

①在系统水洗过程中，禁止加入蒸汽加热。

② 在冷循环过程中应使用氮气置换再生塔（应控制置换速度，排放置换气时应注意火炬燃烧状况）。

③ 在现场作业必须按规定携带 H_2S 报警仪，应随时观察风向，站在上风向（即逆风方向）进行作业，并且现场安排 2 人以上作业。

（12）氮气置换过程中存在 H_2S 中毒的风险。

风险分析：风险分析装置在氮气置换过程中，可能由于 H_2S 的逸出而造成操作人员 H_2S 中毒。

削减措施：

① 现场作业时，必须按规定携带 H_2S 报警仪，注意观察风向，站在上风向进行作业，并且现场安排 2 人以上作业。

② 氮气置换的天然气酸气必须排放至放空及火炬装置。

（13）空气吹扫过程中存在空气窜入火炬及放空装置发生闪爆的风险。

风险分析：在脱硫单元、脱水单元进行空气吹扫过程中，可能发生空气窜入火炬造成火炬系统闪爆的事故。

削减措施：

① 在进行空气吹扫前，须确认到火炬及放空装置的所有阀门关闭。

② 空气吹扫前关闭安全阀的前后截断阀。

（14）空气吹扫时，存在 FeS 自燃引起火灾爆炸的风险。

风险分析：在进行空气吹扫时，若原料气分离设备的内壁及其他设备、管线上附着的 FeS 以及其他些可燃物质（如凝析油），可能由于 FeS 着火燃烧从而引起设备或管线被烧坏或火灾爆炸。

削减措施：

① 在空气吹扫过程中，加大对现场设备及管线的监护巡检频率，关注设备及管线外表面温度，并观察空气吹扫气排放口是否有烟尘排出。

② 控制吹扫空气用量，控制空气流速。

③ 在空气吹扫前，添加新鲜水浸湿分离设备内壁。

④ 含油的设备和管道要用蒸汽吹扫至合格。

（15）可能存在漏加盲板的风险。

风险分析：停工加装盲板过程中，可能发生漏加盲板的情况。

削减措施：

① 制定停工方案时编制盲板倒换汇总表，并绘制盲板加装图，加装前签认盲板倒换工作单。

② 指定专人负责盲板倒换，倒换完毕后作业人员与技术人员共同签认盲板倒换工作单并存档（开工时应按盲板倒换工作单倒换盲板）。

③ 关键阀门要进行上锁管理。

（16）倒盲板过程中存在 FeS 自燃、中毒的风险。

风险分析：倒盲板过程中管线法兰上沉积的 FeS 接触空气后可能自燃，管线中残存的有毒气体可能造成中毒。

削减措施：

① 严格执行设备与管线打开作业管理相关规定，办理作业许可。

② 倒盲板前，应彻底对管线内介质进行置换。

③ 在倒换原料气盲板时，现场准备灭火器材。

④ 作业人员应正确穿戴防护用品。

⑤ 全程密切监控盲板倒换过程。

2）监测方案

监测方案应保证取样的代表性及取样数据的准确性。

（1）吹扫阶段的取样，要求排尽残存物质后再取样，取样时应在正压下进行，防止混入外界气体。

（2）采样时连接干燥管，确保所取气样体积为干基体积。

3）污水水质水量控制措施

（1）开工投加溶液前，检查各设备、仪表、管道及低点阀门，严禁溶液漏溢至地面；贫液设备、管线排气时，使用容器收集带出液体。

（2）凝结水水洗时，回收稀溶液。

（3）打扫场地时，先机械清扫，再用水冲洗。

（4）系统水洗时控制低液位、大循环量；排水时，使用污水收集器进行回收。

4）开工过程中环境事件应急措施

（1）取样分析凝结水水洗污水指标，若未达到外排指标且向外溢流或渗透污染厂区外农田，应立即组织人员进行补漏或转移，防止污染继续发生，并对受污染的区块进行处理。

（2）严格控制检修质量，确保一次试压合格；若出现放空，生产单位负责填报天然气、酸气放空量和放空时间，并及时将放空情况上报天然气净化厂质量安全环保部门。在原料气、酸气放空前，确认火炬处于燃烧状态，放空时应缓慢进行，防止气流将火炬冲灭。若放空遇暴雨，应降低放空速度，减轻对周边环境的污染。

5）监督、检查

环境保护方案应由环境监测部门负责监督实施。

（二）系统性检修停工 HSE 安全预案

1. 系统性检修停工安全预案

1）风险分析及削减措施

应对以下过程进行风险分析，并编制相应的风险削减措施：

（1）停工准备工作。

（2）停工过程中，停气过程、热冷循环、溶液回收、水洗、氮气置换、空气吹扫、系统隔断、硫磺回收单元除硫操作、硫磺回收单元吹扫冷却等。

（3）停工过程中可能存在的其他风险，如装置停工原料气及酸气放空的风险，违章指挥、违章作业的风险，误操作的风险等。

2）作业前准备

（1）空气呼吸器、防毒面具、气体检测报警仪等安全防护器材应处于正常状态。

（2）特种作业应由取得相应操作证的人员进行操作。

(3) 进入停工作业现场作业前要认真检查 HSE 设施是否齐全，个人防护用品是否准备好。

2. 系统性检修停工环境保护方案

1) 环境因素识别

停工前组织对停工作业过程中可能出现对环境造成影响的因素进行识别、评价和管理。停工检修过程中主要环境因素：

(1) 原料气放空。正常停工时，设备管线中残余的原料天然气经燃烧后放空。

(2) 溶液高浓度检修污水溢漏。回收溶液过程中，设备、管道及低点排放阀等处溶液泄漏；工业水水洗塔、罐等产生的高浓度污水溢漏。

(3) 停工作业过程中产生的放空气流声等。

2) 溶液回收

(1) 溶液回收是否彻底，直接影响到工业水水洗产生污水的 COD 量，即回收率越高，检修污水 COD 总量越小，污水处理单元处理负荷越小。

(2) 停工前将溶液储罐清洗备用。

(3) 停工热循环结束时，利用系统压力提前疏通脱硫单元、脱水单元各低位回收点，确保溶液回收顺利进行。

(4) 进行冷循环时，尽量将溶液赶至低压段，以便回收溶液时可将大多数溶液直接压入溶液储罐。

(5) 回收溶液时，遵循先高压再中压最后低压的顺序逐级回收，严禁留有死角。回收过程中应有人监视，注意防止 H_2S 中毒。

(6) 用氮气建压，回收管线中残存的溶液。

(7) 生产单位负责记录溶液回收量，计算系统溶液回收率。

3) 监测方案

(1) 监测目的。

为预防中毒事故环境污染事故的发生，确保检修工作顺利进行，应对受限空间、溶液回收率、检修污水水质水量、污水处理装置排污等进行监测和控制。

(2) 监测范围及项目。

① 回收系统溶液的浓度、体积检测，计算系统溶液回收率。

② 工业水水洗污水的水质（COD_{cr}、pH 值、石油类硫化物悬浮物、氨氮等）、水量检测。

③ 污水处理单元排放水水质（COD_{cr}、pH 值、石油类硫化物悬浮物、氨氮等）检测。

(3) 监测方法。

溶液回收量、工业水水洗污水水量可根据容器体积估算。回收溶液浓度采用仪器法分析，污水水质采用国家标准方法分析。

(4) 监测项目指标。

排放水指标执行 GB 8978—1996《污水综合排放标准》。

(5) 保证取样的代表性及取样数据的准确性。

① 置换、吹扫阶段的取样，要求排尽残存物质后再取样，取样时应在正压下进行，防止混入外界气体。

② 采样时连接干燥管，确保所取气样体积为干基体积。

4) 污水水质水量控制措施

(1) 停工回收溶液前，检查各设备、仪表、管道及低点阀门，严禁溶液漏、溢至地面。

(2) 控制低液位、大循环量工业水水洗。

(3) 检修过程中，净化工段负责记录工业水水洗污水的水质水量。

5) 污水处理单元运行管理

(1) 检修前准备工作。

① 检查各机泵、设备是否正常，确保检修期间污水处理正常运行。

② 将原水池、配水池处理至最低液位，确保足够的检修空间。

③ 调节驯化生化池微生物活性，确保污水处理运行效率高。

(2) 检修期间污水处理运行管理。

① 高浓度污水分类收集。

② 污水经化验分析后，依据水质、水量编制检修污水处理进度计划表，根据水质（主要为 COD 浓度）与一般污水或新鲜水混合后进污水处理装置。

③ 污水经处理合格后方可外排，不合格则返回原水池重新处理。

④ 加强巡检，特别注意各污水池的液位，杜绝污水溢出池外造成环境污染事故。

6) 检修过程中环境事件应急措施

(1) 工业水水洗污水向外溢流或渗透污染厂区外农田，应立即组织人员进行补漏或转移，防止污染继续发生，并对受污染区块进行处理。

(2) 控制原料气系统压力降至最低限后，开始将残余天然气放空；酸气系统流量低于设计值最低限时，将酸气放空燃烧；生产单位负责填报天然气、酸气放空量和放空时间，并及时将放空情况上报天然气净化厂质量安全环保部门。在原料气酸气放空前，确认火炬处于燃烧状态，开始放空时尽量缓慢，防止气流将火炬冲灭。若放空遇暴雨，应降低放空速度，减轻对周边环境的污染。

7) 监督、检查

环境保护方案由环境监测部门负责监督实施。

临停检修开工 HSE 安全预案、临停检修停工 HSE 安全预案、首次开工 HSE 安全预案与上述 HSE 安全预案编制方法相似。临停检修开停工重点在于识别检修部分的风险，要严格合理制定相应的应对措施，而首次开工更应该全盘考虑，把控细节操作的风险。

第九章 天然气净化常用仪表、电气及化学知识

第一节 仪表知识

一、现场测量仪表

现场测量仪表一般分为温度现场测量仪表、压力现场测量仪表、流量现场测量仪表、液位现场测量仪表四类。

（一）温度测量仪表系统常见故障分析

(1) 温度突然增大：此故障多为热电阻（热电偶）断路、接线端子松动、（补偿）导线断、温度失灵等原因引起，这时需要了解该温度测量仪表所处的位置及接线布局，用万用表的电阻（毫伏）挡在不同的位置分别测量几组数据就能很快找出原因。

(2) 温度突然减小：此故障多为热电偶或热电阻短路、导线短路及温度失灵引起。要从接线口、导线拐弯处等容易出故障的薄弱点入手，一一排查。

(3) 现场温度升高，而总控指示不变，多为测量元件处有沸点较低的液体（水）所致。

(4) 温度出现大幅度波动或快速震荡：此时应主要检查工艺操作情况（参与调节的检查调节系统）。

（二）压力测量仪表系统常见故障及分析

(1) 压力突然变小、变大或指示曲线无变化：此时应检查变送器引压系统，检查根部阀是否堵塞、引压管是否畅通、引压管内部是否有异常介质、排污丝堵及排污阀是否泄漏等。冬季介质冻也是常见现象，变送器本身故障可能性很小。

(2) 压力波动大：这种情况首先要与工艺人员结合，一般是操作不当造成的。主要检查调节系统。

（三）流量仪表系统常见故障及分析

(1) 流量指示值最小：可能是检测元件损坏（零点太低）、显示有问题、线路短路或断路、正压室堵或漏、系统压力低等造成的。还要检查调节器、调节阀及电磁阀。

(2) 流量指示最大：主要原因是负压室引压系统堵或漏，变送器需要调校的可能性不大。

(3) 流量波动大：流量参数不参与调节的，一般为工艺原因；参与调节的，可检查调节器的 PID 参数；带隔离罐的参数，检查引压管内是否有气泡，正负压引压管内液体是否一样高。

(四) 液位仪表系统常见故障及分析

(1) 液位突然变大：主要检查变送器负压室引压系统是否堵、泄漏、集气、缺液等。

灌液的具体方法：按照停表顺序先停表，关闭正负压根部阀，打开正负压排污阀泄压，打开双室平衡容器灌液丝堵，打开正负压室排污丝堵，此时液位指示最大；关闭排污阀，关闭正负压室排污丝堵；用相同介质缓慢灌入双室平衡容器中，此时微开排污丝堵排气；直至灌满，此时打开正压室丝堵，变送器指示应回零位。然后按照投表顺序投用变送器。

(2) 液位突然变小：主要检查正压室引压系统是否堵、漏、集气、缺液、平衡阀是否关死等。检查引压系统是否畅通的具体方法是停变送器，开排污阀，检查排污情况（不能外泄的介质除外）。

(3) 总控室指示与现场液位不相符：首先判断是不是现场液位计故障，此时可以人为增大或降低液位，根据现场和总控指示情况具体分析问题原因（现场液位计根部阀关闭、堵塞、外漏易引起现场指示不准）。可以通过检查零点、量程、灌液使液位恢复正常。如果仍不正常，可通知工艺人员现场监护拆回变送器打压调校。

(4) 液位波动频繁：首先和工艺人员结合检查进料、出料情况，确定工艺状况正常后，可通过调整 PID 参数来稳定。

具体方法：调节阀投手动状态，先调整设定值与测量值一致，使液位波动平稳下来，再慢慢调整调节阀开度，使液位缓慢上升或下降，达到工艺要求，再调整设定值与测量值一致，待参数稳定后调节阀投自动。

总之，一旦发现仪表参数有些异常，首先与工艺人员结合，从工艺操作系统和现场仪表系统两方面入手，综合考虑，认真分析，特别要考虑被测参数和控制阀之间的关联，将故障分步分段判定，也就很容易找出问题所在，对症下药解决问题。

二、现场控制仪表——阀类

本书主要介绍天然气净化常用的自立式调节阀和气动调节阀。

(一) 自力式调节阀

1. 自力式压力调节阀

1) 阀后压力控制自力式压力调节阀工作原理

工作介质的阀前压力 p_1 经过阀芯、阀座后的节流后，变为阀后压力 p_2。p_2 经过控制管线输入执行器的下膜室内作用在顶盘上，产生的作用力与弹簧的反作用力相平衡，决定了阀芯、阀座的相对位置，控制阀后压力。当阀后压力 p_2 增加时，p_2 作用在顶盘上的作用力也随之增加。此时，顶盘的作用力大于弹簧的反作用力，使阀芯关向阀座的位置，直到顶盘的作用力与弹簧的反作用力相平衡为止。这时，阀芯与阀座的流通面积减少，流阻变大，从而使 p_2 降为设定值。同理，当阀后压力 p_2 降低时，作用方向与上述相反。

2) 阀前压力控制自力式压力调节阀工作原理

工作介质的阀前压力 p_1 经过阀芯、阀座后的节流后，变为阀后压力 p_2。同时 p_1 经过控制管线输入执行器的上膜室内作用在顶盘上，产生的作用力与弹簧的反作用力相平衡，决定了阀芯、阀座的相对位置，控制阀前压力。当阀前压力 p_1 增加时，p_1 作用在顶盘上的作用力也随之增加。此时，顶盘的作用力大于弹簧的反作用力，使阀芯向离开阀座的方向移动，直到顶盘的作用力与弹簧的反作用力相平衡为止。这时，阀芯与阀座的流通面积减大，流阻变小，从而使 p_1 降为设定值。同理，当阀前压力 p_1 降低时，作用方向与上述相反。

2. 自力式流量调节阀

被控介质输入阀后，阀前压力 p_1 通过控制管线输入下膜室，经节流阀节流后的压力 p_s 输入上膜室，p_1 与 p_s 的差，即 $\Delta p_s = p_1 - p_s$ 称为有效压力。p_1 作用在膜片上产生的推力与 p_s 作用在膜片上产生的推力差与弹簧反力相平衡确定了阀芯与阀座的相对位置，从而确定了流经阀的流量。当流经阀的流量增加时，即 Δp_s 增加，结果 p_1、p_s 分别作用在下膜室和上膜室，使阀芯向阀座方向移动，从而改变了阀芯与阀座之间的流通面积，使 p_s 增加，增加后的 p_s 作用在膜片上的推力加上弹簧反力与 p_1 作用在膜片上的推力在新的位置产生平衡达到控制流量的目的。反之，同理。

(二) 气动调节阀

气动调节阀就是以压缩空气为动力源，以气缸为执行器，并借助电气阀门定位器、转换器、电磁阀、限位阀等附件驱动阀门，实现开关量或比例式调节，接收工业自动化控制系统的控制信号来调节管道介质的流量、压力、温度及液位等各种工艺参数。

1. 分类

气动调节阀动作分为气开型和气关型两种。

气开型是当膜头上空气压力增加时，阀门向增加开度方向动作，当达到输入气压上限时，阀门处于全开状态。反过来，当空气压力减小时，阀门向关闭方向动作，在没有输入空气时，阀门全闭，故有时气开型阀门又称故障关闭型。气关型动作方向正好与气开型相反：当空气压力增加时，阀门向关闭方向动作；空气压力减小或没有时，阀门向开启方向或全开为止，故有时又称为故障开启型。气动调节阀的气开或气关，通常是通过执行机构的正反作用和阀态结构的不同组装方式实现。

2. 工作原理

调节阀有执行机构和阀体部件两部分组成。

调节阀一般采用气动薄膜执行机构，其作用方式有正、反两种：信号压力增大时，推杆下移的为正作用执行机构，信号压力增大时，推杆上移的为反作用执行机构。

阀体部件分为正、反装两种：阀杆下移时，阀芯与阀座流通面积减少的为正装式，反之为反装式。

调节阀的作用方式分为气开和气关两种，气开、气关是由执行机构的正、反作用和阀体部件的正反装组合而成，具体组合见表1-9-1。

表1-9-1 调节阀作用方式

执行机构	阀体部件	调节阀作用方式
反作用	正装	气开
正作用	正装	气关

续表

执行机构	阀体部件	调节阀作用方式
正作用	反装	气开
反作用	反装	气关

调节阀的气开还是气关是多方面综合考虑选定的。首先是以工艺安全为主考虑，在确定了气关还是气开后，再确定执行机构的作用，最后再确定阀体的正反装组合方式。

3. 选择原则

任何一个控制系统在投运前，必须正确选择调节器的正反作用，使控制作用的方向正确，否则，在闭合回路中进行的不是负反馈而是正反馈，它将不断增大偏差，最终必将把被控变量引导到最高或最低的极限值上。

在一个单回路控制系统中，只要调节器的放大系数 K_c、调节阀的放大系数 K_v、被控对象的放大系数 K_o 的乘积为正，就能实现负反馈控制。调节器、调节阀和对象放大系数正负号规定如下：

（1）调节器放大系数的正负号：对于调节器来说，按照统一的规定，测量值增加，输出增加，调节器放大系数 K_c 为负，称为正作用；测量值增加，输出减小，K_c 为正，称为反作用。

（2）调节阀的放大系数的正负号：调节阀的放大系数 K_v 定义为气开阀 K_v 为正，气关阀 K_v 为负。

（3）对象放大系数的正负号：对象的放大系数 K_o 定义为如操纵变量增加，被控变量也增加，K_o 为正；操纵变量增加，被控变量减少，K_o 为负。

由此可知，单回路控制系统调节器正反作用的确定方法：首先确定对象放大系数 K_o 的正负号，然后根据调节阀选型为气开或气关确定调节阀放大系数 K_v 的正负号，最终由 K_c、K_v、K_o 乘积应为正，即可确定调节器的作用方式。

总之，气开、气关的选择是根据工艺生产的安全角度出发来考虑。当气源切断时，调节阀是处于关闭位置安全还是开启位置安全？举例来说，一个加热炉的燃烧控制，调节阀安装在燃料气管道上，根据炉膛的温度或被加热物料在加热炉出口的温度来控制燃料的供应。这时，宜选用气开阀更安全些，因为一旦气源停止供给，阀门处于关闭比阀门处于全开更合适。如果气源中断，燃料阀全开，会使加热过量发生危险。又如一个用冷却水冷却的换热设备，热物料在换热器内与冷却水进行热交换被冷却，调节阀安装在冷却水管上，用换热后的物料温度来控制冷却水量，在气源中断时，调节阀应处于开启位置更安全些，宜选用气关式调节阀。

4. 维护

气动调节阀对保证工艺装置的正常运行和安全生产有着十分重要的意义。因此加强气动调节阀的维修是必要的。

1）检修时重点检查部位

（1）检查阀体内壁：在高压差和有腐蚀性介质的场合，阀体内壁、隔膜阀的隔膜经常受到介质的冲击和腐蚀，必须重点检查耐压耐腐情况。

(2) 检查阀座：因工作时介质渗入，固定阀座用的螺纹内表面易受腐蚀而使阀座松弛。

(3) 检查阀芯：阀芯是调节阀的可动部件之一，受介质的冲蚀较为严重，检修时要认真检查阀芯各部是否被腐蚀、磨损，特别是在高压差的情况下，阀芯的磨损因空化引起的汽蚀现象更为严重。损坏严重的阀芯应予更换；检查密封填料。

2) 日常维护

当调节阀采用石墨-石棉为填料时，大约三个月应在填料上添加一次润滑油，以保证调节阀灵活好用。如发现填料压帽压得很低，则应补充填料，如发现聚四氟乙烯填料硬化，则应及时更换；应在巡回检查中注意调节阀的运行情况，检查阀位指示器和调节器输出是否吻合；对有定位器的调节阀要经常检查气源，发现问题及时处理；应经常保持调节阀的卫生以及各部件完整好用。

5. 常见故障及其原因

1) 调节阀不动作的故障现象及其原因

现象一：无信号、无气源。

原因：

(1) 气源未开；

(2) 气源脏，导致气源管堵塞或过滤器、减压阀堵塞（特别注意冬天气源带水结冰的情况）；

(3) 压缩机故障使气源压力低；

(4) 气源总管泄漏。

现象二：有气源，无信号。

原因：

(1) 调节器故障；

(2) 气源管泄漏；

(3) 阀门定位器漏气；

(4) 调节阀膜片损坏。

现象三：定位器无气源。

原因：

(1) 过滤器堵塞；

(2) 减压阀故障；

(3) 管道泄漏或堵塞。

现象四：定位器有气源无输出。

原因：

(1) 定位器的节流孔堵塞；

(2) 放大器失灵；

(3) 喷嘴堵。

现象五：有信号、无动作。

原因：

(1) 阀芯脱落；

(2) 阀芯卡死；

(3) 阀杆弯曲；

(4) 执行机构弹簧断。

2) 调节阀动作不稳定的故障及其原因

现象一：气源压力不稳定。

原因：

(1) 气源总管泄漏；

(2) 减压阀故障。

现象二：信号压力不稳定。

原因：

(1) 控制系统的时间常数（$T=RC$）不适当；

(2) 调节器输出不稳定。

现象四：气源压力稳定，信号压力也稳定，但调节阀的动作仍不稳定。

原因：

(1) 定位器中放大器的球阀受脏物磨损关不严，耗气量特别增大时会产生输出振荡；

(2) 定位器中放大器的喷嘴挡板不平行，挡板盖不住喷嘴；

(3) 输出管、线漏气；

(4) 执行机构刚度太小。

3) 调节阀振动的故障及其原因

现象一：调节阀在任何开度下都振动。

原因：

(1) 支撑不稳；

(2) 附近有振动源；

(3) 阀芯与衬套磨损严重。

现象二：调节阀在接近全闭位置时振动。

原因：

(1) 调节阀选大了，常在小开度下使用；

(2) 单座阀介质流向与关闭方向相反。

4) 调节阀动作迟钝的故障及其原因

现象一：阀杆仅在单方向动作时迟钝。

原因：

(1) 气动薄膜执行机构中膜片泄漏；

(2) 执行机构中 O 形密封圈泄漏。

现象二：阀杆在往复动作时均有迟钝现象。

原因：

(1) 阀体内有黏物堵塞；

(2) 填料有问题，压得太紧或需要更换。

5）调节阀已关到位但泄漏量大的故障及其原因

现象一：阀全关时泄漏量大。

原因：

（1）阀芯被磨损，内漏严重；

（2）阀未调好关不严。

现象二：阀达不到全闭位置。

原因：

（1）介质压差太大，执行机构刚度小，阀关不严；

（2）阀内有异物；

（3）衬套烧结。

6）流量可调范围变小的故障及其原因

此故障的主要原因是阀芯被腐蚀变小，从而使可调的最小流量变大。

三、天然气净化厂安全仪表系统

安全仪表系统（Safety Instrumented System，简称 SIS）主要用于紧急情况下的安全停车。以延长气田延气 2-延 128 井区地面集输工程为例，其 SIS 系统采用美国 RTP 公司 RTP3000 系统完成。

（一）机架及卡件状态画面

安全仪表系统机架及卡件状态画面如图 1-9-1 所示。

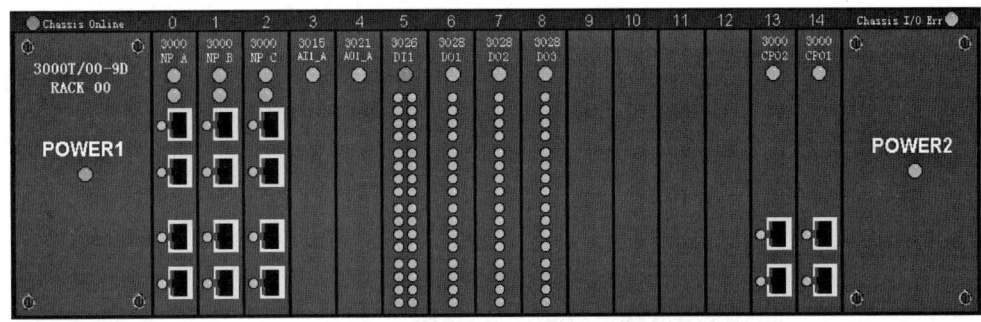

图 1-9-1 机架及卡件状态画面

机架状态的含义：

Chassis Online：⬤（图标为灰色），不在线；⬤（图标为绿色），正常在线。

Chassis I/O Err：⬤（图标为绿色），正常；⬤（图标为红色），故障。

电源状态：⬤（图标为绿色），正常；⬤（图标为红色），无电。

卡件状态如图 1-9-2 所示。

（二）FGS 报警画面

安全仪表系统 FGS 报警画面如图 1-9-3 所示。

（三）因果图画面

安全仪表系统因果图画面如图 1-9-4 所示。

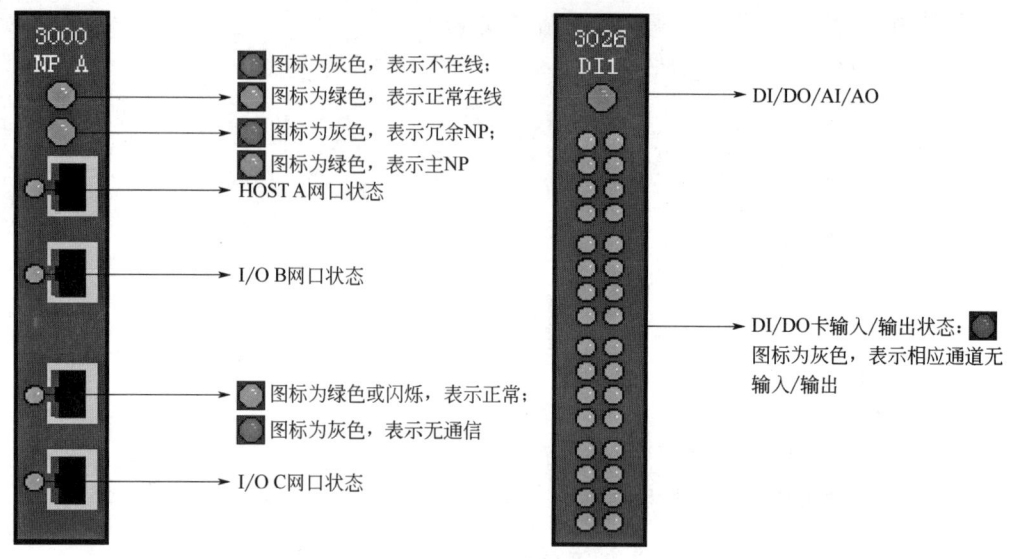

图 1-9-2　卡件状态

图 1-9-3　FGS 报警画面

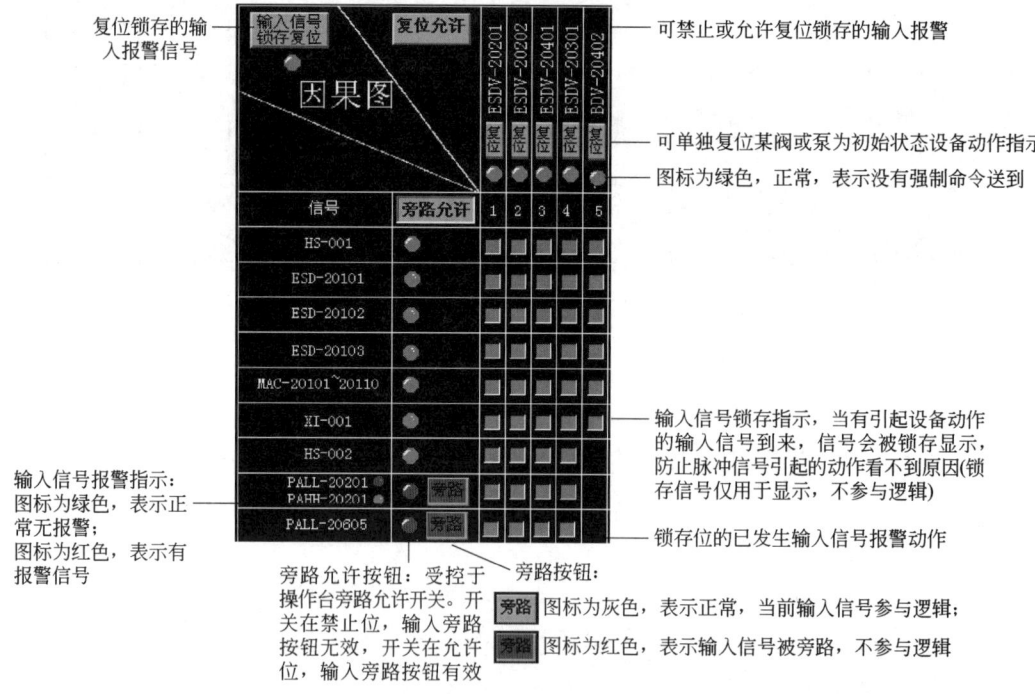

图 1-9-4　因果图画面

（四）流程图操作画面

1. 阀门状态

阀门结构如图 1-9-5 所示。

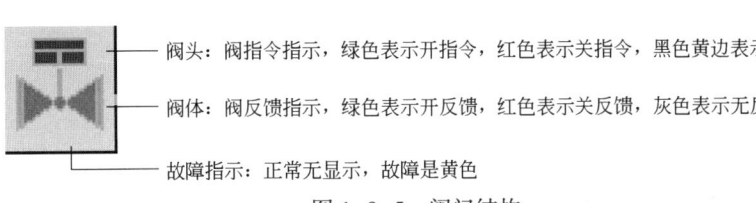

图 1-9-5　阀门结构

（故障显示为黑色，阀头、阀体为绿色），表示阀门正常开状态。

（故障显示为黑色，阀头，阀体为红色），表示阀门正常关状态。

（阀头为黑色黄边，阀体为绿色），表示阀门在维修状态，操作指令无效。

（故障显示为黄色，阀头为红色，阀体为绿色），表示阀门故障，发出关指令，但阀反馈是开状态。

（故障显示为黄色，阀头为绿色，阀体为灰色），表示阀门故障，发出开指令，但阀无反馈信号。

 表示轴流风机头：风机指令指示。绿色表示开指令，红色表示关指令，黑色表示维修状态。

2. 阀门操作

点击画面阀门时，弹出阀门操作面板，如图 1-9-6 所示。

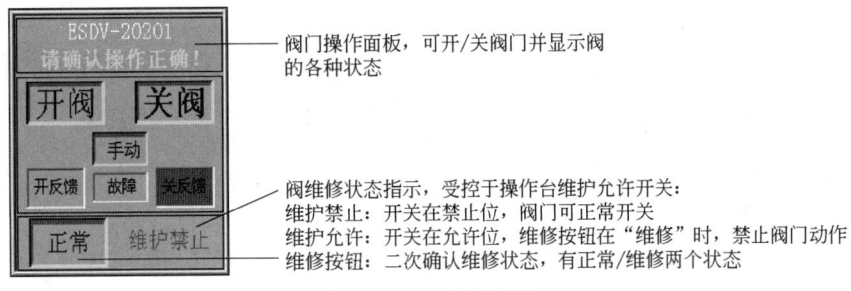

图 1-9-6　阀门操作

3. 泵状态

泵的启停状态如图 1-9-7 所示。

4. 泵操作

点击画面停泵按钮时，弹出泵操作面板，如图 1-9-8 所示。

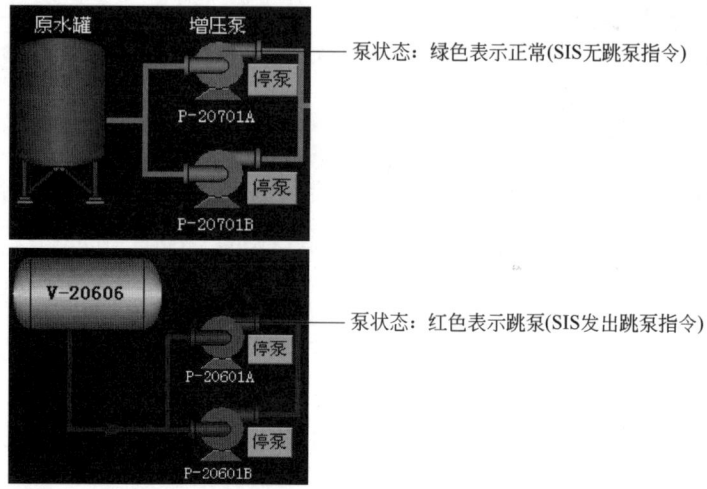

图 1-9-7　泵的启停状态

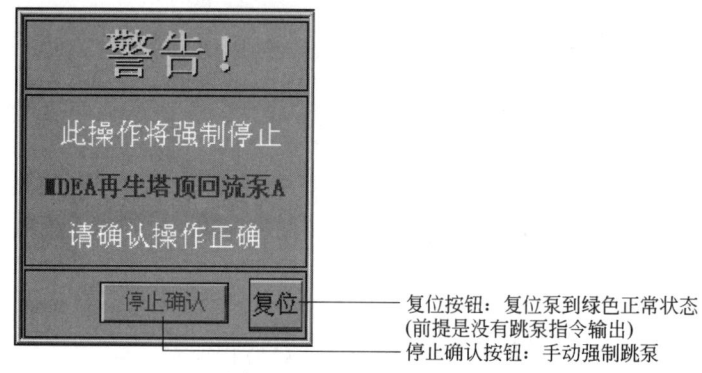

图 1-9-8　泵的复位画面

5. 一级关断

当需要触发一级关断时,可按下辅操台上的"HS-001 一级关断按钮",如图 1-9-9 所示。一级关断按钮按下后,一级关断报警指示灯将亮,蜂鸣器会响。

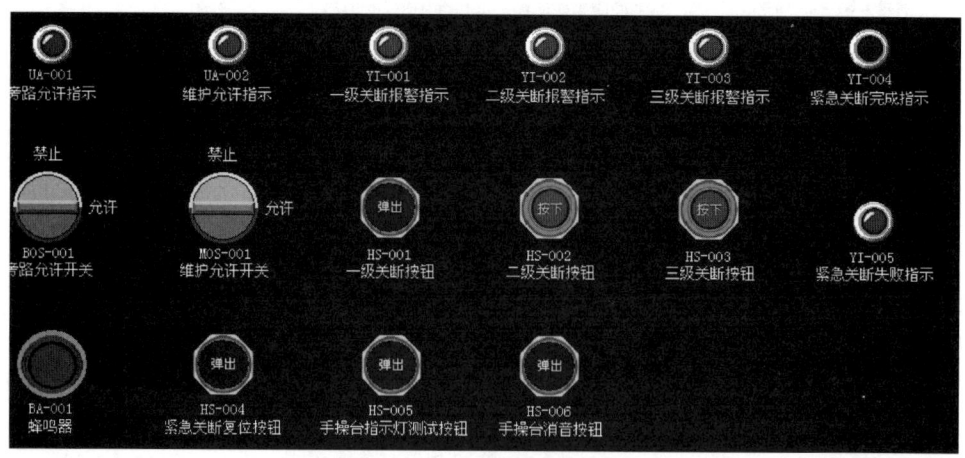

图 1-9-9　一级关断状态

一级关断指示灯亮的同时，将联锁所有的阀、泵关闭，排空阀打开，如图 1-9-10 所示。

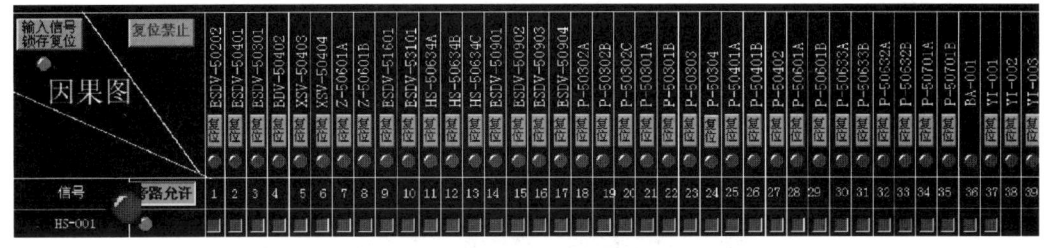

图 1-9-10　联锁状态图

当现场故障排除后，按下"HS-001 一级关断按钮"复位；然后点击图 1-9-11 画面中"输入信号锁存复位"按钮，将输入信号复位；点击图 1-9-11 画面中"复位禁止按钮"，当按钮变为"复位允许"后（图 1-9-12），如果部分阀和泵不具备复位条件，可单个点击画面上的阀、泵的复位按钮，进行单个设备复位，如果所有设备都符合复位条件，可按下辅助操作台上的"HS-004 紧急关断复位按钮"，进行所有设备的复位。当单个设备复位后，条件允许的情况下，也要按下辅助操作台上的"HS-004 紧急关断复位按钮"。

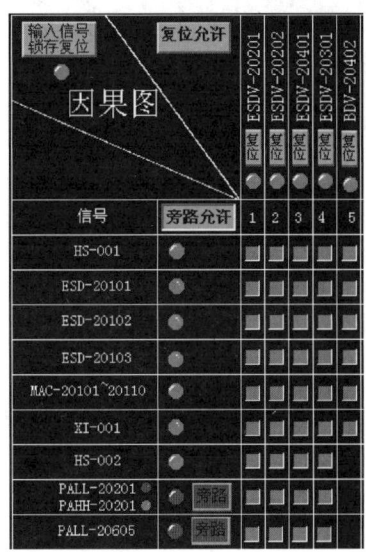

图 1-9-11　复位状态图

6. 二级关断

二级关断操作与一级关断相同。

7. 旁路

当需要将输入联锁信号打到旁路时，先将辅助操作台上的旁路允许开关（BOS-001）旋转到开状态，辅操台上的旁路指示灯（UA-001）将长亮，同时联锁画面上将显示"旁路允许"，这样才能对单个联锁输入条件进行旁路，如图 1-9-12 所示。

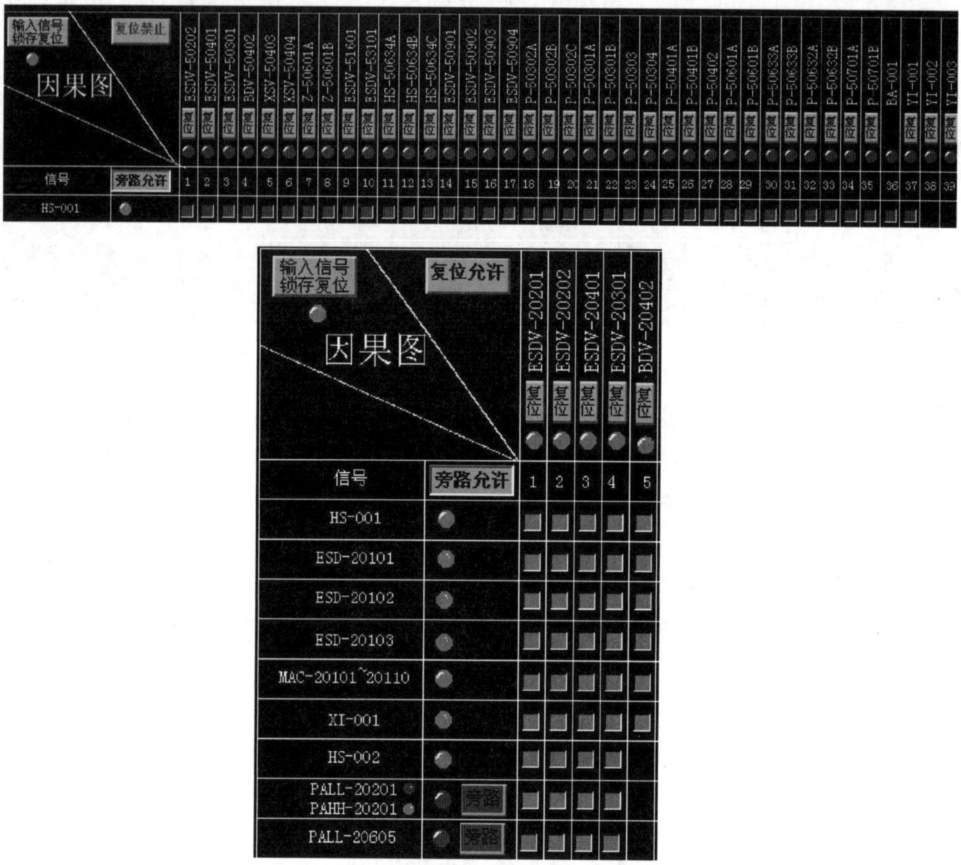

图 1-9-12　旁路允许图

8. 工程运行

1）RTPView 软件运行

（1）打开 RTPView 软件，依次点击开始（START）、ALL PROGRAMM、RTP NetSuite、RTPView，如图 1-9-13 所示。

（2）打开画面工程（图 1-9-14），YAN2 画面工程保存在 D:\project\yan2HMI 下，打开 yan_chang2HMI.rpj；yan128 画面保存在 D:\project\yan128HMI 下，打开 yan_128HMI.rpj。

（3）选择工程，如图 1-9-15 所示。

（4）打开工程后选择图 1-9-16 中菜单运行工程（Execute→Run），或点击红圈中的三角按钮运行工程。

2）NetArrays 编程软件在线运行

（1）打开 NetArrays 软件，依次点击开始（START）、ALL PROGRAMM、RTP NetSuite、NetArrays，如图 1-9-17 所示。

（2）打开逻辑工程（图 1-9-18），YAN2 逻辑工程保存在 D:\project\yan2_logic 下，打开 yan2_LOGIC.dbn；YAN128 逻辑工程保存在 D:\project\yan128logic 下，打开 yan128logic.dbn。

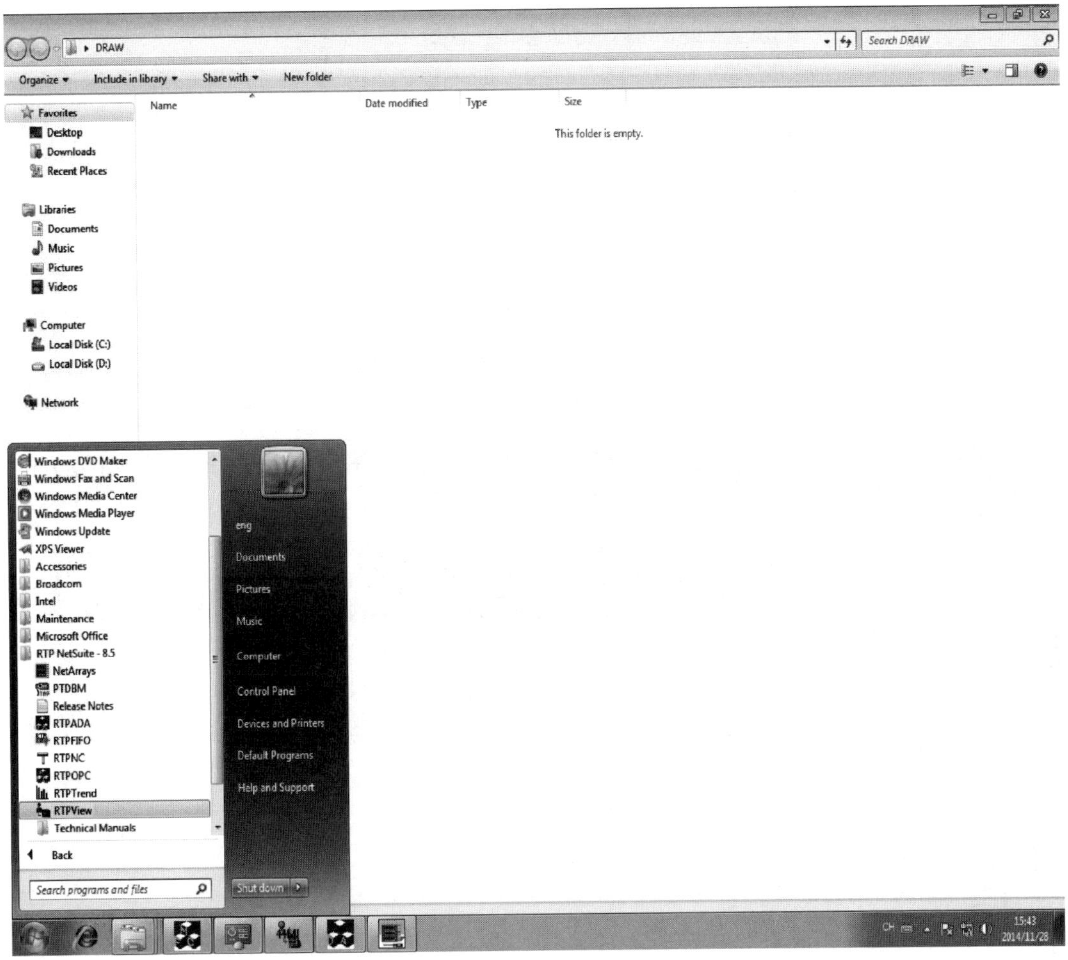

图 1-9-13　上位软件打开方法

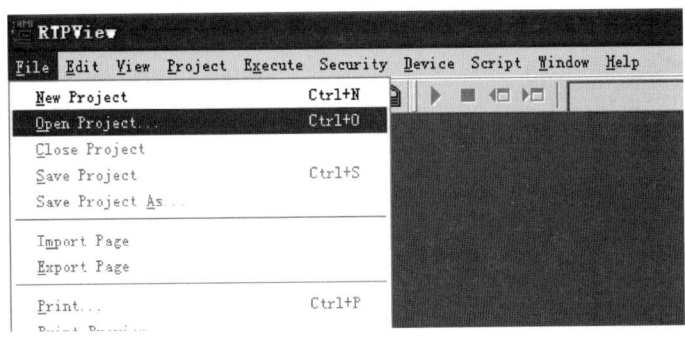

图 1-9-14　上位软件打开位置界面

（3）在 NetArrays 菜单中，点击 Device、Select 选择 yan2，如果是 128，选择 YAN128，如图 1-9-19 所示。

（4）按图 1-9-20 选择菜单，点击 Debug、run，或者点击红圈中的绿色按钮。

（5）弹出如图 1-9-21 所示对话框，输入密码"RTP"，点击"OK"按钮。

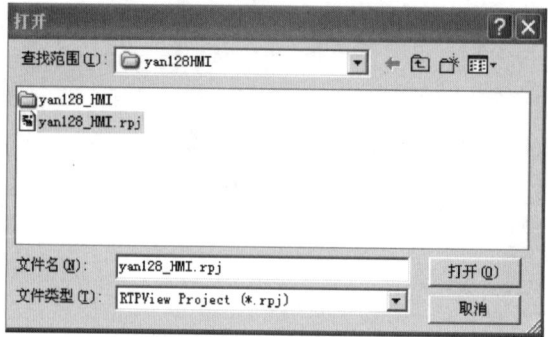

图 1-9-15　上位软件项目界面

图 1-9-16　上位软件项目运行界面

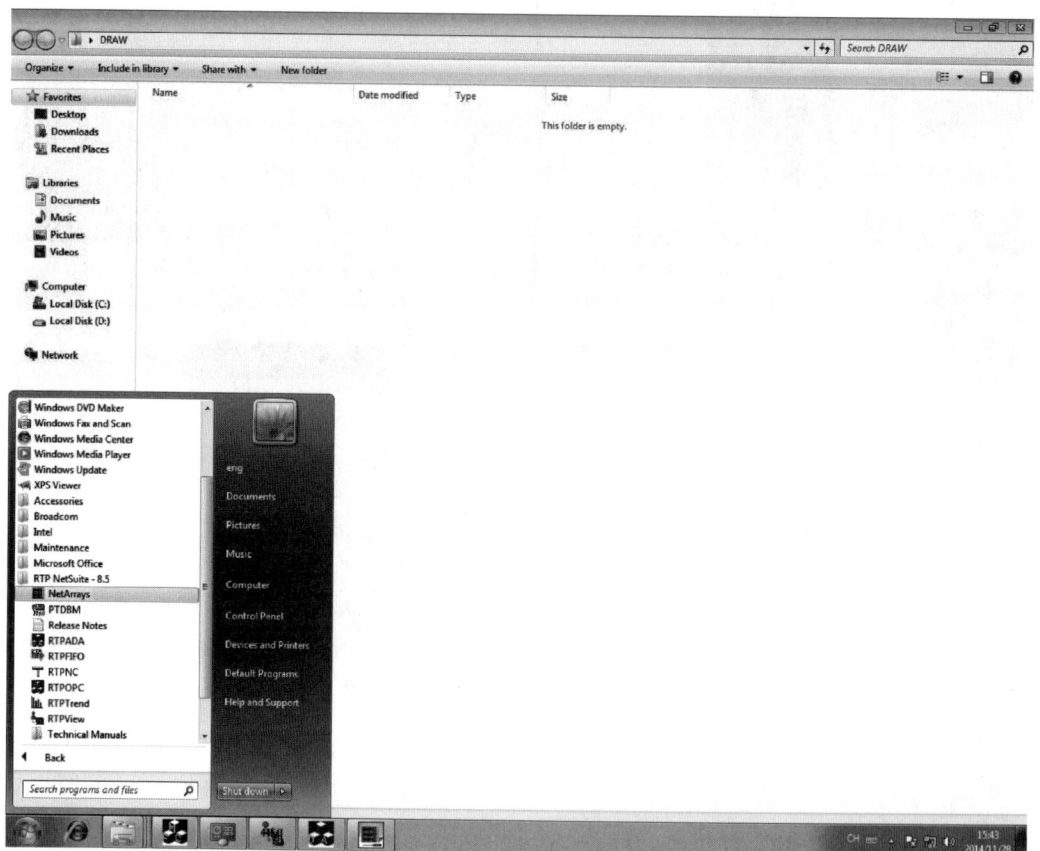

图 1-9-17　NetArrays 软件打开方法

图 1-9-18　NetArrays 软件项目打开位置界面

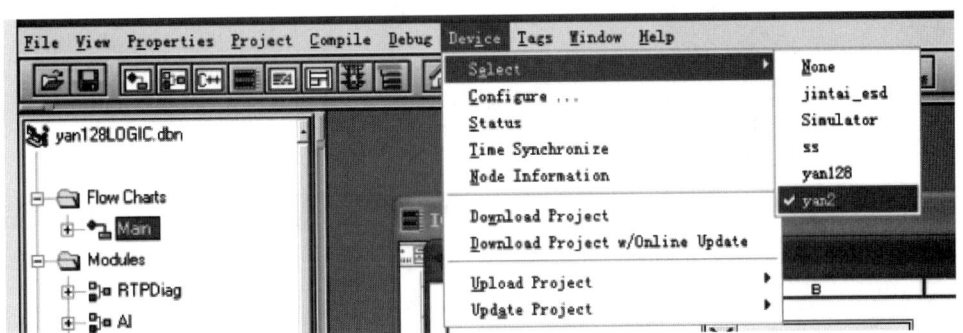

图 1-9-19　NetArrays 软件设备选择界面

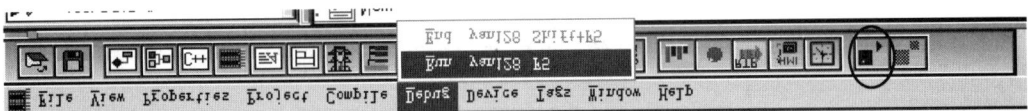

图 1-9-20　NetArrays 软件项目运行界面

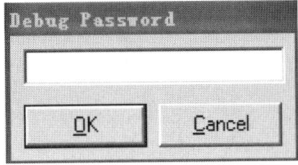

图 1-9-21　NetArrays 软件运行密码输入界面

3) RTPADA 打开及运行

（1）打开 RTPADA 软件，依次点击开始（START）、ALL PROGRAMM、RTP NET-Suite、RTPADA，如图 1-9-22 所示。

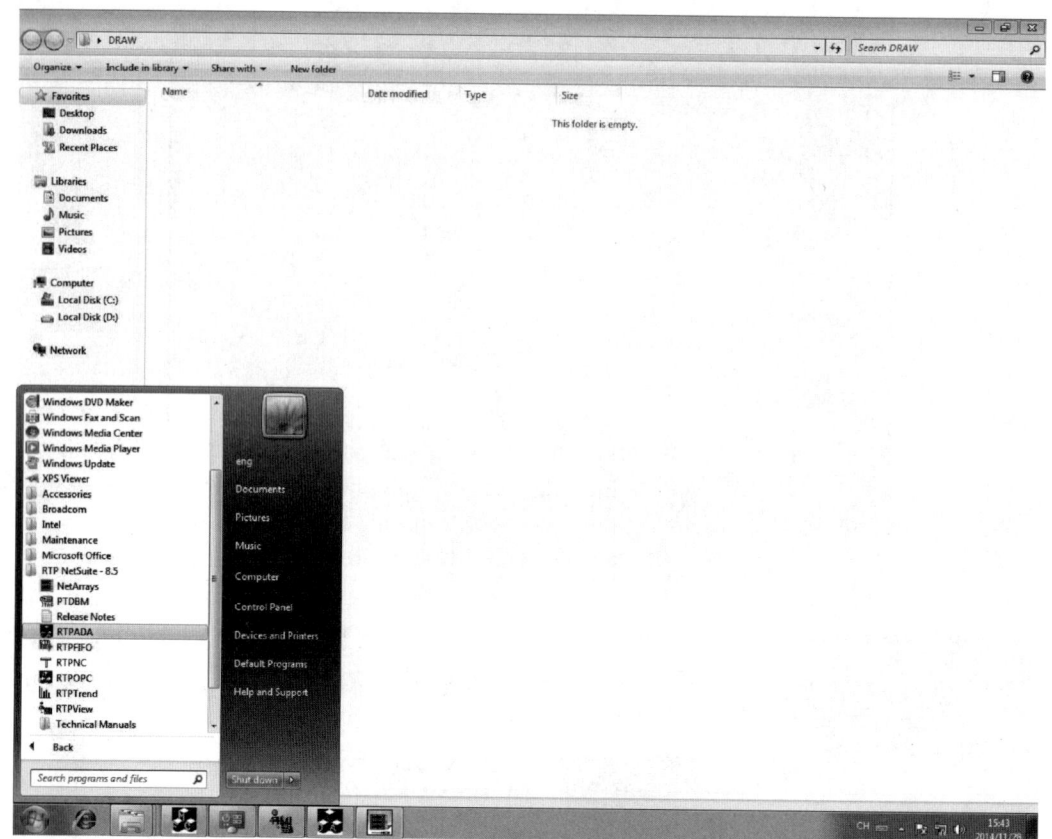

图 1-9-22　RTPADA 软件打开方法

（2）打开 RTPADA 工程（图 1-9-23），YAN2 项目 RTPADA 工程保存在 D:\project 下，打开 yan2_ADA.db；YAN128 项目 RTPADA 工程保存在 D:\project 下，打开 yan128ADA.db。

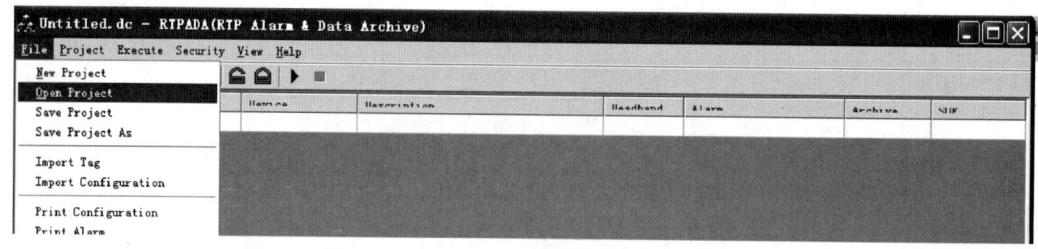

图 1-9-23　RTPADA 软件打开位置界面

（3）选择文件目录，如图 1-9-24 所示。

（4）工程打开后选择如图 1-9-25 所示菜单运行工程（Execute→Run），或点击红圈中的三角按钮运行工程。

4）趋势查询

（1）打开 RTPTrend 软件，依次点击开始（START）、ALL PROGRAMM、RTP NET-Suite、RTPTrend，如图 1-9-26 所示。

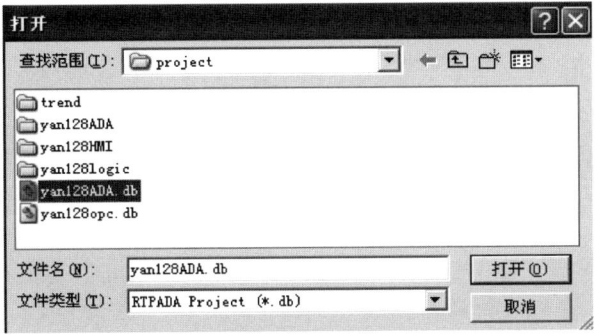

图 1-9-24　RTPADA 软件项目打开界面

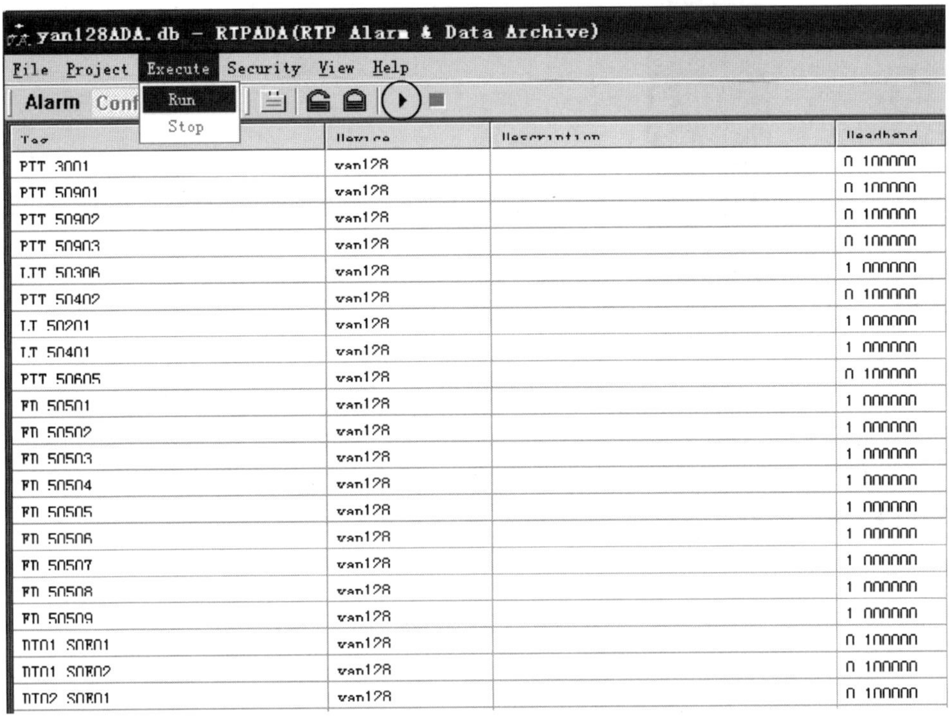

图 1-9-25　RTPADA 软件项目运行界面

（2）导入 RTPTrend 工程，YAN2 项目 RTPADA 工程保存在 D:\project\trend 下，导入 Trend（其中 Trend1 为压力组，Trend2 为液位组，Trend3 为火焰检测组）；YAN128 项目 RTPTrend 工程保存在 D:\project\trend 下，导入 Trend（其中 Trend1 为压力组，Trend2 为液位组，Trend3 为火焰检测组）。依次点击菜单 FILE、Load Configration，如图 1-9-27 所示。

（3）打开历史数据文件（注：打开想要查看的时间段的趋势），如图 1-9-28 所示，YAN2 项目历史数据保存在 D:\project\yan2_ADA 下 ArchiveLog 类型数据包。YAN128 项目历史数据保存在 D:\project\yan128ADA 下 ArchiveLog 类型数据包，如图 1-9-29 所示。

（4）打开趋势后，选择如图 1-9-30 所示菜单运行工程（Execute→Run），或点击红圈中的三角按钮运行工程，查看这个时间段的变量趋势，如图 1-9-30 所示。

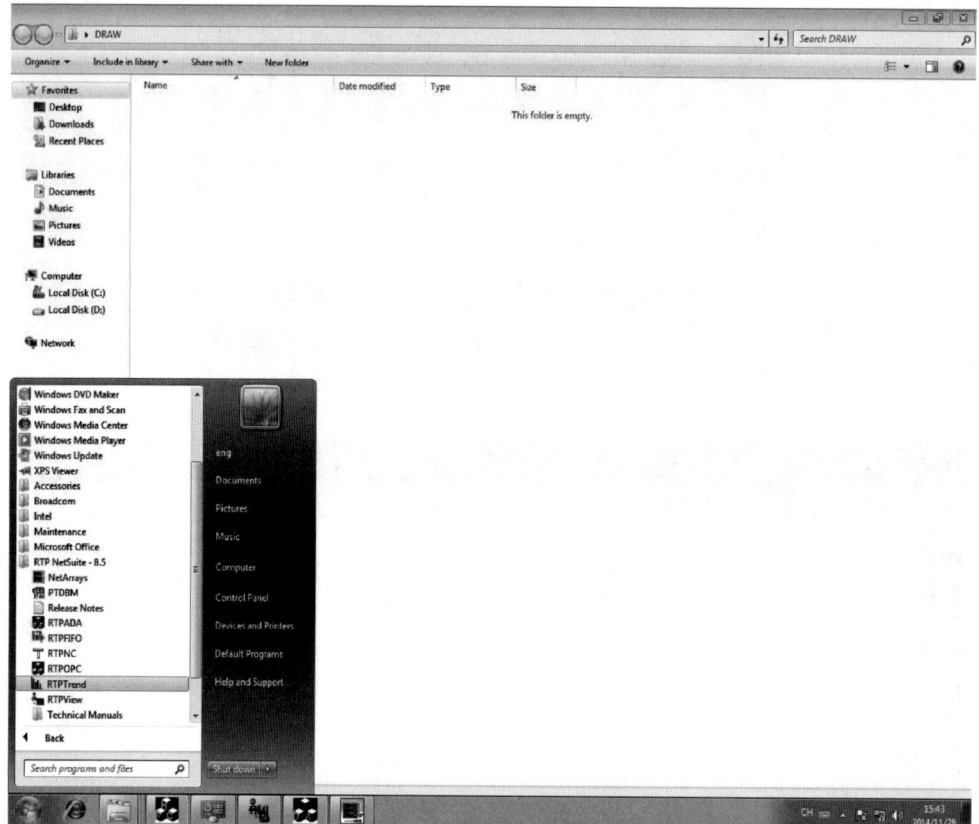

图 1-9-26　趋势软件打开方法

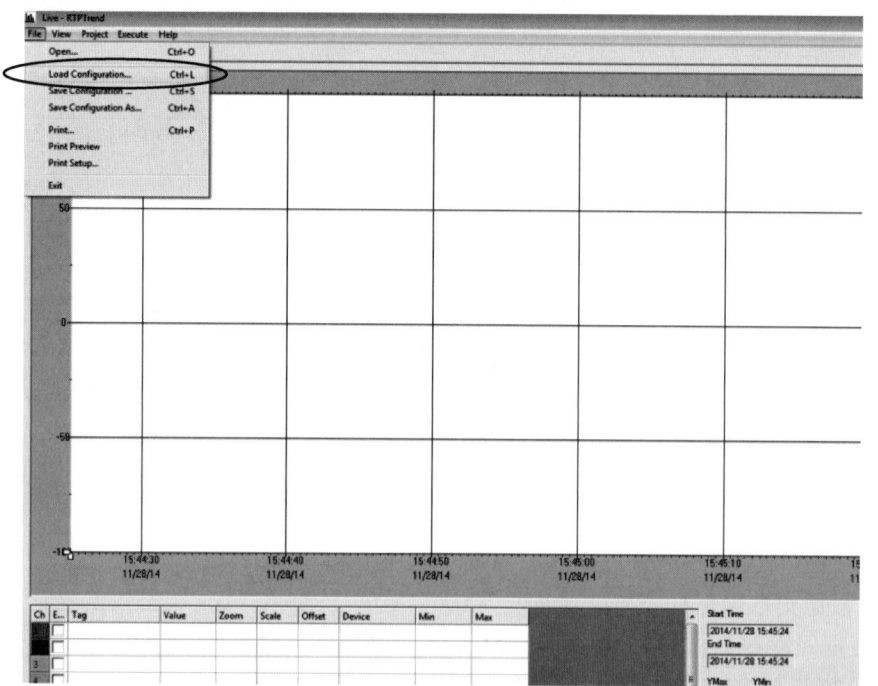

图 1-9-27　趋势软件配置装载界面

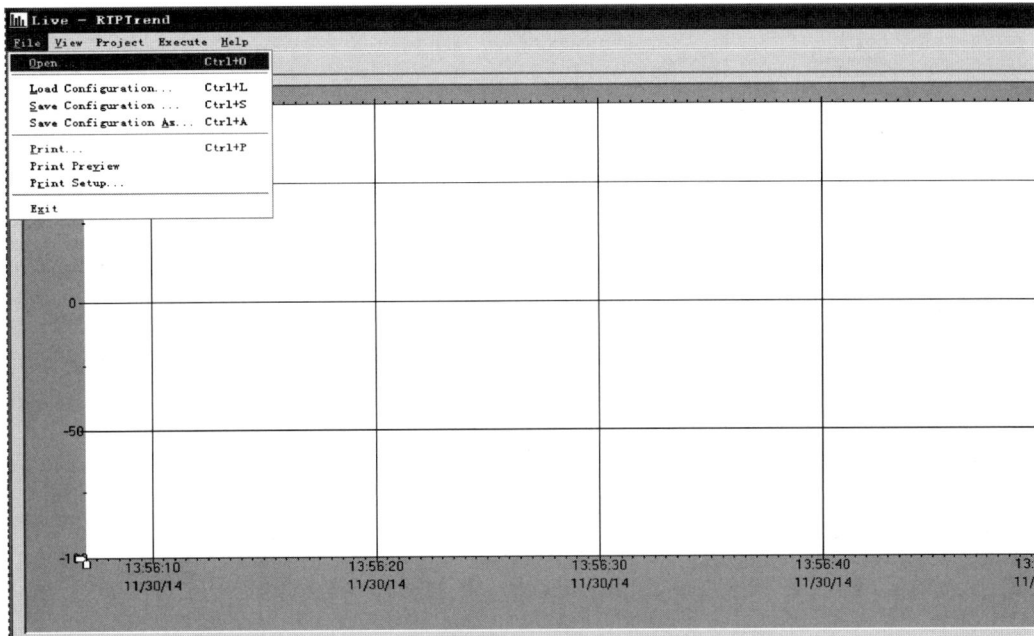

图 1-9-28　趋势软件项目打开界面

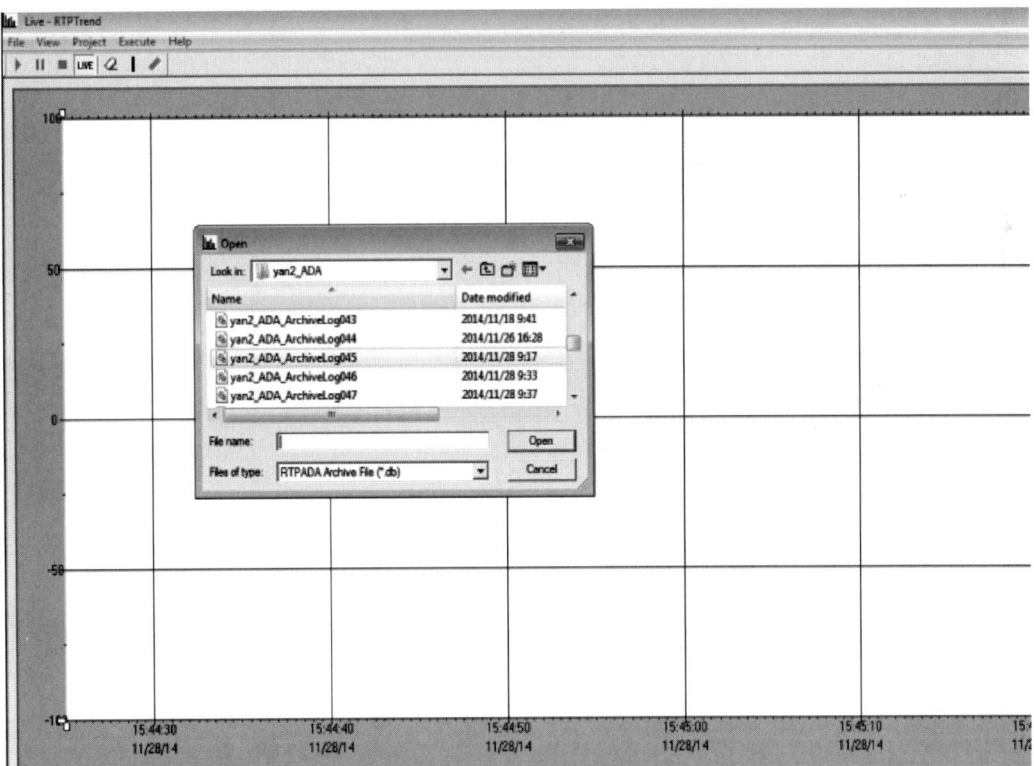

图 1-9-29　趋势项目数据选择界面

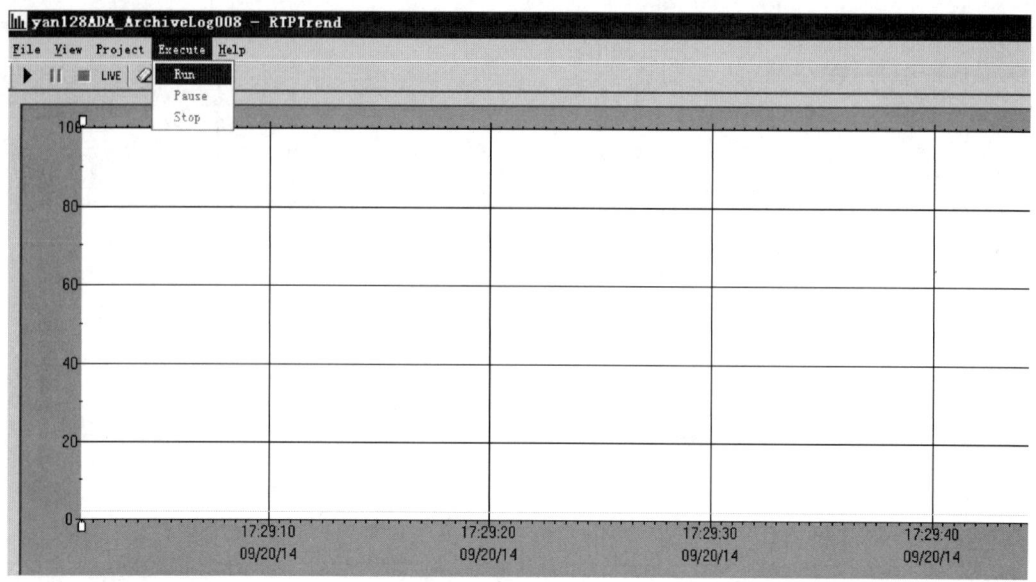

图 1-9-30　趋势软件项目运行界面

5）OPC 软件运行

（1）打开 RTPOPC 软件，依次点击开始（START）、ALL PROGRAMM、RTP NET-Suite→RTPOPC，如图 1-9-31 所示。

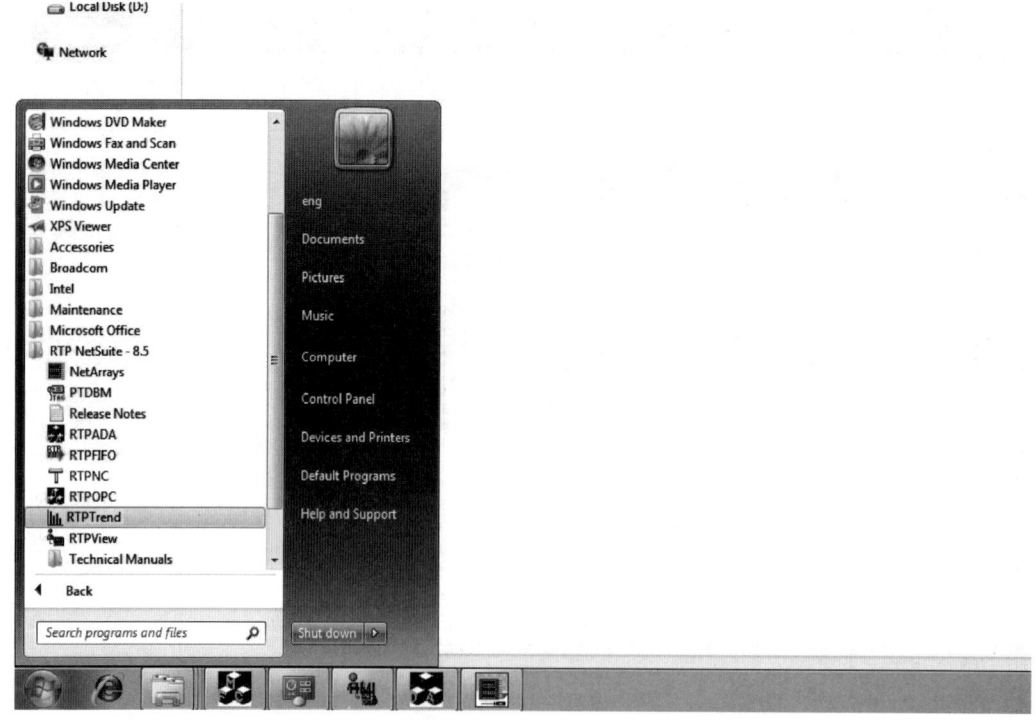

图 1-9-31　OPC 软件打开方法图

（2）打开RTPOPC工程（图1-9-32），YAN2项目RTPOPC工程保存在D:\project下，打开yan2_OPC.db；YAN128项目RTPOPC工程保存在D:\ project下，打开yan128OPC.db，如图1-9-33所示。

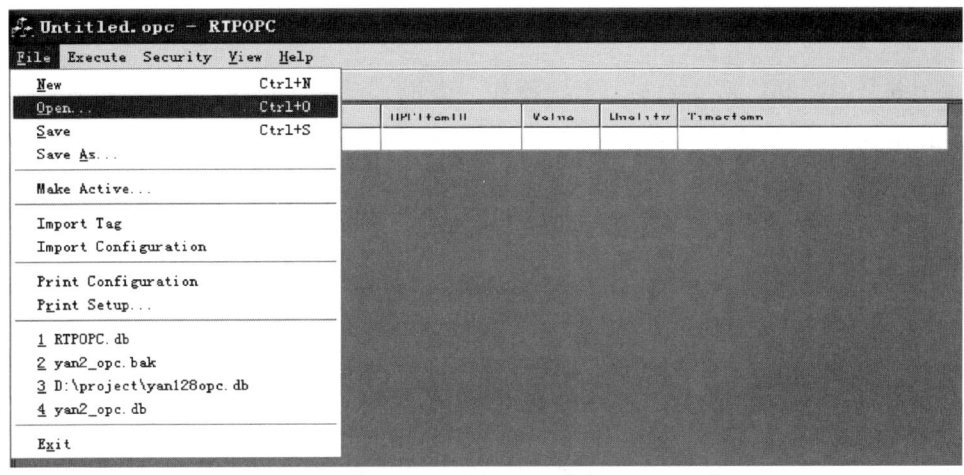

图1-9-32　OPC软件项目打开界面

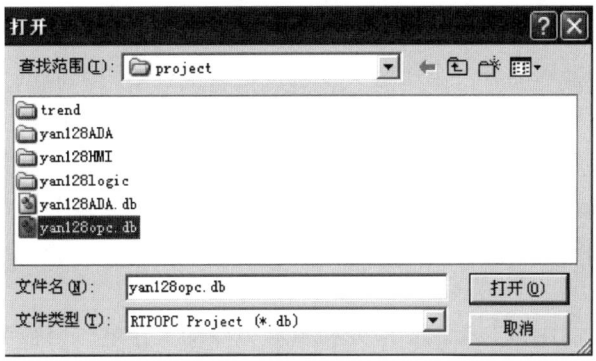

图1-9-33　OPC软件项目选择界面

（3）打开工程后，选择如图1-9-34所示菜单运行工程（Execute→Run），或点击三角按钮运行工程。

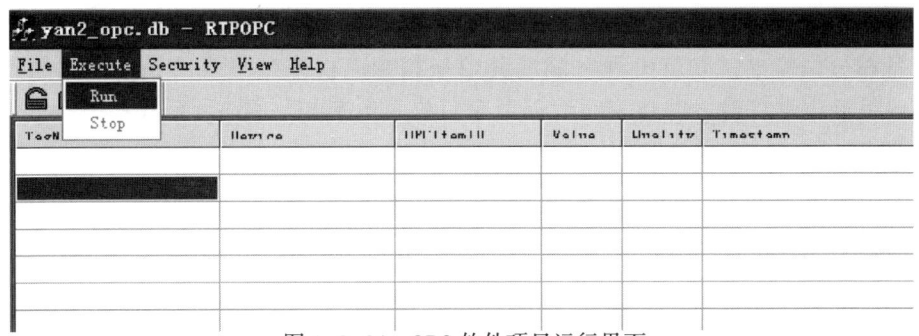

图1-9-34　OPC软件项目运行界面

注意事项：系统正常工作中，RTPView、RTPADA、RTPOPC必须处于运行状态。

第二节　电气知识

一、电力安全工（器）具

电力安全工（器）具是在电力系统操作、维护、检修、试验、施工等现场作业中，防止发生诸如触电、灼伤、坠落、摔跌、有毒有害物质、刺穿或撞击、高温、尘埃、可吸入微粒或毒气、辐射、噪声、野外动物等伤害事故或职业健康危害事件，保障作业人员人身安全所使用的各种专用工具与器具的总称。

（一）常见电力安全工（器）具

1. 验电器

1）低压验电器

使用注意事项：使用前检查低压验电器内电阻、氖管、外壳、观察窗是否完好，有没有造成触电的可能；低压验电器在使用前要在确知有电的地方进行试验，以证明验电器确实工作正常；阳光照射下或光线强烈时，氖管发光指示不清不易看清，应注意观察或遮挡光线；验电时人体与大地绝缘良好时被测体即使有电，氖管也可能不发光；低压验电器只能在500V以下电压等级使用，禁止在高压回路上使用；使用时，手拿低压验电器，用一个手指触及笔杆上的金属部分，金属笔尖顶端接触被检查的测试部位，并且氖管越亮，说明电压越高；当使用低压验电器测试带电体时，电流经带电体、电笔、人体到大地形成通电回路，只要带电体与大地之间电位差超过60V，电笔中的氖管就会发光；验电笔不能当螺丝刀用，以免用力过大损坏绝缘手柄；验电笔头部导电杆裸露部分长度不应过长，否则应用绝缘胶带进行包裹。

2）高压验电器

使用注意事项：使用验电器前，应先检查验电器的工作电压与被测设备的额定电压是否相符，验电器是否超过有效期；检查确认验电器绝缘杆外观良好，按下验电器的试验按钮后声光指示正常（伸缩式绝缘杆要全部拉伸开检查）；操作过程中操作人应按安全规定要求保持与带电体的安全距离；戴上合格的绝缘手套，手要握在验电器绝缘杆护环以下的地方；将验电器的金属触极逐渐靠近被测设备，使用前要在同一电压等级的带电设备上验证无问题后才可以对待验电设备进行验电；在停电设备上验电时，必须在设备进出线两侧各相分别验电，以防出现一侧或其中一相带电而未被发现的情况；每次使用完毕，应收缩验电器杆身，并将表面清理干净后放入包装袋（盒），存放在干燥处，避免积灰或受潮。

2. 绝缘安全工（器）具（基本绝缘和辅助绝缘）

1）绝缘操作杆

绝缘操作杆是用于短时间对带电设备进行操作或测量的绝缘工具，由工作头、绝缘杆和握柄三部分构成。它主要用于闭合或拉开高压跌落式熔断器、单极隔离开关、柱上油断路器和装拆携带式接地线，以及进行测量和试验的操作。电压等级有500V、10kV和35kV三种，所对应的全长为1640mm、2000mm和3000mm。

使用注意事项：使用前，应先检查是否超过有效试验期，检查绝缘棒的表面是否完好，各部分的连接是否可靠；操作前，应清理干净绝缘棒表面，使其表面干燥、清洁；使用后也应清理干净，存放在干燥的位置，以免受潮；操作者的手握部位不得超过护环；绝缘棒的规格必须符合被操作设备的电压等级，切不可任意取用；为防止绝缘棒受潮而产生较大的泄漏电流，危及操作的人员安全，在使用绝缘棒拉合隔离开关或经传动机构拉合隔离开关和断路器时，均应戴绝缘手套；雨天使用绝缘棒操作室外设备时，还应穿绝缘靴，当接地网接地电阻不符合要求时，晴天操作也应穿绝缘靴，以防止跨步电压、接触电压的伤害。

2）绝缘夹钳

绝缘夹钳经常在电力系统中用于安装和拆卸高压熔断器或执行其他类似工作的工具，在高压试验或电力设备维修、维护或作业安装过程经常用到与带电体直接接触的安全性绝缘类器具，主要用作110kV及以下电力系统内的安全作业辅助。绝缘夹钳由工作钳口、绝缘部分和握手三部分组成。各部分都用绝缘材料制成，所用材料与绝缘棒相同，只是工作部分是一个坚固的夹钳，并有一个或两个管型的开口，用以夹紧熔断器。

绝缘夹钳按照操作形式可以分为单手握绝缘夹钳和双手握绝缘夹钳两种基本形式；按照电压等级可以分为0.4kV绝缘夹钳、6kV绝缘夹钳、10kV绝缘夹钳、20kV绝缘夹钳、27.5kV绝缘夹钳、35kV绝缘夹钳和110kV绝缘夹钳几种常见规格。其中单手握绝缘夹钳用于低压操作，可对真空熔断管和一些其他较小的部件、配件进行抓取操作；高压绝缘夹钳主要集中为双手握绝缘夹钳，主要采用双手握绝缘钳柄可保持一定的安全距离操作，更有安全保障。

绝缘夹钳使用及保存注意事项：使用时绝缘夹钳不允许装接地线；在潮湿天气只能使用专用的防雨绝缘夹钳；绝缘夹钳应保存在特制的箱子内，以防受潮；绝缘夹钳应定期进行试验，试验方法同绝缘棒，试验周期为一年，10~35kV夹钳试验时施加3倍线电压，220V夹钳施加400V电压，110V夹钳施加260V电压。

3）电力系统核对相位仪器

电力系统核对相位是经常性的工作，传统的定相方法多数采用电压互感器或高压验电器，但前者设备笨重，后者依靠微弱的辉光指示容易出现误判断。检查仪器是否正常，表头正常显示，发射与绝缘杆连接指示灯亮，绝缘杆收缩自如到达需要核相场所，操作人先将其中一个发射装置挂在电网导电体上，然后另一发射装置与同一导电体接触，此时仪器显示结果中的相位角应小于30°，同时语言提示："相位相同"（同相）；然后将其中一发射装置与同一电网另一相导电体接触，此时相位角应在120°左右，同时语言提示："请注意，相位不同"（不同相）。

验电：将其中一个采集器挂在高压电线上，如主机屏幕显示相应采集器的符号，则说明该高压线有电。相反，如主机屏幕不显示该采集器的符号，则说明该高压线无电。

3. 防护安全工（器）具

1）携带型短路接地线

携带型短路接地线简称接地线，是一种临时接地装置，主要用于电力线路和变配电、用电设备的检修工作中，可防止误合闸或临近带电体产生静电感应而造成人身触电。

接地线由绝缘操、作杆、导线夹、短路用软铜线、接地用软铜线、接地端子、汇流夹、接地夹等构成。

（1）导线夹：起到接地线与设备的可靠连接作用。

（2）多股软铜线：应承受工作地点通过的最大短路电流，同时应有一定的机械强度，截面不得小于 $25mm^2$，多股软铜线套的透明塑料外套起保护作用。多股软铜线截面应根据接地线所用的系统短路容量而定，系统越大，短路电流越大，所选择的接地线截面也越大。

（3）接地端子：起接地线与接地网的连接作用。一般是用螺栓或接地棒紧固，接地棒打入地下深度不得小于 0.6m。

接地线管理要求：

（1）接地线应统一进行编号，并存放在专用工具房（柜），且对应编号存放。

（2）接地线在承受过一次短路电流后，应整体报废。

（3）接地线应能承受设计规定的故障电流，而不致对工作人员造成电气、机械、化学和热力的危害。

（4）接地线的线夹与电力设备及接地体连接之处，应保证电气接触良好，并符合短路电流下的动稳定、热稳定要求，截面积不得小于 $25mm^2$。

接地线试验：

（1）每年进行一次工频耐压试验。

（2）每 5 年进行成组直流电阻试验。

接地线使用注意事项：

（1）使用前根据装设地点的实际情况选择合适长度、线夹的三相或单相接地线。

（2）使用前检查接地线试验日期是否在使用期内，检查接地线有无断股。

（3）检查绝缘护套有无破损、线夹是否完好、能否自由操作，确认接地铜线与三相铜线连接牢固。

（4）装、拆接地线必须由两人进行。

（5）装设接地线前应对设备进行验电。

（6）装设接地线时应戴绝缘手套，先装设接地端，应选择与全站接地网相连的接地点，装设应牢固，装设部位不应有油漆。

（7）使用接地线夹分别对设备进行三相放电，放电时应站在侧面，防止电弧伤害。

（8）分别在三相导线上装设接地线，装设完毕后应检查是否牢固可靠，装设接地线后应及时登记并填写地线去向卡。

（9）接地线应使用专用的线夹固定在导体上，严禁使用缠绕的方法进行接地或短路。

2）绝缘罩

绝缘罩由天然用硅橡胶、热缩材料和抗老的高分子绝缘材料制成，能有效地防止各类裸露接头由于种种因素引起相间短路或接地所造成的停电。

3）绝缘隔板

绝缘隔板又称绝缘挡板，是用于隔离带电部件、限制工作人员活动范围的绝缘平板。

使用注意事项：

（1）绝缘隔板一般应具有很高的绝缘性能，它可与35kV及以下的带电部分直接接触，起临时遮栏作用。绝缘隔板也可置于拉开的刀闸动触头、静触头之间，以防止刀闸自行落下后误送电。装拆绝缘隔板时应与带电部分保持一定距离（符合安全规程的要求），或者使用绝缘工具进行装拆。

（2）绝缘隔板只允许在35kV及以下电压的电气设备上使用，并应有足够的绝缘和机械强度。用于10kV电压等级时，绝缘隔板的厚度不得小于3mm，用于35kV电压等级时不得小于4mm。

（3）绝缘隔板和绝缘罩表面应洁净、端面不得有分层或开裂，绝缘罩内外应整洁，不得有裂纹或损伤。

（4）现场带电装设绝缘隔板或绝缘罩时，应使用相应电压等级的绝缘棒，并戴绝缘手套，穿绝缘鞋（靴）。在放置和使用过程中要防止脱落，必要时可用绝缘绳索将其固定。

4）绝缘手套

绝缘手套是电工安防用品，能起到对人体的安全保护作用。绝缘手套由橡胶、乳胶或塑料等优质绝缘材料制成，具有防电、防水、耐酸碱、防化、防油的功能和良好的机械性能，适用于电力行业、汽车、化工等。对于电气操作，绝缘手套主要用于操作高压隔离开关和油断路器等，以预防接触电压。绝缘手套根据其绝缘程度的不同分为高压绝缘手套和低压绝缘手套。

绝缘手套管理要求：

（1）使用后应将绝缘手套清理干净。

（2）绝缘手套应统一编号，现场应至少配置两副。

（3）绝缘手套应存放在干燥、阴凉、通风的地方，与其他工具分开放置，绝缘手套上不得堆放其他物品，以免损伤绝缘手套。

（4）绝缘手套不允许放在过热、过冷、阳光直射以及存在酸、碱、药品的地方，以防胶质老化。

（5）绝缘手套不可与油脂、溶剂接触，合格与不合格手套不得混放在一处，以免使用时造成混乱。

（6）绝缘手套应每半年检验一次。

绝缘手套使用方法：

（1）使用绝缘手套前应检查是否有效试验期。

（2）使用前应进行外观检查，查看橡胶是否完好，表面有无损伤、磨损、破漏、划痕等，如有破损或漏气现象，应禁止使用。

（3）手套内部进入空气后，将手套朝手指方向卷曲，并保持密闭，当卷到一定程度时，内部空气因体积压缩压力增大，手指膨胀，细心观察有无漏气，漏气的绝缘手套不得使用。

（4）戴手套时将外衣袖口放入绝缘手套的延长部分。

（5）不能用其他手套代替绝缘手套，绝缘手套也不能作其他用途。

（6）使用后应将绝缘手套清理干净。

5）绝缘靴

绝缘靴由特种橡胶制成，用于人体与地面的绝缘。绝缘靴具有较好的绝缘性和一定的物理强度，安全可靠。绝缘靴主要用作高压电力设备的倒闸操作、设备巡视作业时作为辅助的安全用具。特别是雷雨天气巡视设备或线路的接地作业中，绝缘靴能有效防止跨步电压和接触电压伤害。

绝缘靴管理要求：

（1）绝缘靴应统一编号，现场使用的绝缘靴最少应保持两双。

（2）绝缘靴应存放在干燥、阴凉的地方，并应存放在专用柜内，要与其他工具分开放置，其上下不得堆压人和物件。

（3）绝缘靴不允许放在过热、过冷、阳光直射和有酸、碱、药品的地方，以防胶质老化，降低绝缘性能。

（4）绝缘靴如试验不合格，则不能再穿用。

绝缘靴使用注意事项：

（1）使用绝缘靴前，应检查绝缘靴是否完好，是否超过有效试验期。

（2）绝缘靴在每次使用前应进行外部检查，表面应无损伤、磨损、破漏、划痕等，如有砂眼漏气，应禁止使用。

（3）绝缘靴不得当作雨鞋或作其他用，其他非绝缘靴也不能代替绝缘靴使用。

（4）穿绝缘靴时应将裤管套入靴筒内，并避免接触尖锐的物体，避免接触高温和腐蚀性物质，防止受到损伤。

6）个人保安线

个人保安线是为了防止临近带电设备和线路产生的感应电压，以保证操作人员的人身安全而装设的接地装置。工作地段如有临近、平行、交叉跨越及同杆塔架设线路，为防止停电检修线路上感应电压伤人，在需要接触或接近导线工作时，应使用个人保安线。

使用注意事项：

（1）使用个人保安线前，应先验电确认已停电，在设备上确认无电压后进行。

（2）先将接地线夹连接在接地网或扁铁件上，然后用接地操作棒分别将导线端线类拧紧在设备导线上。拆除短路接地线时，顺序正好与上述操作相反。

（3）考虑到接地线摆的影响，装设的短路接地线和带电设备的安全距离应不小于《电力安全工作规程》新规定的数值。

（4）严禁不用线夹而用缠绕的方法进行接地短路。

（5）携带型短路接地线应妥善保管。每次使用前，均应仔细检查其是否完好，软铜线无裸露，螺母不松脱，否则不得使用。携带型短路接地线检验周期为每五年一次，检验项目同出厂检验。经试验合格的携带型短路接地线在经受短路后，应根据经受短路电流大小和外观检验判断，一般应予报废。

7）绝缘胶垫

绝缘胶垫由绝缘橡胶制成，具有良好的绝缘性能，在电工作业的任何情况，绝缘胶垫都只能作为辅助安全用具。绝缘胶垫一般用特种橡胶制成，其厚度不应小于5mm，表面应有防滑条纹，通常铺在配电装置周围地面上，以便在操作时增强绝缘。绝缘胶垫的最小尺寸不应小于 0.8m×0.8m。

绝缘胶垫常规配置：

（1）5kV 绝缘胶垫厚度为 3mm，密度为 5.8kg/m^2，颜色为红、绿、黑。

（2）10kV 绝缘胶垫厚度为 5mm，密度为 9.2kg/m^2，颜色为红、绿、黑。

（3）15kV 绝缘胶垫厚度为 5mm，密度为 9.2kg/m^2，颜色为红、绿、黑。

（4）20kV 绝缘胶垫厚度为 6mm，密度为 11kg/m^2，颜色为红、绿、黑。

（5）25kV 绝缘胶垫厚度为 8mm，密度为 14.8kg/m^2，颜色为红、绿、黑。

（6）30~35kV 绝缘胶垫厚度为 10mm、12mm，密度为 18.4kg/m^2、22kg/m^2，颜色为红、绿、黑。

绝缘胶垫的抗电强度与其材质和厚度有关，一般用于 1kV 及以下的厚度应不小于 3~5mm，用于 1kV 以上的应不小于 7~8mm。

绝缘胶垫使用注意事项：

（1）绝缘胶垫应保持清洁干燥，防止与酸、碱及各种油类物质接触，防止阳光直射、高温、受潮和污损，防止刺伤和割裂，一旦产生了孔洞和缝隙或严重龟裂，就不能继续使用。

（2）每半年应使用低温肥皂水清洗一次绝缘胶垫。

（3）每两年进行一次耐压试验。使用在 1kV 以下的绝缘胶垫，其试验电压为 5kV，在 1kV 及以上场所使用的绝缘胶垫，其试验电压不低于 15kV。

（4）每次使用前，均应检查绝缘胶垫有无安全隐患，有隐患的不能投入使用。

绝缘胶垫维护：

（1）使用前测试：每次使用前都要对绝缘胶垫的上下表面进行外观检查，如果发现绝缘胶垫存在可能影响安全性能的缺陷，如出现割裂、破损、厚度减薄等不足以保证绝缘性能的情况时，应禁止使用，及时更换。

（2）温度：绝缘胶垫应使用于环境温度为 −25~70℃ 的区域。

（3）使用中保护：绝缘胶垫应避免不必要地暴露在高温、阳光下，也要尽量避免与机油、油脂、变压器油、工业乙醇以及强酸、强碱物体接触，应避免尖锐物体刺、划。

绝缘胶垫清洗：

当绝缘胶垫脏污时，可在不超过 65℃ 水温下对其用肥皂进行清洗，再用滑石粉让其干燥。如果绝缘胶垫沾上焦油和油漆，应马上用适当溶剂对受污染的地方进行擦拭，同时避免溶剂使用过量。汽油、石蜡和纯酒精可用于清洗焦油和油漆。

（二）安全工（器）具使用要求

每种安全工（器）具在使用过程和放置期间都容易受微生物的作用，以及雨淋、风吹、日晒而腐朽、老化，使绝缘部位耐压水平降低、机械强度变差。另外由于使用过程中的外力作用，易造成不同程度的破损及变形，这样在使用过程中容易造成作业人员的触电、坠落等伤亡事故和设备的损坏事故。为了确保安全工（器）具的正常、正确和安全使用应做到以下几点：

（1）每种安全工（器）具都具有严格的试验标准和科学的试验周期，如果在试验合格的有效期外使用容易造成人身和设备事故。因此，必须建立、健全安全工（器）具台账，加强各类安全工（器）具的管理工作，将每件安全工（器）具的名称、型号、用途、试验标准、试验周期、本次试验日期和下次试验日期等详细信息登记成册，并有专人督促按时试验，以确保各类安全工（器）具的可用率达到100%。对于已超过试验合格期和已报废的安全工（器）具要另加管理，并贴上"严禁使用"的警语，严禁随意堆放和使用。

（2）安全工（器）具要科学管理、妥善存放，以防使用不当或乱扔、乱放而造成残缺破损，这样不但会造成一定的经济损失，还会增加使用中的不安全因素。因此，在使用前一定要认真阅读使用说明书和安全注意事项，认真检查安全工（器）具的气密性或完好性和试验有效期，在使用中要严格遵守各种规程制度和标准化作业指导书，在使用后要注意清洁和保养，并按编号存放在指定位置。

（3）对于已受损的安全工（器）具，达到报废标准的要及时报废，对于受损轻微，且经试验合格，还可以继续使用的要加强管理，杜绝安全工（器）具的破损造成人身责任事故。

（4）编号对应，不错拿错用，由于安全工（器）具混乱存放易造成人员的错拿、错用，因此应在生产场所或配电室设有安全工（器）具专用柜，并有专人保管。

（5）所有安全工（器）具都应分类存放，对于同类安全工（器）具也要根据不同电压等级和使用条件分开管理，以防错拿、错用不符合使用要求和现场实际的安全工（器）具，例如拿10kV的验电器去验110kV的电气设备，不但会损坏验电器，还会造成人员的伤亡和设备电网事故的发生。

（6）安全工（器）具应分类按编号存放在专用安全工（器）具柜内，使用前要认真核对电压等级和使用条件是否与运行设备或现场实际使用条件相符，在使用后要放回原位，并核查编号对应情况，以防因前一位使用者放错位置而导致下一位使用者将错就错，酿成大祸。

（7）科学管理，不使安全工（器）具受潮、变形，安全工（器）具存放不当容易受潮变形，尤其是春秋季节雨水较多，更容易造成安全工（器）具的绝缘受潮和老化，从而导致绝缘部位耐压水平降低，严重影响安全使用。

（8）安全工（器）具室除设有通风口外，还应安装驱潮设备，有条件的应使用具有防潮、防尘和防损功能的智能型安全工（器）具柜，以便使安全工（器）具长期保持干燥和清洁。另外，安全工（器）具应放平存放，避免放置不当长期受力而造成弯曲变形、破损，甚至断裂。对于已受潮的安全工（器）具应晾干，重新试验合格后方可使用，对于变形严重不能继续使用的安全工（器）具，应按有关规定和程序进行报废处理。

安全工（器）具是每个电力职工的切身保镖、忠实的安全员和生命的守护神，只有熟练地掌握各种安全工（器）具的作用、性能和结构原理，掌握正确的使用方法和注意事项，并严格按照规程规定操作、使用和维护，才能够确保人身、设备安全。

二、安全用电知识

(一) 相关名词术语

电路：电流所流经的路径，一般由电源、负载、开关、导线等组成。

电源：将非电能转换为电能的一种装置，一般用字母 E（直流）或 e（交流）表示。

负载：将电能转换为其他能量的装置，通常称为用电器，用字母 R 表示。

开关：控制电路通断的器件，用 S 表示。

导线：连接电源和负载，转输和分配电能的连线。

电流：单位时间通过某个截面的电荷净转移量，用字母 I 表示，单位用安培（A）、千安（kA）、毫安（mA）、微安（μA）表示。

电压：电路中，两处的电位差。电压是使电子在导体中产生流动的"压力"。

电阻：电流在导体中流动时所受到的阻力，单位用 Ω（欧姆）表示。

导体：用以载荷电流的元件。

绝缘体：导电能力极弱，并在一般情况下不能导电的材料。

半导体：导电性能介于导体和绝缘体之间的材料。

(二) 电流对人体的危害

电流对人体的危害形式：

(1) 电击：电流通过人体造成人体内部组织的反应和病变破坏，使人出现刺疼、痉挛、麻痹、昏迷、心室颤动或停跳、呼吸困难或停止等现象。

(2) 电伤：电流对人体外部造成的局部伤害，包括电灼伤、电烙印、皮肤金属化等。

电流对人体的危害程度与下列因素有关：

(1) 电流的大小：电流越大，伤害也越大。一般情况下，感知电流为 1mA（工频），摆脱电流为 10mA，致命电流为 50mA（持续时间 1s 以上），安全电流为 30mA。

(2) 电流类型：直流电一般引起电伤，而交流电则电击、电伤两者都产生。

(3) 电流持续的时间：时间越长，危害越大。

(4) 电流的频率：工频电流对人体的伤害程度最为严重，特别是 40~100Hz 的交流电对人体最危险。

(5) 电流通过人体的部位：以通过心脏、中枢神经（脑、脊髓）、呼吸系统最为危险。

(6) 人体的状况：与触电者的性别、年龄、健康状况、精神状态等有关。

(7) 人体电阻：人体的电阻值通常为 10~100kΩ，基本上按表皮角质层电阻大小而定。但它会随时、随地、随人等因素而变化，极具不确定性，并且随电压的升高而减小。

(三) 触电方式

(1) 单相触电：人体站在地面或其他接地体上，人体的某一部位触及电气装置的任一相所引起的触电。

(2) 两相触电：人体同时触及任意两相带电体的触电方式。

(3) 跨步电压触电：当人体两脚跨入触地点附近时，在前后两脚之间便存在电位差，即跨步电压，由此造成的触电称为跨步电压触电。

(4) 剩余电荷触电：当人触及带有剩余电荷的设备时，带有电荷的设备对人体放电造成的触电事故。设备带有剩余电荷，通常是检修人员在检修中摇表测量停电后的并联电容器、电力电缆、电力变压器及大容量电动机等设备时，检修前、后没有对其充分放电所造成的。

除上述触电方式外，还有高压电弧触电、接触电压触电、雷电触电和静电触电等。

（四）防止触电安全措施

(1) 安全电压：不带任何防护设备，对人体各部分组织均不造成伤害的电压值。

国际电工委员会（IEC）规定安全电压限定值为50V；我国规定12V、24V、36V 三个电压等级为安全电压级别；世界各国的安全电压有 50V、40V、36V、25V、24V 等，其中以 50V、25V 居多。

在湿度大、狭窄、行动不便、周围有大面积接地导体的场所（如金属容器内、矿井内、隧道内等）使用的手提照明，应采用12V 安全电压。手提照明器具、在危险环境和特别危险环境的局部照明灯、高度不足 2.5m 的一般照明灯、携带式电动工具等，若无特殊的安全防护装置或安全措施，均应采用24V 或 36V 安全电压。

(2) 安全间距：为防止带电体之间、带电体与地面之间、带电体与其他设施之间、带电体与工作人员之间因距离不足而在其间发生电弧放电现象引起电击或电伤事故，应规定其间必须保持的最小间隙。安全间距即保证人体与带电体之间必要的安全距离，除防止触及或过分接近带电体外，还能避免误操作和防止火灾。

在低压工作中，最小检修距离应不小于 0.1m。操作者背后的物体与操作者背部的最小距离应不小于 0.5m。

(3) 屏护：指将带电体间隔起来，以有效地防止人体触及或靠近带电体，特别是当带电体无明显标志时。高压设备无论是否有绝缘，均应采取屏护。常用的屏护方式有遮栏、保护网。室外屏护高度不低于 1.5m（户外变配电装置采用不低于 2.5m 的封闭屏护），室内不低于 1.2m。

(4) 保护接地和保护接零：在同一供电线路中，不允许一部分设备采用保护接地而另一部分设备采用保护接零。为防止电气设备金属外壳意外带电而造成的危险，应按供电系统接地形式的不同，分别采取保护接地或保护接零的安全措施。保护接地只适合中性点不接地的电网，在中性点接地的电网中使用不能完全保证安全。

(5) 漏电保护：安装漏电保护器时，工作零线必须接漏电保护器，而保护零线或保护地线不得接漏电保护器。照明电路中所选用漏电保护器应为额定漏电动作电流不大于30mA、动作时间为 0.1s 的高灵敏度产品。

（五）触电解救措施

发现触电者，首先应以最快的速度设法使其脱离电源，然后根据触电者的具体情况施救，直至医护人员到来。

快速脱离电源的方法：立即拔掉插头或断开开关；用干燥的木棒、竹竿将带电体从触电者身上移去；用绝缘良好的钢丝钳剪断电源线（应一根一根地剪，不可同时剪两根线，以免造成短路）；戴上绝缘手套、穿上绝缘鞋将触电者拉离电源。

需要注意的是，脱离电源的动作一定要快，尽量缩短触电者的带电时间；切不可用手或金属和潮湿的导电物体直接触碰触电者的身体或与触电者接触的电线，以免引起抢救人员自身触电；解脱电源的动作要用力适当，防止用力过猛导致带电电线击伤在场的其他人员；在帮助触电者脱离电源时，应注意防止触电者被摔伤。

帮助触电者脱离电源后，若触电者呼吸和心跳均未停止，此时应使触电者就地躺平，安静休息，不要让触电者走动，以减轻心脏负担，并应严密观察呼吸和心跳的变化；若触电者心跳停止、呼吸尚存，则应对触电者做胸外按压；若触电者呼吸停止、心跳尚存，则应对触电者做人工呼吸。若触电者呼吸和心跳均停止，应立即按心肺复苏方法进行抢救。

胸外挤压法的要诀：病人仰卧硬地上，松开领扣解衣裳；当胸放掌不鲁莽，中指应该对凹膛；掌根用力向下按，压下一寸至寸半；压力轻重要适当，过分用力会压伤；慢慢压下突然放，1s 一次最恰当。

人工呼吸法的要诀：病人仰卧平地上，鼻孔朝天颈后仰；首先清理口鼻腔，然后松扣解衣裳；捏鼻吹气要适量，排气应让口鼻畅；吹 2s 来停 3s，5s 一次最恰当。

进行人工呼吸或胸外按压抢救时，不得轻易中断。在施行口对口人工呼吸法前，应将被施救者口中的假牙、污物等排除，以保证呼吸道畅通。在施行口对口人工呼吸法时，吹气的力度要适当，以免将肺泡吹坏，尤其是小孩。

（六）电火灾紧急处理措施

（1）当发生电火灾时，首先应切断电源，然后救火，并及时报警。

（2）扑灭电火灾时，应选择二氧化碳灭火器、干粉灭火器或黄砂来灭火。

（3）在未确定电源已被切断的情况下，不得用水或普通灭火器来灭火。

三、三相异步电动机常见故障及其处理措施

三相异步电动机是根据电磁感应原理工作的，当定子绕组通过三相对称交流电，则在定子与转子间产生旋转磁场，该旋转磁场切割转子绕组，在转子回路中产生感应电动势和电流，转子导体的电流在旋转磁场的作用下，受到力的作用而使转子旋转。

三相异步电动机的常见故障及其处理方法如下：

(1) 通电后电动机不能转动，但无异响，也无异味和冒烟。

故障原因：

① 电源未通（至少两相未通）；

② 熔断丝熔断（至少两相熔断）；

③ 过流继电器整定值调得过小；

④ 控制设备接线错误。

故障排除：

① 检查电源回路开关，熔断丝、接线盒处是否有断点，若有应修复；

② 检查熔断丝型号、熔断原因，换新熔断丝；

③ 调节过流继电器整定值使其与电动机相符；

④ 改正接线。

（2）通电后电动机不转，然后熔断丝烧断。

故障原因：

① 缺一相电源，或定子线圈一相反接；

② 定子绕组相间短路；

③ 定子绕组接地；

④ 定子绕组接线错误；

⑤ 熔断丝截面过小；

⑥ 电源线短路或接地。

故障排除：

① 检查刀闸是否有一相未合好，或者电源回路有一相断线，消除反接故障；

② 查出短路点，予以修复；

③ 消除接地错误；

④ 查出误接处，予以更正；

⑤ 更换熔断丝；

⑥ 消除短路或接地点。

（3）通电后电动机不转有嗡嗡声。

故障原因：

① 定子、转子绕组有断路（一相断线）或电源一相失电；

② 绕组引出线始末端接错或绕组内部接反；

③ 电源回路接点松动，接触电阻大；

④ 电动机负载过大或转子卡住；

⑤ 电源电压过低；

⑥ 小型电动机装配太紧或轴承卡住。

故障排除：

① 查明断点予以修复；

② 检查绕组极性，判断绕组末端是否正确；

③ 紧固松动的接线螺钉，用万用表判断各接头是否假接，并予以修复；

④ 减载或查出并消除机械故障；

⑤ 检查是否电源导线过细使压降过大，并予以纠正；

⑥ 重新装配使之灵活，修复轴承。

（4）电动机启动困难，额定负载时，电动机转速低于额定转速较多。

故障原因：

① 电源电压过低；

② 接发电机误接为星形；

③ 笼型转子开焊或断裂；

④ 定子、转子局部线圈错接、接反；

⑤ 修复电动机绕组时增加匝数过多；

⑥ 电动机过载。

故障排除：

① 测量电源电压，设法改善；

② 纠正接法；

③ 检查开焊和断点并修复；

④ 查出误接处，予以改正；

⑤ 恢复正确匝数；

⑥ 减载。

（5）电动机空载电流不平衡，三相相差大。

故障原因：

① 重绕时，定子三相绕组匝数不相等；

② 绕组首尾端接错；

③ 电源电压不平衡；

④ 绕组存在匝间短路、线圈反接等故障。

故障排除：

① 重新绕制定子绕组；

② 检查首尾端并纠正；

③ 测量电源电压，设法消除不平衡；

④ 消除绕组故障。

（6）电动机空载或过负载时，电流表指针不稳，摆动。

故障原因：

① 笼型转子导条开焊或断条；

② 绕线型转子故障（一相断路）或电刷、集电环短路装置接触不良。

故障排除：

① 查出断条予以修复或更换转子；

② 检查绕子回路并加以修复。

（7）电动机空载电流平衡，但数值大。

故障原因：

① 修复时，定子绕组匝数减少过多；

② 电源电压过高；

③ 星形接电动机误接为三角形；

④ 电动机装配中，转子装反，使定子铁芯未对齐，有效长度减短；

⑤ 气隙过大或不均匀；

⑥ 大修拆除旧绕组时，使用热拆法不当，使铁芯烧损。

故障排除：

① 重绕定子绕组，恢复正确匝数；

② 设法恢复额定电压；

③ 改接为星形；

④ 重新装配；

⑤ 更换新转子或调整气隙；
⑥ 检修铁芯或重新计算绕组，适当增加匝数。

（8）电动机运行时响声不正常，有异响。

故障原因：

① 转子与定子绝缘低或槽楔相擦；
② 轴承磨损或油内有砂粒等异物；
③ 定子、转子铁芯松动；
④ 轴承缺油；
⑤ 风道填塞或风扇擦风罩；
⑥ 定子、转子铁芯相擦；
⑦ 电源电压过高或不平衡；
⑧ 定子绕组错接或短路。

故障排除：

① 修剪绝缘，削低槽楔；
② 更换轴承或清洗轴承；
③ 检修定子、转子铁芯；
④ 加油；
⑤ 清理风道，重新安装；
⑥ 消除擦痕，必要时车内小转子；
⑦ 检查并调整电源电压；
⑧ 消除定子绕组故障。

（9）运行中电动机振动较大。

故障原因：

① 磨损轴承间隙过大；
② 气隙不均匀；
③ 转子不平衡；
④ 转轴弯曲；
⑤ 铁芯变形或松动；
⑥ 联轴器中心未校正；
⑦ 风扇不平衡；
⑧ 机壳或基础强度不够；
⑨ 电动机地脚螺栓松动；
⑩ 笼型转子开焊断路，或绕线转子断路；
⑪ 定子绕组故障。

故障排除：

① 检修轴承，必要时更换；
② 调整气隙，使之均匀；
③ 校正转子动平衡；

④ 校直转轴；
⑤ 校正重叠铁芯；
⑥ 重新校正，使之符合规定；
⑦ 检修风扇，校正平衡，纠正其几何形状；
⑧ 进行加固；
⑨ 紧固地脚螺栓；
⑩ 修复转子绕组；
⑪ 修复定子绕组。

（10）轴承过热。

故障原因：
① 润滑脂过多或过少；
② 油质不好，含有杂质；
③ 轴承与轴颈或端盖配合不当（过松或过紧）；
④ 轴承内孔偏心，与轴相擦；
⑤ 电动机端盖或轴承盖未装平；
⑥ 电动机与负载间联轴器未校正，或皮带过紧；
⑦ 轴承间隙过大或过小；
⑧ 电动机轴弯曲。

故障排除：
① 按规定加润滑脂（容积的 1/3~2/3）；
② 更换清洁的润滑滑脂；
③ 过松可用黏结剂修复，过紧应车磨轴颈或端盖内孔，使之适合；
④ 修理轴承盖，消除擦点；
⑤ 重新装配；
⑥ 重新校正，调整皮带张力；
⑦ 更换新轴承；
⑧ 校正电机轴或更换转子。

（11）电动机过热甚至冒烟。

故障原因：
① 电源电压过高，使铁芯发热大大增加；
② 电源电压过低，电动机又带额定负载运行，电流过大使绕组发热；
③ 修理拆除绕组时，采用热拆法不当，烧伤铁芯；
④ 定转子铁芯相擦；
⑤ 电动机过载或频繁启动；
⑥ 笼型转子断条；
⑦ 电动机缺相，两相运行；
⑧ 重绕后定子绕组浸漆不充分；
⑨ 环境温度高，电动机表面污垢多，或通风道堵塞；

⑩ 电动机风扇故障，通风不良；
⑪ 定子绕组故障，如相间、匝间短路、定子绕组内部连接错误。
故障排除：
① 降低电源电压（如调整供电变压器分接头），若是电动机星形、三角形接法错误引起，则应改正接法；
② 提高电源电压或换粗供电导线；
③ 检修铁芯，排除故障；
④ 消除擦点（调整气隙或挫、车转子）；
⑤ 减载；按规定次数控制启动；
⑥ 检查并消除转子绕组故障；
⑦ 恢复三相运行；
⑧ 采用二次浸漆及真空浸漆工艺；
⑨ 清洗电动机，改善环境温度，采用降温措施；
⑩ 检查并修复风扇，必要时更换；
⑪ 检修定子绕组，消除故障。

第三节　化学知识

一、溶液配制

（一）标准物质

标准物质是用于化学分析、仪器分析中作对比的化学物品，或是用于校准仪器的化学品，其化学组分、含量、理化性质及所含杂质必须已知，并符合规定或得到公认。

1. 标准物质特点

（1）标准物质的量值只与物质的性质有关，与物质的数量和形状无关。

（2）标准物质种类多，仅化学成分量标准物质就数以千计，其量限范围跨越 12 个数量级。

（3）标准物质实用性强，可在实际工作条件下应用，既可用于校准检定测量仪器，评价测量方法的准确度，也可用于测量过程的质量评价以及实验室的计量认证与测量仲裁等。

（4）标准物质具有良好的复现性，可以批量制备并且在用完后再行复制。

2. 标准物质分级

我国将标准物质分为一级与二级，它们都符合有证标准物质的定义。

一级标准物质符合如下条件：

（1）用绝对测量法或两种以上不同原理的准确可靠的方法定值。在只有一种定值方法的情况下，用多个实验室以同种准确可靠的方法定值。

（2）准确度具有国内最高水平，均匀性在准确度范围之内。

（3）稳定性在一年以上，或达到国际上同类标准物质的先进水平。

(4) 包装形式符合标准物质技术规范的要求。

二级标准物质符合如下条件：

(1) 用与一级标准物质进行比较测量的方法或一级标准物质的定值方法定值。

(2) 准确度和均匀性未达到一级标准物质的水平，但能满足一般测量的需要。

(3) 稳定性在半年以上，或能满足实际测量的需要。

(4) 包装形式符合标准物质技术规范的要求。

3. 标准物质编号

一级标准物质的编号是以标准物质代号"GBW"冠于编号前部，编号的前两位数是标准物质的大类号，第三位数是标准物质的小类号，最后二位是顺序号，生产批号用英文小写字母表示，排于标准物质编号的最后一位。

二级标准物质的编号是以二级标准物质代号"GBW"冠于编号前部，编号的前两位数是标准物质的大类号，后四位数为顺序号，生产批号用英文小写字母表示，排于编号的最后一位。

4. 标准物质用途

(1) 作为控制物质与待测物质同时进行分析，当标准物质得到的分析结果与证书给出量值在规定的限度内一致时，证明待测物质的分析结果是可信的，分析方法也就可以得到验证。

(2) 作为校准物质用于仪器的定度。因为化学分析仪器一般都是按相对测量法设计的，所以在使用前或使用过程中，必须使用标准物质进行定度或制备校准曲线。

(3) 作为已知物质用以发展新的测量技术和仪器。当测量工作用不同的方法和不同仪器进行时，已知物质可以有助于对新的测量方法和新仪器所测出的测量结果的可靠程度进行判断。

（二）缓冲溶液

缓冲溶液是指能抵抗外来少量强酸、强碱或稍加稀释，而保持其 pH 值基本不变的溶液。缓冲溶液一般由足够浓度的共轭酸碱对的两种物质组成。

凡能给出质子（H^+）的分子或离子称为酸（即质子酸），凡能和质子（H^+）结合的分子或离子称为碱（即质子碱）。

标准缓冲溶液：在一定温度下其 pH 值准确已知，在偶然沾污的条件下，pH 值基本不变。

在配制标准缓冲溶液时，水的纯度应很高（一般用重蒸馏水），配制碱性（pH>7）的标准缓冲溶液，要用新排除 CO_2 的重蒸馏水。

二、化学分析

（一）常用量和单位

(1) 摩尔：国际单位制（SI）中，表示物质的量的基本单位，符号 mol。1mol 物质的量对应于体系中包含的指定的基本单元的数目等于 $0.012kg\ ^{12}C$ 所含的原子数目。使用摩尔时，基本单元应予指明，可以是原子、分子、离子、电子及其他粒子，或是这些粒子的特定组合。

（2）摩尔质量：单位物质的量的物质所具有的质量。摩尔质量的符号是 M，它的单位是 kg/mol、g/mol。摩尔质量在数值上等于该物质的相对原子质量或相对分子质量，例如 HCl 的摩尔质量为 36.5g/mol。

（3）溶液浓度：溶液中某一组分的含量，常用表示方法有质量浓度、质量分数、物质的量浓度、体积分数。

质量分数：100g 溶液中所含溶质的量（g），用%表示：

$$w=\frac{溶质的质量(g)}{溶液的质量(g)}\times100\%=\frac{溶质的质量(g)}{溶质的质量(g)+溶剂的质量(g)}\times100\% \quad (1-9-1)$$

质量浓度：用单位体积（1m³ 或 1L）溶液中所含的溶质质量数来表示的浓度，单位用 g/m^3 或 mg/L 表示。

（二）分析用水

溶液是指一种物质（溶质）溶解在另一种物质（溶剂）中所组成的均匀、稳定体系。而化验室中用到的溶液如不特殊指明都是指以水为溶剂的溶液。溶液的纯度除了和溶质有关外，还和水的纯度有关。另外不同的化验分析，对水的纯度要求也不同，水的纯度直接影响到化验结果的准确性。

分析用水的质量要求：

（1）外观清澈透明，无气味，pH 值为 5.5~7.5。

（2）硝酸银试验合格。试验方法：将水用 HNO_3 酸化，加入 1% 的 $AgNO_3$ 溶液，不出现白色混浊，表明水中 Cl^- 含量低，符合分析用水要求。

（3）铬黑 T 试验合格。试验方法：将水的 pH 值调到 10，加入铬黑 T 指示剂后呈蓝色，表明金属杂质含量低，符合分析用水要求。

三、化学试剂

（一）化学试剂规格

根据 GB 15346—2013《化学试剂 包装及标志》的规定，化学试剂规格分类见表 1-9-2。

表 1-9-2 化学试剂规格

级别	一级品	二级品	三级品	四级品
纯度等级	优级纯	分析纯	化学纯	实验试剂
英文代号	G.R.	A.R.	C.P.	L.R.
标签颜色	绿	红	蓝	黄

（二）化学试剂选择原则

（1）分析任务不同，应选用不同等级的试剂：一般分析中二级品、三级品就可符合要求；配制实验原料液或洗液，则可用工业级别。

（2）分析方法不同，对试剂纯度的要求也不同：例如络合滴定中常用二级试剂，以防止因试剂中存在杂质金属离子而封闭指示剂。

(三) 化学试剂使用原则

(1) 在嗅闻瓶中气体的气味时,鼻子不能直接对着瓶口(或管口),而应用手把少量气体轻轻扇向自己。

(2) 开启易挥发液体的瓶塞时,瓶口不能对着眼睛,以防瓶塞开启后瓶内蒸气喷出伤害眼睛。

(3) 凡能产生有毒、有害气体的操作,或易挥发或易燃物质的实验,都应在通风柜中进行。

(4) 易燃、易爆试剂要避免高温和阳光直射,放置要平稳,实验室不可过多存放,以满足一次试验为原则。

(5) 溅落在地板上或桌椅上的试剂(尤其是有毒试剂)应立即处理以免发生意外。如打破水银温度计,水银溅落于地板上时应及时用稀碘溶液或稀硫酸-高锰酸钾溶液处理,也可用石灰-硫酸处理,使之变为惰性硫化汞,以避免汞在常温下蒸发,引起中毒。

(6) 稀释浓硫酸时,应将浓硫酸慢慢地注入水中,并不断搅动。切勿将水注入浓硫酸中,以免产生局部过热,使浓硫酸溅出,引起烧伤。

(7) 使用酒精灯,应随用随点,不用时盖上灯罩。不要用已点燃的酒精灯去点燃别的酒精灯,以免酒精流出而失火。

(8) 不得在实验室喝水、进食、吸烟,以免因过失而引起中毒。严禁用嘴吸取试液。实验完毕必须洗手,任何试剂沾污于手上或身体其他部位时应立即冲洗。

(四) 化学试剂取用方法

1. 固态试剂的取用

(1) 固态试剂一般都用药匙取用。药匙的两端为大小两个匙,分别取用大量固体和少量固体。

(2) 每种试剂最好专用一个药匙。试剂一旦取出,就不能再倒回瓶内,可将多余的试剂放入指定容器。

2. 液态试剂的取用

液态试剂一般用量筒量取或用滴管、移液管吸取。

四、化学分析数据处理

提高分析结果的准确性措施:

(1) 选择合适的分析方法。各种分析方法的准确度和灵敏度是不相同的,要依据分析结果对误差的要求选择方法,示例见表1-9-3。

表1-9-3 分析方法选择示例

待测组分含量	待测组分	采用方法	方法相对误差	待测组分含量	含量范围
高含量组分	Fe	$K_2Cr_2O_7$滴定法	0.2%	40.20%	40.12%~40.28%
		光度法	2%		39.4%~41.0%
低含量组分	Cu	光度法	2%	0.50%	0.49%~0.51%

(2) 减小测量误差。

① 天平称量：

常量分析：称量误差为±0.0002g，为了使测量时的相对误差在0.1%以下，称量质量不能太小。从相对误差的计算中可得到：

$$相对误差 = \frac{绝对误差}{试样质量} \times 100\% \Rightarrow 试样质量 = \frac{绝对误差}{相对误差} = \frac{0.0002}{0.001} = 0.2g$$

即试样质量必须大于0.2g以上。

微量组分：允许较大的相对误差，如用比色法测定铁，设方法的相对误差为2%，试样质量为0.5g，试样称量绝对误差为：

$$绝对误差 = 试样质量 \times 相对误差 = 0.5 \times 0.02 = 0.01g$$

即大于0.01g即可，为了使称量误差可以忽略不计，最好将称量的准确度提高约一个数量级，宜称准至±0.001g左右。

② 滴定管读数：滴定分析的相对误差小于0.1%，滴定管读数误差±0.02mL。

$$滴定剂体积 = \frac{绝对误差}{相对误差} = \frac{0.02}{0.001} = 20mL$$

即消耗滴定剂的体积必须大于20mL，最好使滴定剂体积控制在25mL左右。

(3) 减小随机误差。

在消除系统误差的前提下，平行测定次数越多，平均值越接近真值。一般平行测定2~4次，测定次数大于10次意义不大。

(4) 消除系统误差。

对照实验：检验系统误差的有效方法，可分为与标准试样的标准结果对照、与成熟的分析方法对照、与其他分析人员对照、与不同实验室对照、与控制样对照。对照的结果可由统计方法进行检验，以判断试样的分析结果有无系统误差。

五、常用玻璃仪器及其相关操作

(一) 常用玻璃仪器

1. 量筒

量筒（图1-9-35）有5mL、10mL、50mL、100mL和1000mL等规格。量筒的起始刻度为量筒量程的1/10，量筒无"0"刻度。

图1-9-35　量筒

使用方法：取液时，先取下瓶塞并将它放在桌上。一手拿量筒，一手拿试剂瓶（注意别让瓶上的标签朝下），然后倒出所需量的试剂。最后斜瓶口在量筒上靠一下，再使试剂瓶竖直，以免留在瓶口的液滴流到瓶的外壁。

手拿量筒的上部，让量筒竖直，使量筒内液体凹面的最低处与视线保持水平，然后读出量筒上的刻度，即得液体的体积，如图 1-9-36 所示。

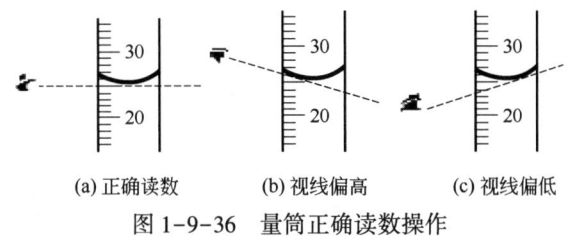

(a) 正确读数　　(b) 视线偏高　　(c) 视线偏低

图 1-9-36　量筒正确读数操作

2. 移液管

移液管是中间有一膨大部分（称为球部）的玻璃管，球部上下均为较细窄的管颈，管颈上部刻有标线。

使用方法：

（1）用水洗涤过的移液管第一次移取溶液前，应先用滤纸将移液管口尖端内外的水吸净，否则会因水滴的引入而改变溶液的浓度。然后用所移取的溶液再将移液管润洗 2~3 次，确保所移取的操作溶液浓度不变。

（2）移取溶液时，一般用右手大拇指和中指拿住移液管颈标线上方，把球部下方的尖端插入溶液中。注意不要插得太浅，以防产生空吸，使溶液冲入吸耳球中。左手拿吸耳球，先把球内空气压出，然后把球的尖端紧接在移液管口，慢慢松开手指，使溶液吸入移液管内。当液面升高到刻度以上时，移去洗耳球，立即用右手的食指按住移液管上口，大拇指和中指拿住移液管标线上方，将移液管提起离开液面，并将移液管下部伸入溶液的部分沿待吸液容器内壁轻转两圈，以除去管外壁上的溶液。

（3）移液管的末端仍靠在盛溶液容器的内壁上，左手拿着盛溶液的容器，并使之倾斜成 45°，稍放松右手食指，不断移动移液管身，使管内液面平稳下降。直到溶液的弯月面与标线相切时，立即用食指压紧管口，取出移液管，插入承接溶液的器皿中，管的末端仍靠在器皿内壁上。此时移液管应保持垂直，将承接的器皿倾斜，使容器内壁与移液管尖成 45°，松开食指，让管内溶液自然地全部沿器壁流下。再停靠 15s 后，拿走移液管，残留在移液管末端的溶液，切不可用外力使其流出，因校正移液管时，已考虑了末端保留溶液的体积。

3. 吸量管

吸量管的全称是分度吸量管，它是具有分刻度的玻璃管，是准确移取一定量溶液的量器。

吸量管的使用方法与移液管大致相同，这里只强调几点：

（1）由于吸量管的容量精度低于移液管，所以在移取 2mL 以上固定量溶液时应尽可能使用移液管。

（2）使用吸量管时，尽量在最高标线调整零点。

（3）在同一实验中，应尽可能使用同一吸量管的同一部位，而且尽可能地使用上面的部分。

（4）有一种吸量管，管口上刻有"吹"字，使用时必须在管内的液面降至流液口静止后，随即将最后残留的溶液一次吹出，不许保留。

（5）另有一种吸量管，管上刻有"快"字，使用这种吸量管时，若需放尽溶液，操作同移液管，但溶液自然流完后停靠4s就可拿走吸量管。移液管或吸量管用完后，应立即用自来水和蒸馏水冲洗干净，然后放在移液管架上。

（二）常用玻璃仪器相关操作

1. 洗涤

实验室中常使用玻璃仪器和瓷器，但用不干净的仪器进行实验时，往往得不到准确的结果，所以应使所使用的仪器保持干净。

洗涤仪器的方法很多，应当根据实验的要求、污物的性质和沾污的程度来选择。一般来说，附着在仪器上的污物有可溶性物质、尘土、油污和其他不溶性物质。针对这些情况，可以选用适当的常用洗液洗涤。

常用洗涤方法：

（1）用水刷洗可以洗去可溶性物质，又可以洗去附着在仪器上的尘土和其他不溶性物质，可根据不同的玻璃仪器选用合适的毛刷。

（2）用洗涤剂水刷洗。洗涤剂主要是合成洗涤剂或洗衣粉的溶液，温热的洗涤液去污能力更强，必要时可短时间浸泡。去污粉中含有碳酸钠，它和合成洗涤剂一样，都能够去除仪器上的油污，去污粉中还含有白土和细沙，可以用来洗涤容器的外壁，用于定量分析的器皿一般不采用这种方法洗涤。

2. 干燥

常用玻璃仪器的干燥方法：

（1）烘干。洗净的仪器可以放在电热干燥箱（又称烘箱）内烘干，但放进去之前应尽量把水倒净。放置仪器时，应注意使仪器的口向下（倒置后不稳的仪器则应平放）。可以在电热干燥箱的最下层放一个搪瓷盘，以接收从仪器上滴下的水珠。水不要滴到电炉丝上，以免损坏电炉丝。

（2）烤干。烧杯和蒸发皿可以放在石棉网上用小火烤干，试管可以直接用小火烤干。操作时，试管要略为倾斜，管口向下，并不时地移动试管，把水珠赶掉。烤到不见水珠时，管口朝上，以便把水汽赶尽。

第十章　安全环保与职业道德

第一节　安全生产知识

安全生产是指在生产过程中保障人身安全和设备安全。就是说，既要消除危害人身安全与健康的一切有害因素，同时也要消除损害产品、设备或原材料的一切危险因素，保证生产正常进行。

我国安全生产的方针：安全第一、预防为主、综合治理。

一、安全教育

安全教育的意义：

（1）对员工进行安全教育是国家法律法规的要求。
（2）对员工进行安全教育是企业生存发展的需求。
（3）对员工进行安全教育是员工自我保护的需要。

企业安全生产教育的 3 种形式是指新职员三级安全教育、特种作业人员安全培训和经常的安全教育，它是厂矿企业安全生产教育制度的基本形式。

新职员三级安全教育主要包括新职员、工人的（厂）级安全教育、车间级安全教育和岗位（工段、班组）安全教育。

二、安全生产权利与义务

安全生产责任制是根据安全生产法规建立的各级领导、职能部门、工程技术人员、岗位操作人员在劳动生产过程中对安全生产层层负责的制度，明确了单位的主要负责人及其他负责人、各有关部门和员工在生产经营活动中应负的责任，在各部门及员工间，建立一种分工明确、运行有效、责任落实的制度，有利于把安全工作落到实处。使安全工作层层有人负责。

（一）一般员工安全生产权利与义务权利

1. 八大权利

（1）知情权，即有权了解其作业场所和工作岗位存在的危险因素、防范措施和事故应急措施。

（2）建议权，即有权对本单位的安全生产工作提出建议。

（3）批评权、检举、控告权，即有权对本单位安全生产管理工作中存在的问题提出批评、检举、控告。

（4）拒绝权，即有权拒绝违章作业指挥和强令冒险作业。

（5）紧急避险权，即发现直接危及人身安全的紧急情况时，有权停止作业或者在采取可能的应急措施后撤离作业场所。

（6）依法向本单位提出损害赔偿要求的权利。

（7）获得符合国家标准或者行业标准劳动防护用品的权利。

（8）获得安全生产教育和培训的权利等。

2. 义务

（1）安全生产人人有责，公司的每个员工都应在自己的岗位上，认真履行各自的安全职责，对本岗位的安全生产负直接责任。

（2）认真学习和遵守各项安全生产规章制度，严格遵守人身安全十大禁令，防火、防爆十大禁令等安全生产的各项禁令和规定。

（3）严格遵守本岗位的安全生产操作规程，严格遵守劳动、操作、工艺、施工和工作纪律。

（4）认真学习并执行用火作业、安全检修、进受限空间等直接作业环节的安全管理制度和规定，不违章作业。

（5）正确分析、判断和处理各种事故苗头，把事故消灭在萌芽状态。在发生事故时，及时地如实向上级报告，按事故预案正确处理，并保护现场，做好详细记录。

（6）正确操作、精心维护设备、妥善保管、正确使用各种防护器具和消防器材，保持作业环境整洁，搞好文明生产。

（7）积极参加各种安全活动、岗位技术练兵和事故预案演练。

（8）员工消防安全职责：

① 学习宣传消防法规，定期参加消防训练，参加实地消防演习。

② 落实消防安全制度，进行经常性的防火检查。

③ 熟悉本岗位的火灾危险性，明确危险点和控制点，维护本单位消防设施和消防器材，熟练掌握灭火器材的使用方法。

④ 扑救初起火灾，协助专职消防队扑救火灾。

（二）生产经营单位安全生产保障

生产经营单位应当具备的安全生产条件所必需的资金投入，由生产经营单位的决策机构、主要负责人或者个人经营的投资人予以保证，并对由于安全生产所必需的资金投入不足导致的后果承担责任。资金投入主要包括安全技术措施、安全教育、劳动防护用品、保健、防暑降温等。

生产经营单位生产经营场所应当符合以下要求：

（1）整洁通风，消防通道、安全出口符合紧急疏散救援要求。

（2）安全警示标志、标识应当明显、保持完好，便于从业人员和社会公众识别以及紧急情况下的应急救援。

（3）根据生产、使用、储存化学危险品的种类设置相应的通风、防火、防爆、防毒、防静电、隔离操作等安全设施。

（4）生产作业场所、仓库严禁住宿和从事与生产经营无关的活动。

(5) 国家安全生产标准规定的其他要求。

生产经营单位应当确保其设备及相关安全设施符合以下要求：

(1) 进行正常维护保养，定期检测、检修，保持安全防护性能良好。

(2) 电气设备、线路安装符合国家标准或者进行标准。

(3) 有爆炸危险的工作场所使用防爆型电气设备。

(4) 对可能发生职业中毒、人身伤害或者其他事故的，根据实际需要配备必要的抢救药品、器材，并定期更换。

(5) 对特种设备依法进行安全性能检测。

(6) 国际安全生产标准规定的其他要求。

三、安全生产法律法规

发布安全生产法律法规是为了加强安全生产监督管理，防止和减少生产安全事故，保障人民群众生命和财产安全，促进经济发展，常见的法规包括：《中华人民共和国安全生产法》《中华人民共和国职业病防治法》《危险化学品安全管理条例》《生产安全事故报告和调查处理条例》等。

《中华人民共和国安全生产法》（以下简称《安全生产法》）确立了我国安全生产基本法律制度：企业负责，企业是安全生产的责任主体，即"管生产，必须管安全"；国家监察，政府依法对企业的安全生产实施监督管理，即安全监察、安全审查；行业管理，由政府相关行政主管部门或授权的资产经营管理机构或公司，实施直管、专项监管；社会监督，工会、群众、媒体舆论；中介服务，国家推行安全生产技术中介服务制度。

第二节 环保知识

一、职业病及其预防措施

职业病是指企业、事业单位和个体经济组织的劳动者在职业活动中，因接触粉尘、放射性物质和其他有毒、有害物质等因素而引起的疾病。

职业病必须是列在《职业病分类和目录》中，有明确的职业相关关系，按照职业病诊断标准，由法定职业病诊断机构明确诊断的疾病。

（一）常见职业病

听觉受损：长期在噪声环境工作而引起的耳朵不灵，如打桩工作等，症状是听力下降、头晕头痛、心悸、耳鸣、记忆力减退、易怒及胃肠功能紊乱。

职业性放射性疾病是指接触放射性元素引起疾病，这种情况在医院放射科发生比较多。症状是骨头疼痛、皮肤粗糙、指甲变厚变脆、牙齿松动和脱发等。

（二）职业病预防措施

预防等级：

(1) 一级预防，又称病因预防，即从根本上使劳动者不接触职业病危害因素，如改变工艺、改进生产过程、对人群中易感者根据职业禁忌证避免进入职业禁忌岗位。

（2）二级预防，又称临床前预防，及时发现职业病或职业禁忌证患者，采取补救措施，防止进一步发展。

（3）三级预防，又称临床预防，对已患职业病者，做出正确诊断，及时处理，包括及时脱离接触进行治疗，防止恶化和并发症。

1. 就业前职业卫生知识培训内容

1）生产工艺过程中产生有害因素教育

（1）正确辨别和理解安全标签。

（2）了解化学品技术说明的内容和含义。

（3）了解不同职业性有害因素对人体的危害、进入人体的途径以及对人体的危害和急救方法。

（4）了解危险品的安全使用、储存、操作、处置和废弃程序。

（5）了解紧急状态下的应急处理程序和措施。

2）岗位教育内容

（1）本岗位的职业性有害因素和具体情况。

（2）职业性危害因素的控制措施和效果。

（3）处理有害废物的现行方法。

（4）个体防护用品的正确使用、维护和保养方法。

2. 生产过程中自我防护

（1）严格按照科学规律办事。

（2）自觉遵章守纪和操作规程。

（3）保持良好的思想情绪。

（4）自觉使用好个人防护用品（防尘口罩面具、皮肤防护用品等）。

3. 常见劳动防护用品

《中华人民共和国劳动法》第54条规定用人单位必须为劳动者提供必要的劳动防护用品。

《职业病防治法》第22条规定用人单位必须采用有效的职业病防护措施，并为劳动者提供个人使用的职业病防护用品。

1）防尘口罩

防尘口罩是劳动者在工作中接触粉尘的生产作业场所中常用的劳动防护用品，可以有效预防尘肺等。

2）正压式空气呼吸器

正压式空气呼吸器利用面罩与佩戴者面部周边密合，使佩戴者呼吸器官、眼睛和面部与外界染毒空气或缺氧环境完全隔离，具有自带压空气源来供给佩戴者呼吸所用的洁净空气，呼出的气体直接排入大气中，对于任一呼吸循环过程，面罩内的压力均大于环境压力。

正压式空气呼吸器主要部件：

（1）碳纤维瓶体及瓶阀：钢内胆碳纤维全缠绕复合气瓶，工作压力为30MPa，瓶阀具有高压安全防护装置。开关和减压器之间用高压快速接头连接。瓶阀具有高压安全装置，开启力矩小，其主要作用是防止膛压系统一旦膛压过高可能发生的危险。出厂时安全阀已调整好。

（2）全面罩：采用聚碳酸酯材料，透明度高、耐磨性强、具有防雾功能，网状头罩式佩戴方式，佩戴舒适、方便，胶体采用硅胶，无毒、无味、无刺激，气密性能好。

（3）压力表和报警哨：大表盘、具有夜视功能，配有橡胶保护罩用以指示空气瓶的实际压力，防止可能出现的由于压力过低不能退出危险区的风险。当气瓶压力低于报警压力时，报警哨发出报警。产品出厂时，报警压力已调整为 4~6MPa。

（4）供气阀：输出流量大、具有旁路输出、体积小。

（5）背托：由碳纤维复合材料注塑成型，重量均匀分布，具有阻燃及防静电功能，防水、抗冲击、质轻、坚固，在背托内侧衬有弹性护垫，可使佩戴者舒适。

（6）减压阀：体积小、流量大、输出压力稳定。将从空气瓶输入的高压空气转为低而稳定的腔压空气。

工作原理：

（1）以压缩空气为供气流而设计的隔绝式呼吸器，压缩空气由空气瓶经高压快速接头流入减压器，减压器将输入空气压力转为腔压空气后，经腔压快速接头输入吸气阀。

（2）吸气时，供气阀阀门自动开启，将压缩空气以较大的流量供给人吸入；呼气时吸气阀停止工作，供气阀关闭，呼出气体经面具上的排气阀排出，完成了全部的呼吸过程。

（3）一个呼吸循环过程中，面罩上的呼气阀和口鼻罩上的单向阀门都为单方向开启，整个气流沿着一个方向流动，构成一个完整的呼吸循环过程。

（4）整个动作过程中，面罩内始终保持正压。

使用前检查内容：

（1）使用基本要求：

① 正压式空气呼吸器放在作业人员能迅速取用的方便位置。

② 每次使用后都应进行清洁和消毒。

③ 需要修理的应做好明显标记，并将其从设备库中移出。

（2）呼吸器使用前检查项目：

① 各部件（空气瓶、压力调节器、面罩、背托架）是否齐全。

② 空气瓶充压是否充分。打开空气瓶，观察压力表的指示值，慢慢打开和关闭气瓶阀以防给减压器和压力表造成冲击。

③ 标签上是否填写了新的充气日期。

④ 低压供气管线是否良好、卡子是否上紧。

⑤ 头带是否完好并全部松开。

⑥ 面罩是否清洁。

⑦ 视窗是否清洁无刮痕。

⑧ 口鼻罩是否正确安装。

⑨ 排气阀是否良好、干净、功能正常。

⑩ 背托架的所有带子是否干净、完好并充分松开。

⑪ 低压报警器工作是否正常。打开空气瓶后，在压力上升过程中报警哨有短促的哨声即为正常。

⑫ 节气阀、旁通阀（泄压阀）是否正常工作。

检查项目都不存在问题，则关闭气瓶阀，泄掉系统内的压力并收好放入箱内以备应急时使用。

佩戴方法：

(1) 弯腰将双臂穿入肩带。

(2) 双手卡住气瓶中间，缓慢举过头顶，背在身后。

(3) 拉紧肩带，固定腰带。

(4) 将面罩上的颈带套在脖子上，面罩挎在胸前。

(5) 由下向上戴上面罩。

(6) 收紧面罩系带，用手堵住进气口，用力吸气，检查面罩的气密性。

(7) 打开气瓶阀，吸气阀与面罩对接。

(8) 正常使用。

(9) 使用后，松开头部固定带子，按压复位杆，打开正压，取下面罩。

(10) 关闭气瓶阀。

(11) 解开腰带扣。卸下设备，轻轻放下呼吸设备。

(12) 按压复位杆使系统排气。

(13) 将呼吸设备交给维护部门。

使用注意事项：

(1) 没有到达安全区域或危险消失前，不要卸下设备。

(2) 养成定期查看压力表指示的习惯，当压力下降到预置值时有哨声报警，当听到哨声时，应从最近和最安全的路线尽快到达安全区域。

(3) 不准充装任何别的种类的气体，否则可能发生爆炸。

(4) 避免将高压气瓶暴露在高温下，尤其是置于阳光直射下。

(5) 禁止沾染任何油脂。

(6) 妥善保存每个钢瓶附带的高压气瓶合格证，不得丢失。

(7) 高压钢瓶和瓶阀每三年需进行水压试验一次，并记在合格证上。此事可委托制造厂进行。

(8) 不得改变气瓶外表面的颜色。

(9) 无充气设备，应到国家许可的充气站充气。

(10) 避免气瓶碰撞、抛扔或掉下，或用其他野蛮方法对待气瓶。

(11) 保管在温度 5~30℃、相对湿度 40%~80%的房间里。

(12) 橡胶制品如长期不使用，应涂一层滑石粉。

(13) 使用中应使气瓶阀处于完全打开状态。

(14) 在使用过程中，应随时观察压力表的指示数值，当压力下降到 5~6MPa 时，应及时撤离现场。

(15) 使用中感觉呼吸阻力增大、呼吸困难、出现头晕等不适现象要及时撤离现场。

维护保养：

(1) 依照制造商的维护说明维护：

① 定期更新吸附层和过滤器。

② 压缩机上应保留有资质人员签字的检查标签。

(2) 空气呼吸器使用后的检查步骤：

① 使用后应立即充满气瓶。

② 擦干净面罩。

③ 检查背托架。

④ 执行使用前的检查项目并填写使用检查记录。

⑤ 存放于适当的位置。注意：所有空气呼吸设备必须按厂家的规定进行维修、检查和存放。

(3) 空气呼吸器存放在人员能迅速取用的安全位置，并应根据应急预案的要求配备额外的正压式呼吸器。

(4) 维护并存放在清洁、卫生的地方，以避免损坏和污染。

(5) 所有正压式空气呼吸器应每月至少检查一次，并且每次使用前后都应进行检查，保证其维持正常的状态。月度检查记录（包括检查日期和发现的问题）应至少保留12个月。

(6) 使用后的仪器应清洁并晾干（不要暴晒），将空气瓶卸下并进行充气，充到规定压力后再装到仪器上以备再用。

3) 灭火器

灭火器的种类很多，按移动方式可分为手提式灭火器和推车式灭火器；按驱动灭火剂的动力来源可分为储气瓶式灭火器、储压式灭火器和化学反应式灭火器；按所充装的灭火剂则又可分为泡沫灭火器、干粉灭火器、卤代烷灭火器、二氧化碳灭火器、酸碱灭火器和清水灭火器等。

在时间和空间上失去控制的燃烧所造成的灾害称为火灾。火灾分为A、B、C、D、E、F六类。

A类火灾：固体物质火灾。这种物质通常具有有机物性质，一般在燃烧时能产生灼热的余烬，如木材、干草、煤炭、棉、毛、麻、纸张、塑料（燃烧后有灰烬）等火灾。

B类火灾：液体火灾或可熔化的固体物质火灾，如煤油、柴油、原油、甲醇、乙醇、沥青、石蜡等火灾。

C类火灾：气体火灾，如煤气、天然气、甲烷、乙烷、丙烷、氢气等火灾。

D类火灾：金属火灾，如钾、钠、镁、钛、锆、锂、铝镁合金等火灾。

E类火灾：带电火灾。物体带电燃烧的火灾。

F类火灾：烹饪器具内的烹饪物（如动植物油脂）火灾。

各类火灾适用灭火器：

(1) 扑救A类火灾可选用水型灭火器、泡沫灭火器、磷酸铵盐干粉灭火器，卤代烷灭火器。

（2）扑救 B 类火灾可选择泡沫灭火器（化学泡沫灭火器只限于扑灭非极性溶剂）、干粉灭火器、卤代烷灭火器、二氧化碳灭火器。

（3）扑救 C 类火灾可选择干粉灭火器、卤代烷灭火器、二氧化碳灭火器等。

（4）扑救 D 类火灾可选择粉状石墨灭火器、专用干粉灭火器，也可用干砂或铸铁屑末代替。

（5）扑救带电火灾可选择干粉灭火器、卤代烷灭火器、二氧化碳灭火器等。带电火灾包括家用电器、电子元件、电气设备（计算机、复印机、打印机、传真机、发电机、电动机、变压器等）以及电线电缆等燃烧时仍带电的火灾，而顶挂、壁挂的日常照明灯具及起火后可自行切断电源的设备所发生的火灾则不应列入带电火灾范围。

常用灭火器的使用方法：

（1）二氧化碳灭火器的使用方法。

二氧化碳灭火器主要依靠窒息作用和部分冷却作用灭火。二氧化碳灭火器主要用于扑救贵重设备、档案资料、仪器仪表、600V 以下电气设备及油类的初起火灾，灭火时只要将灭火器提到或扛到火场，在距燃烧物 5m 左右，放下灭火器拔出保险销，一手握住喇叭筒根部的手柄，另一只手紧握启闭阀的压把。对没有喷射软管的二氧化碳灭火器，应把喇叭筒往上扳 $70°\sim 90°$。使用时，不能直接用手抓住喇叭筒外壁或金属连线管，防止手被冻伤。灭火时，当可燃液体呈流淌状燃烧时，使用者将二氧化碳灭火剂的喷流由近而远向火焰喷射。如果可燃液体在容器内燃烧时，使用者应将喇叭筒提起。从容器的一侧上部向燃烧的容器中喷射。但不能将二氧化碳射流直接冲击可燃液面，以防止将可燃液体冲出容器而扩大火势，造成灭火困难。

使用二氧化碳灭火器时，在室外使用时，应选择在上风方向喷射；在室内窄小空间使用时，灭火后操作者应迅速离开，以防窒息。

（2）干粉灭火器的使用方法。

干粉灭火器内充装的是干粉灭火剂。干粉灭火剂是用于灭火的干燥且易于流动的微细粉末，由具有灭火效能的无机盐和少量的添加剂经干燥、粉碎、混合而成微细固体粉末组成。它是一种在消防中得到广泛应用的灭火剂，且主要用于灭火器中。除扑救金属火灾的专用干粉化学灭火剂外，干粉灭火剂一般分为 BC 干粉灭火剂（碳酸氢钠）和 ABC 干粉（磷酸铵盐）两大类。一是靠干粉中的无机盐的挥发性分解物，与燃烧过程中燃料所产生的自由基或活性基团发生化学抑制和副催化作用，使燃烧的链反应中断而灭火；二是靠干粉的粉末落在可燃物表面外，发生化学反应，并在高温作用下形成一层玻璃状覆盖层，从而隔绝氧，进而窒息灭火。另外，还有部分稀释氧和冷却作用。

灭火时，可手提或肩扛灭火器快速奔赴火场，在距燃烧处 5m 左右，放下灭火器。如在室外，应选择站在上风方向喷射。使用的 ABC 干粉灭火器若是储气瓶式，操作者应一手紧握喷枪、另一手提起储气瓶上的开启提环。如果储气瓶的开启是手轮式的，则向逆时针方向旋开，并旋到最高位置，随即提起灭火器。当干粉喷出后，迅速对准火焰的根部扫射灭火。使用的干粉灭火器若是储压式的，操作者应先将开启把上的保险销拔下，然后握住喷射软管前端喷嘴部，另一只手将开启压把压下，打开灭火器进行灭火。灭火器在使用时，一手应始终压下压把，不能放开，否则会中断喷射。干粉灭火器扑救可燃、易燃液体火灾时，应对准火焰根部扫射，如果被扑救的液体火灾呈流淌燃烧时，应对准火焰根部由近而远，并左右扫射，直至把火焰全部扑灭。

如果可燃液体在容器内燃烧，使用者应对准火焰根部左右晃动扫射，使喷射出的干粉流覆盖整个容器开口表面；当火焰被赶出容器时，使用者仍应继续喷射，直至将火焰全部扑灭。在扑救容器内可燃液体火灾时，应注意不能将喷嘴直接对准液面喷射，防止喷流的冲击力使可燃液体溅出而扩大火势，造成灭火困难。如果当可燃液体在金属容器中燃烧时间过长，容器的壁温已高于扑救可燃液体的自燃点，此时极易造成灭火后再复燃的现象，若与泡沫类灭火器联用，则灭火效果更佳。

使用磷酸铵盐干粉灭火器扑救固体可燃物火灾时，应对准燃烧最猛烈处喷射，并上下、左右扫射。如条件许可，使用者可提着灭火器沿着燃烧物的四周边走边喷，使干粉灭火剂均匀地喷在燃烧物的表面，直至将火焰全部扑灭。

推车式干粉灭火器的使用方法与手提式干粉灭火器的使用方法相同。

(3) 泡沫灭火器的使用方法。

泡沫灭火器主要用于扑救油品火灾，如汽油、煤油、柴油及苯、甲苯等的初起火灾，也可用于扑救固体物质火灾。泡沫灭火器不可用于扑救带电设备火灾以及气体火灾。泡沫灭火器有化学泡沫灭火器和空气泡沫灭火器两种。

化学泡沫灭火器喷射出的泡沫是化学泡沫。化学泡沫与空气泡沫的不同之处在于，化学泡沫内所包含的气体为二氧化碳气体；而空气泡沫内所含有气体为空气。化学泡沫灭火器有手提式和推车式两种。

手提式化学泡沫灭火器由筒体、筒盖、喷嘴及瓶胆等组成。平时，瓶胆内装的是硫酸铝的水溶液，筒体内装的是碳酸氢钠的水溶液。当灭火器颠倒时，两种溶液混合，产生化学反应，喷射出泡沫。在喷射泡沫过程中，灭火器应一直保持颠倒的垂直状态，不能横置或直立过来，否则喷射会中断。如扑救可燃固体物质火灾，应把喷嘴对准燃烧最猛烈处喷射；如扑救容器内的油品火灾，应将泡沫喷射在容器的器壁上，从而使得泡沫沿器壁流下；如扑救流动油品火灾、操作者应站在上风方向，并尽量减少泡沫射流与地面的夹角，使泡沫由近而远地逐渐覆盖整个油面上。

灭火器的维护方法：

(1) 存放地点的温度应为-8~45℃。

(2) 安放灭火器的地点应便于取用，同时，应注意阴凉、干燥、通风、以防灭火器腐蚀或锈蚀。

(3) 经常检查灭火器喷嘴是否堵塞，如有堵塞，应及时疏通。

(4) 经常检查灭火器有无锈蚀或损坏，表面涂漆有无脱落，轻度脱落的应及时补好；有明显腐蚀的，应送专业维修部门进行检查。

(5) 隔半年进行一次定期检查，检查内容：

① 拆卸筒盖，检查滤网安装是否牢固、滤网是否堵塞，检查筒盖密封橡胶垫圈是否损坏，装配中有无错位。

② 对于推车式灭火器，还应检查瓶口密封圈是否腐蚀，喷枪、喷射软管及安全阀有无堵塞，车架上的车轮是否灵活可靠。

（6）对于化学泡沫灭火器，每年应检查一次药剂。

4. 健康检查

1）就业前预防性健康检查

通过检查评价劳动者是否合适从事该工种作业，为劳动者的岗位安排提供依据。

2）就业后定期健康检查

及时发现职业有害因素对工人健康的早期损害或者可疑征兆和健康影响，对劳动者进行动态健康观察，及时诊断和处理病人，检出易感人群。

3）职业病处理措施

劳动者如果怀疑所得的疾病为职业病，应当及时到当地卫生部门批准的职业病诊断机构进行职业病诊断。对诊断结论有异议的，可以在30日内到市级卫生行政部门申请职业病诊断鉴定，鉴定后仍有异议的，可以在15日内到省级卫生行政部门申请再鉴定。职业病诊断和鉴定按照《职业病诊断与鉴定管理办法》执行。诊断为职业病的，应到当地劳动保障部门申请伤残等级，并与所在单位联系，依法享有职业病治疗、康复以及赔偿等待遇。用人单位不履行赔偿义务的，劳动者可以到当地劳动保障部门投诉，也可以向人民法院起诉。

环境保护（简称环保），一般是指人类为解决现实或潜在的环境问题，协调人类与环境的关系，保护人类的生存环境、保障经济社会的可持续发展而采取的各种行动。

环保相关法律法规主要包括《中华人民共和国环境保护法》《中华人民共和国固体废弃物污染环境防治法》《中华人民共和国大气污染防治法》《中华人民共和国水污染防治法》《中华人民共和国环境噪声污染防治法》《中华人民共和国放射性污染防治法》《中华人民共和国海洋环境保护法》《大气污染防治行动计划》《水污染防治行动计划》《土壤污染防治行动计划》等。

二、环境污染类型

（一）大气污染

大气污染是指大气中一些物质的含量达到有害的程度以至破坏生态系统和人类正常生存和发展的条件，对人或物造成危害的现象。

大气污染的主要有害气体有硫氧、碳氢化物、氮氧化物和微粒。

大气污染的常见污染源有工业废气、生活燃煤和汽车尾气等。

（二）水污染

水污染是指由有害化学物质造成水的使用价值降低或丧失，污染环境的水。

水污染类型：

（1）污水中的酸、碱、氧化剂，以及铜、镉、汞、砷等化合物，苯、二氯乙烷、乙二醇等有机毒物，毒死水生生物，影响饮用水源、风景区景观。

（2）污水中的有机物被微生物分解时消耗水中的氧，影响水生生物的生命，水中溶解氧耗尽后，有机物进行厌氧分解，产生硫化氢、硫醇等难闻气体，使水质进一步恶化。

水污染的污染物：

(1) 未经处理而排放的工业废水。

(2) 未经处理而排放的生活污水。

(3) 大量使用化肥、农药、除草剂而造成的农田污水。

(4) 堆放在河边的工业废弃物和生活垃圾。

(5) 森林砍伐，水土流失。

(6) 因过度开采，产生矿山污水。

(三) 噪声污染

噪声是指发声体做无规则振动时发出的声音。通常所说的噪声污染是指人为造成的，当噪声对人及周围环境造成不良影响时，就形成噪声污染。

常见噪声源：

(1) 交通噪声，包括机动车辆、船舶、地铁、火车、飞机等的噪声，也是城市的主要噪声源。

(2) 工业噪声，工厂的各种设备产生的噪声。

(3) 建筑噪声，主要来源于建筑机械发出的噪声。

(4) 社会噪声，包括人们的社会活动和家用电器、音响设备发出的噪声。

声压级标准：

(1) 10~20dB：几乎感觉不到。

(2) 20~40dB：相当于轻声说话。

(3) 40~60dB：相当于室内谈话。

(4) 60~70dB：有损神经。

(5) 70~90dB：很吵，长期在这种环境下学习和生活，会使人的神经细胞逐渐受到破坏。

(6) 90~100dB：会使听力受损。

(7) 100~120dB：使人难以忍受，几分钟就可暂时致聋。

超过80dB时即为噪声。

(四) 放射性污染

在自然界和人工生产的元素中，有一些能自动发生衰变，并放射出肉眼看不见的射线。人的活动使得人工辐射和人工放射性物质大大增加，环境中的射线强度随之增强，危及生物的生存，从而产生了放射性污染。放射性污染很难消除，射线强弱只能随时间的推移而减弱。

污染源：核能工业排放的废物、核武器试验的沉降物、医疗放射性污染源、科研放射性污染源。

放射性污染损害方式：

(1) 呼吸道吸入。

(2) 消化道食入。

(3) 皮肤或黏膜侵入。

放射性污染对人体的危害：

（1）直接损伤。

（2）间接损伤。

（3）远期效应：主要包括辐射致癌、白血病、白内障、寿命缩短等方面的损害以及遗传效应等。

放射性污染很难消除，射线强弱只能随时间的推移而减弱。

（五）土壤污染

土壤污染可分为无机污染物和有机污染物两大类。

无机污染物主要包括酸、碱、重金属，盐类，放射性元素铯、锶的化合物，含砷、硒、氟的化合物等。有机污染物主要包括有机农药、酚类、氰化物、石油、合成洗涤剂、3,4-苯并芘以及由城市污水、污泥及厩肥带来的有害微生物等。

土壤中含有害物质过多，超过土壤的自净能力，就会引起土壤的组成、结构和功能发生变化，微生物活动受到抑制，有害物质或其分解产物在土壤中逐渐积累，通过"土壤→植物→人体"，或通过"土壤→水→人体"间接被人体吸收，达到危害人体健康的程度，形成土壤污染。

（六）海洋污染

海洋污染是指人类改变了海洋原来的状态，使海洋生态系统遭到破坏。

有害物质进入海洋环境而造成的污染，会损害生物资源，危害人类健康，妨碍捕鱼和人类在海上的其他活动，损坏海水质量和环境质量等。

海洋污染的污染源：

（1）石油及其产品（海洋石油污染）。

（2）金属和酸、碱，包括铬、锰、铁等金属，磷、砷等非金属，以及酸和碱等。它们直接危害海洋生物的生存和影响其利用价值。

（3）农药，主要由径流带入海洋，对海洋生物有危害。

（4）放射性物质，主要来自核爆炸、核工业或核舰艇的排污。

（5）有机废液和生活污水，由径流带入海洋，极严重的可形成赤潮。

（6）热污染和固体废物，主要包括工业冷却水和工程残土、垃圾及疏浚泥等。前者入海后能提高局部海区的水温，使溶解氧的含量降低，影响生物的新陈代谢，甚至使生物群落发生改变；后者可破坏海滨环境和海洋生物的栖息环境。

三、日常环保行为

（1）尽量避免使用一次性筷子、塑料袋。

（2）如果不得已使用一次性便捷物，不乱扔垃圾。

（3）关紧水龙头，即便是暂停间隙也能将开关关起来。

（4）循环使用水，比如洗完菜可以冲厕所等。

（5）使用无磷洗衣服，避免水污染。

（6）低碳出行，尽量乘公交或骑自行车、步行。

（7）节约用电，随手关开关，控制空调温度。

（8）不燃烧烟花爆竹、不焚烧皮革等垃圾、不使用散煤。

第三节 职业道德知识

一、职业素养

职业素养是指一个人在从事某项工作时应具备的素质与修养,是一个人在品德、知识、才能和体格等诸方面先天的条件和后天的学习与锻炼的综合结果。

职业素养中,专业是第一位的,此外,敬业和道德是必备的,体现在职场上就是职业素养;体现在生活中就是个人素养或道德修养。

职业素养是人类需要遵守的行为规范,个体行为的总和构成了自身的职业素养。

职业素养是一个人职业生涯成败的关键因素,职业素养量化而成职商。

概括地说,职业素养包含以下四个方面:(1)职业道德;(2)职业思想;(3)职业行为习惯;(4)职业技能。前三项是职业素养中最根基的部分,而职业技能是支撑职业人生的表象内容。

职业道德、职业思想、职业行为习惯属世界观、人生观、价值观的范畴,从出生到退休或死亡逐步形成完善。而职业技能是通过学习培训比较容易获得。

二、职业道德

职业道德是指从事一定职业劳动的人们,在特定的工作和劳动中以其内心信念和特殊社会手段来维系的,以善恶进行评价的心理意识、行为原则和行为规范的总和,它是人们在从事职业的过程中形成的一种内在的、非强制性的约束机制。

职业道德的特征:

(1)范围上的有限性。

(2)内容上的稳定性和连续性。

(3)形式上的多样性。

职业道德建设的核心是为人民服务。职业道德建设的原则是集体主义。

遵守职业道德的必要性。

(1)职业道德带有纪律规范性。

职业道德常用制度、章程、条例的形式表达出来,具有纪律的规范性,它是介于法律和道德之间的一种特殊的规范。它具有道德色彩,要求人们自觉遵守,又带有部分法律特性,具有一定的强制性。一方面遵守纪律是一种美德,另一方面,遵守纪律又带有强制性。

(2)职业道德标准可以保证和谐的工作氛围。

① 可以调节从业人员与服务对象之间的关系。

如果遵守了职业道德,服务到位了,那么服务对象满意了,与服务对象之间的关系就会和谐。

② 它可以调节从业人员内部关系:职业道德规范要求从业人员团结、互助、爱岗、敬业,齐心协力为发展本行业服务。若都能自觉遵守,内部关系就会协调。

（3）职业道德有助于维护和提高信誉和经济效益。

高的经济效益源于高的员工素质。员工素质主要包含知识、能力、责任心三个方面，其中责任心最为重要。

如果从业人员职业道德水平不高，很难生产出优质的产品，提供优质的服务，单位的信誉就逐渐丧失，经济效益逐渐下滑。

（4）职业道德是维护国家集体和个人利益的保证。

理论知识模拟试题及答案

模拟试题一

一、单项选择题（每题有4个选项，只有1个是正确的，请将正确答案字母填入题前的括号中，每题1分，共40分）

1. 有机化合物的主要特征是有机化合物都含有（　　）。
   A. 氢原子　　　B. 碳原子　　　C. 氧原子　　　D. 氮原子
2. 下列有关有机化合物性质特点的叙述不正确的是（　　）。
   A. 大多数有机化合物都可以燃烧，有些有机化合物很容易燃烧
   B. 一般有机化合物的热稳定性较差，受热易分解，许多有机化合物在200~300℃时逐渐分解
   C. 许多有机化合物在常温下是气体、液体，常温下为固体的有机化合物的熔点一般很低
   D. 一般有机化合物易溶于水
3. 一般有机化合物的极性（　　）。
   A. 很强　　　B. 较强　　　C. 中等强度　　　D. 较弱或无极性
4. 碳元素的原子序数是（　　）。
   A. 6　　　B. 8　　　C. 10　　　D. 12
5. 下列物质中不是有机化合物的是（　　）。
   A. 甲烷　　　B. 醋酸　　　C. 二氧化碳　　　D. 蛋白质
6. 下列有关有机化学酸碱度的说法不正确的是（　　）。
   A. 凡能给出质子的物质称为酸，凡是能与质子结合的物质称为碱
   B. 一个酸给出质子后即变为一个碱，这个碱又称为原来酸的共轭碱
   C. 酸碱的概念是相对的，某一分子或离子在一个反应中是酸而在另一个反应中却可能是碱
   D. 有机化学中酸碱的概念与无机化学中的酸碱定义是一样的
7. 在一定反应条件下，烷烃从一种异构体变成另一种异构体的反应称为（　　）。
   A. 卤代反应　　　B. 异构变化　　　C. 热裂化反应　　　D. 氧化和燃烧反应
8. 烷烃包括一系列化合物，其中最简单的是（　　）。
   A. 乙烷　　　B. 甲烷　　　C. 丙烷　　　D. 丁烷
9. 烷烃的分子通式是（　　）。
   A. C_nH_{2n+2}　　　　　　B. C_nH_{2n}
   C. C_nH_n　　　　　　　　D. C_nH_{2n-2}

10. 烯烃的化学性质（　　）。
    A. 活泼　　　　　B. 非常活泼　　　　C. 较活泼　　　　　D. 不活泼
11. 烯烃最容易完成（　　）。
    A. 加成反应　　　B. 取代反应　　　　C. 聚合反应　　　　D. 氧化反应
12. 烯烃的通式是（　　）。
    A. C_nH_{2n+2}　　B. C_nH_{2n}　　　C. C_nH_n　　　　D. C_nH_{2n-2}
13. 乙炔与空气能组成爆炸性混合物，在空气中含有（　　）（体积分数）的乙炔时，点火即能引起爆炸。
    A. 3%~81%　　　B. 13%~81%　　　　C. 9%~81%　　　　D. 19%~81%
14. 乙炔在不同的催化剂和反应条件下聚合成不同产物属于（　　）。
    A. 氧化和燃烧反应　　　　　　　　B. 加成反应
    C. 聚合反应　　　　　　　　　　　D. 金属炔化物的生成反应
15. 炔烃的分子通式是（　　）。
    A. C_nH_{2n+2}　　B. C_nH_{2n}　　　C. C_nH_n　　　　D. C_nH_{2n-2}
16. 乙醇在浓度为（　　）时杀菌能力最强，可用于防腐和消毒。
    A. 5%　　　　　B. 15%~30%　　　　C. 30%~50%　　　D. 70%~75%
17. 苯酚在常温下为无色结晶固体，（　　）水。
    A. 微溶于　　　　B. 易溶于　　　　　C. 溶于　　　　　　D. 不溶于
18. 苯酚的熔点是（　　）。
    A. 50.8℃　　　　B. 40.8℃　　　　　C. 30.8℃　　　　　D. 20.8℃
19. 酸性氧化物，如酚类、环烷酸可直接与设备的金属铁作用，使设备腐蚀，一般环烷酸在270~280℃腐蚀速度（　　）。
    A. 小　　　　　　B. 大　　　　　　　C. 最小　　　　　　D. 最大
20. 能直接与加工设备的金属作用，造成加工设备腐蚀的有机硫化物称为活性硫化物，包括硫醇、硫酚、单质硫和（　　）。
    A. H_2S　　　　B. SO_2　　　　　C. S_2O_3　　　　D. R-S-R
21. 醇可脱水生成烯烃，而硫醇加热到高温时，则脱除硫化氢生成烯烃，这是（　　）。
    A. 氧化反应　　　B. 放热反应　　　　C. 热解反应　　　　D. 加氢裂解反应
22. 下列物质中，不仅能与碱金属生成盐，还可与重金属汞、铜、银、铅等生成不溶于水的硫醇盐的是（　　）。
    A. 硫醇　　　　　B. 硫醚　　　　　　C. 硫酚　　　　　　D. 单质硫
23. 苯的分子式是（　　）。
    A. C_6H_6　　　B. C_6H_{12}　　　C. $C_{12}H_{12}$　　　D. $C_{12}H_{24}$
24. 苯是无色的液体，沸点为80.1℃，熔点为（　　）。
    A. 12.5℃　　　　B. 5.5℃　　　　　　C. 15.5℃　　　　　D. 2.5℃
25. 硫化反应是将苯和浓硫酸共热到（　　），苯与浓硫酸起反应的现象。
    A. 70~80℃　　　B. 50~60℃　　　　　C. 40~50℃　　　　D. 30~40℃

26. 甲苯的沸点是（　　）。
A. 100.6℃　　　　B. 110.6℃　　　　C. 120.6℃　　　　D. 130.6℃

27. 乙苯的分子式是（　　）。
A. CH_9　　　　B. C_8H_{12}　　　　C. C_8H_{10}　　　　D. C_8H_8

28. 苯分子中含有环状闭合的大（　　），这就决定了苯具有较高的稳定性，不易破裂。
A. α 键　　　　B. β 键　　　　C. s 键　　　　D. π 键

29. 普通螺纹用（　　）表示。
A. M　　　　B. S　　　　C. B　　　　D. Tr

30. 在画零件的外螺纹时，螺纹的牙顶用（　　）表示。
A. 粗实线　　　　B. 细实线　　　　C. 虚线　　　　D. 以上选项均正确

31. 人们习惯上将（　　）称为 1 丝，并用来表示公差值。
A. 1mm　　　　B. 1μm　　　　C. 10μm　　　　D. 100μm

32. 被测量工件公差为 0.03~0.10mm，应选用（　　）。
A. 千分尺　　　　B. 0.02 游标卡尺　　　　C. 0.05 游标卡尺　　　　D. 0.10 游标卡尺

33. 车床的丝杠是用（　　）润滑的。
A. 浇油　　　　B. 溅油　　　　C. 油绳　　　　D. 油脂杯

34. 用螺纹千分尺可测量外螺纹的（　　）。
A. 大径　　　　B. 小径　　　　C. 中径　　　　D. 螺距

35. 在正立投影面上得到的视图称为（　　）。
A. 主视图　　　　B. 俯视图　　　　C. 左视图　　　　D. 右视图

36. 管道施工图可分为基本图和详图，详图包括节点图、大样图和（　　）。
A. 流程图　　　　B. 平面图　　　　C. 立面图　　　　D. 标准图

37. 一管道实际长度 5m，它在图样上的长度为 1cm，则该图样比例为（　　）。
A. 1∶50　　　　B. 1∶500　　　　C. 50∶1　　　　D. 500∶1

38. 管钳的规格是以它的（　　）划分的。
A. 长度
B. 开口大小
C. 重量
D. 长度和开口大小

39. 下列工具中不是管工常用工具的是（　　）。
A. 活动扳手　　　　B. 管子丝板　　　　C. 管钳　　　　D. 游标卡尺

40. 下列工具中适用于拧紧和松开狭窄空间和特殊部位六角螺栓的是（　　）。
A. 活动扳手　　　　B. 套管扳手　　　　C. 管钳　　　　D. 钢丝钳

二、多项选择题（每题有 4 个选项，至少有 2 个是正确的，请将正确答案字母填入题前的括号中，每题 1 分，共 20 分）

1. 下列有关有机化合物性质特点的叙述，正确的是（　　）。
A. 大多数有机化合物都可以燃烧，有些有机化合物很容易燃烧
B. 一般有机化合物的热稳定性较差，受热易分解，许多有机化合物在 200~300℃ 时

逐渐分解

　　C. 许多有机化合物在常温下是气体、液体，常温下为固体的有机化合物的熔点一般很低

　　D. 一般的有机化合物易溶于水

2. 下列有关有机化合物性质特点的叙述正确的是（　　）。

　　A. 大多数有机化合物都可以燃烧，有些有机化合物很容易燃烧

　　B. 一般有机化合物的热稳定性较差，受热易分解，许多有机化合物在200~300℃时逐渐分解

　　C. 许多有机化合物在常温下是气体、液体，常温下为固体的有机化合物的熔点一般很低

　　D. 有机化合物的主要特征是有机化合物都含有碳原子

3. 下列有关有机化学酸碱度的说法正确的是（　　）。

　　A. 凡能给出质子的物质称为酸，凡是能与质子结合的物质称为碱

　　B. 一个酸给出质子后即变为一个碱，这个碱又称为原来酸的共轭碱

　　C. 酸碱的概念是相对的，某一分子或离子在一个反应中是酸而在另一个反应中却可能是碱

　　D. 有机化学中酸碱的概念与无机化学中的酸碱定义是一样的

4. 下列有关有机化学酸碱度的说法不正确的是（　　）。

　　A. 凡能给出质子的物质称为碱，凡是能与质子结合的物质称为酸

　　B. 一个酸给出质子后即变为一个碱，这个碱又称为原来酸的共轭碱

　　C. 酸碱的概念是相对的，某一分子或离子在一个反应中是酸而在另一个反应中却可能是碱

　　D. 有机化学中酸碱的概念与无机化学中的酸碱定义是一样的

5. 以下选项不是烷烃的分子通式的是（　　）。

　　A. C_nH_{2n+2}　　B. C_nH_{2n}　　C. C_nH_n　　D. C_nH_{2n-2}

6. 下列物质中是有机化合物的是（　　）。

　　A. 甲烷　　B. 醋酸　　C. 二氧化碳　　D. 蛋白质

7. 以下选项不是烯烃通式的是（　　）。

　　A. C_nH_{2n+2}　　B. C_nH_{2n}　　C. C_nH_n　　D. C_nH_{2n-2}

8. 下列关于烯烃的说法正确的是（　　）。

　　A. 烯烃的通式是 C_nH_{2n+2}　　B. 烯烃的化学性质非常活泼

　　C. 烯烃的化学性质不活泼　　D. 烯烃的通式是 C_nH_{2n}

9. 下列关于乙炔物理性质的叙述正确的是（　　）。

　　A. 无色　　B. 没有臭味　　C. 比空气稍轻　　D. 比空气稍重

10. 下列关于乙炔物理性质的叙述错误的是（　　）。

　　A. 无色　　B. 有臭味　　C. 比空气稍轻　　D. 比空气稍重

11. 下列关于乙醇用途的说法错误的是（　　）。

　　A. 乙醇在5%浓度时杀菌能力最强

B. 乙醇在 15%~30%浓度时杀菌能力最强

C. 乙醇在 30%~50%浓度时杀菌能力最强

D. 乙醇在 70%~75%浓度时杀菌能力最强

12. 下列关于环烷酸腐蚀的描述错误的是（　　）。

A. 环烷酸在 270~280℃腐蚀速度小

B. 环烷酸在 270~280℃腐蚀速度大

C. 环烷酸在 270~280℃腐蚀速度最小

D. 环烷酸在 270~280℃腐蚀速度最大

13. 下列关于苯酚的描述正确的是（　　）。

A. 苯酚在常温下为无色结晶固体，微溶于水

B. 苯酚在常温下为无色结晶固体，溶于水

C. 苯酚的熔点是 40.8℃

D. 苯酚的熔点是 50.8℃

14. 能直接与加工设备的金属作用，造成加工设备腐蚀的有机硫化物称为活性硫化物。这类硫化物包括（　　）。

A. 硫醇　　　　B. H_2S　　　　C. 硫酚　　　　D. 单质硫

15. 硫醇可以与（　　）反应生成不溶于水的硫醇盐。

A. 汞　　　　B. 银　　　　C. 铜　　　　D. 钾

16. 以下关于苯的描述正确的是（　　）。

A. 苯的分子式是 C_6H_6　　　　B. 苯的分子式是 C_6H_{12}

C. 苯是无色的液体，沸点为 80.1℃　　　　D. 苯是无色的液体，沸点为 70.1℃

17. 以下关于苯的描述错误的是（　　）

A. 苯的分子式是 C_6H_6

B. 苯的分子式是 $C_{12}H_{12}$

C. 苯是无色的液体，熔点为 12.5℃

D. 硫化反应是将苯和浓硫酸共热到 40~50℃所起的反应。

18. 要鉴别己烯中是否混有少量甲苯，下列实验方法错误的是（　　）。

A. 先加足量的酸性高锰酸钾溶液，然后再加入溴水

B. 先加足量溴水，然后再加入酸性高锰酸钾溶液

C. 点燃这种液体，然后再观察火焰的颜色

D. 加入浓硫酸与浓硝酸后加热

19. 下列关于苯及苯的同系物的描述错误的是（　　）

A. 乙苯的分子式是 $C_{11}H_9$

B. 甲苯的沸点是 110.6℃

C. 苯分子中含有环状闭合的大 β 键，这就决定了苯具有较高的稳定性，不易破裂

D. 苯的分子式是 C_6H_6

20. 在画零件的外螺纹时，以下不能表示螺纹的牙顶的是（　　）。

A. 粗实线　　　　B. 细实线　　　　C. 虚线　　　　D. 点画线

三、判断题（正确的打"√"，错误的打"×"，每题1分，共30分）

(   ) 1. 大多数有机化合物都可以燃烧，有些有机化合物很容易燃烧。
(   ) 2. 许多有机化合物在常温下是气体、液体，常温下为固体的有机化合物的熔点一般很低。
(   ) 3. 凡能给出质子的物质称为酸，凡是能与质子结合的物质称为碱。
(   ) 4. 酸碱的概念是相对的，某一分子或离子在一个反应中是酸而在另一个反应中却可能是碱。
(   ) 5. 醋酸是有机化合物。
(   ) 6. 烷烃的分子通式是 C_nH_{2n+2}。
(   ) 7. 烯烃的通式是 C_nH_{2n}。
(   ) 8. 烯烃的化学性质非常活泼。
(   ) 9. 乙炔比空气稍轻。
(   ) 10. 乙炔有臭味。
(   ) 11. 乙醇在5%浓度时杀菌能力最强，可用于防腐和消毒。
(   ) 12. 苯酚的熔点是50.8℃。
(   ) 13. 苯酚在常温下为无色结晶固体，微溶于水。
(   ) 14. 醇可脱水生成烯烃，而硫醇加热到高温时，则脱除硫化氢生成烯烃，这是氧化反应。
(   ) 15. 硫醇不仅能与碱金属生成盐，还可与重金属汞、铜、银、铅等生成不溶于水的硫醇盐。
(   ) 16. 硫化反应是将苯和浓硫酸共热到50~60℃所起的反应。
(   ) 17. 苯是无色的液体，熔点为5.5℃。
(   ) 18. 乙苯的分子式是 C_8H_{10}。
(   ) 19. 苯分子中含有环状闭合的大 α 键，这就决定了苯具有较高的稳定性，不易破裂。
(   ) 20. 为了方便计算管中的流量，管螺纹的公称直径等于管子的孔径。
(   ) 21. 人们习惯上将100μm称为1丝，并用来表示公差值。
(   ) 22. 螺纹千分尺按读数形式分为标尺式和数显式。
(   ) 23. 用螺纹千分尺可测量外螺纹的中径。
(   ) 24. 管道施工图可分为基本图和详图。
(   ) 25. 在正立投影面上得到的视图称为主视图。
(   ) 26. 套管扳手适用于拧紧和松开狭窄空间和特殊部位六角螺栓。
(   ) 27. 管钳的规格是按它的长度划分的。
(   ) 28. 我国广泛使用55°管螺纹。
(   ) 29. 选择螺杆长度时，应在紧固法兰后使螺杆外部的长度不大于2倍螺距。
(   ) 30. 直线管道连接时，两个相邻的环形焊缝间距应大于管径，并不得小于100mm。

四、简答题（每题5分，共10分）

1. 简述甲烷的物理性质。
2. 简述乙炔的物理性质。

模拟试题一答案

一、单项选择题

1. B	2. D	3. D	4. A	5. C	6. D	7. B	8. B	9. A	10. B
11. A	12. B	13. A	14. C	15. D	16. D	17. A	18. B	19. D	20. A
21. C	22. A	23. A	24. B	25. A	26. B	27. C	28. D	29. A	30. A
31. C	32. B	33. A	34. C	35. A	36. D	37. D	38. A	39. D	40. B

二、多项选择题

1. ABC	2. ABCD	3. ABC	4. AD	5. BCD	6. ABD	7. ACD
8. BD	9. ABC	10. BD	11. ABC	12. ABC	13. AC	14. ABCD
15. ABC	16. AC	17. BCD	18. ACD	19. AC	20. BCD	

三、判断题

1. √	2. √	3. √	4. √	5. √	6. √	7. √	8. √	9. √	10. ×	11. ×	12. ×	13. √
14. ×	15. √	16. ×	17. √	18. √	19. ×	20. √	21. ×	22. √	23. √	24. √
25. √	26. √	27. √	28. √	29. √	30. √					

四、简答题

1. 答：甲烷是无色、无味、无毒的气体，沸点为-161.4℃，不溶于水，能溶于有机溶剂，特别是容易溶于液态的烷烃。

2. 答：纯的乙炔是无色、无臭的气体。乙炔比空气稍轻，微溶于水，易溶于有机溶剂。

模拟试题二

一、单项选择题（每题有4个选项，只有1个是正确的，请将正确答案字母填入题前的括号中，每题1分，共50分）

1. 脱水单元板式换热器窜漏现象为（　　）。

A. 循环冷却水系统集水盘存在大量泡沫

B. 系统液位偏低

C. 产品气水含量降低

D. 系统液位升高

2. 以下脱硫单元或脱水单元开产顺序正确的是（　　）。

A. 空气吹扫-N_2置换及检漏-盲板倒换-系统升压检漏-水洗-进溶液-冷循环、热循环

B. N_2置换检漏-空气吹扫-盲板倒换-水洗-系统升压检漏-进溶液-冷循环、热循环

C. 空气吹扫-N_2置换及检漏-水洗-系统升压检漏-盲板倒换-进溶液-冷循环-热循环

D. 空气吹扫-N_2置换及检漏-盲板到换-系统升压检漏-进溶液-冷循环、热循环

3. 只有国家（　　）属于计量器具，由国家颁发计量器具生产许可证及定级证。

A. 一级标准物质　　　　　　　　B. 二级标准物质

C. 一级标准物质和二级标准物质　　D. 工作标准物质

4. 美国 RTP 公司的 RTP3000 为（　　）重化 SIS 系统。

A. 2.0　　　　B. 3.0　　　　C. 4.0　　　　D. 5.0

5. 配制 500mL 0.2mol/L Na_2SO_4 溶液，需要硫酸钠的质量是（　　）。

A. 9.8g　　　　B. 14.2g　　　　C. 16g　　　　D. 32.2g

6. 下列关于应急演练的说法错误的是（　　）。

A. 不需要设想演练目标要对应的评估方法

B. 演练效果评估可以邀请第三方进行评估

C. 应急经费应纳入单位的年度财政预算

D. 大型高风险演练必须制定应急预案

7. 标准物质应具有（　　）。

A. 均匀性　　　B. 稳定性　　　C. 准确一致性　　　D. 通用性

8. 道闸操作由（　　）填写操作票。

A. 负责人　　　B. 操作人员　　　C. 监护人　　　D. 班站长

9. 原始克劳斯法工艺的第一阶段是（　　）。

A. 把 CO_2 导入由水和 CaS 组成的浆液中，反应生成 H_2S

B. 把 H_2S 和空气混合后导入一个装有催化剂的容器

C. 有 1/3 体积的 H_2S 在燃烧炉内被氧化为 SO_2

D. 2/3 体积 H_2S 在催化剂作用下与生成的 SO_2 继续反应生成元素硫

10. 重沸器严重漏后，酸水回流调节阀置于自动时，流量将（　　）。

A. 增加　　　B. 降低　　　C. 先增加后减少　　　D. 先减少后增加

11. 危险型的缓释剂是（　　）。

A. 阴极型　　　B. 阳极型　　　C. 混合型　　　D. 单一型

12. 液相氧化还原工艺的稳定剂是（　　）。

A. 浓缩螯合铁合成物　　　　B. 碳氢化合物

C. 碱性溶液　　　　　　　　D. 浓缩的硫代硫酸盐溶液

13. 下列不是新技术、新工艺经济考核指标的是（　　）。

A. 运行成本　　　　　　　B. 投资成本

C. 安全风险控制　　　　　D. 节能降耗效果

14. 下列导体色标表示接地线的是（　　）。
 A. 绿色　　　　B. 红色　　　　　　C. 淡蓝　　　　　　D. 绿/黄双色
15. 吸收机理常用（　　）来解释。
 A. 分子扩散　　B. 对流扩散　　　　C. 加热溶液　　　　D. 双膜理论
16. 在 HSE 管理中，职工培训应（　　）执行。
 A. 视情况　　　B. 随意　　　　　　C. 变通　　　　　　D. 严格按计划
17. 通常把测量 600℃ 以上的测温仪表称为（　　）。
 A. 高温计　　　B. 低温计　　　　　C. 温度计　　　　　D. 体温计
18. 在其他条件不变的情况下，原料气温度过低，TEG 脱水效果（　　）。
 A. 变差　　　　B. 变好　　　　　　C. 无法确定　　　　D. 保持不变
19. 下列关于应急预案的说法错误的是（　　）。
 A. 应急预案是针对可能发生的事故，为迅速有序地开展应急行动而预先制定的行动方案
 B. 生产经营单位的主要负责人有组织制定并实施本单位生产安全事故应急救援预案的职责
 C. 县级以上地方各级人民政府应急组织有关部门应当制定本行政区域内重大生产安全事故应急救援方案，建立应急救援体系
 D. 生产经营单位对重大危险源应当登记建档，定期检测、评估、监控、并制定应急预案
20. 对装置进行技术革新的主要目的是（　　）。
 A. 提高产量　　　　　　　　　　　B. 降低运行成本和节约能源
 C. 减少腐蚀　　　　　　　　　　　D. 降低投资成本
21. 验收新安装塔设备时，无须检查的内容是（　　）。
 A. 设备安装及试运方案
 B. 检查、签写和检修记录
 C. 人孔封闭前检查内部结构和建造质量合格证
 D. 完整的水压试验和气密性试验记录
22. 月度技术总结不包括的内容是（　　）。
 A. 装置生产数据
 B. 工艺技术分析
 C. 对装置出现的生产技术问题提出整改方案或建议
 D. 人力资源分析
23. 检修工作时，凡一经合闸就可送电到工作地点的断路器和隔离开关的操作手把上应悬挂（　　）。
 A. 止步，高压危险！　　　　　　　B. 禁止合闸，有人工作！
 C. 禁止攀登，高压危险！　　　　　D. 禁止靠近！
24. 下列不属于系统性检修开产期间习惯性违章的是（　　）。
 A. 上下楼梯不扶扶手　　　　　　　B. 单人作业
 C. 无票证动火作业　　　　　　　　D. 随意打接手机

25. 容量瓶上不需要作标记的是（　　）。
A. 刻度线　　　　　　　　　　B. 容量规格
C. 温度　　　　　　　　　　　D. 溶液的物质的量浓度
26. 下列不属于装置检修项目 HSE 应急预案主要内容的是（　　）。
A. 编制依据　　　　　　　　　B. 应急联系方式
C. 应急处置程序　　　　　　　D. 自救互救
27. 下列属于天然气净化厂涉及的安全隐患的是（　　）。
A. 吸收塔液位波动大　　　　　B. 主燃烧炉回压高
C. 尾气灼烧炉温度高　　　　　D. 重沸器蒸汽量高
28. 下列试剂不用放在棕色瓶内储存的是（　　）。
A. 硫酸亚铁　　B. 高锰酸钾　　C. 亚硫酸钠　　D. 硫酸钠
29. 液相氧化还原工艺双塔结构的特点为（　　）。
A. 高循环量时也不存在较为严重的流体分布问题
B. 可控的硫代硫磺盐的含量
C. 可控的循环速度
D. 适用于原料气中含有不能与空气接触的气体，或来源气带压，处理后需返回利用等状况
30. 应急演练活动准备阶段的主要任务是（　　）。
A. 明确演练需求，提出演练的基本构想和初步安排
B. 完成演练策划，编制演练总体方案及其附件，进行必要的培训和预演，做好各项保障工作安排
C. 按照演练总体方案开展各项演练活动，为演练评估总结收集信息
D. 评估总结演练参与单位在应急准备方面的问题和不足，明确改进的重点，提出改进计划
31. 以下选项不属于设备的"四不准"的是（　　）。
A. 超温　　　　B. 超压　　　　C. 超负荷　　　D. 超液
32. 下列原因不会造成火炬放空及排放装置内传点火异常的是（　　）。
A. 燃料气压力高　B. 点火高压包故障　C. 电信号故障　D. 配风不足
33. 有爆炸危险的工作场所应使用（　　）电气设备。
A. 普通型　　　B. 防爆型　　　C. 省电型　　　D. 强力型
34. 高压凝析气井井口宜采用的脱水法是（　　）。
A. TEG 法　　　B. 氯化钙吸收法　C. 分子筛吸附　D. 膨胀制冷冷却法
35. 下列选项中不属于生产安全事故的是（　　）。
A. 工业生产安全事故　　　　　B. 道路交通事故
C. 火灾事故　　　　　　　　　D. 自然灾害事故
36. 下列选项中不是诱发 MDEA 脱硫脱碳溶液系统发泡的主要物质的是（　　）。
A. 腐蚀产物　　B. 液烃　　　　C. 三价铁离子　D. 凝结水
37. 改良的克劳斯法工艺的第二阶段是（　　）。
A. 把 CO_2 导入由水和 CaS 组成的浆液中，反应生成 H_2S

B. 把 H_2S 和空气混合后倒入一个装有催化剂的容器
C. 有 1/3 体积的 H_2S 在燃烧炉内被氧化为 SO_2
D. 2/3 体积 H_2S 在催化剂作用下与生成的 SO_2 继续反应生成元素硫

38. 脱硫脱碳单元补充溶液时，为降低对系统影响，下列控制措施错误的是（　　）。
A. 加热适量阻泡剂，防止系统波动　　B. 对补充溶液进行预热
C. 操作缓慢进行　　D. 提前开大重沸器蒸汽量

39. 成年人心肺复苏术按压与吹气的比例是（　　）。
A. 1∶30　　B. 30∶1　　C. 2∶30　　D. 30∶2

40. 天然气净化厂系统性检修停产期间应准备的安防器材不包括（　　）。
A. 空气呼吸器　　B. 防毒面具　　C. 气体报警仪　　D. 担架

41. 异步电动机的转向与（　　）有关。
A. 电源频率　　B. 转子转速　　C. 电源相序　　D. 旋转磁场

42. 下列选项中与天然气净化厂疑难问题无关的是（　　）。
A. 装置设备　　B. 产品质量　　C. 安全生产　　D. 人员分配

43. 临停检修不能完成的项目是（　　）。
A. 更换吸收塔　　B. 清洗再生塔　　C. 更换主蒸汽阀　　D. 检修循环泵

44. 装置计划停产检修期间，清洗塔罐时应（　　）。
A. 调节消防水带，使用消防水冲洗　　B. 使用铲刀，清除渣滓即可
C. 使用空气吹扫塔内渣滓　　D. 先淘渣，再清洗

45. 环境影响评价报告书应包括的主要内容是（　　）。
A. 自然环境和人文环境　　B. 社会环境和人文环境
C. 自然环境社会环境　　D. 人文环境

46. 往复泵的特点是（　　）。
A. 低流量、高扬程　　B. 高流量、低扬程
C. 低流量　　D. 高扬程

47. 在配合技术人员技术改造时，不需要（　　）。
A. 协助技术人员编写施工方案　　B. 监督施工方安全按章作业
C. 解决出现的工艺技术问题　　D. 安排资金计划

48. 下列关于TEG溶液温度对发泡的影响描述正确的是（　　）。
A. 温度低，溶液黏度大
B. 温度高，溶液吸收水分能量减弱
C. 温度低，溶液黏度小
D. 温度高，溶液吸收水分能量增强

49. 具有强腐蚀性，使用时须做必要防护的酸是（　　）。
A. 硝酸　　B. 硼酸　　C. 稀醋酸　　D. 碳酸

50. 检查蒸汽凝结水系统输水阀后排气甩头，发现蒸汽量较大，表明（　　）。
A. 凝结水回收管线堵塞　　B. 蒸汽系统压力过高
C. 环境温度较低　　D. 输水器故障

二、多项选择题（每题有4个选项，至少2个是正确的，将正确答案字母填入括号中，每题2分，共30分）

1. 物质处于临界状态下的状态参数称为临界参数，最基本的临界参数有（   ）。
   A. 临界温度　　　B. 临界压力　　　C. 临界溶剂　　　D. 临界流量
2. 电气安全工（器）具通常分为（   ）。
   A. 基本安全工（器）具　　　　　B. 辅助安全工（器）具
   C. 防护安全工（器）具　　　　　D. 通用安全工（器）具
3. 下列选项属于造成仪表风系统水含量上升的主要因素的是（   ）。
   A. 空压机油气分离气分离效果差　B. 油水过滤分离器过滤分离效果差
   C. 无热再生式干燥器吸附效果差　D. 再生效果以及干燥剂吸附性能差
4. 对可能发生职业中毒、人身伤害或者其他事故的，应根据实际需要配备必要的（   ），并定期更换。
   A. 药品　　　　　B. 器材　　　　　C. 器具　　　　　D. 防护用品
5. 下列防腐涂层中不是起着与基材连接作用的是（   ）。
   A. 底漆　　　　　B. 面漆　　　　　C. 中间漆　　　　D. 全部管漆
6. 时间综合征：都市白领对时间的过分反应易产生情绪波动及（   ）现象。譬如使人对紧迫的时间感到（   ），这样会引发心率加快、血压升高、呼吸急促等症状。
   A. 生理变化　　　B. 焦躁不安　　　C. 紧张过度　　　D. 神经衰弱
7. 触电方式包括（   ）。
   A. 单相触电　　　　　　　　　　B. 两相触电
   C. 跨步电压触电　　　　　　　　D. 三相触电
8. 现有一瓶500mL的矿泉水，其水质成分表中标示其"Ca^{2+}"含量为4mg/L，则其物质的量浓度不正确的是（   ）。
   A. $1×10^{-4}$mol/L　　　　　　B. $2×10^{-4}$mol/L
   C. $0.5×10^{-4}$mol/L　　　　　D. $1×10^{-3}$mol/L
9. 25mL滴定管上标有B字样，其容量允差符合规定的是（   ）。
   A. 0.03mL　　　B. 0.09mL　　　C. 0.07mL　　　D. -0.02mL
10. 双金属温度计的特点有（   ）。
    A. 数据可上传至中控室　　　　　B. 安全可靠，使用寿命长
    C. 多种结构形式，可满足不同要求　D. 现场显示温度，直观方便
11. 夜宵综合征：夜晚支配胃肠道功能的副交感神经活动较白天强，胃肠对食物（   ）能力也强，因而在夜晚经常进食过多的高热量食品，易引起（   ）晨起不思饮食等症状。
    A. 消化吸收　　　B. 肥胖　　　　　C. 失眠　　　　　D. 记忆力衰退
12. 电脑综合征：长时间（   ），会引发头痛、腰痛、（   ）、精神萎靡不振等问题。轻者看不清荧光屏上的图像文字，重者会有想呕吐的感觉，甚至抽筋、昏厥、危及生命。
    A. 专注屏幕　　　B. 保持同样坐姿　　C. 颈肩酸痛　　　D. 眼睛疲劳

13. 电动机的接线方法有（　　）。
    A. Y 形接法　　　B. △ 形接法　　　C. □ 形接法　　　D. V 形接法
14. 星期一综合征：经过周末，待周一重新投入工作时难免出现（　　）。工作效率低下等不适应现象。脑力劳动者在，更难以短时间紧张起来。很多单位习惯在周一做决定，使人感到更大的压力。
    A. 周身酸痛　　　B. 萎靡不振　　　C. 大脑松弛　　　D. 神经虚弱
15. 液相氧化还原工艺扇区结构的特点为（　　）。
    A. 高循环量时也不存在较为严重的流体分布问题
    B. 可控的硫代硫磺盐的含量
    C. 可控的循环速度
    D. 适用于原料气中含有不能与空气接触的气体，或来源气带压，处理后需返回利用等状况

三、判断题（正确的打"√"，错误的打"×"，每题1分，共20分）

(　) 1. 科研项目开题报告内容包括经济考核指标、国内外现状、项目组织、下步工作安排。
(　) 2. 当溶液浓度偏高时应减少凝结水的补充。
(　) 3. 应依法对特种设备进行检测安全性能。
(　) 4. 容量检定前必须对量器进行清洗。
(　) 5. 补水水质不合格不是凝结水硬度增大的原因。
(　) 6. 放热反应的 ΔH 大于 0。
(　) 7. 现场处置方案应具体、简单、针对性强，现场处置方案的主要内容有事故主要特征、应急处置主要内容、主要注意事项、附件。
(　) 8. 生物学实验室内的煤气、酒精、汽油等是易燃易爆燃料，在一定的条件下均能引起燃烧和爆炸，必须妥善安置，正确使用。
(　) 9. 机械式停车设备应规定定期进行维护和保养，禁止带病运行。
(　) 10. 对综合性较强风险较大的演练，在方案报批前应组织相关专家进行评估，确保方案科学可行。
(　) 11. 在需用橡胶或塑料手套的生化类实验中，不用经常检查手套有无破损。
(　) 12. 工业水水洗污水向外溢流或渗透污染厂区外农田，应立即组织人员进行补漏或转移，防止污染继续发生，并对受污染区块进行处理。
(　) 13. 重沸器轻微窜漏时，可加大贫液浓度分析频率和补充水阀开度控制，维持正常生产。
(　) 14. 遵守规则是为了利用规则。
(　) 15. 建立和打造规则是安全管理者重要的能力。
(　) 16. 装置开启循环冷却水管道清洗用水可以直接外排。
(　) 17. 停工前不需要清洗溶液储罐，可以直接排入溶液。
(　) 18. 若可能影响装置产品质量、安全环保、工艺和设备安全，应立即向生产部门汇报并要求协助处理。

( ) 19. 当易溶气提的液膜阻力很小时,吸收过程为液膜控制。
( ) 20. 允许使用绝缘夹钳时装接地线。

模拟试题二答案

一、单项选择题

1. D   2. A   3. C   4. B   5. B   6. A   7. A   8. B   9. A   10. A
11. B   12. D   13. C   14. D   15. D   16. D   17. A   18. A   19. C   20. B
21. A   22. D   23. B   24. C   25. D   26. A   27. B   28. D   29. D   30. D
31. D   32. A   33. B   34. C   35. D   36. D   37. D   38. A   39. D   40. D
41. C   42. D   43. A   44. D   45. C   46. A   47. D   48. A   49. A   50. D

二、多项选择题

1. ABCD   2. ABC   3. BCD   4. ABCD   5. BCD   6. ABC   7. ABC
8. BCD   9. ACD   10. BCD   11. ABCD   12. ABCD 13. AB   14. ABC
15. ABC

三、判断题

1. ×   2. ×   3. √   4. √   5. ×   6. ×   7. √   8. √   9. √   10. √   11. ×   12. √   13. √
14. √   15. ×   16. ×   17. ×   18. √   19. ×   20. ×

模拟试题三

一、单项选择题(每题有4个选项,只有1个是正确的,请将正确答案字母填入题前的括号中,每题1分,共50分)

1. 天然气属于多组分体系,其相特性与两组分体系(   )。
   A. 完全相同   B. 基本相同
   C. 完全不同   D. 以上选项均不正确

2. 天然气的压缩因子是天然气(   )的函数。
   A. 压力和湿度   B. 绝对压力和热力学温度
   C. 绝对压力   D. 热力学温度

3. 贫天然气中组分较少,它的相包络区(   ),临界点在相包络线的左侧。
   A. 较窄   B. 较宽
   C. 无法确定   D. 以上选项均不正确

4. 对于真实气体,焓值与(   )有关。
   A. 温度与密度   B. 压力与密度
   C. 温度与压力   D. 温度、压力与密度

5. 下列公式中不是天然气焓值计算公式的是（　　）。
A. $H_r = H_o + \Delta I$ B. $\Delta H = H_2 - H_1$
C. $H = \sum g_i H_i / 100$ D. $H' = \sum X_i H_i / 100$

6. 在工程计算中，计算熵变的通式为（　　）。
A. $\Delta S = C_V \ln \dfrac{T_2}{T_1} = C_V \ln \dfrac{p_2}{p_1}$ B. $\Delta S = C_p \ln \dfrac{T_2}{T_1} = C_p \ln \dfrac{p_2}{p_1}$
C. $\Delta S = R \ln \dfrac{V_2}{V_1} = C_p \ln \dfrac{p_2}{p_1}$ D. $\Delta S = C_V \ln \dfrac{T_2}{T_1} + R \ln \dfrac{V_2}{V_1} = C_V \ln \dfrac{p_2}{p_1} + C_p \ln \dfrac{V_2}{V_1}$

7. 下列公式中不是亨利定律表达式的是（　　）。
A. $p = p_A + p_B$　B. $p^* = EX$　C. $p^* = c/H$　D. $y^* = mX$

8. 对于一定的气体和液体，亨利系数 E 值随温度升高而（　　）。
A. 增大　　　　　　　　　　B. 减小
C. 保持不变　　　　　　　　D. 以上选项均不正确

9. 性能优良的吸收剂和适宜的操作条件综合体现在相平衡数 m 上，溶剂对溶质的溶解度大，加压和降温均可使 m 值（　　）。
A. 增大　　　　　　　　　　B. 降低
C. 保持不变　　　　　　　　D. 以上选项均不正确

10. 对于一定的溶质和溶剂，溶解度系数 H 随温度的升高而（　　）。
A. 增大　　　　　　　　　　B. 减小
C. 保持不变　　　　　　　　D. 以上选项均不正确

11. 相平衡参数 $m = E/P$，根据 m 值的大小可以判断不同气体溶解度的大小，m 值越小，则该气体的溶解度（　　）。
A. 越大　　　　　　　　　　B. 越小
C. 保持不变　　　　　　　　D. 以上选项均不正确

12. 流体传质的基本方式是（　　）。
A. 流体中的原子扩散　　　　B. 流体中的分子扩散和对流扩散
C. 渗透扩散　　　　　　　　D. 流体的分子传递

13. 同一物质在气相中的扩散系数不受（　　）影响。
A. 介质种类　　B. 温度　　C. 压强　　D. 浓度

14. 物质在液相中的扩散系数不受（　　）影响。
A. 介质种类　　B. 温度　　C. 压强　　D. 浓度

15. 扩散的推动力是（　　）。
A. 搅拌　　B. 加热　　C. 浓度差　　D. 加压

16. 下列关于双膜理论的说法不正确的是（　　）。
A. 吸收质以分子扩散方式通过气膜和液膜
B. 在相界面处，气、液两相处于平衡
C. 在膜层以外的气、液两相中心区，存在浓度梯度，组成在不停地变化
D. 在两相浓度一定的情况下，两膜的阻力决定传质速率的大小

17. 双膜理论在实际生产中（　　）。
    A. 应用广泛　　　　　　　　　　B. 无法运用
    C. 存在缺点和局限性　　　　　　D. 可以运用
18. 在气、液两相界面的两侧，分别存在着停滞的气膜和液膜，溶质组分只能以（　　）扩散方式通过这两层膜。
    A. 原子　　　B. 离子　　　C. 质子　　　D. 分子
19. 某一相湍流区的湍动越激烈，则膜的厚度（　　）。
    A. 越恒定　　B. 越薄　　　C. 越厚　　　D. 无法确定
20. 吸收速率是指单位时间内（　　）吸收的溶质量。
    A. 相际传质面积上　　　　　　　B. 单位相际传质面积上
    C. 溶剂　　　　　　　　　　　　D. 溶液
21. 当吸收质在液相中的溶解度较小时，（　　）是构成吸收的主要矛盾。
    A. 溶解温度、组分　　　　　　　B. 液膜阻力
    C. 气膜阻力　　　　　　　　　　D. 分子扩散速度
22. 混合物要求吸收剂具有（　　）。
    A. 低蒸气压　　　　　　　　　　B. 良好的选择性
    C. 弱腐蚀性　　　　　　　　　　D. 高的化学稳定性
23. 下列过程中是液膜控制的是（　　）。
    A. 水吸收 NH_3　　　　　　　　B. 浓硫酸吸收 SO_2
    C. 水吸收 HCl　　　　　　　　　D. 水吸收 Cl_2
24. 吸收塔的操作线方程式只与（　　）有关。
    A. 系统的平衡关系　　　　　　　B. 操作温度和操作压力
    C. 塔的结构　　　　　　　　　　D. 物料衡算
25. 气体由下向上通过吸收塔时，其中的溶质不断被吸收，其摩尔分率及流率（　　）。
    A. 不断增大　B. 不变　　　C. 不断减小　D. 无法确定
26. 吸收塔实际采用的液气比常在最小液气比的（　　）内选取。
    A. 1.0~1.5 倍　B. 1.1~1.5 倍　C. 1.5~2.0 倍　D. 2.0~2.5 倍
27. 下列提高离心泵抗汽蚀性能的措施中正确的是（　　）。
    A. 改变泵进口的结构参数，降低抗汽蚀性能
    B. 泵壳采用耐汽蚀材料
    C. 提高离心泵的有效汽蚀余量
    D. 采用较小的吸入管直径或较高的安装高度
28. 下列提高离心泵抗汽蚀性能的措施中不正确的是（　　）。
    A. 叶轮采用耐汽蚀材料　　　　　B. 适当加大叶片入口边宽度
    C. 采用双吸式叶轮　　　　　　　D. 采用单吸式叶轮
29. 下列提高离心泵的有效汽蚀余量的措施中正确的是（　　）。
    A. 减小吸入端液面上的压力　　　B. 减小吸入端直径
    C. 降低泵的安装高度　　　　　　D. 增加吸入管的长度

30. 下列不属于离心泵的常见故障的是（　　）。
 A. 腐蚀和磨损　　　　　　　　B. 腐蚀、磨损和机械故障
 C. 性能故障和机械故障　　　　D. 爆炸

31. 下列选项中不是离心泵轴承发热原因的是（　　）。
 A. 润滑油过多　　　　　　　　B. 润滑油过少
 C. 机组不同心　　　　　　　　D. 电动机负荷过高

32. 下列原因中不是离心泵发生振动原因的是（　　）。
 A. 泵产生汽蚀　　　　　　　　B. 轴封泄漏
 C. 轴承磨损大　　　　　　　　D. 泵轴与电动机轴不在同一中心线

33. 下列对往复泵出口流量不足原因的分析不正确的是（　　）。
 A. 泵缸活塞磨损　　　　　　　B. 出口阀开度过小或堵塞
 C. 吸入管路漏气严重　　　　　D. 回流阀泄漏

34. 下列关于往复泵产生振动原因的说法不正确的是（　　）。
 A. 底座松动　　　　　　　　　B. 泵内有气体
 C. 发生汽蚀　　　　　　　　　D. 泵轴与电动机轴不在同一中心线

35. 往复泵轴承发热的原因是（　　）。
 A. 润滑油不足　　　　　　　　B. 填料函过紧
 C. 泵轴与电动机轴不在同一中心线　　D. 以上选项均正确

36. 下列对活塞式空气压缩机排气压力偏低原因的分析不正确的是（　　）。
 A. 吸气端压力偏高　　　　　　B. 排气管或阀门漏气
 C. 耗气量偏大　　　　　　　　D. 气缸部件漏气

37. 下列对活塞式空气压缩机排气温度偏高原因的分析错误的是（　　）。
 A. 吸入口气体温度偏高
 B. 压缩比偏大
 C. 气缸工作不正常或气缸气阀、活塞环漏气
 D. 安全阀漏气

38. 下列对离心式压缩机轴承温度偏高原因的分析不正确的是（　　）。
 A. 润滑系统工作不正常　　　　B. 轴向推力过大
 C. 进气口压力偏高　　　　　　D. 润滑油质量变差

39. 选择离心泵时，首先要根据液体性质和工艺要求确认离心泵的（　　）。
 A. 类型　　　B. 流量　　　C. 压头　　　D. 转速

40. 选择离心泵时，若在生产中流量有很大的变动，一般应以（　　）为准。
 A. 最小流量　　　　　　　　　B. 最大流量
 C. 平均流量　　　　　　　　　D. 以上选项均正确

41. 在选用离心泵时，为满足操作条件，所选泵的性能参数应（　　）。
 A. 比理论值稍小一些　　　　　B. 比理论值稍大一些
 C. 为理论值2倍以上　　　　　D. 越大越好

42. 离心泵输送的液体中溶解或夹带的气体不宜大于（　　）。
    A. 3%（体积分数）　　　　　　　　B. 5%（体积分数）
    C. 8%（体积分数）　　　　　　　　D. 10%（体积分数）
43. 在输送温度一定的情况下，液体黏度大于 650 mm²/s 时宜选用（　　）。
    A. 离心泵　　　B. 容积式泵　　　C. 旋涡泵　　　D. 轴流泵
44. 输送液体流量较小且扬程高时，宜选用（　　）。
    A. 离心泵　　　B. 往复泵　　　C. 旋涡泵　　　D. 回转泵
45. 下列关于齿轮泵特点的说法错误的是（　　）。
    A. 流量基本上与排出压力无关
    B. 与往复泵相比，在结构上不需要吸油阀、排油阀，而且流量较往复泵均匀，结构简单，运转可靠
    C. 适用于含固体杂质的液体输送
    D. 适用于不含固体杂质的高黏度的液体
46. 与往复泵相比，齿轮泵存在的特殊问题是（　　）。
    A. 困油现象和卸荷措施　　　　　　B. 径向力及其平衡措施
    C. 密封部位窜漏问题　　　　　　　D. 以上选项均正确
47. 下列关于旋涡泵特点的说法错误的是（　　）。
    A. 旋涡泵适用于输送高黏度液体
    B. 旋涡泵的结构简单，铸件形状不太复杂，制造加工容易
    C. 大多数旋涡泵都具有自吸能力
    D. 旋涡泵是结构最简单的高扬程泵
48. 用于抽取气体产生负压的机器称为（　　）。
    A. 离心泵　　　B. 旋涡泵　　　C. 真空泵　　　D. 喷射泵
49. 真空泵按其结构分为（　　）。
    A. 干式真空泵和湿式真空泵
    B. 往复式、回转式、水环式和喷射式真空泵
    C. 钛泵、低温泵和分子筛吸附泵
    D. 水蒸气喷射泵、水喷射泵和大气喷射泵等
50. 下列泵中可以获得较高真空度或超高真空度的是（　　）。
    A. 水蒸气喷射泵　　　　　　　　　B. 水喷射泵
    C. 油扩散泵和油增压泵　　　　　　D. 空气喷射泵

二、多项选择题（每题有4个选项，至少有2个是正确的，将正确答案字母填入括号中，每题2分，共30分）

1. 重量分析法中的称量需经过（　　）。
    A. 过滤　　　B. 洗涤　　　C. 烘干或灼烧　　　D. 无法确定
2. 下列说法正确的是（　　）。
    A. 天然气水合物的相对密度为 0.94~0.96
    B. 天然气水合物的相对密度为 0.96~0.98

C. 防止天然气水合物形成的方法有 3 种

D. 防止天然气水合物形成的方法有 4 种

3. 天然气的压缩因子是天然气（　　）的函数。

A. 湿度　　　　　B. 绝对压力　　　　C. 密度　　　　　D. 热力学温度

4. 真实气体中，与焓值有关的是（　　）。

A. 压力　　　　　B. 密度　　　　　　C. 温度　　　　　D. 以上选项均正确

5. 下列选项中属于天然气焓值计算公式的是（　　）。

A. $H_r = H_o + \Delta I$　　　　　　　　B. $\Delta H = H_2 - H_1$

C. $H = \sum g_i H_i / 100$　　　　　　D. $H' = \sum \chi_i H_i / 100$

6. 下列各式中是亨利定律的表达式的是（　　）。

A. $p = p_A + p_B$　　B. $p^* = EX$　　C. $p^* = c/H$　　D. $y^* = mX$

7. 性能优良的吸收剂和适宜的操作条件综合体现在相平衡数 m 上，溶剂对溶质的溶解度大，（　　）可使 m 值降低。

A. 加压　　　　　B. 减压　　　　　　C. 升温　　　　　D. 降温

8. 流体传质的基本方式有（　　）。

A. 流体中的分子传递　　　　　　B. 流体中的分子扩散

C. 流体中的对流扩散　　　　　　D. 以上选项均正确

9. 下列说法正确的是（　　）。

A. 对于一定的溶质和溶剂，溶解度系数 H 随温度的升高而增大

B. 对于一定的溶质和溶剂，溶解度系数 H 随温度的升高而减小

C. 流体传质的基本方式有流体中的分子扩散

D. 流体传质的基本方式有流体中的对流扩散

10. 物质在液相中的扩散系数受（　　）影响。

A. 压强　　　　　B. 介质种类　　　　C. 温度　　　　　D. 浓度

11. 下列选项中不属于扩散的推动力的是（　　）。

A. 搅拌　　　　　B. 加热　　　　　　C. 浓度差　　　　D. 加压

12. 下列关于双膜理论在实际生产中的运用说法错误的是（　　）。

A. 应用广泛　　　B. 存在缺点　　　　C. 存在局限性　　D. 无法运用

13. 下列说法中正确的是（　　）。

A. 在气、液两相界面的两侧，分别存在着停滞的气膜和液膜，溶质组分只能以分子扩散方式通过这两层膜

B. 在气、液两相界面的两侧，分别存在着停滞的气膜和液膜，溶质组分只能以原子扩散方式通过这两层膜

C. 某一相湍流区的湍动越激烈，则膜的厚度越薄

D. 某一相湍流区的湍动越激烈，则膜的厚度越厚

14. 当吸收质在液相中的溶解度较小时，（　　）不是构成吸收的主要矛盾。

A. 溶解温度、组分　　　　　　　B. 液膜阻力

C. 气膜阻力　　　　　　　　　　D. 分子扩散速度

15. 下列说法中正确的是（　　）。
A. 水吸收 NH_3 的过程为液膜控制
B. 浓硫酸吸收 SO_2 的过程为液膜控制
C. 吸收速率是指单位时间内相际传质面积上吸收的溶质量
D. 吸收速率是指单位时间内单位相际传质面积上吸收的溶质量

三、判断题（正确的打"√"，错误的打"×"，每题1分，共20分）

（　　）1. 螺纹千分尺按读数形式分为标尺式和数显式。
（　　）2. X 形坡口适用于双面焊接的大口径厚壁管道。
（　　）3. 焊接电流和电弧电压的乘积就是电弧的功率。
（　　）4. 发生电弧磁偏吹时，电弧一般偏向连接导线的一侧。
（　　）5. 绘制工件草图就是根据已有的实际零件，以目测的方式徒手画出它的形状。
（　　）6. 游标卡尺按其读数值可分为 0.01mm、0.02mm 和 0.05mm 三种。
（　　）7. 锲键是一种紧键连接，能传输转矩和承受双向径向力。
（　　）8. 为了使锉削表面光滑，锉刀的锉齿沿锉刀轴线方向有规律倾斜排列。
（　　）9. HRC 符号代表金属材料的维氏硬度。
（　　）10. HRC 符号代表金属材料的屈服强度。
（　　）11. 程序升温色谱法一般用于分析沸点很高的样品。
（　　）12. 可见分光光度法测定 $KMnO_4$ 时，应选紫色光为入射光。
（　　）13. 光度分析中，测定的吸光度越大，测定结果的相对误差越小。
（　　）14. 化学计量点是指当加入的标准溶液与被测组分定量反应完全时的点。
（　　）15. 滴定分析法是以滴定的形式将标准溶液滴加到待测物质溶液中，使其与待测物质发生化学反应，并用适当方法指示出化学计量点，根据所耗去的标准溶液体积计算出待测物质的含量。
（　　）16. 用酸度计测定溶液的 pH 值时，一般选用饱和甘汞电极为指示电极。
（　　）17. 电位滴定法用于氧化还原滴定时，指示电极应选用甘汞电极。
（　　）18. 沉淀硫酸钡时，在盐酸存在下的热溶液中进行，目的是增大沉淀的溶解度。
（　　）19. 使用极性色谱柱（GC）分析样品时，先出锋的组分是极性小的组分。
（　　）20. 醋酸是有机化合物。

模拟试题三答案

一、单项选择题

1. B	2. B	3. A	4. C	5. B	6. D	7. A	8. A	9. B	10. B
11. A	12. B	13. D	14. C	15. C	16. C	17. C	18. D	19. B	20. B
21. B	22. B	23. B	24. D	25. C	26. B	27. C	28. D	29. C	30. D
31. D	32. B	33. B	34. C	35. D	36. A	37. D	38. C	39. A	40. B
41. B	42. B	43. B	44. B	45. C	46. D	47. A	48. C	49. A	50. C

二、多项选择题

1. ABC   2. BC   3. BD   4. AC   5. ACD   6. BCD   7. AD
8. BC   9. BCD   10. BCD   11. ABD   12. AD   13. AC   14. ACD
15. BD

三、判断题

1. √   2. √   3. √   4. ×   5. √   6. ×   7. ×   8. √   9. ×   10. ×   11. ×   12. ×   13. ×
14. √   15. √   16. √   17. ×   18. √   19. √   20. √

模拟试题四

一、单项选择题（每题有4个选项，只有1个是正确的，请将正确答案字母填入题前的括号中，每题1分，共50分）

1. 风机可分为不同用途的风机，并以相应的符号简写，符号 G 代表风机的用途是（　　）。
   A. 天然气输送   B. 锅炉通风
   C. 排尘通风   D. 工业冷却水通风

2. 选择风机时必须具备的已知条件有（　　）。
   A. 最大流量和最大全压   B. 被输送介质的性质
   C. 当地的大气压   D. 以上选项均正确

3. 选用风机时，与理论计算的最大流量和最大压力相比，风机的实际流量和压力（　　）。
   A. 高一些   B. 低一些   C. 与之相等   D. 高很多

4. 下列几类塔中，操作负荷范围最小的是（　　）。
   A. 泡罩塔   B. 筛板塔
   C. CTST 立体传质塔   D. 浮阀塔

5. 以下选项中不属于筛板塔板上液体流动方式的是（　　）。
   A. 单流型   B. 回流型   C. 双流型   D. 逆流型

6. 直径 1.5m 以上的塔，板径应不小于（　　）。
   A. 600mm   B. 650mm   C. 500mm   D. 550mm

7. 填料塔内除填料外，还有一些必要的附件，下列选项中不是填料塔附件的是（　　）。
   A. 填料支撑板   B. 液体淋洒装置   C. 液体再分布器   D. 溢流堰

8. 填料塔润滑速率计算公式为（　　）。
   A. 填料比表面积/淋洒密度   B. 淋洒密度/填料比表面积
   C. 填料层的周边长/液体体积流量   D. 液体体积流量/填料层比表面积

9. 下列选项中不属于填料选择原则的是（　　）。
A. 单位体积填料的表面积要大，气液相接触的自由体积要大
B. 对气相阻力要小，即空隙面积小
C. 质量要轻，机械强度要高，耐介质腐蚀，经久耐用，价格低廉
D. 根据操作压力和介质来选择填料的材质

10. 换热器设计时冷却水两端温度差可取（　　）。
A. 10~20℃　　　B. 5~10℃　　　C. 2~4℃　　　D. 8~15℃

11. 下列关于管壳式换热器流体流动通道选择原则的叙述正确的是（　　）。
A. 不洁净和易结垢的流体宜走壳程　　B. 腐蚀性的流体宜走壳程
C. 压力低的流体宜走壳程　　D. 被冷却的流体宜走管程

12. 管壳式换热器设计时常先取经验流速，一般流体走管程时的流速取（　　）。
A. 0.5~3m/s　　　B. 5~15m/s　　　C. 3~10m/s　　　D. 0.2~1.5m/s

13. 换热器的设计温度一般应高于最大使用温度（　　）。
A. 10℃　　　B. 15℃　　　C. 20℃　　　D. 25℃

14. 下列说法不正确的是（　　）。
A. 增加工艺物流速度，可增加传热系数
B. 增加流速，可以降低磨损和振动破坏
C. 压力降增大，动力增加
D. 增加流速可使换热器紧凑

15. 下列容器中不属于按制造材料分类的是（　　）。
A. 搅拌容器　　　　　　　　　B. 金属容器
C. 组合材料容器　　　　　　　D. 非金属容器

16. 在容器选择时可暂不考虑的因素是（　　）。
A. 工艺条件　　B. 设置位置　　C. 耗材量　　D. 设备基础

17. 容器选择时首先应确定（　　）。
A. 容积　　　B. 用途　　　C. 几何形状　　　D. 安装方式

18. 为保证液体不致从升气管溢流，泡罩升气管的上缘至少高出齿缝上缘（　　）。
A. 0.8mm　　　B. 1.2mm　　　C. 1.5mm　　　D. 2.0mm

19. 下列说法不正确的是（　　）。
A. 浮阀标记中，Q 表示"轻阀"，Z 表示"重阀"
B. 泡罩孔隙过高，则塔板液层增高，压降大
C. 泡罩孔隙大小与介质清洁度无关
D. 当人孔设在除沫器下方时，采用下装式丝网除沫器

20. 浮阀代号 F1Z-4A 中，"Z" "A" 分别表示（　　）。
A. 轻阀，材料为 1Cr13　　　　　B. 轻阀，材料为 1Cr18Ni9Ti
C. 重阀，材料为 1Cr18Ni9Ti　　　D. 重阀，材料为 1Cr13

21. 润滑油的黏度一般随温度升高而（　　）。
A. 升高　　　B. 降低　　　C. 保持不变　　　D. 波动

22. 一般润滑油的黏度变化超过（　　）就应更换润滑油。
    A. 10%　　　　　B. 20%　　　　　C. 30%　　　　　D. 50%
23. 黏度比是指统一油品50℃与100℃时的（　　）比值。
    A. 绝对黏度　　　B. 相对黏度　　　C. 运动黏度　　　D. 恩氏黏度
24. 通过对润滑油中（　　）的测定，可以大致判断润滑油在内燃机燃烧室中积炭的程度。
    A. 残炭　　　　　B. 灰分　　　　　C. 黏度　　　　　D. 燃点和闪点
25. 润滑油水分过多会使润滑油乳化变质而失去润滑性能，一般要求润滑油中水分含量（　　）。
    A. 小于1%　　　B. 小于3%　　　C. 小于5%　　　D. 小于10%
26. 润滑油（　　）的增加是判断润滑油老化的重要标志。
    A. 黏度　　　　　B. 水分　　　　　C. 灰分　　　　　D. 酸值
27. 润滑脂最重要的一项质量指标是（　　）。
    A. 针入度　　　　B. 水分　　　　　C. 氧化安定性　　D. 抗磨性
28. 以下只作为生产润滑脂企业的控制指标，一般不作为润滑脂使用的质量指标的是（　　）。
    A. 水分和灰分　　B. 机械杂质　　　C. 抗氧化性　　　D. 抗磨性
29. 润滑脂的使用温度一般要比滴点温度低（　　）以上。
    A. 10℃　　　　　B. 20℃　　　　　C. 30℃　　　　　D. 50℃
30. 以下润滑脂更耐高温的是（　　）。
    A. 烃基脂　　　　B. 钠基脂　　　　C. 锂基脂　　　　D. 复合锂基脂
31. 良好的润滑是设备正常运转必不可少的，为保证设备正常运转，下列做法正确的是（　　）。
    A. 要经常换油，只要容许最好每天换一次油
    B. 要设法延长润滑油的使用时间，不要轻易做出换油决定
    C. 只要缺油了，添加适量的润滑油就可以
    D. 只要机器声音正常，就不要换油
32. 下列对润滑油变质原因的分析正确的是（　　）。
    A. 润滑油颜色变深表明是有水分进入润滑油剂中
    B. 润滑油黏度下降主要是润滑油氧化，降低了润滑油分子的相对分子质量造成的
    C. 润滑油中不溶物增加，一定是杂质或者齿轮磨损产生的金属屑引起的
    D. 润滑油黏度上升主要是润滑油氧化或水分和乳液存在产生油泥造成的
33. 某控制系统采用比例积分作用调节器，某人用先比例后加积分的凑试法来整定调节器的参数。若比例带的数值已基本合适，在加入积分作用的过程中，则（　　）。
    A. 应适当减小比例带
    B. 应适当增加比例带
    C. 无须改变比例带
    D. 可以任意改变比例带，均不会产生影响

34. 用经验凑试法来整定调节器时，在整定中，观察到曲线振荡很频繁，需（　　）以减小振荡。

　　A. 增大比例度　　　B. 减小比例度　　　C. 增大积分时间　　　D. 减小积分时间

35. 用经验凑试法来整定调节器时，在整定中，当曲线波动较大时，应（　　）。

　　A. 增大比例度　　　B. 增大积分时间　　　C. 减小积分时间　　　D. 减小微分时间

36. 以下对流量系统采用的仪表及投运方法理解不够全面的是（　　）。

　　A. 启停灌隔离液的差压流量计的方法与一般差压流量计的启停方法相同

　　B. 差压法测流量采用开方器，一是为了读数线性化，二是防止负荷变化影响系统的动态特性

　　C. 流量控制系统一般不采用阀门定位器

　　D. 流量控制系统仅采用 PI 调节器，不采用 PID 调节器

37. 下列关于 PID 参数的说法正确的是（　　）。

　　A. 微分时间越长，微分作用越弱　　　B. 微分时间越长，微分作用越强

　　C. 积分时间越长，积分作用越强　　　D. 比例度越大，比例控制越强

38. 在 DCS 上调整工艺参数时，发现记录曲线发生突变或跳到最大或最小，故障很可能出现在（　　）。

　　A. 现场仪表系统　　　　　　　　　　B. DCS

　　C. 工艺操作系统　　　　　　　　　　D. 以上选项均不正确

39. 故障出现以前仪表记录曲线一直表现正常，出现波动后记录曲线变得毫无规律或使系统难以控制，甚至手动操作也不能控制，故障可能是（　　）造成的。

　　A. 现场仪表系统　　　　　　　　　　B. DCS

　　C. 工艺操作系统　　　　　　　　　　D. 以上选项均不正确

40. 当发现 DCS 显示仪表不正常时，到现场检查同一直观仪表的指示值，如果它们差别很大，则可能是（　　）出现故障。

　　A. 现场仪表系统　　　　　　　　　　B. DCS

　　C. 工艺操作系统　　　　　　　　　　D. 以上选项均不正确

41. DCS 主要特点有（　　）。

　　A. 5 个　　　B. 6 个　　　C. 4 个　　　D. 3 个

42. 集散控制系统是一种以微处理器为基础的分散型集合控制系统，是（　　）的主流系统。

　　A. 工业过程控制　　　　　　　　　　B. 化工生产控制

　　C. 化工生产过程控制　　　　　　　　D. 工业生产过程控制

43. DCS 中 PV 代表的含义是（　　）。

　　A. 实际值　　　　　　　　　　　　　B. 设定值

　　C. 输出信号　　　　　　　　　　　　D. 以上选项均正确

44. DCS 中 MV 代表的含义是（　　）。

　　A. 实际值　　　　　　　　　　　　　B. 设定值

　　C. 输出信号　　　　　　　　　　　　D. 以上选项均正确

45. 集散控制系统综合了（　　）主要先进技术。
   A. 5 项　　　　　B. 6 项　　　　　C. 7 项　　　　　D. 8 项
46. DCS 在检修或停电后重新上电前，要确认系统连接正常，且接地良好，接地端对地电阻不超过（　　）。
   A. 1Ω　　　　　B. 4Ω　　　　　C. 10Ω　　　　　D. 30Ω
47. 信号回路接地与屏蔽接地（　　）接地极。
   A. 应分别安装　　　　　　　　　B. 可共用一个单独的
   C. 可与电气系统共用　　　　　　D. 以上选项均正确
48. DCS 最佳环境温度和最佳相对湿度分别是（　　）。
   A. （15±5）℃，40%～90%　　　　B. （20±5）℃，20%～80%
   C. （25±5）℃，20%～90%　　　　D. （10±5）℃，40%～80%
49. 将来自变送单元的测量信号与设定信号进行比较，按照偏差发出控制信号，去控制执行器的动作，使测量值与设定值相等，是（　　）的操作。
   A. 变送单元　　B. 调节单元　　C. 转换单元　　D. 显示单元
50. 联锁系统采用的电磁阀采用（　　）状态工作。
   A. 通电　　　　　　　　　　　　B. 断电
   C. 任意　　　　　　　　　　　　D. 以上选项均不正确

二、多项选择题（每题有 4 个选项，至少有 2 个是正确的，将正确答案字母填入括号中，每题 2 分，共 30 分）

1. 吸收塔的操作线方程式与（　　）无关。
   A. 系统的平衡关系　　　　　　　B. 操作温度和操作压力
   C. 塔的结构　　　　　　　　　　D. 物料衡算
2. 物料衡算时希望找到不变的量作为基准，下列说法正确的是（　　）。
   A. 气体是其中惰性气体的流率　　B. 气体是其中氧气的流率
   C. 液体是其中溶质的流率　　　　D. 液体是其中溶剂的流率
3. 下列提高离心泵抗汽蚀性能的措施正确的是（　　）。
   A. 叶轮采用耐汽蚀材料　　　　　B. 适当加大叶片入口边宽度
   C. 采用双吸式叶轮　　　　　　　D. 采用单吸式叶轮
4. 下列提高离心泵抗汽蚀性能的措施不正确的是（　　）。
   A. 改变泵进口的结构参数，降低抗汽蚀性能
   B. 泵壳采用耐汽蚀材料
   C. 提高离心泵的有效汽蚀余量
   D. 采用较小的吸入管直径或较高的安装高度
5. 离心泵发生振动的原因有（　　）。
   A. 泵产生汽蚀　　　　　　　　　B. 轴封泄漏
   C. 轴承磨损大　　　　　　　　　D. 泵轴与电动机轴不在同一中心线
6. 离心泵轴承发热的原因有（　　）。
   A. 润滑油过多　　　　　　　　　B. 润滑油过少
   C. 机组不同心　　　　　　　　　D. 电动机负荷过高

7. 往复泵轴承发热的原因有（   ）。
   A. 润滑油不足　　　　　　　　B. 填料函过紧
   C. 泵轴与电动机轴不在同一中心线　D. 底座松动
8. 往复泵产生振动的原因有（   ）。
   A. 底座松动　　　　　　　　　B. 泵内有汽体
   C. 发生汽蚀　　　　　　　　　D. 泵轴与电动机轴不在同一中心线
9. 离心式压缩机轴承温度偏高原因有（   ）。
   A. 润滑系统工作不正常　　　　B. 轴向推力过大
   C. 进气口压力偏高　　　　　　D. 润滑油质量变差
10. 活塞式空气压缩机排气温度偏高原因有（   ）。
    A. 吸入口气体温度偏高
    B. 压缩比偏大
    C. 气缸工作不正常或气缸气阀、活塞环漏气
    D. 安全阀漏气
11. 下列关于离心泵选型的说法正确的是（   ）。
    A. 要根据液体性质确认离心泵的类型
    B. 要根据工艺要求确认离心泵的类型
    C. 选用离心泵时，为满足操作条件，所选泵的性能参数应比理论值稍大一些
    D. 选用离心泵时，为满足操作条件，所选泵的性能参数应比理论值越大越好
12. 下列关于离心泵选型的说法正确的是（   ）。
    A. 选择离心泵时，若在生产中流量有很大的变动，一般应以最小流量为准
    B. 选择离心泵时，若在生产中流量有很大的变动，一般应以最大流量为准
    C. 选用离心泵时，为满足操作条件，所选泵的性能参数应比理论值稍大一些
    D. 在选用离心泵时，为满足操作条件，所选泵的性能参数应为理论值 2 倍以上
13. 泵的主要性能参数包括（   ）。
    A. 流量　　　　B. 扬程　　　　C. 汽蚀余量　　　　D. 功率和效率
14. 下列说法中正确的是（   ）。
    A. 离心泵输送的液体中溶解或夹带的气体不宜大于 5%（体积分数）
    B. 离心泵输送的液体中溶解或夹带的气体不宜大于 8%（体积分数）
    C. 在输送温度一定的情况下，液体黏度大于 $650mm^2/s$ 时宜选用容积式泵
    D. 在输送温度一定的情况下，液体黏度大于 $650mm^2/s$ 时宜选用旋涡泵
15. 下列关于齿轮泵特点的说法正确的是（   ）。
    A. 流量基本上与排出压力无关
    B. 与往复泵比较，在结构上不需要吸油阀、排油阀，而且流量较往复泵均匀，结构简单，运转可靠
    C. 适用于输送含固体杂质的液体
    D. 适用于不含固体杂质的高黏度液体

三、判断题（正确的打"√"，错误的打"×"，每题1分，共20分）

( ) 1. 压力、体积（或比体积）、温度的关系（简称p-V-T关系）是流体最基本的性质之一。

( ) 2. 天然气的相特性与两组分体系相同。

( ) 3. 焓是体系的状态参数，因而焓的变化与过程有关。

( ) 4. 对于真实气体，焓值与温度、密度有关。

( ) 5. 对于理想气体，亨利定律与拉乌尔定律一致，此时亨利系数即为该温度下纯物质的饱和蒸气压。

( ) 6. 对于一定的气体和液体，亨利系数 E 值随温度升高而减小。

( ) 7. 气相或液相的实际组成与相应条件下的平衡组成，其差值表示传质的推动力。

( ) 8. 对于一定的溶质和溶剂，溶解度系数 H 随温度的升高而增大。

( ) 9. 发生在静止流体或滞流流体中的扩散是涡流扩散，它是流体分子热运动而产生的传递物质的现象。

( ) 10. 扩散的推动力是浓度差。

( ) 11. 双膜理论是解释气、液两膜的分子扩散过程。

( ) 12. 将气液两相间传质的阻力集中在界面附近的气膜和液膜之内，且界面没有阻力的这一设想，称为双膜模型。

( ) 13. 在操作中增大气速，可减薄气膜厚度，降低气膜阻力，有利于提高吸收率。

( ) 14. 混合物要求吸收剂具有良好的选择性。

( ) 15. 物料衡算时希望找到不变的量作为基准，对于气体是其中惰性气体的流率，对于液体是其中溶质的流率。

( ) 16. 气体由下向上通过吸收塔时，其中的溶质不断被吸收，其摩尔分率及流率不断增大。

( ) 17. 实践证明，离心泵叶轮的材料强度和韧性越高，硬度和化学稳定性越高，叶轮的表面越光，则抗汽蚀性能越好。

( ) 18. 降低泵的安装高度是提高离心泵的有效汽蚀余量的措施。

( ) 19. 离心泵轴承发生严重泄漏时应立即停运，并更换填料或密封装置。

( ) 20. 离心泵的常见故障有性能、机械、轴封故障，以及腐蚀、磨损。

模拟试题四答案

一、单项选择题

1. B	2. D	3. A	4. B	5. D	6. A	7. D	8. B	9. B	10. B
11. C	12. A	13. B	14. B	15. A	16. D	17. A	18. B	19. C	20. D
21. B	22. B	23. C	24. B	25. B	26. D	27. B	28. A	29. B	30. D
31. B	32. D	33. B	34. A	35. B	36. B	37. B	38. A	39. C	40. A

41. B 42. A 43. A 44. C 45. A 46. B 47. B 48. B 49. C 50. B

二、多项选择题

1. ABC 2. AC 3. ABC 4. ABD 5. ACD 6. ABC 7. ABC
8. ABD 9. ABD 10. ABC 11. ABC 12. BC 13. ABCD 14. AC
15. ABD

三、判断题

1. √ 2. × 3. × 4. × 5. × 6. × 7. √ 8. × 9. × 10. √ 11. √ 12. √ 13. √
14. √ 15. √ 16. × 17. √ 18. √ 19. √ 20. √

模拟试题五

一、单项选择题（每题有4个选项，只有1个是正确的，请将正确答案字母填入题前的括号中，每题1分，共50分）

1. I/O卡件故障包括I/O处理卡故障、（　　）故障和它们之间连接排线的故障。
   A. 控制器　　　B. 运算器　　　C. 处理器　　　D. 端子板
2. 工艺专业在脱硫装置的初步设计阶段应进行（　　）工作。
   A. 编制管道命名表　　　　　B. 编制化验分析条件
   C. 物料衡算和热量衡算　　　D. 编制管道仪表流程图
3. 工艺专业在脱硫装置的初步设计阶段应（　　）。
   A. 考虑开停车、联锁项目和紧急情况的处理方案
   B. 确定主要设备操作条件
   C. 编制化学药品表
   D. 提出特殊用电要求
4. 脱硫装置的初步设计包括（　　）。
   A. 设计说明书，设备及材料表，图纸，开停车、联锁项目和紧急情况的处理方案，单项工程概算
   B. 设计说明书，设备及材料表，工艺流程图和物料平衡表，环境保护专篇，安全卫生及消防专篇
   C. 设计说明书，开停车、联锁项目和紧急情况的处理方案，图纸，单项工程概算，环境保护专篇，安全卫生及消防专篇
   D. 设计说明书，设备及材料表，图纸，单项工程概算，环境保护专篇，安全卫生及消防专篇
5. 脱硫装置的化工设计计算包括（　　）。
   A. 物理计算　　　　　B. 物性计算
   C. 等差计算　　　　　D. 微分计算

6. 脱硫装置的化工设计计算包括（   ）。
   A. 化学计算   B. 化工热力学计算
   C. 设备分析计算   D. 物化计算
7. 脱硫装置的化工设计计算包括（   ）。
   A. 给水计算   B. 处理量计算
   C. 财务计算   D. 热量衡算
8. 在脱硫装置的化工设计计算中，以下不能作为物料衡算计算式的是（   ）。
   A. 能量平衡关联式   B. 总质量平衡关联式
   C. 组分平衡关联式   D. 元素平衡关联式
9. 在脱硫装置的化工设计计算中，以下不是物料衡算方法的是（   ）。
   A. 直接解法   B. 联系物解法   C. 代数解法   D. 方程解法
10. 在脱硫装置的化工设计计算中，以下不是物料衡算步骤的是（   ）。
    A. 了解体系的特点、过程性质、未知变量情况，判断采用何种解法
    B. 收集物性数据、操作条件数据，画出流程图并选择体系，标注进出体系的物流
    C. 计算物流的热量变化
    D. 选择计算基准并列出体系物流表
11. 在设计计算时，蒸汽冷凝水流速宜选（   ）。
    A. 0.2~0.5m/s   B. 0.5~1.5m/s
    C. 1.5~2.0m/s   D. 1.5~2.5m/s
12. 在设计计算时，压缩气体在压力不高于0.3MPa时，流速宜选（   ）。
    A. 10~15m/s   B. 11~15m/s   C. 15~20m/s   D. 8.0~12m/s
13. 操作通道、平台所需净空高度为（   ）。
    A. 1500mm   B. 1800mm   C. 2100mm   D. 2500mm
14. 大型釜式反应器底部进行固体催化剂卸料时，反应器底部需留有不小于（   ）的净空。
    A. 1500mm   B. 2000mm   C. 3000mm   D. 4000mm
15. 下列选项不属于管道布置设计依据的是（   ）。
    A. 装置采用的工艺   B. 常用的设计规范
    C. PID 图   D. 设备布置图
16. 管道布置设计时可不遵循或采用（   ）。
    A. GB 50016—2014《建筑设计防火规范（2018版）》
    B. 相关专业提供的条件表和条件图
    C. 设备布置平面图
    D. 管道仪表流程图
17. 管道材料选用的基本原则是（   ）。
    A. 明确化工工艺装置生产过程中各种介质的操作工况和使用条件
    B. 全面了解各种工程材料的特性，正确地选择所使用的材料，认真分析生产过程中可能出现的各种材料问题，同时考虑所选材料加工工艺性和经济性

C. 对于新型材料和特殊材料的选用，要严格建立在试验与生产考验的基础上，经过充分论证后方可选择用

D. 以上选项均正确

18. 埋地管道顶与路面的距离应不小于（   ），并应在冻土深度以下。
    A. 0.6m   B. 0.8m   C. 1.0m   D. 1.2m

19. 当管道通过厂区道路时，一般高度不小于（   ）。
    A. 3m   B. 4m   C. 5m   D. 6m

20. 在脱硫装置的化工设计热量衡算中，以下选项中不是热量衡算步骤的是（   ）。
    A. 确定热量衡算的步骤，收集物性数据、操作条件数据、热性质数据
    B. 选择衡算的计算基准和能量基准，列出各种关系式，包括热量衡算式、焓方程式及物料衡算方程式
    C. 将计算结果整理列成热量评分表，并进行验算
    D. 计算总热量

21. 传热面积通过热流量、传热系数和平均温差计算，有（   ）表示方式。
    A. 内表面积、外表面积两种
    B. 内表面积、外表面积、平均传热面积三种
    C. 内表面积、平均传热面积两种
    D. 外表面积、外表面积两种

22. 下列选项中不是管子和组成件选材的基本准则的是（   ）。
    A. 公称压力   B. 试验压力及最大工作压力
    C. 公称直径   D. 温度、压力额定值

23. 对于采用国内系列标准的化工装置进行技术改造时，宜采用（   ）系列标准。
    A. 美国   B. 欧洲   C. 国内   D. 国际

24. 阀门的选用主要应从（   ）等方面考虑。
    A. 装置无故障操作和经济   B. 阀门标准和材质
    C. 阀门安全和材质   D. 阀门公称压力和公称直径

25. 在管道上，（   ）应装设固定支架。
    A. 每5m   B. 每4m
    C. 每10m   D. 不允许有任何位移的地方

26. 对大直径薄壁管道，在无特殊要求时，宜（   ）在梁架或者管道支架上。
    A. 焊接   B. 螺栓固定
    C. 衬托加强板保护   D. 管卡固定

27. 脱硫装置检修的第一步是（   ）。
    A. 减少天然气流量，保持塔压   B. 逐个设备进行置换
    C. 用清水清洗设备   D. 用蒸汽逐个吹扫设备

28. 进入置换合格的容器内作业时可以不（   ）。
    A. 办理有限空间作业票   B. 使用安全电压的照明或工具设施
    C. 定期取样分析   D. 佩戴空气呼吸器

29. 编写脱硫检修方案应从（　　）方面来确定方案和步骤。
A. 理论　　　　　　　　　　　B. 实际
C. 理论和实际　　　　　　　　D. 以上选项均正确

30. 进入脱水塔检修前必须（　　）。
A. 将塔内泄至常压　　　　　　B. 用空气置换容器内气体
C. 回收塔内溶液　　　　　　　D. 取塔内的介质进行分析

31. 净化厂正常检修后，开车物料与工（器）具的准备包括（　　）。
A. 开车所需的化学药剂、试剂、催化剂、活性炭、过滤元件等物料已到场，经分析、验收质量合格
B. 设备运行所需润滑油、脂等已准备
C. 工（器）具已准备
D. 以上选项均正确

32. 净化厂正常检修后，开车技术资料的准备包括（　　）。
A. 开车方案已编制，经批准后发至岗位
B. 工艺变动过的地方已编制技术资料，并发至岗位
C. 岗位记录、原始数据记录表格等资料已发至岗位
D. 以上选项均正确

33. 下列有关开工组织的说法错误的是（　　）。
A. 正常运行所需岗位操作人员已全部上岗
B. 化验分析人员到位
C. 机、电、仪等保运人员因装置检修完毕可以不到位
D. 治安、消防、保卫人员到位

34. 装置检修组织机构应包括（　　）。
A. 简介　　　　　　　　　　　B. 组织安排
C. 联系方式　　　　　　　　　D. 以上选项均正确

35. 现场调度的职责是（　　）。
A. 协调内、外工作　　　　　　B. 掌握、安排检修进度
C. 组织召开检修协调　　　　　D. 以上选项均正确

36. GB 18218—2018《危险化学品重大危险源辨识》中规定，生产场所硫化氢超过（　　）的临界量可判定为重大危险源。
A. 1t　　　B. 2t　　　C. 5t　　　D. 10t

37. 作用条件危险性评价法中，LEC 值在（　　）以上，必须编制危险源管理方案。
A. 20　　　B. 50　　　C. 70　　　D. 100

38. 延长石油天然气集团公司 HSE 管理体系中，环境因素的识别不包括（　　）。
A. 原材料以及分包方的活动所产生的环境影响
B. 以往遗留的环境问题，现场的、现有的污染及环境问题，以及工程实施、交付中的活动可能带来的环境问题和将来潜在的法律、法规的其他要求

C. 正常运行条件、异常运行条件以及可以合理预见的情况或紧急状态（如火灾、爆炸事故）所伴随的潜在重大环境影响

D. 社会其他组织的活动对环境的影响

39. GBZ 1—2010《工业企业设计卫生标准》规定，当外界气温在33℃以上时，工作场所或作业地点的温度不能超过环境温度（　　）。

  A. 2℃　　　　　　B. 3℃　　　　　　C. 5℃　　　　　　D. 10℃

40. HSE 管理体系中，清洁生产的方法不包括（　　）。

  A. 末端治理法　　　　　　　　B. 废物减量法

  C. 源头消减　　　　　　　　　D. 现场循环回收利用

41. 下列关于清洁生产工艺的说法错误的是（　　）。

  A. 应不用有毒有害的原料，必须采用无毒无害的中间体

  B. 应尽量减少生产过程中的各种危险性因素，如高温、高压、易燃易爆、强噪声、强振动、低温、低压等

  C. 应选用少废或无废工艺，采用高效设备和简单、可靠的生产操作和控制

  D. 完善生产管理，对物料进行内部循环，尽量少排放或不排放废弃物

42. 技术总结中不包含（　　）方面的内容。

  A. 生产计划完成情况分析　　　　B. 人力资源分析

  C. 能源、动力消耗情况及分析　　D. 产品质量情况及原因分析

43. 在配合技术人员进行技术改造时，应（　　）。

  A. 协助技术人员编写施工方案　　B. 监督施工方安全按章作业

  C. 解决出现的工艺技术问题　　　D. 以上选项均正确

44. 下列说法正确的是（　　）。

  A. MEA 采用高压操作气相损失更大

  B. MEA 采用低压操作气相损失更大

  C. MEA 的气相损失与操作压力无关

  D. 如果压力升高，MEA 的气相损失先增大后减小

45. 对装置进行小改小革的主要目的是（　　）。

  A. 提高产量　　　　　　　　　B. 降低成本和节约能源

  C. 降低腐蚀　　　　　　　　　D. 提高溶液质量

46. 编写 HSE 作业文件应首先（　　）。

  A. 收集和分析现行文件　　　　B. 编写文件编号和标题

  C. 编制作业文件明细表　　　　D. 确认目的和适用范围

47.《中华人民共和国节约能源法》所称节能，是指加强用能管理，采取（　　）以及环境和社会可以承受的措施，从能源生产到消费的各个环节，降低消耗、减少损失和污染物排放、制止浪费，有效、合理地利用能源。

  A. 技术上可行　　　　　　　　B. 经济上合理

  C. 技术上可行、经济上合理　　D. 工艺先进

48.《重点用能单位管理办法》中,对重点用能单位的界定是,年耗能(　　)标准煤以上的单位,各省、自治区、直辖市经济贸易委员会指定的年综合能源消费(　　)标准煤以上和不足(　　)标准煤的用能单位。
  A. 10000t,5000t,10000t　　　　　B. 30000t,6000t,20000t
  C. 50000t,7000t,30000t　　　　　D. 70000t,8000t,40000t

49. 规定的耗能体系在一段时间内实际消耗的各种能源实物量按规定的计算方法和单位分别折算为一次能源后的总和称为(　　)。
  A. 综合能耗　　B. 耗能工质　　C. 综合能耗单耗　　D. 产品消耗

50. 各类天然气脱硫、脱碳工艺中,应用最多、最广泛的方法是(　　)。
  A. 化学溶剂法　　B. 分子筛法　　C. 直接转化法　　D. 膜分离法

二、多项选择题（每题有4个选项,至少有2个是正确的,将正确答案字母填入括号中,每题2分,共30分）

1. 下列关于旋涡泵特点的说法正确的是(　　)。
  A. 旋涡泵适用于输送高黏度液体
  B. 旋涡泵的结构简单,铸件形状不太复杂,制造加工容易
  C. 大多数旋涡泵都具有自吸能力
  D. 旋涡泵是结构最简单的高扬程泵

2. 下列泵中无法获得较高真空度或超高真空度的是(　　)。
  A. 水蒸气喷射泵　　　　　　　　B. 水喷射泵
  C. 油扩散泵和油增压泵　　　　　D. 空气喷射泵

3. 选择风机时必须具备的已知条件有(　　)。
  A. 最大流量　　　　　　　　　　B. 被输送介质的性质
  C. 当地的大气压　　　　　　　　D. 最大全压

4. 下列说法中正确的是(　　)。
  A. 泡罩塔相比筛板塔操作负荷范围小
  B. 泡罩塔相比筛板塔操作负荷范围大
  C. 浮阀塔相比筛板塔操作负荷范围小
  D. 浮阀塔相比筛板塔操作负荷范围大

5. 填料的选择原则有(　　)。
  A. 单位体积填料的表面积要大,气液相接触的自由体积要大
  B. 对气相阻力要小,即空隙面积小
  C. 质量要轻,机械强度要高,耐介质腐蚀,经久耐用,价格低廉
  D. 根据操作压力和介质来选择填料的材质

6. 下列说法正确的是(　　)。
  A. 增加工艺物流速度,可增加传热系数
  B. 增加流速,可以减少磨损和振动破坏
  C. 压力降增大,动力增加
  D. 增加流速可使换热器紧凑

7. 容器选择应综合考虑（　　）等因素。
A. 工艺条件、介质特性　　　　　　　B. 场地条件、设置位置
C. 容积大小　　　　　　　　　　　　D. 施工方便、造价和耗材量

8. 下列说法正确的是（　　）。
A. 浮阀标记中，Q 表示轻阀，Z 表示重阀
B. 泡罩低隙过高，则塔板液层增高，压降大
C. 泡罩低隙大小与介质清洁度无关
D. 当人孔设在除沫器下方时，采用下装式丝网除沫器

9. 调节器参数整定中的最佳参数包括（　　）。
A. 比例带　　　B. 积分时间　　　C. 微分时间　　　D. 微积分时间

10. 用经验凑试法来整定调节器时，下列说法正确的是（　　）。
A. 在整定中，观察到曲线振荡很频繁，须增大比例度以减小振荡
B. 在整定中，观察到曲线振荡很频繁，须减小比例度以减小振荡
C. 在整定中，当曲线波动较大时，应增大积分时间
D. 在整定中，当曲线波动较大时，应减少积分时间

11. 当调节过程不稳定时，可通过（　　）使其稳定。
A. 增大积分时间　B. 减小积分时间　　C. 加大比例度　　D. 减小比例度

12. 当现场仪表系统出现故障时，可能出现（　　）的现象。
A. 记录曲线发生突变
B. 以前仪表记录曲线一直表现正常，出现波动后记录曲线变得毫无规律或使系统难以控制，甚至手动操作也不能控制
C. 当 DCS 显示仪表不正常时，到现场检查同一直观仪表的指示值，发现它们差别很大
D. 记录曲线跳到最大或最小

13. DCS 由（　　）组成。
A. I/O 板　　　　B. 控制器　　　　C. 操作台　　　　D. 通信网络

14. 化工计算包括工艺设计中的（　　）。
A. 物料衡算　　　　　　　　　　　　B. 能量衡算
C. 能量守恒　　　　　　　　　　　　D. 设备的选型和计算

15. 生产方法和工艺流程选择的原则有（　　）。
A. 先进性　　　B. 可靠性　　　　C. 合理性　　　　D. 原则性

三、判断题（正确的打"√"，错误的打"×"，每题 1 分，共 20 分）

（　　）1. 往复泵的填料函过紧会造成泵压力不足。
（　　）2. 往复泵的填料函过紧不会造成泵压力不足。
（　　）3. 压缩机的很多故障在测量的振动信号上有明显显示。
（　　）4. 某离心泵型号为 4B35A，其中 B 代表油泵。
（　　）5. 在选用离心泵时，为满足操作条件，所选泵的性能参数应比理论值稍大一些。

(   ) 6. 泵的主要性能参数有流量、扬程、汽蚀余量、功率和效率。
(   ) 7. 输送液体流量较小且扬程高时，宜选用往复泵。
(   ) 8. 可以采用关闭出口阀的措施来调节旋涡泵的流量。
(   ) 9. 不可以采用关闭出口阀的措施来调节旋涡泵的流量。
(   ) 10. 抽气速率是指单位时间内真空泵在残余压力下从进气管吸入的气体容积，即真空泵的生产能力。
(   ) 11. 用于抽取气体产生负压的机器称为真空泵。
(   ) 12. 离心通风机的全称包括名称、型号、机号、传动方式、旋转方向、风口位置六部分。
(   ) 13. 在选用风机时，风机的实际流量和压力应比理论计算的最大流量和最大压力高一些。
(   ) 14. 板式塔操作时多少有些液沫夹带，液沫可以增加传质面积。
(   ) 15. 填料材质的选择主要考虑填料的价格和机械强度。
(   ) 16. 填料塔润滑速率计算公式为淋洒密度/填料比表面积。
(   ) 17. 不洁净和易结垢的流体宜走换热器壳程，因壳内清洗方便容易。
(   ) 18. 当管壳式换热器采用多管程、单壳程并用水作冷却剂时，冷却水的出口温度可以高于工艺物流的出口温度。
(   ) 19. 容器选择应综合考虑工艺条件、介质特性、场地条件、容积大小、设置位置、施工方便、造价和耗材量等因素。
(   ) 20. 容器选择时首先应确定容积。

模拟试题五答案

一、单项选择题

1. D	2. C	3. D	4. D	5. D	6. D	7. A	8. C	9. C	10. C
11. C	12. B	13. C	14. C	15. A	16. A	17. D	18. A	19. B	20. D
21. B	22. C	23. D	24. B	25. D	26. A	27. A	28. D	29. C	30. D
31. D	32. D	33. C	34. D	35. D	36. C	37. C	38. D	39. A	40. A
41. A	42. B	43. D	44. B	45. B	46. B	47. C	48. A	49. A	50. A

二、多项选择题

1. BCD 2. ABD 3. ABCD 4. BD 5. ACD 6. ACD 7. ABCD
8. ABD 9. ABC 10. AC 11. AC 12. ACD 13. ABCD 14. ACD
15. ABC

三、判断题

1. × 2. √ 3. √ 4. × 5. √ 6. √ 7. √ 8. × 9. √ 10. √ 11. √ 12. √ 13. √
14. √ 15. × 16. √ 17. × 18. × 19. √ 20. √

第二部分

技师技能操作

技能训练一　分析及处理重沸器窜漏故障

一、相关知识

脱硫脱碳装置贫液再生重沸器通常采用列管式换热器，主要有釜式重沸器和热虹吸式重沸器两种。而重沸器的加热介质又包括低压饱和蒸汽或导热油炉加热，绝大多数净化厂采用低压饱和蒸汽加热，在水资源缺乏地区，则常采用导热油炉加热，本书只介绍蒸汽加热系统。

由于重沸器内被加热的介质含有酸性气体且温度高，是腐蚀重点区域。操作中温度控制过高或升降温度过快，以及设备材质原因，通常会引起重沸器窜漏的情况。大多数天然气净化厂曾发生过重沸器窜漏故障。

重沸器壳程（溶液部分）维持再生系统压力，通常为 0.1~0.15MPa；而重沸器管程（蒸汽部分）压力维持低压蒸汽压力，通常为 0.2~0.3MPa，运行过程中发生窜漏时，将有大量蒸汽或凝结水窜入溶液系统中，导致溶液浓度下降和系统液位增加。

重沸器轻微窜漏时，再生塔温度、重沸器蒸汽流量无明显变化，但再生塔液位可能会缓慢上升或系统补充水量明显减少，蒸汽流量呈下降趋势，胺液浓度呈缓慢下降趋势；重沸器严重窜漏时，重沸器蒸汽流量波动大，蒸汽流量调节阀开度明显减小。再生塔液位明显上升，再生塔顶温度明显上升或波动大，再生塔差压上升，严重时出现拦液、冲塔现象；贫液浓度明显下降，湿净化气质量下降；凝结水罐液位调节阀开度明显减小。

二、技能操作

（一）准备工作

（1）设备：脱硫脱碳单元。

（2）材料及工具：装置操作记录 1 份，工艺参数记录 1 份，笔 1 支，记录本 1 本，电脑 1 台，打印机 1 台，对讲机 1 部，工具包 1 个。

（3）人员：净化操作工 2 人，化验分析工 1 人。

（二）操作规程

（1）初期处置。

① 将重沸器蒸汽调节阀切换至手动操作，控制蒸汽流量低于正常流量。

② 适当降低凝结水系统压力，降低蒸汽泄漏量。

③ 停止溶液系统补水操作，监控系统各点液位变化。

④ 分析贫液浓度，确认贫液浓度是否明显下降，必要时进行甩水操作。

（2）数据收集。

① 编制重沸器窜漏相关数据统计表，选择合理的统计项目和时间节点。

② 按统计表设置项目和时间，收集并填写数据。统计表项目设置应包含以下内容：

a. 重沸器蒸汽流量、压力、调节阀开度统计。
b. 重沸器凝结水罐压力、液位统计。
c. 重沸器半贫液进口温度、出口温度统计。
d. 再生塔差压、再生系统压力、塔顶温度、塔底温度统计。
e. 溶液循环量、酸水回流量统计。
f. 贫液质量及浓度分析数据统计。
g. 系统各点液位数据统计。
h. 装置重要操作或调整记录。

（3）数据分析。

① 根据蒸汽流量、蒸汽压力、蒸汽流量调节阀开度组合分析判断是否存在蒸汽供给系统故障。

② 根据凝结水罐压力、液位变化组合分析判断是否存在凝结水系统堵塞故障。

③ 根据装置操作记录或调整记录判断装置是否进行工艺参数调整、补充水（溶液）、投用或停运溶液过滤系统等操作，并判定系统液位增加或减少。

④ 根据再生塔温度差压、压力等分析再生系统是否出现因发泡、拦液引起系统液位变化。

⑤ 根据贫液质量及浓度、釜式重沸器液位分析判定设备是否出现窜漏。

⑥ 对半贫液和塔底贫液取样分析，观察其质量变化后确定再生塔升气帽或再生塔半贫液集液槽是否泄漏。

⑦ 对重沸器进口、出口溶液进行取样分析，根据贫液浓度和再生质量变化确定重沸器是否窜漏。

（4）原因判断及后续处理。

① 综合上述分析，判断重沸器是否窜漏。
② 针对判定的原因，提出相应的具体处理措施。

重沸器轻微窜漏：

a. 重沸器监护运行，加大贫液浓度分析频率和补充水控制，保持溶液组分稳定。
b. 严密监视湿净化气质量，及时调整溶液循环量及贫液入塔温度。
c. 在保证溶液再生温度和质量的前提下适当降低进重沸器蒸汽压力。
d. 根据溶液组分中水含量高低，确定是否进行甩水操作。
e. 联系上下游，适当降低装置处理量，降低原料气中 H_2S、CO_2 含量。
f. 设备窜漏明显增大，应申请停产检修，对窜漏管束进行堵管。

重沸器严重窜漏：

a. 关小重沸器蒸汽流量调节阀，同时注意监控湿净化气质量和系统液位变化。
b. 申请停产检修，检查窜漏点，检修设备。
c. 具体措施中应指出处理后的变化趋势及注意事项。

（5）其他操作。

① 按要求填写作业过程记录。
② 打扫场地卫生，整理工具、器具。
③ 汇报作业完成情况。

（三）技术要求

（1）重沸器窜漏时应先检查再生塔顶温度和液位变化，然后关小重沸器蒸汽流量调节阀。

（2）重沸器出现窜漏时，凝结水窜入溶液系统，造成溶液浓度下降，可能造成湿净化气不合格，但不会造成贫液变质，此时应适当降低凝结水系统压力，减少窜漏。

（3）重沸器轻微窜漏，系统液位无明显上升时，应对重沸器进出口溶液浓度进行取样分析，判断其泄漏量大小，确定是否可以继续维持生产。

（4）重沸器严重窜漏，系统液位迅速上升时，应立即停止重沸器蒸汽，关闭凝结水阀门，防止大量凝结水继续进入系统，同时申请停产。

（5）无论什么原因，分析和处理过程中应随时关注贫液质量，防止湿净化气不合格。

（四）技术要求

（1）现场处理时应注意防止烫伤，作业人员要正确穿戴劳保服装，佩戴防烫伤手套。

（2）停运系统补充水时，应注意溶液系统浓度变化。

（3）调整过程中应注意再生塔差压的变化，防止操作原因造成再生塔拦液。

（4）判断重沸器或再生塔集液槽窜漏时，应分别进行进口和出口取样分析，比对后再确认。

（5）重沸器停运蒸汽时，应及时停运凝结水系统，防止溶液窜入凝结水系统。

（6）申请停产后，应按正常停产程序进行冷循环和溶液回收操作，热循环步骤不用进行。

技能训练二　分析及处理重沸器蒸汽流量异常故障

一、相关知识

脱硫脱碳单元重沸器蒸汽流量异常，会造成再生塔塔顶温度波动。重沸器蒸汽流量过高，溶液再生质量下降，严重时造成湿净化气质量超标。重沸器蒸汽流量过高，再生塔顶温度上升，酸气水含量增加、严重时造成再生塔拦液、冲塔。

重沸器流量的影响因素有溶液水含量，蒸汽及凝结水系统管路，重沸器换热效果，再生塔半贫液集液槽或重沸器窜漏等。

（1）胺液的比热容低于水，醇胺溶液中水含量偏高时，醇胺的酸气负荷较低，溶液循环量偏高，再生时要维持再生塔顶温度。需要的二次蒸汽量就大，消耗的蒸汽量就更多，导致再生塔差压升高，严重时拦液、冲塔。反之，醇胺溶液中水含量偏低时，再生塔底产生二次蒸汽量偏小，重沸器温度波动大，塔底溶液温度升高，导致醇胺溶液热降解、变质，腐蚀加剧。醇胺溶液中水组分异常时，无论高低都应及时进行调整，控制在最佳范围内。醇胺溶液浓度控制应根据醇胺种类确定，MDEA溶液一般控制在45%左右。当溶液浓度偏高时，应增大系统凝结水补充量；当溶液浓度偏低时，应进行甩水操作，适当提高溶液浓度。

（2）蒸汽及凝结水系统管路故障都会造成重沸器蒸汽流量异常，应逐项排除。蒸汽压力变化、蒸汽品质下降、蒸汽流量调节阀故障，都会导致蒸汽流量异常；凝结水调节阀或疏水阀故障、凝结水系统压力上升也会导致蒸汽流量异常。

（3）重沸器严重结垢会导致其换热效率下降，为维持再生塔温度，重沸器蒸汽流量增加，贫液再生质量下降。

（4）再生塔半贫液集液槽窜漏时，进入重沸器的半贫液减少，产生的二次蒸汽量下降，再生塔顶温度下降，导致重沸器蒸汽流量调节阀增大，但蒸汽流量减少。

（5）重沸器管壳程轻微窜漏时，溶液浓度缓慢下降或无明显变化，重沸器蒸汽流量减小，塔顶温度维持稳定；重沸器管壳程严重窜漏时，溶液浓度明显下降，再生塔液位上升，塔顶温度呈上升趋势，严重时再生塔拦液、冲塔。

（6）釜式重沸器挡板泄漏时，重沸器液位下降，蒸汽管束未全部浸没在半贫液中，传热效率下降，再生塔温度下降，贫液质量下降，而重沸器蒸汽流量减少。

二、技能操作

（一）准备工作

（1）设备：脱硫脱碳单元。

（2）材料及工具：装置操作记录1份，工艺参数记录1份，笔1支，记录本1本，电脑 1 台，打印机 1 台，对讲机 1 部，工具包 1 个。

（3）人员：净化操作工 2 人，化验分析工 1 人。

（二）操作规程

（1）初期处置。

① 将重沸器蒸汽调节阀切换至手动操作，控制流量调节阀阀位略高于正常阀位，蒸汽流量略高于正常流量。

② 平稳控制再生塔入塔富液流量和酸水回流量，控制平稳再生压力。

③ 检查确认蒸汽系统和凝结水系统是否正常。

④ 分析贫液质量，检查确认贫液质量是否合格。贫液质量下降，应适当提高溶液循环量或降低处理量。

（2）数据收集。

① 编制重沸器蒸汽流量异常相关数据统计表，选择合理的统计项目和时间节点。

② 按统计表设置项目和时间，收集并填写数据。统计表项目设置应包含以下内容：

a. 重沸器蒸汽流量、压力、调节阀开度统计。

b. 重沸器凝结水罐压力、液位统计。

c. 重沸器半贫液进口、出口温度统计。

d. 再生塔差压、再生系统压力、塔顶温度、塔底温度统计。

e. 溶液循环量、酸水回流量统计。

f. 贫液质量分析数据统计。

g. 系统各点液位数据统计。

h. 原料气气质、气量数据统计。

i. 装置重要操作或调整记录。

（3）数据分析。

① 根据蒸汽流量、蒸汽压力、蒸汽流量调节阀开度分析判断是否存在蒸汽供给系统故障。

② 根据凝结水罐压力液位变化分析判断是否存在凝结水系统堵塞故障。

③ 根据装置操作记录或调整记录判断装置是否进行工艺参数调整、补充水（溶液）、投用或停运溶液过滤系统等操作。

④ 根据原料气气质、气量和循环量变化分析是否装置负荷增加引起蒸汽变化。

⑤ 根据贫液质量分析和再生塔温度、差压、再生压力等分析再生系统是否出现发泡、拦液现象造成蒸汽用量变化。

⑥ 根据系统各点液位变化和贫液浓度分析设备是否出现窜漏引起蒸汽流量变化。

⑦ 对半贫液和塔底贫液进行取样分析，观察其质量变化后确定是否再生塔蒸汽帽或再生塔半贫液集液槽泄漏。

⑧ 对重沸器进口、出口溶液进行取样分析，根据贫液浓度和再生质量来确定重沸器是否窜漏。

（4）原因判断及后续处理。

① 综合上述分析，判断重沸器蒸汽流量异常的最终原因。

② 针对判定的原因，提出相应的具体处理措施。

③ 具体措施中应指出处理后的变化趋势及注意事项。

(5) 其他操作。

① 按要求填写作业过程记录。

② 打扫场地卫生，整理工具、器具。

③ 汇报作业完成情况。

(三) 操作规程

(1) 重沸器蒸汽流量异常时应首先检查再生塔顶温度变化，然后再检查其他参数。

(2) 影响再生塔顶温度变化的原因很多，应先从系统波动、操作调整方面入手，然后再从蒸汽及凝结水系统方面检查。

(3) 排除装置操作原因后，应考虑设备是否窜漏，在确认设备窜漏时应多点取样分析。

(4) 无论什么原因，分析和处理过程中应随时关注贫液质量，防止湿净化气不合格。

(5) 处理措施中，应明确处理过程中各参数的变化情况及注意事项。

(四) 注意事项

(1) 现场处理时应注意防烫伤，作业人员要正确穿戴劳保服装，佩戴防烫伤手套。

(2) 溶液系统水含量调整时，应注意控制好补充水或甩水速率，防止系统大幅度波动。

(3) 调整过程中应注意再生塔差压的变化，防止操作原因造成再生塔拦液。

(4) 判断重沸器或再生塔集液槽窜漏时，应分别进行进出口取样分析，比对后再确认。

技能训练三　分析及处理溶液循环泵流量异常故障

循环泵作为溶液循环系统的动力设备，在操作中应特别小心。若操作或检查不仔细可会发生泵抽空，不及时处理将会造成更大事故。发生泵抽空时应特别注意以下几个方面：

(1) 泵或吸入管内有空气；
(2) 再生压力过低或液位过低；
(3) 电动机转速过低；
(4) 电动机转向不对（泵检修之后或新安装）；
(5) 总扬程与泵的扬程不符；
(6) 管路不畅通。

应对措施应包括以下几个方面：

(1) 重新灌泵排气；
(2) 根据实际情况适当提高再生压力或补充部分溶液；
(3) 根据实际，更换新泵；
(4) 重新调整电动机转向；
(5) 对泵进行检修或更换；
(6) 检查并清理杂物。

技能训练四　分析及处理换热器换热效果差故障

一、相关知识

脱酸溶液系统换热器主要有贫富液换热器、贫液空冷器、酸气空冷器、贫液后冷器及酸气后冷器。换热器换热效果差会对溶液再生造成影响，也会降低贫液吸收效率，影响湿净化气质量，还有可能引起吸收塔、再生塔带液，造成系统溶液损耗等。换热器换热效果差的主要原因是溶液中杂质过多，杂质滞留在换热片上或管束内，降低了换热器传热效率。另外，溶液系统流速和冷却水流速低，空冷器翅片积灰厚也会造成换热效果变差。

二、技能操作

(一) 准备工作

(1) 设备：贫富液换热器，贫液空冷器，酸气空冷器，酸气后冷器。

(2) 材料及工具：装置操作记录1份，工艺参数记录1份，笔1支，记录本1本，电脑1台，打印机1台，对讲机1部，工具包1个。

(3) 人员：净化操作工2人，化验分析工1人。

(二) 操作规程

(1) 检查溶液系统流量是否正常、是否达到设计运行参数。溶液流量过低，则适当提升流量以满足换热器运行需要。

(2) 检查贫富液换热器进出口温度、压力。贫富液进口粗滤器堵塞造成换热效果差，则切换设备，对粗滤器进行清洗。

(3) 检查确认贫富液换热器顶部是否夹气。

(4) 系统溶液脏造成换热器内部结垢，则切换清洗换热器，同时加强溶液系统过滤，保持溶液清洁。

(5) 合理控制再生塔操作温度，以免再生塔出口贫液温度过高造成换热温差大，加速换热器结垢。

(6) 调整贫液空冷器及酸气空冷器变频器频率，调整空冷器百叶窗开度，提高换热效果，必要时清除灰尘。

(7) 控制合理的贫液空冷器及酸气空冷器出口温度，防止出口温度过高引起贫液和酸气后冷器结垢。

(8) 调整贫液后冷器及酸气后冷器循环水量。

(9) 设备窜漏造成换热效果差，则切换设备进行检修。

(10) 按要求逐项填写作业记录。

(11) 打扫场地卫生，整理工具、器具。

(12) 汇报作业完成情况。

(三) 注意事项

(1) 加强换热器日常巡检,发现温度、压力异常时及时汇报和处理。

(2) 装置停产检修时,对换热器进行仔细检查和清洗,以保证装置开产后换热器的运行效果。

(3) 换热效果差时,要关注净化气质量变化,调整操作,杜绝不合格净化气外输。

技能训练五　分析脱酸单元节能降耗措施

一、相关知识

胺法脱硫脱碳单元节能降耗措施应从水、电、气、汽、胺液、原材料消耗等方面考虑。

（1）水：胺法脱硫脱碳单元用水主要有贫液酸气的循环冷却水和溶液循环泵等机泵冷却用水，系统内包括除氧水或凝结水，以及清洗过滤器用水、场地冲洗水等的消耗。

（2）电：溶液循环泵、酸水回流泵空冷器风机是脱硫脱碳单元主要的耗电设备，在冬季还有电加热保温用电等。

（3）气：主要有闪蒸气、酸气。

（4）胺液：湿净化气、闪蒸气、酸气夹带损失，机泵泄漏及其他跑冒滴漏损失、冲塔损失等。

（5）蒸汽：脱硫脱碳单元主要蒸汽消耗是再生塔重沸器加热升温和用于管线保温。

（6）其他：脱硫脱碳单元还要考虑过滤元件活性炭用量消耗，低位池吹扫空气用量以及仪表风管线泄漏等消耗。

尽量减少胺液、天然气、水、汽等介质的跑冒滴漏。

二、技能操作

（一）准备工作

（1）设备：脱硫脱碳单元动设备、静设备。

（2）材料、工具：笔1支，记录表1份，300~80mm F形扳手1把，对讲机1部，工具包1个。

（3）人员：净化操作工2人以上。

（二）操作规程

（1）装置正常生产调整操作。

① 降低循环水冷却水用量，提高贫富液换热器、贫液后冷器、酸气后冷器换热效率。

② 调整机泵冷却水量，控制冷却水出水温度为40~50℃；关闭备用机泵和其他停运机泵冷却水，以减少冷却水损失。

③ 蒸汽引射器抽溶液配制罐低位池积水后，及时关闭蒸汽阀。

④ 控制再生塔顶温度，节约后冷器水耗和空冷器电耗。

⑤ 参数发生重大改变时，及时调整溶液循环量，减少蒸汽和电能消耗。

⑥ 根据季节和环境温度变化及时调整空冷器顶部百叶窗开度，必要时才启用风机；调整风机变频值，控制合理的介质出口温度。

⑦ 控制闪蒸罐液位和压力，确保闪蒸效果，降低酸气中烃含量，提高闪蒸气回收率。

⑧ 选择性脱硫脱碳操作时，调整好脱硫脱碳吸收塔贫液入塔层数，降低 CO_2 共吸率。

⑨ 控制吸收塔压力、液位及贫液入塔温度，防止天然气中轻烃冷凝，减少溶液发泡、拦液现象，加强湿净化气分离器溶液回收操作，减少醇胺溶液夹带损失。

⑩ 平稳操作脱硫脱碳装置，减少不必要的放空和泄压操作。

⑪ 控制重沸器蒸汽量，保持再生温度稳定，减少胺液热降解和塔顶带液损失。

⑫ 清洗溶液机械过滤器和活性炭过滤器前，彻底回收溶液。

⑬ 做好溶液储罐和溶液配制罐氮气保护，降低胺液氧化变质概率。

（2）装置及单体设备检修时操作。

① 清洗换热器结垢物，除去空冷器杂物等，保证换热效率。

② 过地器清洗或场地清扫时，应先进行固体除渣，必要时再用水冲洗，严格控制冲洗水量。

③ 装置停产检修过程中新鲜水洗和除氧水洗时，应控制各塔、罐在较低液位循环水洗。

④ 装置检修停产时，尽量回收或利用系统内的余气，减少放空量。

⑤ 仔细检查、维护溶液循环泵，减少循环泵胺液泄漏损失。

⑥ 检修时回收溶液必须彻底，减少溶液损失，回收的稀溶液在日常生产中补入系统。

（3）按要求填写作业过程记录。

（4）打扫场地卫生，整理工具、器具。

（5）汇报作业完成情况。

（三）注意事项

装置节能优化操作是在保证生产装置安全平稳运行的基础上进行的，如果节能优化操作对装置安全平稳运行造成影响，则不能进行。操作过程中，可能涉及水、电、气、汽等能源流量变化，要提前联系其他辅助装置及公用工程系统操作人员，进行联动调整，避免对其他单元运行造成影响。

技能训练六　分析及处理脱酸单元腐蚀问题

一、相关知识

脱酸单元进料原料天然气含高浓度 H_2S、CO_2、有机酸及高分子烃类物质，对系统腐蚀影响较大，醇胺溶液也有轻度腐蚀性，故脱酸单元对设备、管线材质有所要求。酸吸收段、富液段溶液再生段的设备、管线、阀门及相关附件一般为抗酸材质。在操作及维护保养脱硫脱碳单元时，误操作参数偏离设计范围、材质使用错误或维护保养不到位等，会加速装置的腐蚀，对装置长期安全平稳运行造成影响。

装置设计及选购材料时，应当使用设计材料表中推荐的适当材料；设备制成后应消除应力；选用合理的工艺参数，如胺液浓度、酸气负荷、管线流速、操作压力、操作温度及设备安装位置等；为防止磨损腐蚀，应设置溶液过滤器及时除去溶液中的固体粒子，设置活性炭过滤器除去溶液中的降解产物；在易发生应力腐蚀开裂的部位应使用高效聚合物涂层，将诱发应力腐蚀开裂的操作条件与金属材料隔开，减轻应力腐蚀开裂；定期采用无损探伤技术检查装置，并做好记录分析等。

二、技能操作

（一）准备工作

（1）设备：脱硫脱碳单元动设备、静设备。

（2）材料、工具：笔1支，记录表1份，300~800mm F形扳手1把，对讲机1部，工具包1个。

（3）人员：净化操作工2人以上。

（二）操作规程

（1）根据气质气量情况及时调整装置运行参数，确保产品气质量达标。

（2）排原料气预处理单元重力分离器、过滤分离器油水，避免油水及其他化学药剂进入脱硫脱碳溶液系统，造成溶液系统设备腐蚀加剧。

（3）清洗溶液机械过滤器，除去溶液系统固体杂质，减少系统磨损腐蚀。

（4）投用活性炭过滤器，调整活性炭过滤器过滤量，除去溶液系统油水、化学药剂及降解产物；定期更换活性炭，保持活性炭过滤器良好吸附性能。

（5）定期对溶液储罐和溶液配制罐进行充氮保护，防止氧气进入系统造成溶液氧化变质，进而造成设备、管道腐蚀。

（6）控制重沸器蒸汽流量，避免再生塔超温造成塔内构件腐蚀、结垢以及溶液降解。

（7）控制吸收塔压力、液位及贫液入塔温度，贫液温度应比进料天然气高5~10℃，防止进料气中烃类冷凝进入溶液系统，引起溶液发泡。

（8）控制贫液空冷器出口温度在55℃以下，减少后冷器结垢，提高换热效率。

（9）加强巡检，发现跑冒滴漏及时进行检修，防止溶液和酸性气体泄漏腐蚀设备、管线本体。

（10）定期清除设备内部沉积物，避免沉积物堆积在设备内部造成腐蚀。

（11）按要求填写作业过程记录。

（12）打扫场地卫生，整理工具、器具。

（13）汇报作业完成情况。

(三) 注意事项

（1）装置停产检修时，彻底清洗脱硫脱碳单元所有设备，对设备内部腐蚀情况进行检测并做好记录，发现腐蚀变薄穿孔的情况要及时进行检修，或制定设备更换计划，确保装置开产后长周期安全平稳运行。

（2）脱硫脱碳装置正常运行时，操作人员要严格按照操作规程和工艺卡片要求控制好运行参数。

第三部分

高级技师理论知识

第一章 职业道德与安全生产和管理

第一节 职业道德

职业道德反映各行各业的职业特点,鲜明地表达着职业义务、职业责任以及职业行为上的道德准则。

各种职业独特的服务内容、服务对象和方式以及对社会所承担的职责不同,其职业道德的内容要求也有所不同。

一、职业道德的适用性特征

职业道德具有很强的针对性和专业性,它只适用于专门从事本职业的人。

二、职业道德的作用

(1) 培养具有职业道德品质的劳动者,促进事业发展;
(2) 调整职业关系,为共同的目标努力奋斗;
(3) 有助于个人的提高和发展,在职业实践中实现人生价值;
(4) 有助于提高整个社会的道德风尚。

安全管理是指企业为实现生产安全所进行的计划、组织、协调、控制、监督和激励管理活动。安全生产管理工作重点就是通过各种制度措施及时发现在生产过程中存在的以及潜在的各种不安全因素,有效管控人的行为和物的状态改善劳动条件防范可能发生的安全生产事故,从而保障生产安全。

三、职业道德与安全生产关系

安全生产是企业管理的重点工作之一,是企业发展的根本保证。安全生产涉及方方面面,但人是主要因素,这与员工的职业道德息息相关。

(1) 职业道德是安全生产的第一道防线,职业道德运用的是人们内心世界活动,对个人职业态度、职业纪律、工作质量的反省与认识,按职业道德行为规范提示自己应该做什么,不应该做什么。职业道德建设过程就是培养素质职工队伍的全过程,也就是培养一支安全生产、放心队伍的过程。

(2) 职业道德要求全体员工共同遵守严格的要求,进行严密的组织,保持严肃的态度,企业要充分调动职工积极性共创安全新局面,树立"要我安全生产,我要安全生产"的安全意识。

(3) 安全直接关系到每一位员工的生命和身心健康,关系到企业的生存和发展,这需要着重克服"四种倾向"(官僚主义、形式主义、好人主义和事不关己高高挂起的自由主义倾向），树立"五心"（忠心、爱心、耐心、公心、恒心）。

第二节 安全生产

一、"三违"的识别与预防

员工在生产过程中，不仅要有熟练的技术，而且必须自觉遵守各项操作规程和劳动纪律。远离"三违"（违章指挥、违章操作、违反劳动纪律），才能做到"三不伤害"，即"不伤害自己、不伤害他人、不被他人伤害"，确保实现安全生产。

（一）违章指挥的识别与预防

违章指挥是指违反国家的安全生产方针、政策、法律、条例、规程、标准、制度及生产经营单位的规章制度的指挥行为。

违章指挥的原因：不从实际出发，盲目追求完成生产任务；没有安全防护措施时，设备、人员、方法等条件不具备；安全意识淡薄，不懂安全技术规程，不尊重专家、员工的建议，强令或指挥他人冒险作业。

常见的违章指挥行为：不按照安全生产责任制有关本职工作规定履行职责；不按规定对员工进行安全教育培训，强令员工冒险违章作业；新建、改建、扩建项目，不执行"三同时"的规定，不履行审批手续，对已发现的事故隐患，不及时采取措施，放任自流等。

预防违章指挥的注意事项：摆正安全与生产的关系，当不具备安全生产条件时，员工可以拒绝接受生产任务。加强自身安全素质的培养，提高安全意识，掌握安全技术操作规程，能够正确处理生产作业过程中遇到的问题。对违章指挥及时提出批评并纠正。

（二）违章操作的识别与预防

违章操作是指在劳动过程中违反国家法律法规和生产经营单位指定的各项规章制度，包括工艺技术、生产操作、劳动保护、安全管理等方面的规程、规则、章程、条例、办法和制度等以及有关安全生产的通知、决定。

违章操作的原因：安全技术水平不高，不知道正确的操作方法；明知道是违章行为，却冒险作业；明知道正确的操作方法，但怕麻烦，图省事而采取违章操作行为；侥幸心理严重，明知道这种违章可能要出事故，还采取这种违章行为。

常见的违章操作行为：不按规定正确佩戴和使用劳动防护用品；工作不负责任；发现设备或安全防护装置缺损，不向领导反映，继续操作；不执行规定的安全防范措施，对违章指挥盲目服从，不加抵制；不按操作规程、工艺要求操作设备；忽视安全，忽视警告，冒险进入危险区域。

（三）违反劳动纪律的识别与预防

违反劳动纪律是指违反劳动生产过程，为维护集体利益并保证工作的正常进行而制定的要求每个员工遵守的规章制度的行为。劳动纪律是多方面的，它包括组织纪律、工作纪律、技术纪律以及规章制度等。

常见的违反劳动纪律行为：迟到、早退、中途溜号；工作时间干私活、办私事；上班不干活、消极怠工；工作中不服从分配，不听从指挥；无理取闹、纠缠领导、影响正常工作；私自动用他人工具、设备；不遵守各项规章制度，违反工艺纪律和操作规程等。

二、作业过程中危险因素的识别与预防

员工在作业过程中，常会由于各种因素的影响而产生不利于安全的情绪，除此以外，还会有别的原因直接导致员工产生不安全行为；加之一些员工对于作业环境中存在的不安全状态没有识别能力，不能及时发现和处理隐患，常引发事故。因此，员工有必要掌握识别这些因素的方法，这样在工作中才能及时有效地避免和消除这些因素，确保安全生产的实现。

(一) 物的不安全状态识别及预防

物的不安全状态包括机器、设备、工具、附件、场地、环境等有缺陷。

(1) 设备、设施、工具、附件本身缺陷：设计上的错误，例如物件（设备）功能上有缺陷，该有的连接装置没有；强度不够，例如机械强度不够，起吊重物用的绳索吊具不符合安全要求等；设备在非正常状态下运行；故障未维修；维修不当等。

预防措施：物件本身的缺陷是发生事故的要素之一，因此，认识到物件的缺陷后，每个员工必须针对缺陷的症结所在采取不同措施。

(2) 防护设施、安全装置的缺陷：没有防护装置，如无防护罩、安全保险装置、报警装置、安全标志无护栏或护栏损坏；防护装置不当，如防护罩未在适当位置；防护装置调整不当；电气装置带电部分裸露等。

预防措施：防护措施和安全装置是人和物件的安全保护网。因此要求员工要正确使用这些安全装置，不能贪方便、图省事而不采用。在工作中要切实做到"四有四必"（即有轮必有罩、有台必有栏、有洞必有盖、有轴必有套）。

(3) 工作场所的缺陷：没有安全通道；工作场所间隔距离不符合安全要求；机械装置、用具配置的缺陷；物件放置的位置不当；物件放置方式不当等。

预防措施：安全通道是确保职工安全通行的道路，必须严格按照国家标准设置并保持畅通，物件堆放必须按照各企业的安全操作规程执行，做到物件堆放标准化。

(4) 个人防护用品、用具的缺陷：缺乏必要的个人防护用具、用品；防护用品、用具有缺陷，缺乏具体使用规定。

预防措施：为员工配备合适的劳动防护用品制定劳动防护用品使用规定。

(5) 通道的缺陷：照明不当；通风换气差；噪声；作业环境的道路。

预防措施：在照明、通风、道路、机械噪声等方面要按国家标准设计、施工。

(6) 作业环境的缺陷：风、雨、雷电等自然灾害。

(二) 人的不安全行为识别及预防措施

(1) 操作错误、忽视安全和警告：不按规定的方法使用机械、装置等，如未经许可开动、关停、移动机器时未给信号；开关未锁紧，造成意外转动、通电或漏电；忘记关闭设备等。

预防措施：每个员工必须严格执行安全规章制度和安全操作规程。

（2）不采取安全措施：未防止意外危险，如开关、阀门不上锁；没有信号就开车；未设置必要的标志、信号等。

预防措施：操作前严格检查做到没有有效的安全措施不操作，在操作过程中严守岗位，并严格按操作规程作业。严禁对运行中的设备进行加油、修理、调整、焊接、清扫等，做到停机处理各类故障和杂物。

三、常见职业病预防

（一）职业病防治措施

1. 企业防治职业病措施

（1）设置或指定职业卫生管理机构或组织，配备专职或兼职的职业卫生专业人员负责本单位的职业病防治工作；

（2）制定职业病防治计划和实施方案；

（3）建立、健全职业卫生管理制度和操作规程；

（4）建立、健全职业卫生档案和劳动者健康监护档案；

（5）建立、健全工作场所职业病危害因素监测及评价制度；

（6）建立、健全职业病危害事故应急救援预案。

2. 劳动者防治职业病措施

劳动者在职业病防治中的权利：

（1）获得职业卫生教育、培训；

（2）获得职业健康检查、职业病诊疗、康复等职业病防治服务；

（3）了解工作场所产生或者可能产生的职业病危害因素、危害后果和应当采取的职业病防护措施；

（4）要求用人单位提供符合防治职业病要求的职业病防护设施和个人使用的职业病防护用品，改善工作条件；

（5）对违反职业病防治法律、法规以及危及生命健康的行为提出批评、检举和控告；

（6）拒绝违章指挥和强令进行没有职业病防护措施的作业；

（7）参与用人单位职业卫生工作的民主管理，对职业病防治工作提出意见和建议。

劳动者在职业病防治中须承担的义务：

（1）认真接受用人单位的职业卫生培训，努力学习和掌握必要的职业卫生知识；

（2）遵守职业卫生法规、制度、操作规程等；

（3）正确使用与维护职业病危害防护设备及个人防护用品，参与用人单位职业卫生工作的民主管理，对职业病防治工作提出意见和建议；

（4）及时报告事故隐患；

（5）积极配合上岗前、在岗期间和离岗时的职业健康检查；

（6）如实提供职业病诊断、鉴定所需的有关资料等。

（二）常见职业病预防措施

1. 感音性耳聋

由于听觉长期遭受生产性噪声影响而发生缓慢的进行性的感音性耳聋，早期表现为听觉疲劳离开噪声环境后可以逐渐恢复，最终导致感音性耳聋。

生产性噪声的预防：

（1）改造声源、降低噪声：通过技术改造，把发声物体改造为不发声或发小声的物体是根本措施。

（2）对噪声传播途径采取措施降低噪声强度：具体又可分为把高噪声机器与低噪声机器分开布置；采用消声器或用消声、吸声或隔声材料阻隔声源。

（3）加强个人防护：常用的方法是佩戴耳塞、耳罩、防护帽。

（4）定期进行健康监护体验：筛选出对噪声敏感者或早期听力损伤者，并采取相应措施。

2. 中暑

高温作业指工作地点有生产性热源，当室外温度达到本地区夏季通风设计计算温度时，工作地点的气温高于室外2℃或2℃以上的作业。

高温作业使人体产生一系列的生理改变。当机体获热与产热大于散热时体温升高，大量出汗造成机体严重缺水和缺盐，心脏负荷加重，心率增加，血压下降，食欲减退、消化不良，严重时还可导致中暑发生。

中暑是受热作用而发生的一种急性疾病的统称，临床表现分为先兆中暑、轻症中暑、重症中暑。

高温作业工人排汗量明显增加，其增加量与劳动强度成正比，排出的汗中含有大量盐分，大量排汗使体内盐分丢失，因此，高温作业工人在排汗量较大情况下，及时补充水分和盐分对维持身体健康十分必要。

3. 尘肺病

生产性粉尘指在生产中形成的，并能长时间悬浮在空气中的固体微粒，长期吸入主要引起肺部病变。

粉尘对机体影响最大的是呼吸系统损害，包括上呼吸道炎症、肺炎、尘肺以及其他职业性肺部疾病等。其中尘肺是职业性疾病中影响面最广、危害最严重的一类疾病。

尘肺是长期吸入生产性有害粉尘引起的以肺部弥漫性纤维化改变为主的全身性疾病。

临床症状：早期可无临床症状，部分患者有胸闷、咳嗽、咳痰，随上述症状加重并有气紧、气喘、呼吸困难，晚期可并发肺气肿及肺心病。

治疗：目前尚无根治的药物，主要采取对症治疗和支持治疗控制病情的进一步发展。

尘肺病预防主要以防尘为主：

（1）宣：加强宣传教育，使防尘工作成为员工的自觉行动。

（2）革：工艺改革和技术改造，这是消除粉尘危害的根本途径。

（3）湿：湿式作业，可防止粉尘飞扬，降低环境粉尘浓度。

（4）风：加强通风及抽风措施，将工作面的含尘空气抽出，并将新鲜空气送入工作面。

（5）密：加装防尘罩，把生产性粉尘的发生源密闭起来。

(6) 护：个人防护，采取个人防护措施和增强体质。

(7) 管：维修管理，加强技术管理，建立必要的防尘制度。

(8) 查：定期检测环境空气中粉尘浓度，对接触者进行定期的健康检查。

4. 职业中毒

在生产环境中，毒物常以粉尘、烟尘（比粉尘更细的颗粒）、气体、蒸气或雾滴的状态出现，在防护不严或意外事故等异常情况下，在生产、使用、运输等过程中，可通过呼吸道、皮肤或消化道等途径进入人体，损害全身各个系统，如神经系统、肝脏等，引起职业中毒。

1) 职业中毒的表现

(1) 神经系统。

神经衰弱症：主要表现为虚弱无力、记忆减退、注意力不易集中等。

多发性神经炎：早期表现为感觉障碍（溶剂、铅中毒），有些表现为运动神经障碍（铅中毒），也有的呈混合型的，表现为乏力、疼痛及感觉异常（二氧化碳中毒）。

中毒性脑病：严重急性中毒，早期产生脑水肿（有机锡等中毒），出现颅内压增高症状，如剧烈头痛、恶心、呕吐、出汗、缓脉，乃至抽筋、昏迷等。

(2) 血液系统。

血细胞减少症：以苯及放射性物质为主。早期或轻度引起白细胞或血小板减少，如不及时采取防治措施，少数病例可继续发展，导致全血细胞减少。

血红蛋白变性：在毒物引起的血红蛋白变性中，以高铁血红蛋白血症最为多见。由于高铁血红蛋白无带氧功能，使病人出现皮肤和黏膜青紫及明显的缺氧症状，如硝基及氨基苯中毒。

溶血性贫血：血红蛋白变性使红细胞易于破碎而产生溶血性贫血，如砷化氢的急性中毒。

(3) 呼吸系统。

窒息状态：呼吸道机械堵塞（氨、氯、二氧化硫等刺激性气体引起的声门水肿和喉痉挛等）；呼吸中枢抑制（麻醉性中毒）；呼吸肌麻痹（有机磷中毒）以及组织缺氧（一氧化碳中毒）。

中毒性肺水肿：刺激性气体（氨、氯、二氧化硫等）及主要作用于肺泡的毒气（如光气、氮氧化物等）都能引起肺水肿，有剧烈咳嗽、咯大量白色或粉红色泡沫痰，呼吸困难等症状。

中毒性支气管炎和肺炎：吸入氧化锰、大量汽油等也容易引起中毒性肺炎和支气管炎，表现在呼吸困难症状明显。

(4) 消化系统。

铅中毒时有较明显的便秘、腹绞痛等消化道症状。而最常见的是毒物对肝脏的损害，主要毒物有磷、三硝基甲苯、四氯化碳、卤素族及其他碳氢化合物等，严重者引起中毒性肝炎。

2) 职业中毒预防措施

(1) 生产场所建立安全操作规程和检查制度，生产流程应做到密闭化，以避免或减少直接接触。

(2) 生产车间要有有效的通风系统，增加通风排气设备，将有毒气体局限化并及时排出。

(3) 建立空气中毒物浓度测定制度。定期测定，以提供改进预防措施的依据。

(4) 建立工作前体检、定期体检制度。早期诊断，早期治疗。

(5) 合理使用个人防护用品。使用个人防护用品是预防职业中毒的一种辅助措施，个人防护用品包括防护服、口罩、面具、袖套、眼镜等。

（三）职业病防护与急救

1. 烧伤急救

(1) 热力烧伤急救：

一灭：迅速灭火，除去热源，特别注意着火的棉衣。

二查：除烧伤外，检查全身有无其他伤害，如骨折、内脏损伤、煤气中毒等。

三防：防休克、防窒息、防创面感染。

四包：用干净的布类毛巾或纱布三角巾包裹伤面。

五送：初救后，速送医院进一步处理。

(2) 化学烧伤急救：

应迅速解脱衣服，清除皮肤上的化学药品，并用大量的水冲洗，再用消除这种有害药品的特种溶剂、溶液或药剂仔细处理，严重的应送医院治疗。

2. 眼睛受伤急救

(1) 若眼睛受到污染，应立即用水冲洗，不得稍有延迟，且连续冲洗至少 15min。

(2) 冲洗时，用手将眼睛翻开，并让眼球动，确保眼睑遮盖下的每一部分均冲洗到，也可以用无任何刺激性的水溶液。如果是碱灼伤，再用 20% 硼酸溶液淋洗，如果是酸灼伤，再用 3% 碳酸氢钠溶液淋洗。

(3) 在此基础上，送医疗单位进行进一步的急救。

（四）危险化学品处理注意事项

1. 固体化学品

(1) 不要随便用手接触任何化学品，因其可能是有毒的或有腐蚀性的，接触后会使人中毒或腐蚀皮肤。

(2) 如意外被危险化学固体粉末或碎粒溅着身体，要立即扫除并用水冲洗。

(3) 不要尝试嗅闻固体化学品的味道或气味，因为此化学品可能含有毒性。

(4) 不兼容的固体化学品要分开存放，加上标签并将器皿锁好，由专人保管。

(5) 如危险固体化学品被倒泻或漏出，在安全情况下立即进行清除程序。如有危险，应立即撤离现场。

(6) 如不清楚某种化学品的特性，要当作危险化学物处理。

(7) 处理化学品时，必须佩戴合适的个人防护设备。

2. 液体化学品

(1) 不要随便接触任何化学液体，因其可能滚烫、有毒或腐蚀性。

(2) 如意外地被危险液体化学品溅泼或烧伤，应立即用大量清水冲洗。

(3) 不要在有液体化学品的范围内吸烟，因为此类液体可能是易燃物品。

（4）不要嗅闻液体化学品的气味，因为此类液体可能会发出有毒气体。

（5）不要饮用或尝试液体化学品的味道，因为此类液体可能含有毒性。

（6）在倾倒液体化学品后，应立即将瓶盖旋上或将瓶塞紧塞。

（7）如危险液体化学品被泼泻或漏出，在安全情况下，应立即用清水冲洗，如有危险，立即撤离现场。

（8）如存放危险液体化学品的器皿没有标签，确认该化学品及加上标识后才可使用。

（9）如不清楚某种液体的特性，要当作危险化学液体处理。

（10）处理化学品时，必须佩戴合适的个人防护设备。

四、高处作业危险预防

高处作业是指在坠落高度基准面2m以上（含2m）位置进行的作业。

（一）高处作业相关人员职责

1. 作业人员职责

（1）持有经审批有效的高处作业许可证进行高处作业；

（2）作业前，充分了解作业的内容、地点、时间、要求，熟知作业过程中危害因素及相应对策处理措施；

（3）对违反要求强令作业、安全措施不落实的，有权拒绝作业；

（4）作业过程中如发现情况异常或感到不适等情况，应发出信号，并迅速撤离现场。

2. 监护人职责

（1）熟悉作业区域的环境、工艺情况，有判断和处理异常情况的能力，懂急救知识；

（2）有权提出暂不进行作业；

（3）配备必要的救护用具，严禁离岗，不得做与监护无关的工作；

（4）检查高处作业使用的安全保护用品、器具并确认符合安全标准，监督施工作业人员正确使用；

（5）作业过程中及时制止高处作业人员的违章行为。

（二）高处作业防护装置

（1）个人坠落防护系统：防止坠落的系统，该系统包括锚固点、锚固点连接装置、全身式安全带等。

（2）锚固点：通常指横梁、支架、柱子等，上面可用来系救生索，必须能够承载至少2268kg的静止重量。

（3）锚固点连接装置：安装在锚固点上，用来连接坠落防护系统的一个组件或装置，至少能够承载2268kg静止重量的连接皮带、竖钩、支架把手等。

（4）全身式安全带：能够系住人的躯干的装置，把坠落力量分散在大腿上部、骨盆、胸部和肩部等。

（5）救生索：一种柔韧的、固定在两个锚固点之间的垂直或水平的绳索。弹性救生索是可以缓慢拉伸，但在坠落时，能立即锁住的坠落防护系统，可以在需要进行有限度的垂直移动的场所使用，比如在罐、检修口、压力容器里或屋顶上。

（6）钩锁：带有保险装置的蹄形或椭圆形的连接锁件。

(7) 缓冲装置：能在坠落制止过程中转移能量或减轻冲击力的装置，其抗断强度必须达到 2268kg。

(8) 逃生装置：用于从高处逃离的一种设备或装置，比如滑索、滑杆、滑道、梯子等。

(9) 坠落阻止器：一种带止回功能的救生索附件，当坠落发生时能通过惯性扣住救生索。坠落阻止器通常使用在垂直移动的场所，如高处作业的吊篮或悬垂的脚手架。

(10) 定位装置系统：用于使工作人员在高处作业时能够腾出双手（比如向后倾斜）进行工作的固定装置。

(三) 高处作业防护原则与要求

1. 选择最佳坠落防护措施

(1) 尽可能把工作安排在地面上进行，避免高处作业；

(2) 有条件时安装固定的围栏和扶手，防止坠落发生；

(3) 有条件时用工作平台，如脚手架或提升平台；

(4) 把安全带调整到一定的长度，使作业人员不能接近高处作业区域的边缘；

(5) 使用带缓冲的防坠落装置，如全身式安全带和系索。

2. 三步法作业

(1) 消除坠落隐患：在设计和工作计划制定过程中，必须评估工作场所和作业过程，针对每一个可能导致坠落环节制定消除隐患措施，措施包括对作业人员的身体条件要求。

(2) 坠落预防：如果在第一步中不能完全消除坠落隐患，须通过改进作业场所的条件来防止坠落，即在作业开始之前，安装楼梯、平台、护栏等行进限制保护系统。

(3) 使用合适的坠落制止装置：只有在确认不能消除坠落风险时，才使用坠落制止装置，坠落制止装置包括救生索、全身式安全带和安全网等装备（降低坠落发生后人员受伤害的程度）。

(四) 高处作业前准备

1. 高处作业人员基本要求

(1) 经医生诊断，患有高血压、心脏病、贫血病、癫痫病、严重关节炎、手脚残疾以及其他禁忌高处作业的病症的人员，不得从事高处作业。

(2) 酒后不得从事高处作业（与驾车禁忌证相对比）。

(3) 作业人员应掌握高处作业的操作技能，并需经培训合格。

2. 前期准备工作

(1) 安全专业人员参与制定详细的高处作业方案（包括救援、急救方案），并提供适当的高处作业措施和防护装备的建议。

(2) 咨询高处作业防护装备制造商和销售商相关注意事项。

(3) 在搭设脚手架、钢结构的同时应设置楼梯、扶手和救生索。做好临边防护措施，并尽可能在地面预制好装设缆绳、护栏等设施的固定点，避免在高处进行焊接。

(4) 尽可能采用脚手架、操作平台和升降机等作为安全作业平台。

(5) 查询企业和国家、行业高处作业相关的技术规范，采用其中更严格的规定。

(6) 准备和检查防坠落装备、急救设施。

3. 人员培训

为所有进行高处作业的人员提供培训，内容应包括：

(1) 高处坠落可造成人身伤害的严重性和事故案例。

(2) 识别高处坠落危害的方法和防范措施。

(3) 检查和使用防护装备的方法。

(4) 高处作业方案交底。

(5) 救援和急救措施。

（五）高处作业安全措施

1. 人员坠落防护

在使用个人坠落防护系统装备之前，必须注意以下问题：

(1) 使用者已接受培训，能够识别坠落隐患并正确使用个人坠落防护装备。

(2) 装备的所有组件与制造商的说明书一致。

(3) 锚固点和锚固点连接装置已经检验合格。

(4) 必须在每次使用前对个人坠落防护装备进行检查，每季度进行定期检查。

(5) 已经消除工作面的不稳定和人员的晃动带来的坠落隐患。

(6) 已经考虑在坠落过程中防止撞上低层的表面或物体的措施。

(7) 高处作业人员必须系好安全带，戴好安全帽，衣着要灵便，禁止穿带钉易滑的鞋，安全带的各种部件不得任意拆除。安全带和安全帽应符合国家标准。

(8) 安全带使用时必须挂在施工作业处上方的牢固构件上，不得系挂在有尖锐棱角的部位。安全带系挂点下方应有足够的净空。

(9) 安全带应高挂（系）低用，不得采用低于肩部水平的系挂方法。

(10) 严禁用绳子捆在腰部代替安全带或仅在腰部系扎一字型安全带。

(11) 所有的设备，包括安全带、系索、安全帽、救生索等，不得存在如焊接损坏、化学腐蚀、机械损伤等状况。

2. 脚手架使用要求

(1) 脚手架的搭设必须符合国家、行业有关规程和标准的要求。

(2) 搭架人员必须经特殊工种培训并考核合格，做到持证上岗。

(3) 高处作业应使用符合有关标准规范的吊架、梯子、脚手板、防护围栏和挡脚板等。

(4) 作业前，作业人员应仔细检查作业平台是否坚固、牢靠，安全措施是否落实。

3. 梯子使用要求

(1) 使用前应仔细检查，结构必须牢固。

(2) 踏步间距不得大于400mm。

(3) 在平滑面上使用的梯子，应采取端部套绑防滑胶皮等防滑措施。

(4) 在容易滑偏的构件上靠梯时，梯子上端应用绳绑在上方牢固构件上。

4. 弹性救生索使用要求

(1) 每条弹性救生索每次仅限一人使用。

(2) 弹性救生索必须直接和全身式安全带的背部 D 环相连，不允许和缓冲装置串联使用。

(3) 当在诸如屋顶、脚手架、塔、罐、管道、设备和检修人孔等场所操作时，应该考虑使用弹性救生索。

(4) 在使用弹性救生索时，监管人员和使用者必须确认：

① 使用者经过训练，能够正确使用弹性救生索。

② 弹性救生索与正确配置的坠落防护装置联合使用。

5. 安全网使用要求

安全网是防止坠落的最后措施，如果使用必须安装在行走或工作面之下尽可能近的地方；安全网不允许超过工作面以下 9m 的距离（桥梁建筑除外）；安全网应该能够承受与垂落测试中相等的冲击力。

使用安全网之前，监管人员和使用者必须确认以下事项：

(1) 安装或拆除安全网时是否是高处作业。

(2) 安全网尽可能接近工作面。

(3) 保证安全网下方有足够的净空。

(4) 安全网应该有足够保护工作面的面积。

(5) 安全网支撑桩柱的设计是否能防止坠落人员落在上面。

(6) 向制造商和供货商咨询关于安全网的正确选择及其安装测试的帮助和建议。

6. 锚固点使用要求

锚固点必须独立于其他任何用于支持或悬挂工作台的固定点；每增加一个连接到该点的人，则该点的承受拉力必须增加至少 2268kg，或者在经过培训的人员监督下进行设计、安装和使用；必须对作为锚固点的管道、梁柱等进行评估。

五、安全事故处理

安全生产事故都会给国家和人民生命财产造成损失，影响社会稳定和企业效益，所有事故的原因虽然各有不同，但都能总结出许多教训，值得深刻对待吸取。安全事故处理应遵守"四不放过"原则。

"四不放过"原则的内容是事故原因未查清不放过、事故责任人未受到处理不放过、事故责任人和广大群众未受到教育不放过和事故没有指定切实可行的整改措施不放过。

(一)"四不放过"具体含义

第一层含义：要求在调查处理伤亡事故时，首先要把事故原因分析清楚，找出导致事故发生的真正原因，不能敷衍了事，不能在尚未找到事故主要原因时就轻易下结论，也不能把次要原因当成真正原因，未找到真正原因绝不轻易放过，直至找到事故发生的真正原因，并搞清各因素之间的因果关系才算达到事故原因分析的目的。

第二层含义：安全事故责任追究制的具体体现，对事故责任者要严格按照安全事故责任追究规定和有关法律、法规的规定进行严肃处理。

第三层含义：在调查处理事故时，不能认为原因分析清楚了、有关人员也处理了就算完成任务了，还必须使事故责任者和广大群众了解事故发生的原因及所造成的危害，并深刻认识到搞好安全生产的重要性，使大家从事故中吸取教训，在今后工作中更加重视安全工作。

第四层含义：针对事故发生的原因，在对安全生产工伤事故进行严肃认真的调查处理的同时，还必须提出防止相同或类似事故发生的切实可行的预防措施，并督促事故发生单位加以实施，只有这样，才算达到了事故调查和处理的最终目的。

(二)"四不放过"的作用

(1) 吸取事故教训，细化了吸取事故教训的具体措施。

发生事故，暴露了人员、设备、技术、环境、管理上的诸多问题，通过按照"四不放过"原则吸取他人事故教训的方式，以心得体会、建议措施上报，不说套话、废话，就让全体员工实实在在分析发现问题，做实了吸取事故教训的方法，取得良好的实效。

(2) 起到警示作用，提高全员安全意识。

单位制定了针对安全生产事故责任者的处理规定，但通常职工都不会关心这些规定，因为都觉得自己不会是事故责任人。

(3) 切实发现并消除隐患，提高本质性安全。

生产安全事故是人的不安全行为、机械设备的不安全因素或环境的不良刺激等原因造成的，为了防范类似事故重复发生，要切实发现并消除隐患，从源头上预防事故的发生，从而提高本质安全。

(三)"四不放过"的管理应用

"四不放过"，不能只停留在口头上，而是应该有具体的实实在在的行动，不仅要做到查清原因、处理责任人、落实整改措施，更重要的是要深刻吸取教训，举一反三，做好安全生产的监管和预防工作。

1. 应用方法要求

(1) 事故原因未查清不放过：各单位学习事故通报时，没有针对相关人员的行为及设备、环境的安全状况进行分析，对照本单位安全管理、技术管理、制度落实方面是否存在问题，分析不清不放过。

(2) 事故责任者未严肃处理不放过：不进行一次假如发生这样的事故，对照事故调查处理的法律法规和公司安全生产奖惩制度，哪些岗位、哪些人员应该受到什么样的处理的大讨论不放过。

(3) 职工未受到教育不放过：没有本着举一反三的原则，该吸取教训受到教育的人没有吸取教训、受到教育不放过。

(4) 防范措施未落实不放过：针对本单位实际情况，结合事故单位的防范措施，没有制定本单位的防范措施，并将措施责任到人，落实到位不放过。

2. 应用具体做法

(1) 学习人身事故通报，各生产单位、班组都要按照"四不放过"的要求召开事故分析会。

(2) 通过学习通报，对本单位相关对应人员行为、设备、环境、工艺的安全状况进行分析，对照安全管理、设备管理、技术管理、制度落实等方面进行自查，能解决的自行整改，需要上级部门协调解决的报相关管理部门备案，由相关管理部门协调责任部门整改。

（3）各职能部门按照"谁检查、谁签字、谁负责"的原则，对整改或防范措施落实情况进行抽查，发现落实不力者，按照公司安全管理制度追究单位安全第一责任人的责任。

（4）各班组及时总结教训及存在的问题，整治安全管理中的薄弱环节和突出问题，不断提高安全管理水平。

第二章　天然气脱水与凝液回收

第一节　天然气脱水工艺

天然气脱水目的与意义：防止水合物生成，堵塞集输管线、设备；防止液体水与酸气形成酸液腐蚀管线、设备；提高天然气输送效率及热值。

一、天然气脱水方法

天然气脱水方法一般包括低温脱水，溶剂吸收法脱水，固体吸附法脱水和化学反应脱水。

（一）低温脱水

该方法是利用高压天然气节流膨胀降温而使部分水冷凝脱除。

适用范围：高压天然气，此法脱水效率较低，一般作为辅助脱水措施。

（二）溶剂吸收法脱水

此法利用溶剂对水所具有的强烈亲和力而脱除天然气中水分，属于物理吸收的范畴，是天然气脱水领域运用最广泛的方法，技术成熟，适用于大气量天然气脱水处理，常用脱水剂是三甘醇（TEG）。

三甘醇是无色或微黄黏稠液体，相对密度为 1.1254，沸点为 285.5℃，当蒸气压（25℃）小于 1.33Pa 时，理论热分解温度为 206.7℃

与其他脱水剂相比，三甘醇的露点降较大（28~58℃）蒸发损失小，热化学稳定性好，再生浓度可达99%，但黏度大，易起泡。

从结构上看，甘醇有两个羟基，存在氢键作用。当天然气与甘醇充分接触时，甘醇靠氢键作用会与天然气中的水汽分子结合成缔合物而脱除水分，吸水后的溶剂经加热可实现再生。

（三）固体吸附法脱水

该方法是利用干燥剂表面吸附力，使气体的水分子被干燥剂内孔吸附而从天然气中除去的方法。吸附过程既有物理吸附又有化学吸附过程，但主要以物理吸附为主。此法脱水深度极高，工艺简单，能耗较大，适用于天然气深度脱水或提氦场所。

（四）化学反应法脱水

该方法是利用化学试剂与天然气中水分发生不可逆的反应脱除水分，因溶剂无法回收，只能用于实验之中。

二、溶剂吸收法脱水

TEG 脱水工艺流程如图 3-2-1 所示。

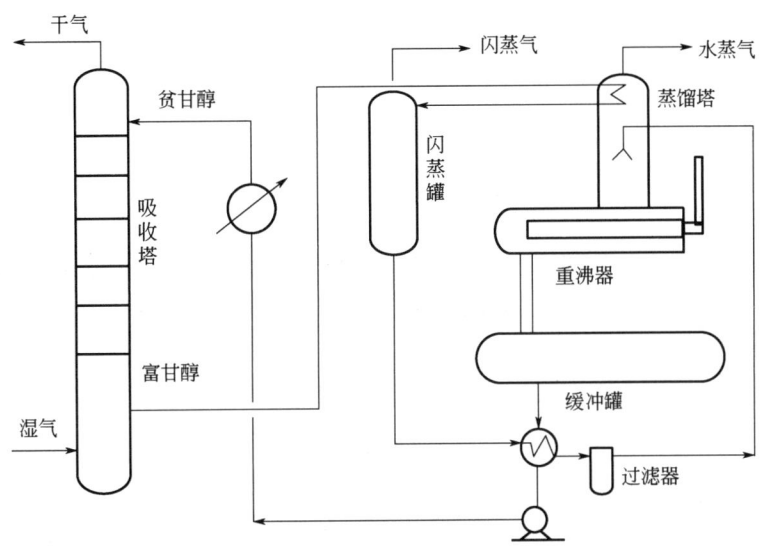

图 3-2-1　TEG 脱水工艺流程图

(一) 主要设备及其作用

(1) 吸收塔：气液传质场所，将气相中水分转入 TEG 中。
(2) 闪蒸罐：闪蒸除去富液的轻烃组分，减轻再生塔负荷。
(3) 贫/富液换热器：使贫液温度下降，富液温度提高，充分利用热能。
(4) 缓冲罐：储存液体。
(5) 过滤器：除去腐蚀产物，减少发泡的可能性。

(二) 脱水装置设计、操作影响因素

1. 入口温度

入口温度升高，含水量也升高，吸收塔塔径增加，当温度超过 48℃，TEG 损失增大；温度低于 10℃也不好，TEG 太黏稠，当温度在 15~20℃时易发泡，适宜入口温度为 26~43℃。

2. 塔内压力

只要塔压低于 20.68MPa（表压），则压力对吸收过程无影响；在恒定温度下，入口气含水量随压力增加而减小，因此高压脱水时，脱的水量不多，故一般吸收塔操作压力为 3.45~8.27MPa。

3. 吸收塔板数

25%是常采用的板效率设计参数，这是因每块塔板不能 100%使甘醇吸收达平衡状态，所以用一个理论塔板意味着用 4 块实际塔板，板间距通常取 609mm，塔板数越多，露点降越大。

4. 贫甘醇温度

贫甘醇温度低，其循环率减小，太高则甘醇损失增大，同时保持甘醇温度略高于吸收塔温度，以防烃类冷凝造成发泡。一般要求贫甘醇比吸收塔出口气温度高 10℃。

5. 甘醇再沸器温度

此温度越高，水脱除越多，但必须在204℃（TEG热分解温度）以下。无汽提气条件下，贫甘醇最高浓度为98.7%，一般再沸器温度为187.7~198.8℃，甘醇浓度为98.2%~98.5%，若需更高甘醇浓度，可加汽提气。

6. 再沸器压力

再沸器压力大于大气压会降低甘醇浓度，故在略低于大气压条件下操作。

7. 汽提气

常温常压下，常使用被水蒸气饱和的湿气作为汽提气。

8. 甘醇循环率

在吸收塔塔板数、贫甘醇浓度确定后，气体露点与甘醇循环率成函数关系。常用的循环率为吸收1kg水需25~60L TEG；循环率过大会增大重沸器负荷。

9. 汽提塔温度

较高汽提塔顶温度会增大甘醇损耗，建议顶温为107.2℃时，当温度超过121.1℃时，甘醇会显著地蒸发损失；塔顶温度过低也会使冷凝水增加。

（三）甘醇管理与过程防腐

甘醇氧化的原因是开口设备天然气或其他设备带入氧气使甘醇氧化成有机酸，防治方法是加入缓冲气或抗氧化剂。

甘醇因局部过热热分解会生成腐蚀性化合物，因此应注意再沸器温度，保持火管清洁。

pH值要控制适当。pH是甘醇分解的表征，甘醇正常操作pH值为7.0~7.5，如运行不好，pH值会下降，产生严重腐蚀。

盐类污染。天然气带入含盐水，此外还有污泥、轻烃等进入系统会造成盐类污染。

三、固体吸附法脱水

固体吸附法脱水工艺流程如图3-2-2所示。

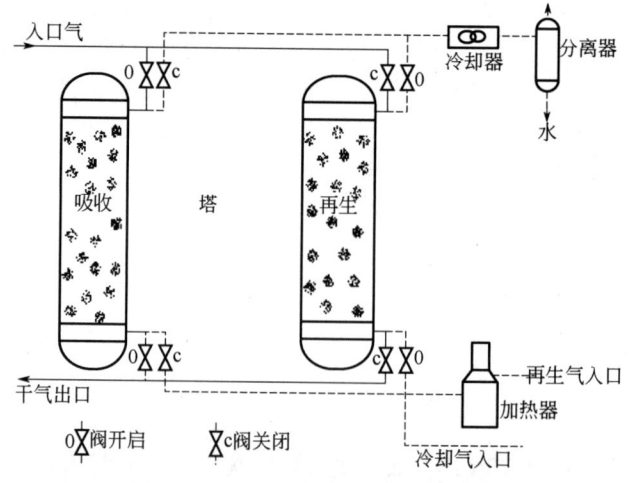

图3-2-2　固体吸附法脱水工艺流程

（一）特点

优点：

(1) 脱水深度高，露点降为 50~120℃；
(2) 对原料气温度、压力、流量变化不敏感；
(3) 无腐蚀、发泡；
(4) 流程简单，操作方便。

缺点：

气体压降大，能耗高。

（二）脱水原理

根据吸附剂表面与被吸附物质之间作用力的不同，固体吸附分为物理吸附和化学吸附两种。物理吸附是指流体中被吸附流体分子与吸附剂表面分子间为分子间吸引力，即范德华力作用的结果。物理吸附速度快，无选择性。化学吸附是依靠化学键力作用的结果。化学吸附再生速度慢，有选择性。天然气脱水主要是属于物理吸附过程，易液化的气体易被吸附，强吸附质，如水，有优先吸附的特点；吸附在低温、高压下进行，解吸在高温、降压下再生。

（三）常用固体吸附剂

几种常见吸附剂的性能特点见表 3-2-1。

表 3-2-1　几种吸附剂性能特点

	活性铝土矿	硅胶		活性氧化铝	分子筛 4A~5A
		0.3 型	R 型		
表面积，m^2/g	100~200	750~830	550~650	350	700~900
孔直径，10^{-10}	/	21~23	21~23	/	4.2
堆积密度，kg/m^3	800~830	720	780	630~880	660~690
再生温度，℃	180	120~230	150~230	180~450	150~310
静态吸附容量（60%）	10	35	33.3	22~25	22
颗粒形状	粒状	粒状	球状	球状	圆柱状

1. 活性铝土矿

活性铝土矿是天然矿石，主要成分 Al_2O_3，经磁铁分离加热经活化制得。

特点：成本低、机械强度高，但湿容量小。

2. 活性氧化铝

活性氧化铝是偏铝酸钠溶液结晶，过滤焙烧而得。

特点：露点降大，但再生能耗高，吸附重烃，与酸反应。

3. 硅胶

硅胶是硅酸（$SiO_2 \cdot nH_2O$）凝胶的失水物，可由硅酸钠与硫酸反应得硅酸。

特点：脱水性强，易再生（180~200℃），但寿命短，易裂，常用于实验室。

4. 分子筛

分子筛由天然或人工合成，由硅氧四面体或铝氧四面体通过氧桥键相连而形成的泡沸石型，水合铝硅酸盐晶体，具有空旷的骨架型结构。分 A 型、X 型、Y 型三种。

1）成分

分子筛的化学组成通式为 $M_{2/n} \cdot Al_2O_3 \cdot xSiO_2 \cdot yH_2O$。其中，M 代表金属离子。

2）结构

分子筛由硅氧四面体或铝氧四面体通过氧桥键相连而形成分子尺寸大小的孔道和空腔体系。由于含有电价较低而离子半径较大的金属离子和化合态的水，水分子在加热后连续地失去，但晶体骨架结构不变，形成了许多大小相同的空腔，空腔又有许多直径相同的微孔相连，这些微小的孔穴直径大小均匀，能把比孔道直径小的分子吸附到孔穴的内部中来，而把比孔道大的分子排斥在外，因而能把形状直径大小不同的分子、极性程度不同的分子、沸点不同的分子、饱和程度不同的分子分离开来，即具有"筛分"分子的作用。

3）脱水原理

不同分子筛有不同孔径，准许小于孔径的分子通过，达到选择吸附的作用。

4）脱水特点

（1）分子筛能根据分子大小和构型选择性地吸收。

（2）对于不饱和分子，极性分子和易极化分子具有较强吸附作用，露点可降至 −100℃，湿容量大。

（3）在吸附质浓度很低或较高温度下，分子筛仍有很大的吸附能力。

（四）吸附法脱水工艺

天然气脱水的吸附设备多采用固定床吸附塔，对单塔而言，属间歇式操作，为保证生产连续性，通常采用多塔并联形式。每一个塔总是依次在吸附、再生、冷却的循环下运行，并交替使用。工艺中共有三个循环：

（1）吸附或干燥气循环；

（2）加热或再生循环；

（3）冷却循环。

第二节 天然气凝液回收工艺

天然气中除了含有甲烷外，还含有一定数量的乙烷、丙烷、丁烷及其他烃类。为了满足管输气对烃露点的质量要求，或者回收宝贵的化工资源，需将天然气中除甲烷以外的其他烃类成分加以回收，由天然气中回收的液烃混合物称为天然气凝液（NGL），组成上覆盖 $C_2 \sim C_{6+}$，又称为轻烃。

NGL 回收是天然气加工领域的一项重要而具有特色的工作。NGL 回收的经济性取决于天然气的类型和数量、NGL 回收的目的和方法、产品价格等。

油田伴生气和凝析气田天然气因为含有较丰富的 C_2 以上成分，是理想的 NGL 回收对象；纯气田天然气由于一般甲烷含量较高，C_2 以上组分含量少，从经济性上考虑，通常不进行 NGL 回收。

一、NGL 回收的目的

（1）生产管输气的要求：如果天然气不经处理直接管输，可能液烃会在管道中凝析出来，所造成的后果：

① 气液混输，影响天然气的有效输送效率；

② 天然气中携带的液体会影响下游用户。

（2）满足商品气的质量要求：

① 减少液烃带来的腐蚀；

② 控制烃露点；

③ 确保天然气热值。

（3）最大程度回收 NGL 可能有以下优点：

① 提高原油的产量；

② 加工凝析气目的是回收 NGL，回收后的余气回注储层以保持储层压力；

③ 回收的 NGL 的经济价值可能高于天然气。

二、NGL 回收方法

（一）吸附法

1. 原理

吸附法利用固体吸附剂对天然气中各组分的吸附容量不同而选择性地吸收轻烃成分。该法主要适用于小处理量、重烃含量少的 NGL 回收。

2. 方法特点

该方法优点是工艺较简单，投资少；缺点是需要几个塔切换操作，产量小，能耗大，操作成本高，对 NGL 回收率不高。

（二）油吸收法

1. 原理

油吸收法利用不同烃类在吸收油中溶解度的差异而使天然气中各组分得以分离。吸收油一般采用石脑油、煤油或柴油，其相对分子质量为 100~200。吸收油相对分子质量越小，NGL 收率越高，但吸收油的蒸发损失也越大。

按照吸收温度不同，油吸收法分为常温、中温和低温油吸收法（冷油吸收法）。

常温一般在 30℃ 操作，以回收 C_{3+} 为主要目的；中温一般在 -20℃ 以上，C_3 收率在 40% 左右；低温油吸收的温度在 -40℃ 左右，C_3 收率一般为 80%~90%，C_2 收率为 35%~50%。

2. NGL 回收流程

以低温油吸收法为例，原料天然气经冷冻后进入吸收塔底部，与自上而下的吸收油逆流接触，将气体中大部分丙烷、丁烷以上烃类吸收下来。吸收塔底流出的富吸收油（简称富油）进入富油稳定塔，脱出不需要回收的轻组分（如甲烷等），然后在富油蒸馏塔中将富油中所吸收的乙烷、丙烷、丁烷及以上烃类从塔顶蒸出。从富油蒸馏塔底流出的贫吸收油（简称贫油）经冷却后去吸收塔循环使用。

3. 方法特点

该方法系统压降小，允许使用碳钢，对原料气预处理没有严格要求，单套装置处理量大。但是，由于油吸收法投资和操作费用较高，20 世纪 70 年代后被更加经济和先进的冷凝分离法所取代。

(三) 冷凝分离法

1. 原理

冷凝分离法利用在一定压力下天然气中各种组分的挥发度的不同，将天然气冷却至露点温度以下，得到一部分富含较重烃类的 NGL，并使其与气体分离。此法的特点是需要向气体提供足够的冷量使其降温。

2. 分类

1) 根据制冷方式分类

根据制冷方式不同，冷凝分离法可分为冷剂制冷法、直接膨胀制冷法和联合制冷法。

（1）冷剂制冷法。

冷剂制冷法也称为外加冷源法（外冷法），由独立设置的冷剂制冷系统向原料气提供冷量，其制冷能力与原料气无直接关系。根据 NGL 回收深度，冷剂（制冷工质）可以是氨、丙烷、乙烷，也可以是它们的混合物。

适用范围：以控制外输气烃露点为主，并同时回收部分 NGL 的装置；原料气较富，但其压力和外输气压力之间没有足够压差可以利用的情况。

冷剂选择依据：原料气的冷冻温度和制冷系统单位制冷量所耗的功率。

制冷范围：氨为$-30 \sim -25℃$，丙烷为$-40 \sim -35℃$，混合制冷剂为$-40 \sim -35℃$。

（2）直接膨胀制冷法。

直接膨胀制冷法也称膨胀制冷法或自冷法。该法不需要另设独立的制冷系统，原料气降温依靠串接在该系统中的各种类型膨胀制冷设备来提供。因此，制冷能力直接取决于气体的压力、组成、膨胀比及膨胀制冷设备的热力学效率。通常的膨胀制冷设备有节流阀、透平膨胀机及热分离机等。

节流阀制冷主要适用范围：

① 压力很高的气藏。

② 气源压力较高，冷凝分离压力高于外输压力。

③ 原料气与外输气有压差可以利用，但因原料气较贫，回收 NGL 价值不大时。

热分离机制冷按照结构不同分为静止式和转动式两种。

适用范围：

① 气量不大，且压力高于外输气压力，靠节流阀制冷无法达到所需温度时，可采用热分离机制冷。

② 适用于气量较小或气量不稳定的场合，静止式热分离机特别适用于单井或边远井气藏气的 NGL 回收。

当节流阀和热分离机制冷不能达到所要求的凝液收率时，可采用透平膨胀机法制冷。

适用范围：

① 原料气量和压力比较稳定。

② 原料气压力高于外输压力，有足够的压差可以利用。

③ 气体较贫及 NGL 收率要求较高。

透平膨胀机法制冷的特点是流程简单，操作方便，对原料气组成的变化适应性大、投资低及效率高。

(3) 联合制冷法。

此法是冷剂制冷与直接膨胀制冷二者的联合。适用范围：当原料气较富或压力低于适宜的冷凝分离压力时。

我国伴生气多为富气、压力较低，应该以膨胀制冷和联合制冷为主回收 NGL。

2) 根据冷凝分离温度分类

由于天然气的压力，组成及要求的轻烃回收率不同，因此 NGL 回收的冷凝分离温度也有不同。根据天然气在冷冻分离系统中的最低温度，通常将冷凝分离法分为浅冷分离与深冷分离两种。

浅冷分离的冷冻温度为 $-35 \sim -20 ℃$。

深冷分离温度一般低于 $-45 ℃$，有时最低可达到 $-100 ℃$。

三、各 NGL 回收方法的烃类回收率

各 NGL 回收方法的烃类回收率见表 3-2-2。

表 3-2-2 各 NGL 回收方法的烃类回收率

方法	乙烷	丙烷	丁烷	天然汽油（C_{5+}）
吸收法	5%	40%	75%	87%
低温油吸收法	15%	75%	90%	95%
冷剂制冷法	25%	55%	93%	97%
阶式制冷法	70%	85%	95%	100%
节流阀制冷法	70%	90%	97%	100%
透平膨胀机制冷法	85%	97%	100%	100%
马拉法	2%~90%	2%~100%	100%	100%

第三章 天然气预处理

天然气在开采过程中，混有发泡剂、防冻剂、缓蚀剂、钻井液及酸化液等化学药剂，同时，开采出来的天然气还含有 C_5 或以上的重烃、游离水、泥沙等固体杂质。从井场开采出来的原料天然气输送至天然气净化厂进行脱硫脱水处理之后，商品天然气再输送至下游各天然气用户。

原料天然气中夹带的上述物质进入脱硫溶液系统之后，会污染脱硫溶液，引起脱硫系统溶液发泡、拦液、溶液变质、设备堵塞等现象，不但会影响商品天然气质量，还会对脱硫系统的安全平稳运行构成威胁。

因此，为了加工储存和进行长距离输送的方便，原料天然气在脱硫之前，要对有害物质进行预处理，即将原料天然气中夹带的有害物质分离出来，为天然气脱硫提供良好的气质保障。

第一节 天然气分离技术

一、天然气分离方法

用于实现气体和液体或气体和固体分离的物理原理有三种，即动量、沉降、聚结。任何一种分离器都是应用了这三种方法中的一种或几种，但被分离的流体中的各相之间必须是不相容的，并且各相之间要能分离，它们的密度必须是不相同的。在实际生产中，常用的分离方法有四种，分别为重力沉降法、离心分离法、碰撞分离法、过滤分离法。

（一）重力沉降法

沉降是指在某种力场中利用分散相和连续相之间的密度差异，使之发生相对运动而实现分离的过程。实现沉降的作用力可以是重力，也可以是惯性离心力。因此沉降过程有重力沉降和离心分离两种方式。受地球吸引力场的作用发生的沉降称为重力沉降，原料气中因油气密度的不同从而实现分离，重力分离只能除去直径大于 $100\mu m$ 的液滴。如分离直径 $40\sim50\mu m$ 的液滴则需十分庞大的设备，现实不太可能。

（二）离心分离法

离心分离依靠惯性离心力的作用实现两相分离，当流体改变流向时，密度大的液滴具有较大的惯性，就会与器壁相撞，使液滴从气体中分离出来。一般两相密度差异较小、颗粒粒度较细的非均相物系，在重力场中的沉降效率很低，甚至完全不能分离，若改用离心分离则可大大提高沉降速度，设备尺寸也可缩小很多。通常，原料天然气的离心分离是在旋风分离器中进行的。它主要用于分离大量液体和大直径液滴，宜用于固体微粒大于 $50\mu m$ 的气固分离。

（三）碰撞分离法

流体中密度不同的各相之间有着不同的动量，如果一个含有两相物质的流体突然改变了运动方向，其中颗粒较重的粒子由于具有较大动量而不能像颗粒较轻的粒子那样迅速地改变运动方向。所以当流体遇上障碍时，改变流向和速度，使气体中的液滴不断在障碍面内聚集，由于表面张力的作用形成液膜，气体在不断接触中，将气体中的细液滴聚集成大液滴靠重力沉降下来。气流速度在 1~2m/s 时能达到较高的效率，能除去 5μm 以上的液雾。

（四）过滤分离法

天然气过滤分离利用气体与固体和液体等各成分不同粒径，通过具有多毛细孔的介质时，天然气由此介质的毛细孔中通过，而将悬浮于天然气中的固体微粒截留在此介质上，气体中悬浮的微粒就被分离出来。根据过滤介质的不同，这种分离方法可除去 0.1μm 以上的微粒。

二、天然气分离设备

天然气分离最常见的方式是重力分离和过滤分离相结合的方法，即先经重力分离之后，再进入下一级过滤分离。分离段主要去除原料气带来的固体杂质、凝析油、游离水；过滤段主要去除小颗粒杂质。分离下来的凝析油、游离水和固体杂质排放至储罐加以储存。原料气预处理工艺流程如图 3-3-1 所示。

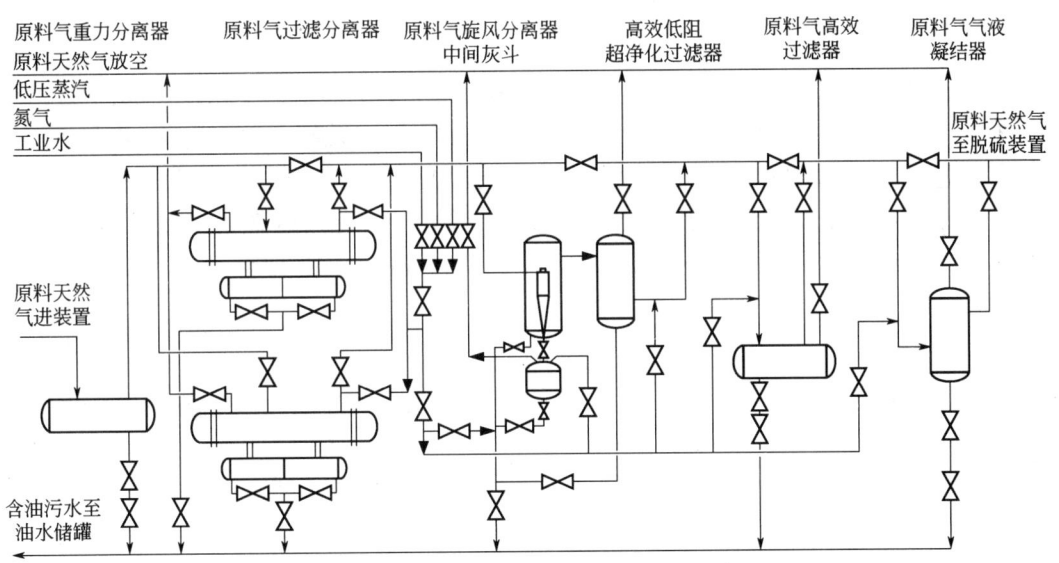

图 3-3-1　原料气预处理分离工艺流程示意图

（一）重力分离器

重力分离器是利用重力的作用从气流中分离出尘粒的设备，常见的有卧式和立式两种。重力分离器在进气口位置设置了折流板，在出气口位置设置了金属丝捕雾网。气流进入重力分离器之后，撞击在折流板上，由于惯性的作用，部分颗粒被分离下来；而后在重力沉降段，依靠重力沉降作用，又有部分颗粒被分离下来；然后经过出气口金属丝捕雾网，依靠聚结作用，又有部分颗粒被分离下来。可见，重力分离器同时兼具重力分离惯性分离和聚结作用，但重力分离居于主导地位。分离下来的油水储存于重力分离器的底部，通过手动阀门或调节阀排放至油水储罐进行储存。重力分离器常规结构如图 3-3-2 所示。

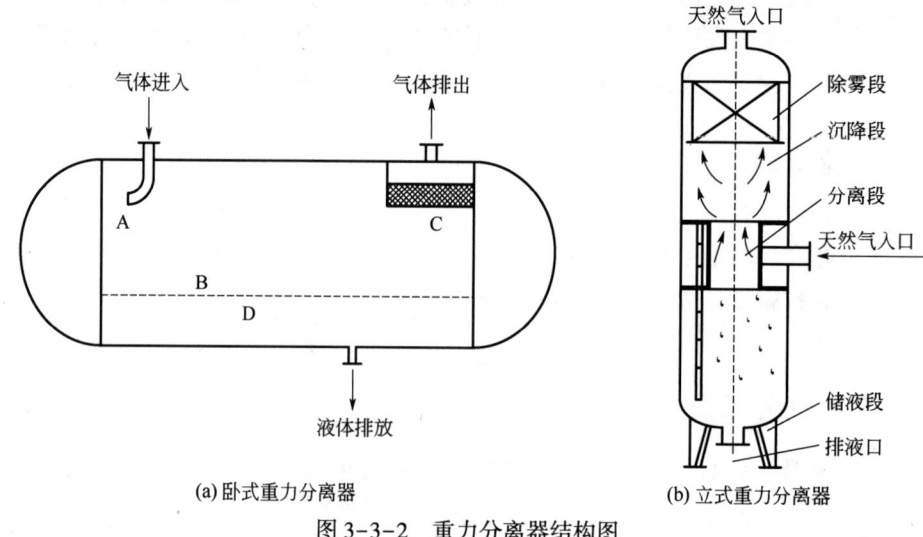

图 3-3-2　重力分离器结构图

立式重力分离器通常用在气-液比高或总气量较低的情况下，卧式重力分离器在处理大流量以及液体中溶解有大量气体时是最为有效的。

（二）过滤分离器

过滤分离器通常分为两部分。第一部分设有过滤-聚结作用的元件，当气流通过这些元件时，液体微粒就被聚结成较大的液滴，当这些液滴达到足够大的尺寸时，在气流的作用下，它们被带出过滤部分而进入中心区，也就是进入第二部分（这里有叶片型或金属丝网型捕雾器），在这里较大的液滴将被除去。一个位于过滤分离器低位处的集液筒，可用于储存被分离出来的液体，通过手动阀门或调节阀可将液体排放至油水储罐进行储存。过滤分离器常规结构如图 3-3-3 所示。

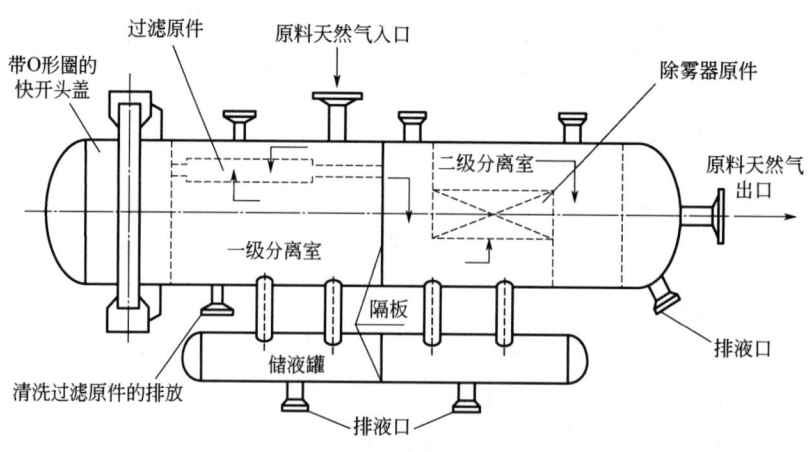

图 3-3-3　过滤分离器结构图

(三) 旋风分离器

旋风分离器（图3-3-4）是利用惯性离心力的作用将颗粒被抛向器壁与气流分离后沿壁面落至锥底的排灰口，净化后的气体在中心轴附近由下而上做螺旋运动，最后由顶部排气管排出。通常，把下行的螺旋形气流称为外旋流，上行的螺旋形气流称为内旋流，内、外旋流气体的旋转方向相同，外旋流的上部是主要除尘区。

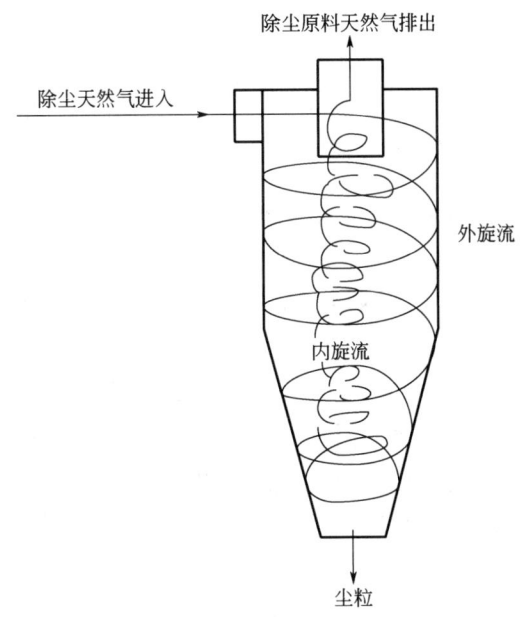

图3-3-4 旋风分离器结构图

三、除砂器

除砂器（图3-3-5）根据流体中的固体颗粒在除砂器里旋转时的筛分原理制成，集旋流与过滤为一体，可实现除砂、降浊、固液分离，是从天然气中分离出杂粒的装置。设置除砂器还可保护机械设备免遭磨损，减少重物在管线、沟槽内沉积。

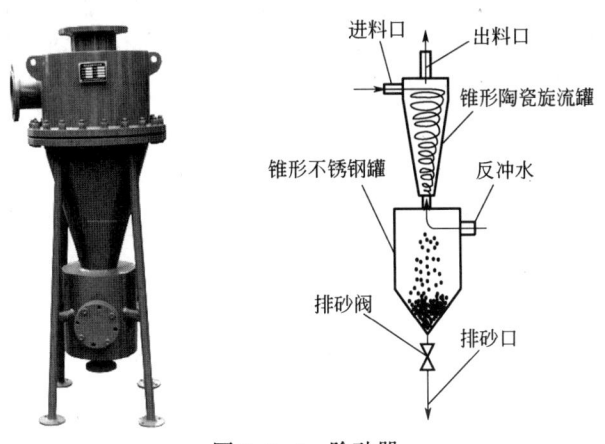

图3-3-5 除砂器

第二节 天然气冰堵防治

天然气管道冰堵一般发生在冬季，冰堵产生的根本原因是管道内部存在液态的或气态的水。液态水一般因管道投产前干燥不彻底而存留，温度较低时结冰，造成管道冰堵；气态水一般在一定含量、一定温度和压力下析出液态水，并在一定条件下生成天然气水合物，进而结成冰堵。前者一般发生在管道投产初期，并且，地形起伏较大、弯头及弯管较多的管段较易发生；后者一般在管道运行过程中，由于天然气中水含量过高而产生。

一、天然气水合物及其形成条件

从井口采出的或从矿场分离器分出的天然气一般都含水，在 0℃ 以上的一定温度和有液相水存在的条件下，天然气中的某些组分能和液态水形成一种白色结晶固体，外观类似于松散的冰或致密的雪，密度为 $0.88 \sim 0.99 \text{g/cm}^3$。天然气水合物是一种笼形晶状包络物，是由许多空腔构成的结晶结构。大多数空腔里有天然气分子，比较稳定，这种空腔又称为笼。几个笼联成一体形成物称为晶胞，即水分子借氢键结合成笼形晶胞，而气体分子在分子间作用力作用下被包围在晶格笼形孔室中。天然气某些组分的水合物分子式为 $CH_4 \cdot 6H_2O$、$C_2H_6 \cdot 8H_2O$、$C_3H_8 \cdot 17H_2O$、$iC_4H_{10} \cdot 17H_2O$、$H_2S \cdot 6H_2O$、$CO_2 \cdot 6H_2O$。戊烷和己烷以上烷烃类一般不形成水合物。

天然气水合物形成的条件：

（1）天然气中有足够的水蒸气处于饱和状态并有液滴存在。天然气中的水汽量处于饱和状态时，常有液相水的存在或易于产生液相水，液相水的存在是产生水合物的必要条件。

（2）压力和温度：当天然气处于足够高的压力和足够低的温度时，水合物才能形成。天然气中不同组分形成水合物的临界温度是该组分水合物存在的最高温度。此温度以上，不管压力多大，都不会形成水合物。

（3）其他条件：气流的速度和方向改变的地方（即气流的停滞区），如弯头阀门及其他局部阻力大的地方，高速、紊流和脉动，是形成水合物的辅助条件。气体中的某些杂质、酸性气体的存在以及微小晶核的诱导，也能促进水合物的形成。对输气管线及站场的观察表明，水合物易在节流阀、分离器入口、阀门关闭不严处形成。这些地方由于节流效应，气体温度急剧下降，从而促使天然气水合物的形成。

二、天然气冰堵类型

天然气管道主要包括干线管道和站场，两者均有可能发生冰堵。冰堵情形主要有以下四种。

（一）投产干燥不彻底引起的冰堵

天然气管道在焊接完成后，为检验焊接质量、密封性和承压能力，需要对管道进行试压，管道试压多采用水压试验。尽管试压完成后均要进行清扫及干燥处理，但是在低洼处、弯头、弯管等特殊地段，管道内难免存有少量残留水，投产初期温度较低时易造成冰堵，影响站内阀门、调压装置等设备的正常运行，影响向下游用户分输供气。

（二）干线管道清管作业引起的冰堵

管道运行初期，为进一步清除管道内残留的杂质和水分，需进行清管作业。在清管器运动过程中，由于前后压差的存在，清管球射流孔会产生节流效应，温度随之降低，天然气水露点较高时会析出水分，并在一定条件下形成天然气水合物，进而造成冰堵，增加了清管作业的难度和风险。

（三）站场节流引起的冰堵

天然气流经过滤分离器、调压橇、孔板流量计等装置时，会引起天然气节流，由于焦耳-汤姆森效应的存在，天然气温度随之降低，当天然气水露点较高时会析出水分，形成水合物，进而产生冰堵。

若冰堵发生在过滤分离器，会造成滤芯堵塞，进而引发滤芯的变形和损坏；若发生在调压橇，会造成管内流通面积减小，甚至全部堵塞，进而影响向下游用户平稳供气；若发生在流量计处，会影响流量计的精准度；若发生在阀门引压管处，会导致控制单元无法准确检测信号，造成阀门误操作。

（四）输送露点较高气源引起的冰堵

我国忠—武管道、陕—京管道系统（陕西—北京）、冀—宁管道、永—唐—秦管道（永清—唐山—秦皇岛）等天然气管道在西气东输管道二线投产之前，由于气源水露点较低，运行较为平稳，很少出现冰堵现象。

西气东输管道二线投产后，由于这些管道的气源混有水露点较高的中亚天然气，沿线多数站场冰堵问题较为严重，给管道正常运行造成较大影响。

三、天然气冰堵预防措施

防止天然气水合物形成的方法有加热法、注剂法和脱水法三种。天然气脱水是防止天然气水合物形成的最好的方法，但须建脱水装置，在气体处理规模较大且过程温度较低时才比较经济；当管道、设备必须在低于天然气水合物形成温度以下操作时，则应考虑加入化学剂的方法。

（一）加热法

加热法主要是指提高节流前天然气温度，包括蒸气加热和水套炉加热两种方法。如果节流前后压降不变，提高节流前天然气的温度也等于提高了节流后天然气的温度，可以有效预防节流后水合物的生成。常见天然气水合物的临界温度见表3-3-1。

表3-3-1　天然气水合物的临界温度表

组分名称	CH_4	C_2H_6	C_3H_8	iC_4H_{10}	nC_4H_{10}	CO_2	H_2S
天然气水合物临界温度,℃	21.5	14.5	5.5	2.5	1.0	10.0	29.0

（二）注剂法

注剂法是指在气流中加入吸收性极强的抑制剂，抑制剂与水蒸气结合形成冰点很低的溶液，使天然气中水蒸气的含量降低，降低了天然气的露点，使气流在较低温度（-30~50℃）下不生成水合物。

1. 水合物抑制剂

天然气水合物抑制剂的种类很多，在气田工程中使用最多的是甲醇、乙二醇。注入井场节流设备或管线的甲醇，因其挥发而进入气相的部分不再回收，进入液相的部分可蒸馏后循环使用。甲醇具有中等毒性，会通过呼吸道、食道侵入人体，故使用甲醇做抑制剂时应采取必要的安全措施。除乙二醇外，有时也用二甘醇和三甘醇。常用抑制剂的物理化学性质见表3-3-2。

表 3-3-2　常用抑制剂的物理化学性质

性质	甲醇	乙二醇	二甘醇	三甘醇
分子式	CH_3OH	$C_2H_6O_2$	$C_4H_{10}O_3$	$C_6H_{14}O_4$
沸点（0.1MPa下），℃	64.7	197.3	245.0	287.4
密度（20℃），g/cm^3	0.7915	1.1088	1.1184	1.1254
冰点，℃	-97.8	-13	-8	-7
黏度（20℃），mPa·s	0.593	21.5	35.7	47.8
在水中溶解度（20℃）	完全互溶	完全互溶	完全互溶	完全互溶
性质状态	无色挥发，易燃液体，中等毒性	无色无毒，有甜味液体	无色无毒，有甜味液体	无色无毒，有甜味黏稠液体

按水溶液中相同质量分数抑制剂引起的水合物形成温度降相比比较，效果由高到低依次为甲醇、乙二醇、二甘醇。甲醇可用于任何操作温度下的天然气管道和设备，但由于其沸点低，操作温度较高时，气相损失过大，故多用于低温场合。乙二醇则无毒，沸点比甲醇高得多，蒸发损失量小，一般也可以重复使用，适合天然气处理量大的场站。当操作温度高于-7℃时，优先考虑二甘醇，它与乙二醇相比，气相损失较小。操作温度低于-10℃，不再采用二甘醇，因其黏度太大，与液烃分离困难。

2. 水合物抑制剂用量计算

注入管道或设备中的抑制剂，无论是甘醇类靠雾化还是甲醇靠蒸发均匀分散于气流中后，其中一部分抑制剂与气体中析出的液态水混合，将水从气体转移到液体抑制剂中，形成抑制剂水溶液，从而达到防止水合物形成的目的，而另一部分抑制剂则损失在气流中。消耗于前一部分的抑制剂称为抑制剂在液相的用量，用 q_1 表示；消耗在后一部分的抑制剂，称为抑制剂的气相损失量，用 q_g 表示；抑制剂的总用量 q_t 为两者之和，即 $q_t=q_1+q_g$。

注入抑制剂后天然气形成水合物的温度降低，其温度降主要取决于抑制剂的液相用量，损失于气相的抑制剂量对水合物形成条件的影响较小。防止气体形成水合物所需注入的抑制剂最低用量，可以采用Hammerschmidt半经验公式进行手工计算，也可由分子热力学模型建立的软件通过计算机模拟完成。

Hammerschmidt提出的半经验公式：

$$C_m = 100\Delta t M/(K+M \cdot \Delta t) \tag{3-3-1}$$

$$\Delta t = t_1 - t_2 \tag{3-3-2}$$

式中　C_m——抑制剂在液相水溶液中必须达到的最低浓度（质量分数）；

Δt——根据工艺要求而确定的天然气水合物形成温度降，℃；

M——抑制剂相对分子质量（甲醇为 32，乙二醇为 62，二甘醇为 106）；

K——常数（甲醇为 1297，乙二醇和二甘醇为 2222）；

t_1——未加抑制剂时，天然气在管道或设备中最高操作压力下形成水合物的温度（对于节流过程，则为节流阀后压力下天然气形成水合物的温度），℃；

t_2——天然气在管道或设备中的最低操作温度，即要求加入抑制剂后天然气不会形成水合物的最低温度（对于节流过程，则为天然气节流后的温度），℃。

实验证明，当甲醇水溶液浓度约低于 25%（质量分数），或甘醇类水溶液浓度高至 50%~60%（质量分数）时，采用式（3-3-1）仍可得到满意的结果。

对于高浓度的甲醇水溶液及温度低至 -107℃ 的情况，Nielsen 等推荐采用的计算公式：

$$\Delta t = -72\ln(1-C_{mol}) \tag{3-3-3}$$

式中 C_{mol}——达到给定的天然气水合物形成温度降甲醇在水溶液中必须达到的最低浓度。

通常，向管道或设备中注入的抑制剂往往是含水的。因此，注入含水抑制剂后或多或少增加了气流中的水含量。当已知抑制剂在水溶液中的最低浓度 C_m，并且考虑到注入的抑制剂蒸发到气相后带入体系中的水量时，注入的含水抑制剂的液相用量 q_1 可根据物料平衡由式（3-3-4）计算：

$$q_1 = \frac{C_m}{C_1 - C_m}[q_w + (100-C_1)q_g] \tag{3-3-4}$$

式中 q_1——注入浓度为 C_1 的含水抑制剂在液相中的用量，kg/d；

q_g——注入浓度为 C_1 的含水抑制剂在气相中的用量，kg/d；

C_1——注入的含水抑制剂中抑制剂的浓度（质量分数）；

q_w——单位时间内体系中产生的液态水量，kg/d。

其中，单位时间内体系中产生的液态水量 q_w 包括了单位时间内气流中析出的液态水量和其他途径进入管道和设备的水量之和，但不包括随含水抑制剂注入体系的液态水量。

甘醇类抑制剂的气相损失量较小。应当注意，甘醇类抑制剂的主要损失是再生损失、在液烃中的溶解损失以及因甘醇类与液烃乳化造成分离困难而引起的携带损失等。

当分离温度为 15℃、甘醇浓度为 50%~70%（质量分数）时，甘醇类在液烃中的溶解损失一般为 0.01~0.07L/m³（甘醇类/液烃）。在含硫液烃中甘醇类抑制剂的溶解损失约是不含硫液烃的 3 倍。携带损失则随设备和操作不同变化较大，但通常小于 30kg/10^6m³（甘醇类/天然气），或约为 26L/10^6m³（甘醇类/天然气）。

甲醇因易于蒸发，故其在气相中的损失量必须予以考虑。根据甲醇在使用条件下的压力和温度，可查出甲醇在最低温度（t_2）和相应压力下的天然气中的气相含量与甲醇在水溶液中浓度之比 a，再按式（3-3-5）计算出甲醇此时的气相含量：

$$W_g = aC_m \tag{3-3-5}$$

式中 W_g——甲醇在最低温度和相应压力下的天然气中的气相含量，kg/10^6m³；

a——甲醇在最低温度和相应压力下的天然气中的气相含量与甲醇在水溶液中浓度之比，kg/10^6m³；

C_m——甲醇在水溶液中的质量分数。

当换算为向体系（管道或设备中）注入的含水甲醇浓度的用量时，甲醇的损失量 q_g 的计算式：

$$q_g = \frac{aC_m q_{NG}}{C_1} \times 10^{-6} \qquad (3\text{-}3\text{-}6)$$

式中　q_g——向体系注入浓度为 C_1 的含水甲醇时甲醇在气相中的损失量，kg/d；

　　　C_1——向体系注入的含水甲醇的浓度（质量分数）；

　　　q_{NG}——体系中的天然气流量，m^3/d。

（三）脱水法

甘醇类溶剂中，三甘醇溶液有吸湿能力强、容易再生、热稳定性好、操作费用低等优点。

三甘醇脱水是物理过程。三甘醇具有很强的吸水性能，当含水天然气与三甘醇溶液接触时，天然气中的水蒸气就被吸收下来进入三甘醇溶液中。吸收了天然气中水汽的三甘醇溶液浓度变低（生产上称为富甘醇溶液，即富液），对其进行加热再生，三甘醇浓度得到恢复（生产上称为贫甘醇溶液，即贫液），然后再循环使用。

因为三甘醇的沸点大大高于水的沸点，所以当加热温度控制在高于水的沸点（100℃）而低于三甘醇的沸点时，水率先被蒸发汽化，进入气相而被排出。为了更好地提高再生质量，得到很高浓度的三甘醇贫液，在富液再生时，可用低压的产品气对再生液进行汽提，尽可能地将再生液中的水汽提到气相中去。

（四）其他方法

为降低冰堵发生的概率，管道投产初期，可对站内调压橇、放空立管、阀门、过滤分离器、计量橇、排污罐等设备多次排污，将管道和设备内积液排出，并及时更换过滤分离器滤芯。若条件允许，也可适当提高分输支线管道运行压力，缩小分输调压橇前后压差，减少温度降低幅度，尽量避免冰堵发生。

四、天然气冰堵治理方法

管道干线和站场发生冰堵时，常用的解除冰堵方法有放空降压法、注醇法、对天然气加热法等。

（一）干线清管解堵

对于干线管道清管出现的冰堵问题，较为常用的方法是将冰堵段两端阀室阀门关闭，并适当放空降压，天然气水合物将随着压力的降低快速分解，从而达到解除冰堵的目的；也可配合使用蒸汽车向管道外壁喷射高温蒸汽，对冰堵管道进行充分加热，加速天然气水合物的分解。该方法在西气东输管道二线清管作业时得到使用。

（二）调压阀解堵

对于站场调压阀之后出现的冰堵，可注入适量甲醇等防冻剂，利用其良好的亲水性吸收天然气中的水分，降低水含量，进而降低天然气水露点而快速将水合物分解，达到解堵目的。该方法在大—沈管道投产初期被沿线多个站场采用。

（三）站内局部管段解堵

站场内局部管段出现冰堵时，可利用加热设备对天然气进行加热，提高天然气温度，使天然气水合物快速分解。加热设备一般有电加热器和水套炉两种,加热功率较小时常采用电加热器,加热功率较大时常采用水套炉。

(四) 分输管路解堵

站场内分输管路冰堵时,可切换至备用管路,并在发生冰堵管段缠绕大功率电伴热带,对管道进行加热,使水合物快速分解;也可临时采用调压阀上游球阀节流的措施减小调压阀前后压差来降低节流效应,达到解堵目的。

(五) 分离器、排污管解堵

站内分离器、汇管排污管道出现冰堵时,可采用在线排污的方式解决冰堵问题,也可切换至备用分离器,待冰堵解除后恢复。

(六) 引压管解堵

站内调压阀引压管或指挥器出现冰堵时,由于其管径较小,产生水合物不会太多,可采取较为简单有效的热水喷淋法,向引压管或止回器上直接浇注开水。该方法较为简单易行,效果较为明显。

第三节　天然气净化厂 MDEA 溶液发泡防治

原料气中可能夹带重烃、污水等容易引起发泡的物质,在进入吸收塔前若没有得到有效过滤会被带入溶液体系中,加之醇胺溶液在使用过程中的降解、变质,使得发泡成为醇胺脱硫工艺操作中的常见问题。

醇胺法气体脱硫装置中的吸收塔和再生塔常遇到醇胺溶液发泡的问题,导致净化装置无法平稳运行,处理能力严重下降,从而造成胺液再生不合格、脱硫效率达不到设计要求、净化气中 H_2S 含量超标。溶液发泡还会导致雾沫夹带,大量胺液随气流带走,溶剂损耗急剧增加,造成严重的经济损失。溶液发泡严重时,装置必须停产并更换新鲜溶液。

一、发泡机理及主要影响因素

(一) 发泡机理

泡沫是热力学不稳定体系,单纯一种液体通常不会形成泡沫,即使形成泡沫也会很快消失。但当溶液被污染而含有能够降低溶液表面张力、提高溶液表面黏度的杂质时,产生的气泡使体系的比表面积增大,克服表面张力所做的功减少,泡沫体系的表面自由能降低,溶液就会产生相对稳定的泡沫。

溶液泡沫的形成过程如图 3-3-6 所示,当向被污染的溶液中通入气体时,溶液内部产生气液界面,表面活性剂分子被吸附至气液界面处,降低了此处溶液的表面张力,使形成的气泡趋于稳定。由于气液两相的密度相差较大,在浮力的作用下气泡上升至溶液表面。气泡与溶液表面之间形成的双分子层液膜内的液体在重力作用下排出,液膜逐渐变薄,以重力为动力的排液趋势也逐渐减弱,而球形弯曲液面产生的附加压力成为排液的主要动力。当液膜薄至一定程度时,弯曲的球形气泡变为多面体气泡,附加压力逐渐减弱,两个双分子层之间的距离接近，可以产生新的相互斥力作用。此时，气泡处于平衡状态，形成稳定气泡。溶液表现为发泡现象，如图 3-3-7 所示。

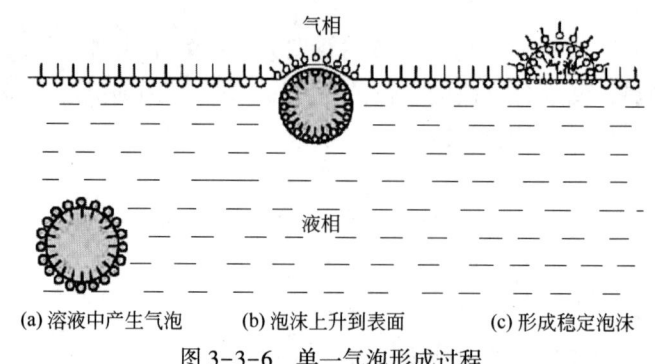

图 3-3-6　单一气泡形成过程

（二）主要影响因素

纯 MDEA 虽然具有发泡的倾向，但其气泡极不稳定，不会影响装置的正常运行，只有当外来物质增强了气泡的稳定性时，溶液才会发泡，在工业生产中，以下污染物是引起 MDEA 溶液发泡的主要因素。

1. 表面活性剂（缓蚀剂）、重烃类物质及固体颗粒

从井口来的天然气中可能含有重烃类物质，且可能带有气井缓蚀剂等表面活性剂物质，在进入吸收塔前若分离不完全，表面活性剂（缓蚀剂）、重烃类物质浮在胺溶液表面，明显降低其表面张力，最终可能导致胺溶液发泡。

此外，在醇胺脱硫系统中，硫化铁和活性炭是不可避免

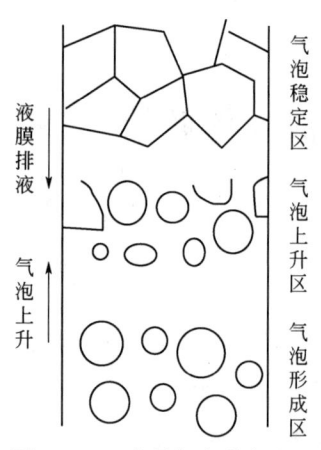

图 3-3-7　大量气泡形成过程

会存在的固体颗粒。溶液中的硫化铁是原料气中的 H_2S 与铁或氧化铁的反应产物，活性炭主要来自活性炭过滤器，其存在也会提高脱硫溶液发泡概率。

2. 胺降解产物及热稳定性盐等

在天然气净化过程中，醇胺在 CO_2、氧、某些有机化合物及高温等因素的作用下会生成一些难以再生的降解产物或热稳定性盐，且会随着装置操作时间的增加而积累，过量的降解产物及热稳定性盐会降低有效胺浓度，改变溶液 pH 值、黏度等性质，加快管线与设备的腐蚀，从而引起胺液发泡。

二、MDEA 脱硫溶液中致泡因素实验研究

（一）发泡实验评价方法

泡沫高度表征溶液的起泡力，即泡沫形成的难易程度；消泡时间表征溶液形成泡沫的稳定性。溶液容易起泡，但形成的泡沫没有足够的稳定性，装置也不会出现发泡的情况。相反，溶液的起泡力不是很高，但泡沫的稳定性很高，在生产装置中会导致发泡或严重发泡。由此可见，脱硫溶液在装置中是否发泡与溶液形成泡沫的稳定性，即

消泡时间的关系更大,当脱硫溶液发泡实验的消泡时间大于 60s 时,溶液在装置中发泡的可能性较大。

模拟溶液发泡实验:向的 MDEA 溶液中逐量加入不同质量分数的杂质,匀速通入衡量氮气 3min,通过控制变量法,观察其对溶液起泡性和泡沫稳定性的影响,如图 3-3-8 所示。

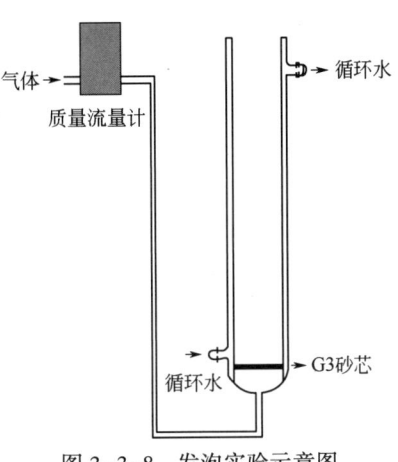

图 3-3-8 发泡实验示意图

(二) 添加不同种类杂质对发泡性能的影响

1. 水合物抑制剂对起泡性能的影响

气田开采的天然气往往含有饱和水,在低温、高压的条件下,容易生成水合物。水合物不仅会堵塞管道、设备和阀门,严重时还会影响天然气的正常开采和集输。为了防止天然气水合物的生成,水合物抑制剂被应用在天然气的开采和处理装置中。常用的水合物抑制剂有三甘醇、甲醇、乙二醇等。天然气中携带的水合物抑制剂雾沫进入脱硫装置,虽不能够改变溶液表面张力,但会污染 MDEA 溶液,增强 MDEA 溶液泡沫的稳定性,如图 3-3-9 所示。

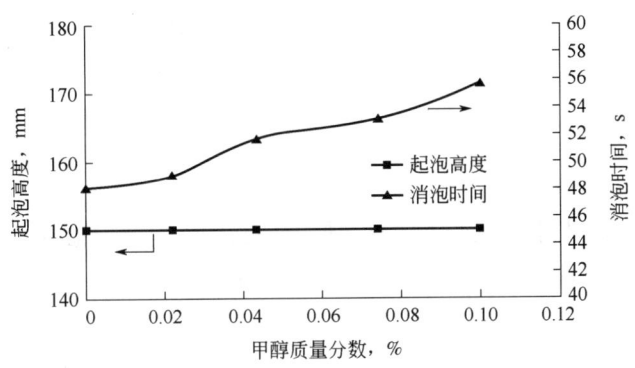

图 3-3-9 水合物抑制剂对起泡性能的影响

2. 表面活性剂对起泡性能的影响

图 3-3-10 为表面活性剂对发泡性能的影响。由图 3-3-10 可知,随着表面活性剂浓度的逐渐增大,脱硫溶剂的起泡性明显增强,同时,溶液泡沫稳定性急剧增强。这是因为表面活性剂能显著降低溶液的表面张力,使溶液容易发泡;在泡沫双分子层液膜上,表面活性剂被定向吸附到气液界面,它的亲油基指向气体而亲水基与水作用,使得液膜不易变薄且液膜弹性和强度明显增强,最终导致形成的泡沫稳定性大大增加。

3. 固体颗粒对起泡性能的影响

图 3-3-11 为添加活性炭对发泡性能的影响。由图 3-3-11 可知,随着活性炭颗粒浓度逐渐增大,溶液的起泡性能和泡沫稳定性明显增强。其原理与 FeS 颗粒引起发泡相同。但在工业生产过程中,由于活性炭颗粒密度比 FeS 颗粒的密度小,大多能浮于溶液表面,使泡沫相对稳定。

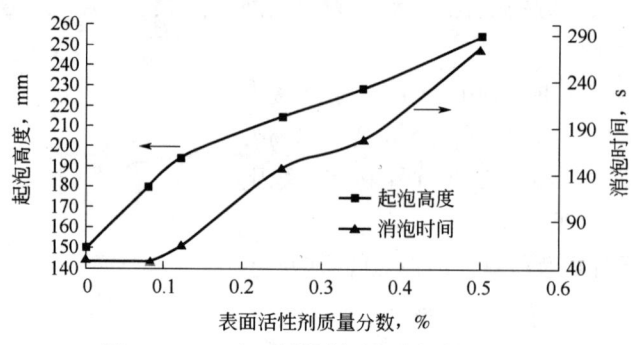

图 3-3-10　表面活性剂对起泡性能的影响

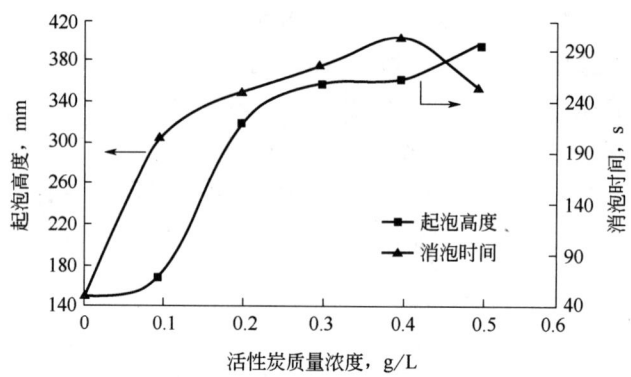

图 3-3-11　固体颗粒对起泡性能的影响

4. 醇胺溶液降解产物对起泡性能的影响

热稳定盐对溶液表面张力改变不明显，但能小幅增强泡沫的稳定性。而且热稳定盐能够加快设备腐蚀从而导致溶液发泡，如图 3-3-12 所示。

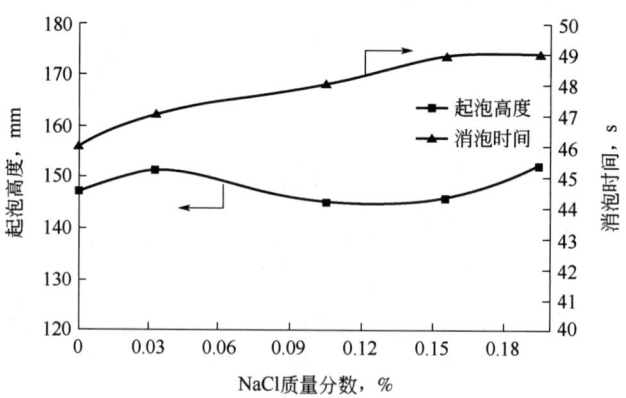

图 3-3-12　醇胺溶液降解产物对起泡性能的影响

5. 气量波动对起泡性能的影响

气体流速对发泡性能的影响如图 3-3-13 所示。由图 3-3-13 可以看出，随着气体流量的逐渐增大，溶液的起泡性能和泡沫稳定性有小幅上涨。这是因为溶液的发泡性能取决于溶液的表面张力、表面黏度等物化性质，而气体的通入未改变溶液的上述物化性质，但气泡量增多，因此溶液的发泡性能小幅上涨。

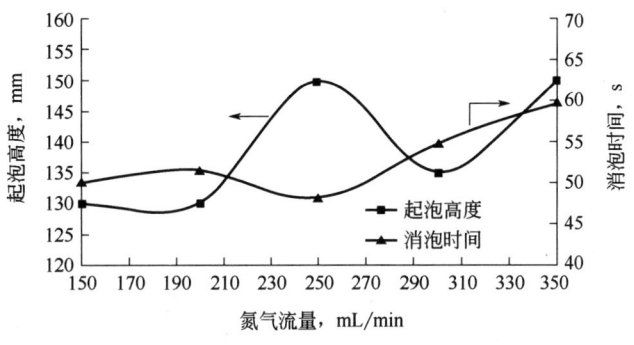

图 3-3-13　气量波动对起泡性能的影响

6. 溶液的温度和浓度对起泡性能的影响

随着浓度逐渐增大，溶液的表面张力增大，溶液的黏度增大；随着温度逐渐升高，溶液的表面张力减小，溶液的黏度减小，如图 3-3-14。

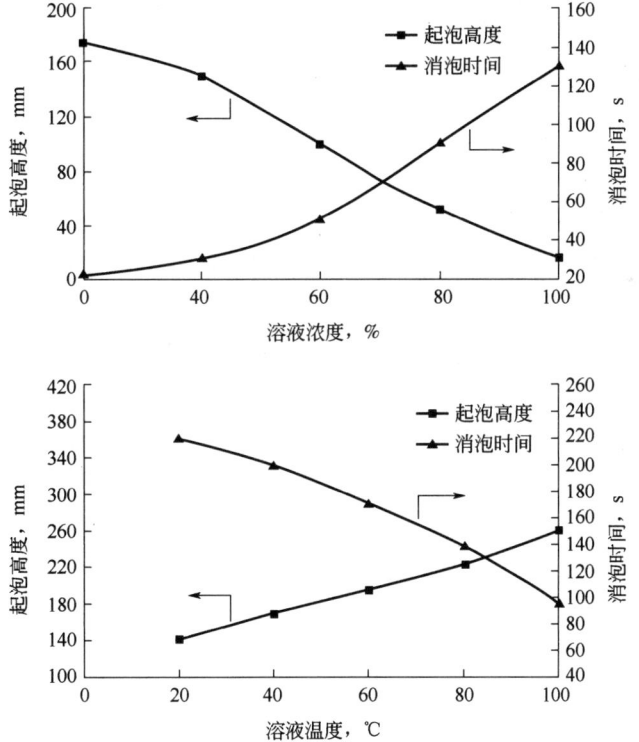

图 3-3-14　溶液的温度和浓度对起泡性能的影响

三、MDEA 溶液发泡防治措施

天然气净化厂的脱硫装置经常发生 MDEA 溶液发泡拦液现象。引起 MDEA 溶液发泡的主要因素有上游带入的表面活性剂、MDEA 溶液的降解产物、FeS、金属离子和活性炭颗粒，以及气量波动、溶液参数变化等。

为了解决脱硫装置的发泡问题，天然气净化厂采取了许多措施。活性炭过滤器是净化厂普遍采取的措施之一。活性炭过滤器不仅能够除去溶液中的固体颗粒，还能够过滤和吸收大量的来自上游气源的化学试剂和 MDEA 溶液的降解产物等有机组分。经过活性炭过滤器吸附、过滤后，MDEA 富液的起泡高度明显下降，消泡时间也相应缩短。活性炭过滤器在脱硫装置中的应用，在一定时期内，能够有效地抑制 MDEA 溶液的发泡，保障吸收塔的平稳运转。但是，大部分净化厂使用活性炭时，只是对活性炭进行了筛选、清洗和干燥处理，使用不到半个月，脱硫装置就出现了严重的发泡拦液现象。

通过对 MDEA 溶液污染物的分析和对脱硫装置应用情况的调研，提出了以下几种措施解决 MDEA 溶液的发泡问题：

（1）在使用活性炭前，除了进行筛选、清洗和干燥三个步骤，还需要进行除盐水浸泡洗涤，直到洗涤后的水较为洁净。

（2）适当减小活性炭过滤器的过滤量，减少脱硫溶液对活性炭的冲刷。

（3）加强对 MDEA 溶液内杂质分析的频率，了解脱硫溶液的污染情况。及时添加新鲜的 MDEA 溶液，从而降低脱硫溶液中杂质的浓度。

（4）在活性炭过滤器前后均设置过滤器，并提高后级过滤器的过滤精度，以防止活性炭过滤器内吸附的颗粒及活性炭颗粒进入下游。

（5）严格监控体系中氧含量，应避免氧进入系统。装置开车前应彻底清除系统中的氧，溶液储槽等设备应用氮气保护，装置开工时消除系统内的空气使氧化降解反应减少，因此避免空气进入 MDEA 溶液系统中。

（6）加强原料气组分分析和 MDEA 溶液内杂质分析，了解原料气和 MDEA 溶液的情况。

（7）增加一套胺液净化装置，此装置主要除去系统中的热稳定盐，减少发泡频率，从而提高了脱碳溶液的效率，如图 3-3-15 所示。

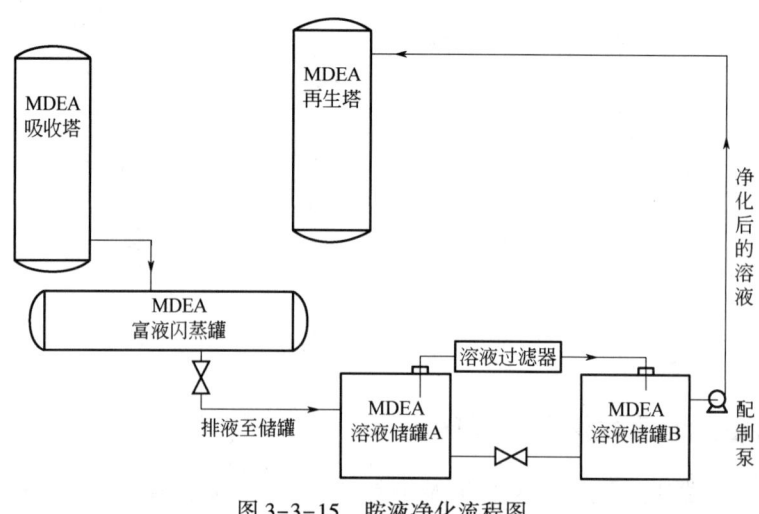

图 3-3-15　胺液净化流程图

第四章　硫磺回收

OR-GREEN（GreenOxidation-Reduction）硫磺回收工艺是一种绿色的、基于铁基催化剂的湿法气体净化技术，它集脱硫与硫磺回收于一体，在液相中直接将 H_2S 转化为单质 S。OR-GREEN 硫磺回收技术是适合潜硫含量在 $0.1\sim30t/d$ 的 H_2S 脱除装置的工艺，相较其他硫磺回收工艺具有如下优点：

(1) 铁基催化剂无毒，反应速度快。
(2) 条件温和，在常压、常温下即可满足反应条件。
(3) 工艺流程短，结构紧凑，占地面积小。
(4) 无反应平衡限制，硫化氢脱除率高，可达到 99.9% 以上。
(5) 生产过程基本无"三废"排放和污染。

第一节　硫磺回收基本原理

OR-GREEN 工艺改进了克劳斯反应，为清除硫化氢提供了一种恒温、低成本运行的方法。

一、硫磺回收基本化学反应

在水基溶液中，水溶液中的水溶性金属离子在环境空气或工艺气体中容易被氧气氧化，在合适的电动势下将硫化物离子氧化为元素硫。溶液中的金属离子能够得到负二价硫（HS^-）中的电子（负电荷）而使 H_2S 转化成元素硫，并能依次在再生过程中将电子输送到氧气中。虽然有许多金属离子可以完成这样的反应，但由于铁离子既经济又无毒，所以 OR-GREEN 工艺采用铁离子。

$$H_2S+1/2O_2 =\!=\!= H_2O+S \tag{3-4-1}$$

OR-GREEN 脱硫工艺的基本化学反应可以划分为吸收和再生两个部分。

（一）吸收部分

(1) 配比溶液吸收 H_2S 气体。

$$H_2S(气)+H_2O(液) =\!=\!= H_2S(溶液)+H_2O(液) \tag{3-4-2}$$

(2) 电离：

$$H_2S(溶液) =\!=\!= H^+ + HS^- \tag{3-4-3}$$

(3) 三价铁离子（Fe^{3+}）氧化负二价硫：

$$HS^- + 2Fe^{3+} =\!=\!= 2Fe^{2+} + H^+ + S \tag{3-4-4}$$

(4) 吸收部分总方程式，即方程式(3-4-2)、(3-4-3)、(3-4-4)叠加：

$$H_2S(气)+2Fe^{3+} =\!=\!= 2H^+ + S + 2Fe^{2+} \tag{3-4-5}$$

（二）再生部分

（1）配比溶液吸收氧气：

$$1/2O_2(气) + H_2O \Longleftrightarrow 1/2O_2(溶液) + H_2O \quad (3-4-6)$$

（2）亚铁离子（Fe^{2+}）再生反应：

$$1/2O_2(溶液) + H_2O + 2Fe^{2+} \Longleftrightarrow 2OH^- + 2Fe^{3+} \quad (3-4-7)$$

（3）再生部分总方程式，即方程式(3-4-6)（3-4-7）叠加：

$$1/2O_2(气) + H_2O + 2Fe^{2+} \Longleftrightarrow 2OH^- + 2Fe^{3+} \quad (3-4-8)$$

（4）方程式(3-4-5)、(3-4-8)的叠加，便得到改进的克劳斯反应方程式(3-4-1)。

在总反应中，铁离子的作用是将电子从吸收反应侧转移到再生反应侧，由于每一个单质硫的产生需要消耗两个铁原子，从此角度而言，铁离子是一种反应物。然而，在总反应中并不消耗铁离子，铁离子只是作为硫化氢和氧气反应的催化剂。由于这种双重作用，铁离子络合物被称为催化反应物。

在水配比溶液中，亚铁离子（Fe^{2+}）和三价铁离子（Fe^{3+}）都是不稳定的，一般会有氢氧化铁$Fe(OH)_3$或硫化亚铁FeS沉淀生成，反应如下：

$$Fe^{3+} + 3OH^- \Longleftrightarrow Fe(OH)_3 \quad (3-4-9)$$

$$Fe^{2+} + S^{2-} \Longleftrightarrow FeS \quad (3-4-10)$$

为了防止上述沉淀反应的发生，OR-GREEN工艺采用了一种螯合剂，使得铁离子在宽泛的pH值范围内能在配比溶液中保持稳定。螯合剂是一种有机化合物，它将金属离子包裹在一个爪状的结构中，使金属离子与两个或多个非金属原子形成化学键。OR-GREEN系统的金属离子和螯合剂混合物由催化反应物铁离子溶液和螯合剂溶液组成。

二、硫磺回收中pH值调节

在OR-GREEN工艺中，循环配比溶液的pH值是一个非常重要的操作参数，因为配比溶液可吸收H_2S气体的量与配比溶液的pH值成比例，如方程式(3-4-2)（3-4-3）。为此，pH值用于测定溶液的酸度（H^+）或碱度（OH^-）。pH值为7代表配比溶液呈中性（既非酸性也非碱性）；pH值1~7代表配比溶液呈酸性；pH值7~14代表配比溶液是碱性的。方程式(3-4-2)和(3-4-3)是平衡式，如双箭头所示，当增加溶液（pH<7）中的H^+浓度时，反应将向左边进行，配比溶液吸收H_2S的总量减少。如果增加溶液（pH>7）中的OH^-的浓度，溶液中的H^+将被中和形成水（$OH^- + H^+ \longrightarrow H_2O$），因此反应将向右边进行，配比溶液吸收$H_2S$的总量增加。

方程式(3-4-1)表明，反应中没有净余的H^+和OH^-生成，所以配比溶液的pH值不会产生变化。但是，几个有竞争性的副反应会在有限的范围内发生，溶液中要加入碱性物质来维持溶液的pH值相对恒定，确保H_2S被很好地吸收。

副反应很难从化学的观点定义，但可能可以用下面的普通方程式代表：

$$2HS^- + 2O_2 \Longleftrightarrow S_2O_3^{2-} + H_2O \quad (3-4-11)$$

把方程式(3-4-11)与方程式(3-4-3)合并，可以看出，反应生成硫代硫酸盐离子（$S_2O_3^{2-}$）时，便生成一个净余的H^+。

以下反应是针对来源气中有 CO_2 存在时的反应：

在酸性气的处理中常会带有高浓度的二氧化碳气体，尤其是在高压下，二氧化碳溶解在水溶液中，离解出 HCO_3^- 和 CO_3^{2-}，反应如下：

$$CO_2(气) + H_2O(溶液) \rightleftharpoons H_2CO_3(溶液) \qquad (3-4-12)$$

$$H_2CO_3(溶液) \rightleftharpoons H^+ + HCO_3^- \qquad (3-4-13)$$

$$HCO_3^- \rightleftharpoons CO_3^{2-} + H^+ \qquad (3-4-14)$$

离解出的 H^+ 会降低溶液的 pH 值，最终会抑制 H_2S 的吸收。

为了稳定配比溶液的 pH 值，需要在系统中加入碱性物质（如氢氧化钾），它与二氧化碳的反应如下：

$$CO_2(气) + H_2O(溶液) \rightleftharpoons H_2CO_3(溶液) \qquad (3-4-15)$$

$$H_2CO_3(溶液) + 2KOH \rightleftharpoons K_2CO_3 + 2H_2O \qquad (3-4-16)$$

$$K_2CO_3 + H_2CO_3 \rightleftharpoons 2KHCO_3 \qquad (3-4-17)$$

通常，pH 值为 8.0~9.0 的弱碱性范围内时，可满足多种用途的要求。然而，有时为了满足生产效率，则需要提高溶液的 pH 值。溶液的 pH 值在过高的范围内操作时会增加硫代硫酸盐（$S_2O_3^{2-}$）的生成，减少氧气的吸收并阻碍单质硫的团聚。溶液的 pH 值在过低的范围内操作时，会减少 H_2S 气体的吸收量。因此，应该经常检测溶液的 pH 值，由于溶液的 pH 值会随温度的变化而变化，一般应在 23℃ 进行测量。

三、硫磺回收固液分离注意事项

由于在水配比溶液中硫磺以颗粒状存在，所以必须通过类似沉淀的方法进行固液分离。一般来说，硫磺在吸收区中形成，在配比溶液中被润湿。由于硫磺密度是水密度的两倍左右，因此会很快沉降。但可能会遇到下面两种例外情况：

（1）在初试运行阶段，生成的硫与新鲜的催化剂螯合在一起形成的颗粒相当细，很难沉降。当配比溶液中的硫磺浓度达 4~6g/L，即 0.4%~0.6%（质量分数）时，硫磺颗粒达到约为 15μm 易处理的大小。这些硫磺颗粒将作为"母颗粒"，进而增长成 100~150μm 的大颗粒。

（2）微小的气泡或碳氢化合物会附着在硫磺颗粒表面，这样硫磺颗粒便浮在溶液表面而不向下沉降。通常情况下，这些漂浮的颗粒会被溶液润湿，但溶液中也会存在没被润湿的硫磺颗粒，这些颗粒聚集便会出现堵塞。因此应向溶液中连续加入表面活性剂，以便于硫磺颗粒的润湿和沉降。

如方程式（3-4-1）所示，硫产生的同时，伴随着水的生成。但由于吸收氧化塔放空过程中水分的损失，溶液中仍需要加入水。即使气相中的水蒸气在进入 OR-GREEN 工艺吸收氧化塔前已经达到饱和，也必须要加水。生成 1kg 硫磺所产生的热量，足以蒸发大于 3kg 的水，然而反应中，伴随每 kg 硫磺仅有 0.56kg 水生成。如果酸性气体和输入气流含水不饱和，配比溶液水含量的要求会更高，因为在吸收氧化塔内，气流混合后含水饱和。

第二节 硫磺回收工艺

一、硫磺回收主要设备

(一) 罗茨鼓风机

罗茨鼓风机（图3-4-1）属于容积回转鼓风机，压缩机靠转子轴端的同步齿轮使两转子保持啮合，转子上每一凹入的曲面部分与气缸内壁组成工作容积，在转子回转过程中从吸气口带走气体，当移到排气口附近与排气口相连通的瞬时，因有较高压力的气体回流，这时工作容积中的压力突然升高，然后将气体输送到排气通道。两转子互不接触，它们之间靠严密控制的间隙实现密封，故排出的气体不受润滑油污染。

(二) 转鼓式过滤机

转鼓式过滤机（图3-4-2）以鼓内负压作为过滤动力，过滤面为转鼓表面滤布，硫磺附着于滤布表面，溶液透过滤布循环利用，从而达到干燥硫磺的目的。

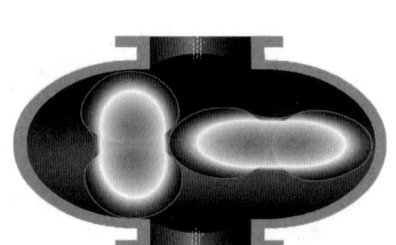

图3-4-1 罗茨鼓风机工作示意图

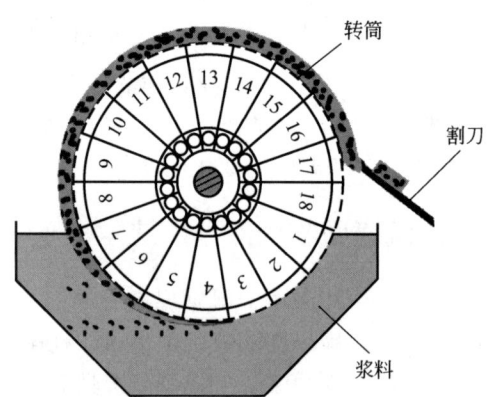

图3-4-2 转鼓式过滤机示意图

与带式过滤机相比，转鼓式过滤机具有结构紧凑、占地面积小、安装维护方便、滤液清澈透明固含量低于$50\mu g/g$、溶液的损失很少、能耗低、提高效益等优点。

(三) 传质设备

传质设备（图3-4-3）使两相密切接触，进行相际传质，从而达到组分分离的目的。吸收氧化塔内主要的传质设备为酸气分布器和空气分布器。

图3-4-3 传质设备示意图

二、硫磺回收工艺流程

硫磺回收工艺流程如图 3-4-4 所示。酸性气进入 OR-GREEN 界区，装置的入口管线上安装有两个联锁切断阀，正常操作情况下，通往火炬管线上的事故泄放阀关闭，气动紧急切断阀打开，使含 H_2S 的酸性气进入 OR-GREEN 装置。当 OR-GREEN 的联锁系统激活时，事故泄放阀自动打开，气动紧急切断阀关闭，使含 H_2S 的酸性气进入火炬总管。

含 H_2S 的酸性气进入 OR-GREEN 装置后，首先进入酸气分离器，酸气分离器顶部安装有叶片式捕雾器，可以除去气体中夹带的微量液体和冷凝液，然后进入吸收氧化塔中。当酸气分离器的液位达到一定高度时，由酸液回流泵将含水和油的酸性冷凝物排出系统。

酸气分离器顶部出来的气体经过温度、流量监测后进入到吸收氧化塔，吸收氧化塔是一个直径为 10500mm 的常压锥形容器。酸气总管线被分为 3 支支管分别进入吸收氧化塔中三个吸收区中，气体进入各个吸收区后由特别设计的气体分布器均匀分布，使其中的 H_2S 很好地被 OR-GREEN 配比溶液吸收并转化成单质硫，同时溶液中 Fe^{3+} 被还原成 Fe^{2+}。

为了让催化剂再生，来自鼓风机的空气通过喷头被均匀分布到氧化区横截面上。气泡在上升的过程中，遇到催化剂配比溶液，在此过程中 Fe^{2+} 被 O_2 重新充分氧化为 Fe^{3+}，废弃的空气和处理过的气体进入大气。这样一直循环流动，大部分硫磺沉淀进入锥形部位。

输送至吸收氧化塔的空气温度应低于 110℃，防止氧化塔内部空气分布器的降解，空气空冷器可将空气温度控制在最高温度以下。

为了延长吸收氧化塔内气体分布器的使用寿命，降低分布器堵塞的概率，塔内安装有脱盐水冲洗设备。每组喷头分别与脱盐水管线接通，可以单独进行冲洗。使用时，每天开启阀门冲洗约 10s。如果冲洗会影响 OR-GREEN 系统的水平衡，应当降低冲洗频率。

液位变送器需要根据密度变化重新校准。液位指示控制器控制开关阀的开和关，保持吸收氧化塔液位在正常液位±100mm 上下波动。当吸收氧化塔液位降至低低液位点时，酸性气将联锁切换至火炬总管，吸收氧化塔同时也配有高液位报警装置和高高液位联锁点，防止容器配比溶液外溢。

固体硫磺沉淀于容器的锥形部位，浓缩为 5%~15%（质量分数）的固体。为防止硫磺黏附在锥形容器壁上，需要提供工厂风进行吹扫，使硫磺悬浮于硫磺浆泵进料口处，工厂风吹扫通过定时器被激活。

硫磺浆泵把硫磺浆从吸收氧化塔锥形底部抽出，部分去过滤机，部分再循环输送至吸收氧化塔顶部，通过延伸至空气喷嘴下方的回流管输出，随后再次进入锥形底部。该回流管中有一段虹吸间断，当在过滤机工作而硫磺浆泵关闭的情况下，可以防止配比溶液从吸收氧化塔内倒流至过滤机。硫磺浆液循环是为了防止过滤机停车时硫磺浆液在锥体底部堵塞。

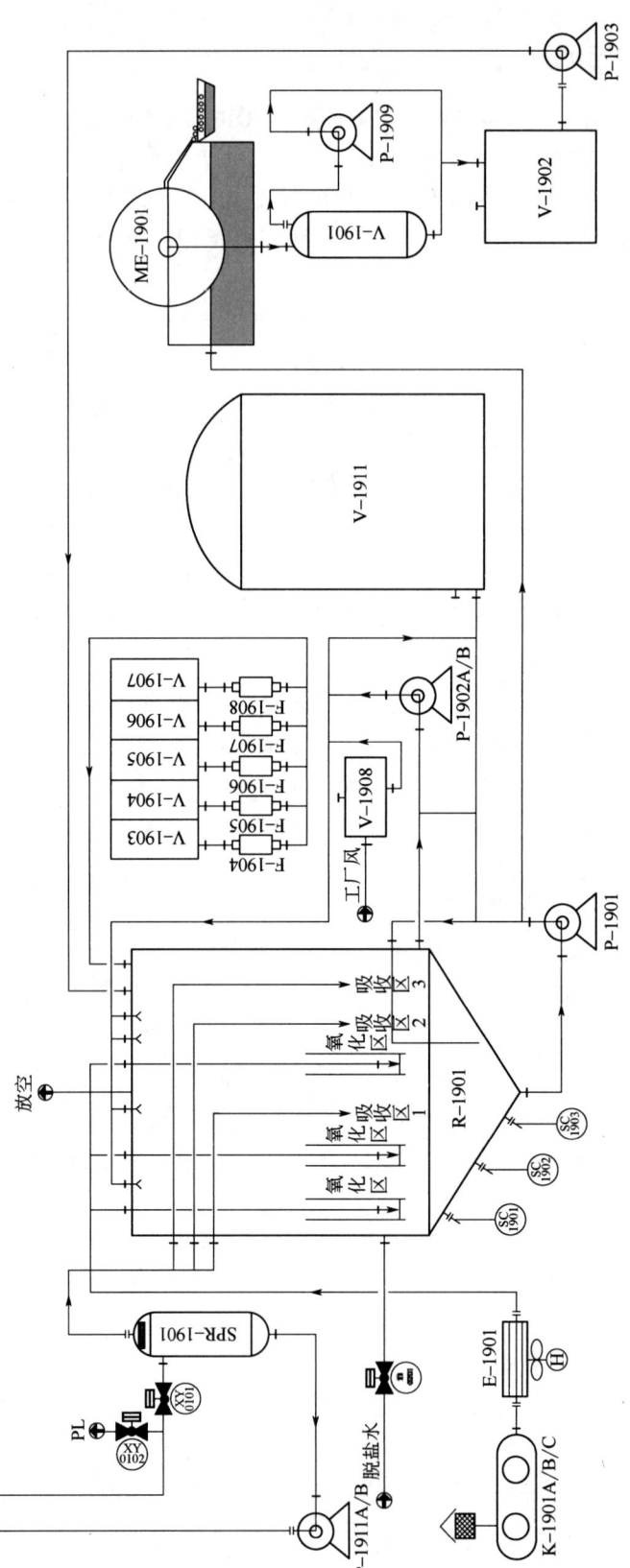

图 3-4-4 硫磺回收工艺流程

配比溶液从容器锥形上方的吸收氧化塔底部被抽出，输送至喷射泵循环返回至吸收氧化塔顶部，通过喷嘴被均匀喷洒到配比溶液表面。喷洒可以破坏堆积在配比溶液表面的泡沫或漂浮硫。

通过从氧化塔顶部延伸至配比溶液液面以下的集束管道，可以完成所有催化剂的添加。通过消泡剂罐，可以完成吸收氧化塔中消泡剂的添加。

硫磺浆从氧化塔的锥形部位通过硫磺浆泵被抽出，一部分循环输送至氧化塔，另一部分（硫磺浆中硫含量达到一定浓度时）被输送至转鼓式过滤机。

当硫磺浆中硫磺的质量分数为5%～15%时，硫磺浆液进入过滤机。过滤机工作时浸没在料斗的过滤板在真空泵的作用下，表面吸附成一层物料，滤液通过滤板至排液罐，过滤机干燥区的滤饼继续在真空力的作用下脱水。卸料后滤板进入反洗区，通过脱盐水清洗滤板，从而完成一个工作循环。

过滤后的配比溶液由滤液储存槽收集，并通过滤液回流泵打回吸收氧化塔内。

所有催化剂都是通过计量泵添加到氧化塔中的。需使用校准柱（FG）来确定泵的实际流量或者确认泵是否处于工作状态。

当系统需要检修时，将吸收氧化塔内的溶液经溶液喷射泵和硫磺浆泵输入检修罐中，检修之后再将溶液经溶液喷射泵输入到吸收氧化塔中。

三、硫磺回收主要分析项目及其控制指标

在正常情况下，需要监测配比溶液中几种催化剂的特性，调整几种催化剂的添加量，使配比溶液处于最佳反应状态。相关的指标包括pH值、氧化还原电势、密度、铁离子浓度、螯合剂浓度等。通常情况下，pH值、氧化还原电势和密度应每日一测（取样），几天或几星期测量的平均值更准确；铁离子浓度需要每周测一次；螯合剂浓度需要每月测一次。

pH值不会迅速变化。对于氧化还原电势，可以采用与测量pH值相同的电子仪器进行测量，即通过切换探头完成测量。氧化还原电势是配比溶液反应活性的参考指标之一，这个参数与配比溶液氧化反应的速率、三价铁离子（Fe^{3+}）到亚铁离子（Fe^{2+}）的转化率有关。通常，配比溶液中-350～-100mV的氧化还原电势表明系统中催化剂活性适中。仪表需要每天校准，加入氧化还原电极的溶液需要每周更换。如果使用同一个仪表监测pH值和氧化还原电势，该仪表需在每次使用前校准。

氧化还原电势较高时（大于-100mV），反应能很好地进行。然而，过高的氧化还原电势（高于-75mV）将促进形成过多的硫酸盐。另外，过低的氧化还原电势（低于-350mV）会导致催化剂的过还原和钝化。在这种状态下，催化剂中的铁离子会生成硫化亚铁（FeS）沉淀。

测量配比溶液密度（SG）可以间接测量溶液中可溶解盐的含量。一般地，可溶解盐有$KHCO_3$和K_2CO_3、$K_2S_2O_3$和K_2SO_4。因为水配比溶液吸收H_2S气体和氧气的能力随着可溶解盐浓度的上升而降低，所以可溶解盐的浓度非常重要。

螯合剂浓度的测定分析程序相对复杂一些，分析的目的是尽量节约催化剂的用量。

硫磺回收的主要分析项目及其控制指标见表3-4-1。

表3-4-1 硫磺回收的主要分析项目及其控制指标

分析项目	控制指标	分析频次	分析方法
pH值	8.5~9	1次/天	pH计
氧化还原电势	-330V~-100mV		气相色谱法
硫磺浆硫磺含量	絮体<50%		沉降法
铁离子浓度	>450μg/g	1周/次	气相色谱法

四、装置开停车及备用状态

(一)装置开车

启动OR-GREEN硫磺回收装置前,注意事项:酸气管线接入OR-GREEN界区处安装有一对自动分流阀,控制通往OR-GREEN装置的XV-0101关闭,通往火炬的XV-0102开启。如果不希望酸气输入OR-GREEN系统,就需要确保位于XV-0101前的手动蝶阀完全关闭。酸气需要输入OR-GREEN系统时,手动开启蝶阀,并确保联锁条件不被触发。

(1)开启吸收氧化塔锥部的吹扫风。

打开将工厂风输送至吸收氧化塔的所有手阀;开启计时器,依次进行空气吹扫;根据由锥形底部到顶部的吹扫顺序,确保阀门的开启/关闭。各阀门一次开启2s,此时阀门的开启每7min循环一次,每次吹扫间隔15s。循环频率与持续时间可以进行调整。

(2)打开配比溶液喷头。

打开位于从吸收氧化塔到泵进口管线上的手阀,并启动其中一台喷射泵,逐渐打开泵的出口阀至全开,总流量约为150m³/h。观察吸收氧化塔的液位,液位应当保持平稳。在开启鼓风机之前,根据需要可以注入脱盐水使液位高于最低报警值。

(3)启动硫磺浆循环。

开启吸收氧化塔锥形底部 硫磺浆泵进口管线上的阀门;开启泵—吸收氧化塔经由硫磺回流管线阀门(过滤机管线上的阀门关闭);启动泵使硫磺浆开始循环,此时位于硫磺浆回流管线的隔膜阀应当完全打开。

(4)开启鼓风机。

选择需要开启的鼓风机,如果初始试运行的硫磺浆负荷小于设计量的50%,只需要开启一台鼓风机。开启鼓风机排放口至吸收氧化塔空气分布器管线;位于鼓风机排空管线上的截止阀应当完全打开(在启动第一台鼓风机之前,打开该阀门);启动第一台鼓风机,根据需要启动第二台;当排空阀完全打开时,大部分气体将排放至大气,仅有少量气体进入吸收氧化塔;逐渐关闭截止阀,并通过流量计观察输入吸收氧化塔的空气流量,随着该阀门缓慢关闭,气体流量会稳步增加。输入OR-GREEN系统的空气流量应高于最低报警值设定点,这个最低流量要求必须可以为催化剂的再生提供吸收氧化塔内的循环动力。

(5)将配比溶液加热至操作温度。

热水通入加热盘管,开始升温,使溶液温度维持在25~53℃。

（6）向系统输入酸气。

向系统注入酸气前，应确认以下事项：

① XV-0102 关闭，XV-0101 开启，位于 XV-0101 上游的手动蝶阀关闭。

② 配比溶液温度值应为 25~53℃。

③ 确保酸气分离器内的液位接近最低报警值。

④ 注入酸气时，OR-GREEN 配比溶液的 pH 值应当降低。在注入酸气前，应确保已做好溶液取样准备，取样瓶、pH 计等都已准备好。首先准备向系统添加螯合剂（试运行前未加完的初始填料部分），然后随着 pH 值的降低向吸收氧化塔内添加 KOH。

⑤ 做好酸气与排空气体的取样准备，用于测量 H_2S 浓度。取样装置应包括所有的取样仪器与安全设备，备好分析仪器。

注意事项：

① 在初始试运行阶段，为了使系统保持稳定（如氧化还原性、pH 值），进气速度要缓慢，可按照 10% 的速度逐步增加气量，气量增加后稳定一段时间后再继续增加。可通过位于酸气分离器出口的流量计观察酸气的流量。

② 当原料气（酸气）为设计量的 10%~30% 时，所有的原料气进入其中的一个腔室；当原料气（酸气）为设计量的 30%~60% 时，原料气进入其中的两个腔室；当原料气（酸气）为设计量的 60%~120% 时，原料气进入三个腔室。

③ 配比溶液的 pH 值必须跟踪监测并及时调整。通入酸气后，当 pH 值下降时，可以根据 pH 值的需要，将剩下的用于初始试运行的螯合剂注入系统。如果 pH 值允许的话，尽可能多地添加螯合剂，尽量使 pH 值保持在 8.0~9.0。一旦用于初始试运行的螯合剂已全部注入系统，可以通过添加 KOH 来进一步调整 pH 值。

（7）添加相关试剂。

初始填料添加完成，引入酸气后，此时应当正常注入相关试剂。表 3-4-2 为硫磺设计产量 2.3t/d 时的建议添加量。实际添加量是以现场实际情况为依据。

表 3-4-2 硫磺设计产量为 2.3t/d 时相关试剂添加量比

相关试剂添加量	LPH	备注
铁离子催化剂	0.17	—
螯合剂	5.0	—
细菌抑制剂	—	有细菌滋生时添加
表面活性剂	0.41	—
45%KOH	7.5	添加量受 CO_2 含量影响较大
消泡剂	—	系统不正常、发泡时添加

初始试运行后，需要进行以下工作确保设备与仪表处于正常工作状态：

① 检查是否有泄漏发生。

② 记录所有压力表的显示读数，作为以后操作的参考数据。

③ 确保所有容器液位控制在所需范围之内。

④ 确保配比溶液的温度控制，将温度控制在所需范围之内。

⑤ 现场与远传显示的液位读数应保持一致。

⑥ 根据需要，校验变送器。

（8）配比溶液与气体取样。

根据取样及分析步骤进行取样。在位于每台泵排放口处，对配比溶液和硫磺浆取样。使用 H_2S 检测管检测酸气和放空气的 H_2S 浓度。

系统一直运行到系统中配比溶液的硫磺浓度达到 0.4%（质量分数），硫磺浆的硫磺浓度达到 10%（质量分数）。这个过程可能需几小时或者几天时间才能达到要求，主要是取决于硫磺的生成速率。通过频繁的采样并观察样品的方法，监测配比溶液与硫磺浆中的硫磺积累量。将取样溶液存储在干净的取样瓶内，观察硫磺的数量、颗粒大小以及硫磺状态是漂浮、沉淀还是悬浮于溶液中，全部沉降需要多久，是否有泡沫，对配比溶液做封瓶实验。试运行初期，会有些许泡沫产生。

（9）启动转鼓式过滤机。

OR-GREEN 系统一直运行使反应溶液的硫磺浓度保持在 0.4%（质量分数）左右，硫磺浆的硫磺浓度保持在 10%（质量分数）左右。从硫磺浆泵排放口和锥底的取样口进行取样，样品中硫磺的含量决定何时启动/关闭过滤机。通常情况下，过滤机的开启/关闭可根据实际硫磺产量需要进行周期性操作。

若 OR-GREEN 系统硫磺的粒径较大，当硫磺体积分数为 75% 时开启过滤机，体积分数为 40% 时关闭过滤机；若 OR-GREEN 系统硫磺的粒径较小，当硫磺体积分数为 25% 时开启过滤机，体积分数为 15% 时关闭过滤机。必须指出的是，硫磺的粒径并不会影响硫磺的质量分数，它影响体积分数是因为粒径不同会导致聚集的疏密程度不同。

（二）装置停车

1. 正常停车

当系统在可控、非紧急状况下需要停车时，可以按照正常停车程序停止整套系统的运行：

（1）将酸气导向火炬，XV-0101 关闭，XV-0102 开启。

（2）10~15min 后停鼓风机。

（3）停喷射泵。

（4）关闭吸收氧化塔补水阀门。

（5）停止添加催化剂。

（6）停车后，如果不需要进入吸收氧化塔内部进行检测或维修工作，配比溶液可以存储在吸收氧化塔内。保持硫磺浆泵处于工作状态，过滤机继续工作直到硫磺浆中的硫磺含量小于 5%（质量分数）。吹扫系统继续运行。

（7）停车后，如果人员需要进入吸收氧化塔内部，需排空吸收氧化塔内的溶液并清洗干净，且必须遵守人员进入安全程序。配比溶液需要导入检修罐内储存，以便重新投产后再次使用。

注意：由于干燥的硫磺可燃，因此在维修任何附着有硫磺的设备之前必须把硫磺润湿后才能进行。

2. 紧急停车

如果系统在紧急情况下停车，主要注意事项是切断酸气输入，关闭所有动设备。停车步骤如下：

（1）停止系统的酸气进料。

（2）关闭空气供应。

（3）关闭喷射泵。

（4）关闭化学药剂的计量泵。

（5）关闭硫磺浆泵、过滤机系统。

注意：

在任何情况下，系统紧急停车后，必须先完成正常停车程序和进入容器的安全准备措施，之后才能开始系统的检测或维修工作。

（三）备用状态

如果酸气停止输入系统，预计该状态的持续时间小于 4h，备用状态可以存在。在酸气恢复输送至系统之前，OR-GREEN 系统的其他部分仍在运行中。

酸气中断，仍需连续把硫磺浆液抽出，直到硫磺浆中硫磺的含量低于 5%（质量分数）。继续向系统内通入空气，确保铁的充分氧化以及溶液中可能存在的任何溶解硫化氢的反应。

如果酸气在若干小时内不能恢复正常，则切断空气供给。在鼓风机关闭之前，先测量配比溶液中的硫磺含量，硫磺含量应当低于 0.4%（质量分数）。吸收氧化塔锥底的吹扫继续进行。

如果酸气 4h 内不能恢复供给，催化剂计量泵将自动被切断。OR-GREEN 系统再次运行时，重新启动计量泵。

五、硫磺回收常见故障及其处理

（1）吸收氧化塔中配比溶液产生泡沫（白色，肥皂泡状）。

引起原因：

① 溶液中催化剂添加不当。

② 溶液中硫磺颗粒过细。

③ 溶液 pH 值过高。

④ 溶液中表面活性剂量过多。

⑤ 溶液中消泡剂过多。

处理方法：

① 按照封瓶实验添加消泡剂。

② 减少鼓风机空气；配比溶液取样，检测硫颗粒是否过细；减少去过滤机的硫磺浆量。

③ 检测配比溶液 pH 值，如果过高，适当降低碱添加量。

④ 按照封瓶实验降低表面活性剂添加量。

⑤ 等消泡剂出来可适当提高溶液温度，以便蒸发掉过多消泡剂。

(2) 吸收氧化塔中配比溶液表面漂浮硫磺（黄色，泡沫状）。

引起原因：

① 配比溶液中消泡剂过多。

② 配比溶液中硫磺过多。

③ 烃类冷凝在配比溶液中。

④ 表面活性剂添加量不足。

处理方法：

① 停止添加消泡剂。

② 对配比溶液进行取样并检测硫磺含量，如果过高（质量分数高于0.5%），则增加去过滤机硫磺浆量。

③ 检验酸气中的重烃含量，如果含有烃类，增加表面活性剂的用量；可升高配比溶液温度。

④ 以10%的增加量缓慢增加表面活性剂；如果烃含量过高，可能需要在OR-GREEN系统上游添加除烃装置。

(3) 放空气中H_2S浓度偏高。

引起原因：

① 空气输送量过低。

② pH值偏低。

③ 铁离子浓度偏低。

④ 类螯合物浓度偏低。

⑤ 进口处H_2S含量偏高。

⑥ 吸收氧化塔内溶液循环量偏低，降低氧化还原作用。

处理方法：

① 检测空气输送量，根据需要增加流量。

② 添加KOH。

③ 添加铁离子催化剂。

④ 增开反应腔室。

⑤ 检测进气中H_2S浓度并计算反应率，计算结果应超过保证值。

⑥ 检测吸收氧化塔液位及空气进气量。

(4) 吸收氧化塔压降过高。

引起原因：

① 气流量过高。

② 液位过高。

③ 喷嘴被硫磺堵塞。

处理方法：

① 检测气流量。

② 检测液位，根据需要，降低液位。

③ 使用脱盐水清洗喷嘴上的硫磺和残留的盐。

(5) 铁离子催化剂和螯合剂消耗量过高。

引起原因：

硫代硫酸盐含量低。

处理方法：

适当增加输送至吸收氧化塔的空气流量。

(6) 氧化还原反应速度偏慢。

引起原因：

吸收氧化塔中氧气输送量不足。

处理方法：

① 检测吸收氧化塔液位，液位控制应保持在正常液位的±100mm。

② 检测空气的流量以及在吸收氧化塔内的分布状况。

③ 通过顶部观察孔，检测泡沫状态。

④ 检测鼓风机出口压力，控制经过放空阀的气量。

(7) 吸收氧化塔液位偏低。

引起原因：

① 液位变送器故障。

② 液体密度增加。

③ 液位补水阀故障。

处理方法：

① 检测液位变送器，如有故障，修理或更换。

② 根据密度，重新校准液位变送器。

③ 检测液位补水阀的开关是否正常。

第三节　硫磺回收相关试剂

在试运行前或试运行中，相关试剂需按特定的量加入吸收氧化塔中，与水混合形成 OR-GREEN 溶液。一旦酸气流输入，操作稳定，相关试剂需按要求连续添加。相关试剂设计添加量可以根据系统的硫磺实际产量做出相关调整，实验数据可以用来作为调整相关试剂用量比的依据。

一、铁离子催化剂

适用于 OR-GREEN 系统中的铁离子催化剂，是一种含有铁离子的复合物，类似于笼状化学物。为减少催化剂的流失，系统铁离子的设计可操作量为 $500\mu g/g$，该浓度足以满足预期硫磺产量。鉴于配比溶液会随着硫磺饼的冲洗而损失，所以需要通过计量泵连续添加催化剂。添加的比例可以根据铁离子的浓度进行调整。注意，如果硫磺饼没有被充分水洗，溶液中的催化剂也会随硫磺饼一起流失，因此将需要更大的补充量。

二、螯合剂

铁离子催化剂中的铁离子通过螯合剂存在于系统的配比溶液中。少量螯合剂会被氧化反应破坏，另有部分螯合剂会由于硫磺饼的冲洗而流失，因此需要连续添加螯合剂作为补充。螯合剂溶液是 A 类螯合剂和 B 类的特殊混合物。螯合剂计量泵根据设定流量，将螯合剂溶液输送至吸收氧化塔中。

需要注意的是，A 类螯合剂的降解与配比溶液中硫代硫酸盐的浓度有关，因为少量的硫代硫酸盐可以稳定螯合剂。如果硫磺饼水洗不充分，那么配比溶液中硫代硫酸盐的浓度将达不到要求，达不到螯合剂用量所需的标准。每半年需对配比溶液进行分析，研究螯合剂和硫代硫酸盐的浓度，从而优化系统中催化剂的使用量。

三、细菌抑制剂

溶液中过量的生物活性细菌会降低催化剂的活性。在配比溶液中添加少量细菌抑制剂可以抑制细菌的生物活性。细菌抑制剂在 OR-GREEN 系统中起到抑制细菌增长的作用，使用细菌抑制剂计量泵添加到吸收氧化塔中。如果加入过量的细菌抑制剂，则会产生泡沫。

四、表面活性剂

硫磺颗粒表面有时附着有气泡和碳氢化合物，如果系统中没有大量的碳氢化合物，那么按照设计添加的剂量足以润湿硫磺颗粒。如果循环配比溶液中含有其他有机物或油，则需要增加表面活性剂用量。表面活性剂计量泵根据设定剂量将表面活性剂注射到吸收氧化塔中。然而，过多的表面活性剂容易产生气泡。为了进一步确认是否增加表面活性剂用量，可以对配比溶液进行取样，按照现场测试方案对取样进行封瓶实验。

五、稳定剂

稳定剂是一种硫代硫酸盐稳定剂，用于控制 A 类螯合剂的降解。只有在装置开车时才加入，正常操作时可以从反应中获得用于补充的硫代硫酸盐。

六、消泡剂

溶液中有时会产生泡沫，因此需要加入消泡剂。细菌抑制剂和表面活性剂的过量添加、酸气中有机物质的存在，都有可能引起泡沫的产生。为确定消泡剂的用量，可以按照现场测试方案对取样进行封瓶实验。通常，消泡剂的用量较少，过量添加反而会引发泡沫的产生。一般情况下，一次最多添加 1L 纯消泡剂（或 2L 50% 消泡剂与 50% 水混合的溶液）。待封瓶实验之后，可再次根据需要添加消泡剂。消泡剂可以使用消泡剂罐进行添加。

七、氢氧化钾

往 OR-GREEN 吸收氧化塔中添加氢氧化钾（45%），是为了控制循环配比溶液的 pH 值，使用氢氧化钾计量泵进行添加，跟踪监测配比溶液的 pH 值，调整催化剂添加剂量。

通过监测系统性能，确定催化剂实际所需的用量。有时，为了弥补系统中的能量损失，催化剂添加量相对较大。

第四节　硫磺回收系统安全性防护

一、硫化氢防护

（一）伤者急救措施

H_2S 气体对人体的危害极为迅速，所以在医护人员到达之前，有必要对伤者采取急救措施：

（1）立刻将伤者移至空气新鲜处。在救护过程中，注意保护伤者。尽量让伤者放松，注意保暖。

（2）如果伤者停止呼吸，马上进行呼吸抢救。如果伤者心跳停止，马上进行心肺复苏术。看护疏忽可能会导致肺充血。紧急情况下，让人代替人工呼吸器进行人工呼吸。如果条件允许，可以使用人工呼吸器取代心肺复苏术。如果可以使伤者吸氧气，效果会更好。

（3）尽快使伤者就医治疗。

（二）气体监测

依靠嗅觉来检测硫化氢的方法非常不可靠，且这种方法是很危险的。长期低浓度接触，人会对这种气味感觉疲劳，从而察觉不到气味；在高浓度的情况下，气体会很快麻痹嗅觉神经。

在可能有硫化氢泄漏的区域，操作人员应随身携带硫化氢检测仪。检测仪应该设置在非常低的数值范围内，达到 $5mL/m^3$ 为第一级报警，达到 $10mL/m^3$ 为第二级报警。

二、硫磺防护

固态硫磺的处理与工业领域的大部分可燃性粉尘不同，因为它的熔点与燃点相对较低。根据硫磺的纯度，其融点为（或稍低于）119℃（246℉），其尘云的点火温度达到 190℃（374℉）左右，采用惰性固体来稀释以提高燃点是无效的。

硫粉是容易致爆的最危险物质之一，不能在氯酸盐、硝酸盐及其他氧化性材料制作的容器中进行存储或处理。

硫粉在轻微摩擦或静电下容易被点燃，因此所有机械设备和设备外罩，须按照相关规定，进行安装和接线，以防止静电聚集。所有存在散装硫磺或硫尘的场地，均禁止使用明火和火柴，禁止吸烟。敞开的热表面，诸如蒸汽管线等，不得暴露于硫磺处理设备厂房的范围之内。

三、容器或受限空间防护

一般情况下，不能随便进入 OR-GREEN 系统容器。如果维修需要进入容器，应按照安全条款完成相关的安全保护措施。

进入容器前，对容器进行排空、清洗，气体检测是十分必要的程序。这样可以将有毒气体、空气不足、易爆物质混合、催化剂腐蚀可能产生的影响最小化。

受限空间是指进出口受限，通风不良，可能存在易燃易爆、有毒有害物质或缺氧，对进入人员的身体健康和生命安全构成威胁的封闭、半封闭设施及场所，如反应器、塔釜、槽、罐、炉膛、锅筒、管道及地下室、窨井、坑（池）、下水道或其他封闭、半封闭场所。

为创造安全的工作环境，进入受限空间之前需要考虑诸多因素。换句话说，进入受限空间的操作人员必须明确该空间内可能存在的化学或物理危害，及其对人身可能造成的伤害，从而保护自己。一旦被确认为受限空间，必须采取相应的保护措施。

保护措施包括工程控制，封锁或阻断液体管线、蒸汽管线、催化剂输送管线，关闭设备、切断电源等；特殊的个人防护措施，如携带呼吸器或穿着防护服等。

（一）空气监测

空气测量计用于测量空气中氧气含量是否足够支持呼吸。使用校准后的仪表进行测量，可接受的氧气含量为 19.5%~21%。低于/高于该范围会导致氧气供给量不足/过量，这两种情况均会对人体造成伤害。呼吸供给空气不应该含有毒性气体。

氧气含量大于21%时会有火灾危险。过量的氧气含量可能会产生火灾隐患，富氧空气可能与有机化学物、防护设备材料，甚至头发发生反应并点燃。

（二）可燃性气体监测

可燃性气体可能存在爆炸的危险，在受限空间内对可燃性气体的监测十分重要。为了测量空气中的可燃性气体是否足以引发爆炸，需要使用可燃气体指示器。可燃气体指示器将确认目前空气中的可燃气体含量是否在爆炸范围之内，通过爆炸下限与爆炸上限进行表示。

（三）毒性气体监测

仅测量空气含量或可燃气体含量并不足以保护进入者，因为有时可能会存在有毒物质。

不管是定性还是定量测定，最重要的是要知道有什么物质存在。在生产设备的日常维护操作过程中，特定化学物质的化学鉴定并不困难。

受限空间内的空气会随着工作进度或自然条件的不同而改变。所以一种取样不能够代表受限空间的特征。因此需要在整个操作过程中，在不同的阶段对受限空间内的空气质量进行周期性连续跟踪。

第五章　消防知识

第一节　消防安全知识

《中华人民共和国消防法》于1998年4月29日第九届全国人民代表大会常务委员会第二次会议通过，同年9月1日起施行。搞消防主要是为了预防火灾和减少火灾的危害，保护公民人身、公共财产的安全，维护公共安全，保障社会主义现代化建设的顺利进行。

我国的消防方针是"预防为主、防消结合"，坚持专门机关与群众相结合的原则，实行防火安全。

一、消防安全要求

（1）制定消防安全制度、消防安全操作规程。

（2）实行防火责任制，确定各部门、各岗位的消防安全责任人。

（3）针对本单位的特点，对职工进行消防安全教育。

（4）组织防火检查，及时消除火灾隐患。

（5）按照国家有关规定配置消防设施和器材，设置消防安全标志，并定期组织检验、维修，确保消防设施和器材完好、有效。

（6）保障疏散通道、安全出口畅通，并设置符合国家规定的消防安全疏散标志。

（7）制定灭火和应急疏散预案，定期组织消防演练。

（8）在设有车间或仓库的建筑物内，不得设置员工集体宿舍。

（9）进入生产储藏易燃易爆危险物品的场所，禁止携带火种。禁止非法携带易燃易爆危险物品进入公共场所或乘坐公共交通工具。

（10）禁止在具有火灾、爆炸危险的场所使用明火，因特殊原因使用明火作业，应当按照规定办理审批手续。作业人员要遵守消防安全规定，并采取相应的消防安全措施。

（11）进行电焊、气焊等具有火灾危险的作业人员和自动消防系统的操作人员，必须持证上岗，并严格遵守消防安全操作规程。

（12）企业不得购买和使用不符合国家或行业标准的消防产品。

（13）不得损坏或擅自挪用、拆除、停用消防设施、器材，不得埋压、圈占消防栓，不得占用防火间距，不得堵塞消防通道。

（14）建立专职或义务消防队。

（15）发生火情，应立即打119电话报警，并组织人员扑救。

二、火灾预防

（一）燃烧基本条件

燃烧的基本条件：（1）一定的温度，物质燃烧的温度；（2）助燃剂，氧或氧化剂；（3）可燃物质。

（二）灭火基本方法

（1）隔离法：将燃烧物或燃烧物附近的可燃物质隔离或移开，不使火势蔓延而终止其燃烧，从而使火熄灭。

（2）冷却法：降低燃烧物的温度，使温度低于燃烧点，火就会熄灭。

（3）窒息法：阻止空气流入燃烧区域或用不燃烧的物质冲淡空气，使燃烧物得不到足够的氧气而熄灭。

（三）火灾应急措施

（1）一般情况下，发生火灾后应当报警和救火同时进行，初起火灾首先用灭火器进行灭火。当发生火灾，现场只有一个人时，应该一边呼救，一边进行处理，必须赶快报警，边跑边喊，以便取得群众的帮助。

（2）报警拨通119电话后，应沉着、准确地讲清起火单位、所在地点、起火部位、燃烧物是什么、火势大小、报警人姓名以及使用电话的号码，有条件的到路口引导消防车进来。

（四）常用灭火剂

1. 水

水有显著的吸热冷却效果，水在蒸发时吸收大量热量能使燃烧物质的温度降低到燃点以下，水蒸气能稀释可燃气体和助燃气体在燃烧内的温度，并能阻止空气中的氧通向燃烧物上去，主要适用于A类火灾。

下列物质不能用水扑救：

（1）碱金属（钾、钠等）发生火灾时不能用水扑救。因为水与碱金属作用后能生成大量的氢，容易引起爆炸。

（2）碳化钙（电石）不宜用水扑救，遇水会生成乙炔气，有引起爆炸的危险。

（3）三酸（硫酸、硝酸、盐酸）不宜用强大水流去扑救，因为酸遇水能引起酸的飞溅、爆炸和伤人，必要时可用喷雾水扑救。

（4）轻于水的易燃液体从原则上说不可以用水扑救，但原油、重油等都可以用喷雾水扑救，还有一部分能溶解于水的可燃液体也可以喷雾水稀释它（如乙二醇等）。

（5）熔化了的铁水、钢水也不能用水扑救，因为在高温情况下能使水迅速蒸发并分解出氢和氧引起爆炸。

2. 二氧化碳

二氧化碳适用于A、B、C类火灾。二氧化碳不导电，不污损仪器设备，适用于扑救电器、精密仪器、价值高的生产设备，以及图书馆、档案馆等火灾。二氧化碳不能扑灭金属钾、钠、镁、铝等物质的火灾，因为二氧化碳与以上物质能起化学作用。

（五）消防栓与水带使用方法

消防栓箱的门子一般由玻璃制作，紧急情况下可击碎玻璃取出水带，甩开水带后一端接水枪，一端连接消防栓，技术要求是对准卡口，顺时针旋转 45°，带子不够长度时，可另取一条按要求连接。

三、救火常识

（1）扑救室内火灾一般不要先开门、窗室内着火，如果当时门窗紧闭，一般来说不应急于打开门窗。因为门窗紧闭，空气不流通，室内供氧不足，火势发展缓慢。一旦门窗打开，大量的新鲜空气涌入，火势就会迅速发展，不利于扑救。

（2）救火时应该统一火场上的组织和指挥工作。要在距离火场一定远近的地方设置不同层次的警戒线。在火场上疏散物资要注意不能堵塞通道。如果火场上房屋有倒塌危险或可燃物质具有爆炸性，警戒的范围要扩大；且留在第一线灭火的人不宜过多。这样，万一发生意外，也能减少伤亡。

（3）当发生火灾时，如果发现火势并不大且尚未对人造成很大威胁时，当周围有足够的消防器材时，如灭火器、消防栓等，应奋力将小火控制、扑灭；千万不要惊慌失措地乱叫乱窜，置小火于不顾而酿成大灾。

（4）发生火灾时，如果身上着了火，千万不能奔跑，因为奔跑时，会形成一股风，就像是给炉子扇风一样，火会越烧越旺。着火的人乱跑，还会把火种带到其他场所，引起新的燃烧点。身上着火，一般先烧着衣服、帽子、裤子，这时，最重要的是先设法把衣、帽、裤脱掉，如果来不及脱，也可卧倒在地上打滚，把身上的火苗压熄灭，或者跳入就近的水池、水缸、小河等水中去，把身上的火熄灭。

（5）应首先查明燃烧区内有无发生爆炸的可能性。扑救密闭室内火灾时，应先用手摸门，如门很热，绝不能贸然开门或站在门的正面灭火，以防爆炸。扑救生产工艺火灾时，应及时关闭阀门或采用水冷却容器的方法。装有油品的油桶如膨胀至椭圆形时，可能很快就会爆炸，救火人员不能站在油桶接口处的正面，且应加强对油桶进行冷却保护。竖立的液化石油气瓶发生泄漏燃烧时，如火焰从橘红变成银白，声音从"吼"声变成"哒"声，就会很快爆炸。

（6）救人重于救火，可采取以下七种"救人术"：

① 缓和救人术：楼房中受火围困人员较多时，可先引导、疏散受困人员到安全地方，再设法转移到地面。

② 转移救人术：可引导被困人员从屋顶到另一单元的楼梯转移到地面。

③ 架梯救人术：利用举高消防车、挂钩梯、单梯等登高工具，抢救被困人员。

④ 绳管救人术：利用室外排水管或安全绳实施抢救。

⑤ 控制救人术：用水枪控制楼梯、楼梯间的火势，引导受困人员疏散下来。

⑥ 缓降救人术：利用缓降器把被困人员抢救至地面。

⑦ 拉网救人术：发现有人急欲纵身跳楼时，可用大衣、被褥、帆布等拉成一个"救生网"抢救人命。

如果电缆、塑料着火可能生成大量有毒烟雾，被困人员和抢险人员要就地采取防护措施。

四、火场逃生术

（一）熟悉环境，暗记出口

如果来到陌生的地方，特别是在商场、宾馆等庞大建筑物中，为了自身的安全，必须留心一下太平门及疏散通道的位置、楼梯的方位等，以便一旦遇到火灾险情的时候，不至于迷失方向而盲目地往火海里闯，往死胡同里钻。

（二）保持冷静，寻路逃生

当楼房突然发生火灾时，首先要强令自己保持镇静，切不可惊慌失措，以免做出错误的决断而冒险跳楼。逃生时要向有照明或明亮处迅速撤离；若在楼梯上，应选择往下跑，若被火挡住，就要通过窗口或阳台等往外逃生。

（三）毛巾妙用，过滤烟毒

据有关资料统计，在火灾中丧生的人，烟雾中毒、窒息而死亡的比例远比烧死的要高，大约比率高达70%以上，因此，当被烟困住时，防烟雾中毒、防窒息死亡是非常重要的。人在烟雾中，用折叠8层的湿毛巾蒙鼻保护，可减少60%烟雾毒气的吸入。

（四）明辨方向，逃离火场

在跑离火场时，千万不要在弄不清方向的情况下乱跑，如普通电梯一旦跑进去就遇上断电，就等于钻进死亡的"囚笼"；同时也不可躲入床下或壁柜中，这样会令救援者难以发现。正确选择是沿烟气不浓、大火尚未烧及的楼梯、应急疏散通道、楼外附设敞开式楼梯等往下跑，一旦在下跑的过程中受到烟火或人为封堵，应从水平方向选择其他通道，或临时退守到房间及避难层内争取时间，进而采用其他方法逃生。

（五）烟雾场所，匍匐前进

现代建筑虽然比较坚固，但诸如塑料壁线、化纤地板、人造宝丽板等，均为易燃物品。这些化学装饰材料燃烧时散发出的有毒气体，随着浓烟以快于人奔跑速度的4~8倍迅速蔓延，即使不烧死，也会因烟雾毒气而窒息死亡。所以，当烟雾太浓时，可以用毛巾或湿布捂住口鼻，屏住呼吸，防止烟雾毒气呛入体内。同样，宜俯卧爬行，因烟气及毒气比空气轻，贴近地面的空气，一般比较清洁少烟，且含氧量较多，可避免被毒烟熏倒而窒息。

（六）结绳自救，脱离险境

如果火灾发生时安全通道被堵，救援人员又不能及时赶到，情况万分危急时，可迅速利用身边的绳索或可将窗帘、被罩、床单等撕成条，连接成绳，用水浇湿，一端紧固定在暖气管道或其他负载物体上，另一端沿窗口下垂至地面或较低的楼层的窗口、阳台处，顺绳下滑逃生。

（七）堵塞门户，固守救生

固守房中救生，也是一种选择。若邻居或别的房间发生火灾，如果用手摸房门感到烫手，则说明房外火势已进入"发展阶段"，此时若开门，火焰和浓烟就会迎面而来。对于汹涌而来的烟雾，务必紧闭门窗，并用毛巾、被子堵塞门缝，并向上泼水，顶住烟火进攻。

（八）身居高楼，沿梯下跑

火灾发生时，如果身处高楼，就要沿着楼梯向下跑。除非在最顶层可向屋面跑，一般情况千万不要往上跑。因为烟和火的速度向上蔓延是非常快的。

（九）借助器材，火"口"脱险

逃生和救人的器材设施种类较多，通常使用的有缓降器、救生袋、救生网、救生气垫、救生软梯、救生滑竿、救生滑台、救生舷梯等，如果能够充分利用这些器材和设施，就可以火"口"脱险。

（十）走投无路，厕所避难

在无法冲出火海的情况下，可以逃进被认为是避难所的房间，如浴室、卫生间等。因为这些房间既无可燃物，又有水源，进入后立即关门窗，在一定条件下可获得较大的生存机会。

（十一）利用阳台，转移逃生

可利用阳台转移到相邻房间或楼层，从而逃离起火层。

（十二）休斯跳楼，软物救命

在沙发、床垫（最好数床相叠）等高楼上可以得到的家具下面捆上重物，如哑铃、带泥的花缸、水泥板等，总之，越重越好，然后人蹲在上面，两手紧紧抓住软家具从窗口或阳台被人推下，这样，由于这种"人物联合体"的重心在下面，因而上面的人不易翻转，而底下又有软物，因而获救的可能性较大。

（十三）杆棒跳楼，自救新招

杆棒跳楼法是指选用一根结实的比人稍长的杆棒，木棒、竹竿、铁棍、钢管均可，如有条件，杆棒两头应捆上重物（没有捆也可用）下跳下时，人应将杆棒双手抱住，双腿夹住，两脚交叉扣住，如爬竹竿一样，头与手的上部，脚的下部务必留出一段，两头约50cm。由于约80%的跳楼者坠地时不是头着地，就是脚碰地，因此，抱杆跳楼者大多数是杆棒先撞地，这种"硬碰硬"自然可以大大减轻身体的伤害程度。

（十四）既已逃生，勿念财物

正当起火建筑物被烈火或浓烟弥漫时，有些人刚刚疏散出来试图重返去灭火或找家人和抢救财产，结果成了人财两空。在火灾的发展阶段，重返建筑物时，也许正巧遇上可燃物发生"轰燃"，这时再次逃生的希望很小。即使火灾被扑灭也要慎重，有风吹，还会发生复燃现象，仍会遇上危险难以逃生。

（十五）敲盆晃物，寻求救援

居住在楼上被火包围无法逃生时，可以向窗外晃动鲜艳的衣物或敲有声的金属制品，也可以向外抛轻型显眼的东西。如果在晚上，所有灯光失灵，可以用手电筒，不停地在窗口闪动，及时发出有效的求救信号，以引起求援者的注意。

（十六）袋形走廊，不要误入

袋形走廊，就是只有一个安全出口的走廊，危险性在于火灾中人在逃生时有趋光性，亮光与起火点扩散过来的滚滚浓烟正好形成鲜明对比，浓烟环境中的亮光给人的救生需要带来希望，从而调动了人的救生动机。因为袋形走廊的尽头都要开窗口以利采光，所以极易造成人的错觉而使人误入。要避免疏散时误入袋形走廊，首先应该熟悉自己所处的环境，以及安全出口的位置和数量，其次是在疏散时还应镇静不惊慌。

（十七）善用通道，莫入电梯

在高层建筑中，电梯的供电系统在火灾时随时会断电或因热的作用导致电梯变形而使人被困在电梯内，同时由于电梯井犹如贯通的烟囱般直通各楼层，剧毒的烟雾直接威胁被困人员的生命，因此，千万不要乘普通的电梯逃生。

（十八）通道畅通，速离险境

楼梯通道、安全出口等是火灾发生时最重要的逃生之路，应保证畅通无阻，切不可堆放杂物或设闸上锁，以便紧急时能安全迅速地通过。在脱离时，往往要穿过着火地带，这时如果火势尚不太猛，可以穿上浸湿的不易燃烧的衣服或裹上湿的厚毯子。地面有火可以穿上胶鞋，穿过火区时要迅速果断，不要吸气，以免被浓烟熏呛。

第二节　消防报警及联动控制系统

一、消防报警及联动控制系统工作原理

消防自动报警系统是由触发装置、火灾报警装置、火灾警报装置以及具有其他辅助功能的装置组成。

在火灾初期，火灾自动报警系统将燃烧产生的烟雾、热量、火焰等物理量，通过探测器变成电信号，传输到火灾报警控制器，并同时显示出火灾发生的部位、时间等，使人们能够及时发现火灾。

火灾自动报警系统和自动喷水灭火系统、室内消火栓系统、防排烟系统等相关设备联动组成消防报警及联动控制系统，自动或手动发出指令、启动相应的装置。

二、系统各设备功能及工作原理

（一）光电感烟探测器

光电感烟探测器（图3-5-1）是利用烟对红外光线的散射原理来探测火灾初期阴燃阶段产生的烟雾。

图3-5-1　光电感烟探测器

红外光传感器固定在黑罩板内，当无烟雾时，由于黑罩板的阻隔作用，红外光线不能射到红外光电二极管上，当有烟雾进入探测器时，红外光线遇到烟雾粒子，产生了光散射现象，散射的红外光线被红外光电二极管接收，转化为电信号，输出报警信号，送到控制器进行处理、鉴别，发出火灾报警信号，同时探测器确认灯点亮。

（二）感温探测器

感温探测器（图3-5-2）是响应异常高温或异常温升速率的火灾探测器。感温火灾探测器按作用原理可分为定温探测器、差温探测器和差定温探测器。

（1）定温探测器是在规定时间内，火灾引起的温度上升超过某个定值时启动报警的火灾探测器。它有点型和线型两种结构形式。

（2）差温探测器是在规定时间内，火灾引起的温度上升速率超过某个规定值时启动报警的火灾探测器。线型结构的差温探测器主要的感温元件有按面积大小蛇形连续布置的空气管、分布式连接的热电偶以及分布式连接的热敏电阻等。点型结构的差温探测器是根据局部的热效应而动作的，主要感温元件有空气膜盒、热敏半导体电阻元件等。常用的差温探测器多是点型结构。

图 3-5-2　感温探测器

如遇有火灾发生时，气室内空气由于急剧受热膨胀而来不及从泄漏孔外逸，致使气室内空气压力增高，将波纹片鼓起与中心接线柱相碰，于是接通了电触点，便发出火灾报警信号。

（3）差定温探测器结合了定温式和差温式两种感温作用原理并将两种探测器结构组合在一起，兼有两者的功能，若其中某一功能失效，则另一种功能仍然起作用。

消防报警及联动控制系统中用得较普遍的差定温火灾探测器是电子式的。它的定温探测和差温探测两部分都由半导体电子电路来实现。

（三）声光报警器

声光报警器（图 3-5-3）是一种用在危险场所，通过声音和各种光来向人们发出示警信号的且不会引燃易燃易爆性气体的报警信号装置，能同时发出声、光两种警报信号。当现场发生火灾并确认后，电路的电阻值或其他有了改变，主机就会根据地址显示出报警点的具体位置。安装在现场的火灾声光警报器可由消防控制中心的火灾报警控制器启动，发出强烈的声光报警信号，以达到提醒现场人员注意的目的。

声光警报器利用音效芯片经三极管和变压器放大推动扬声器发出声响；采用定时电路控制超高亮发光二极管发出闪亮的光信号。

图 3-5-3　声光报警器

（四）消火栓按钮

消火栓按钮（图 3-5-4）安装在消火栓箱中。当发现火情必须使用消火栓的情况下，手动按下按钮，向消防中心送出报警信号，在主机设置在自动时，将直接启动消火栓泵。

按下消火栓按钮按片，消火栓按钮红色启动指示灯应点亮，火灾报警控制器在确认了消防水泵已启动运行后，消火栓按钮上绿色回答指示灯应点亮。

（五）手动报警按钮

手动报警按钮（图 3-5-5）安装在公共场所比较醒目的地方。当确认火灾发生后，按下按钮上的玻璃面板，可向控制器发出火灾报警信号，控制器接收到报警信号后，显示出该报警按钮的编码或位置并发出报警音响。

报警按钮采用现代工艺 SMT 技术内置微处理器，随时检测启动按钮的状态是否正常，避免因启动开关的老化造成误报。报警时有一组无源常开触点输出，可同时驱动声光报警器或其他报警器件。

按钮按下后用专用的钥匙进行复位，将钥匙按锁孔位置插入，逆时针旋转 45°后可复位按钮。

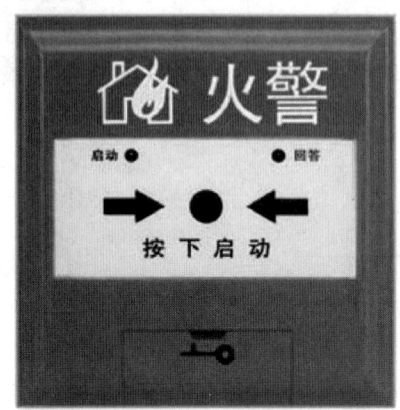 

图 3-5-4　消火栓按钮　　　　图 3-5-5　手动报警按钮

（六）输入模块

输入模块（图 3-5-6）用于接收信号输入，将输入的设备作为火灾报警系统的一部分，有些生产厂家称之为中继模块。根据输入信号的不同，输入模块又可分为开关量输入和模拟量输入两种。开关量输入就是接收一个无源触点信号，通过该信号的输入接入系统中，一般的输入模块可以用于接收水流指示器、压力开关、信号阀等设备的报警、反馈信号；由于消防系统中各个厂家设备的通信协议有区别，所以不同厂家的设备要简单的联网可以通过这种方式进行连接。市场上有一种输入模块只可以接收常开信号输入，还有的经过参数的设定可以接收常开或者常闭信号输入（如海湾的 GST-LD-8300），还有双输入模块、多输入模块等。模拟量输入模块一般用于接收电流量或者电压量信号。

图 3-5-6　输入模块

(七) 火灾显示盘

火灾显示盘（图 3-5-7）用于显示已报火警的探测器位置编号及其汉字信息，同时发出声光报警信号。通过通信总线与 GST5000 系列火灾报警控制器相连，处理并显示控制器传送过来的数据。当用一台报警控制器同时监控数个楼层或防火分区时，可在每个楼层或防火分区设置火灾显示盘以取代区域报警控制器。

"自检/调显"键：在监控状态下，功能为"自检"；在报警状态下，此键功能为"调显"。

"节电/消音"键：在监控状态下，此键功能为"节电"控制；在报警状态下，此键功能为"消音"。

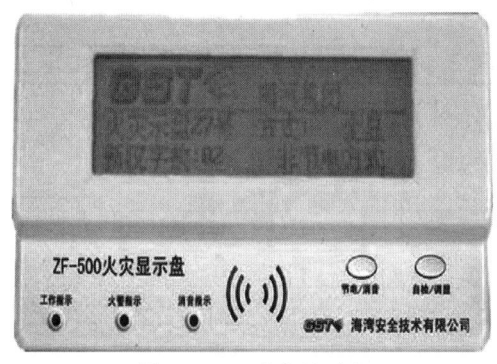

图 3-5-7　火灾显示盘

(八) 火灾报警控制器

火灾报警控制器（图 3-5-8）是火灾自动报警系统的重要组成部分，是系统的核心，可向火灾探测器提供高稳定度的直流电源，并具有以下功能：

（1）接收探测信号，转换成声、光报警信号，指示着火部位和记录报警信息。

（2）可通过火警发送装置启动火灾报警信号，或通过自动灭火控制装置启动自动灭火设备和联动控制设备。

（3）自动监视连接各火灾探测器的传输导线有无故障，监视系统的正确运行和对特定故障给出声光报警。

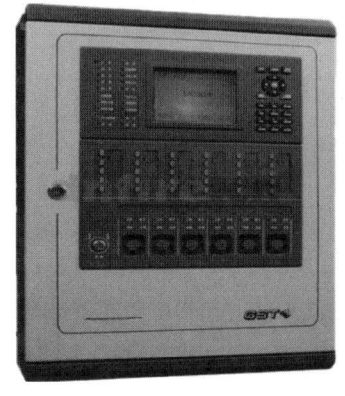

图 3-5-8　火灾报警控制器

三、消防报警流程

消防报警流程如图 3-5-9 所示。

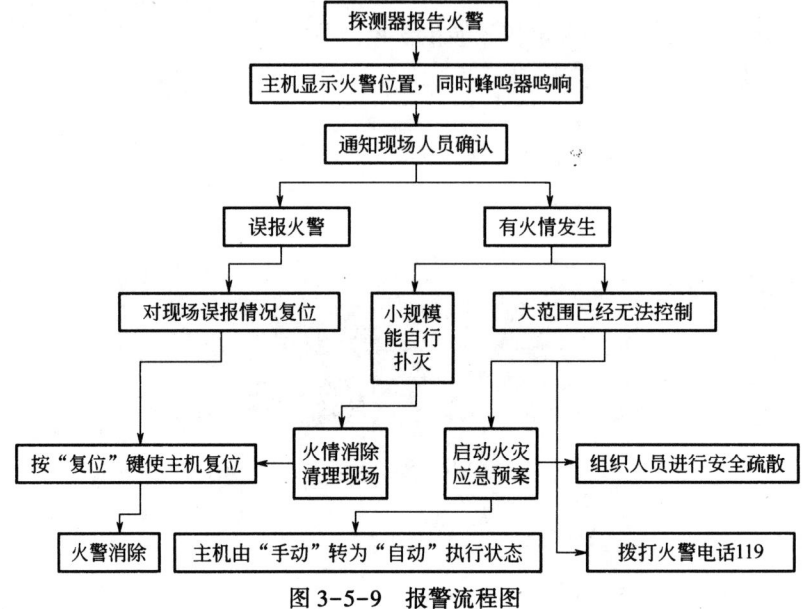

图 3-5-9　报警流程图

第六章 天然气操作设备知识

第一节 压力表

一、压力

压强指单位面积上所承受的压力大小,行业中惯称为压力。压力的国际单位制单位是帕(Pa),常用单位还有 kPa、MPa,$1kPa=1×10^3Pa$,$1MPa=1×10^6Pa$。

其他压力单位的换算关系:1 公斤力/厘米^2(kgf/cm^2) = 0.0981MPa,1 毫米水柱(mmH$_2$O) = $9.81×10^{-6}$MPa。

二、压力表表示方法

在检测、控制系统中,构成一个回路的每个仪表都由图形符号和自己唯一的仪表位号组成。

(一) 图形符号

测量点是由工艺设备轮廓线或工艺管线引到仪表圆圈的连接线的起点,如图 3-6-1 所示。

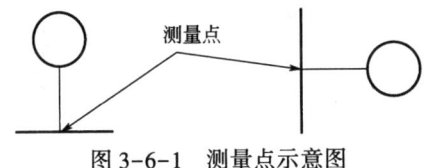

图 3-6-1 测量点示意图

仪表的图形符号是一个细实线圆圈,直径约 10mm,不同表安装位置的图形符号见表 3-6-1。

图 3-6-1 压力表安装位置图形符号

序号	安装位置	图形符号	备注
1	就地仪表	○	
		⌀	嵌在管道中
2	远传仪表	⊖	

（二）仪表位号

仪表位号由字母代号组合和回路编号两部分组成，如图3-6-2所示。

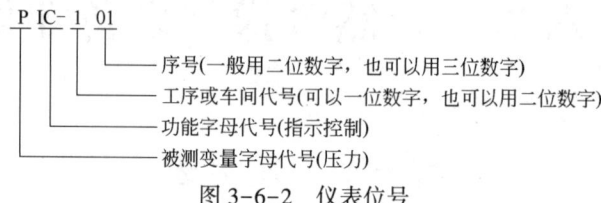

图3-6-2　仪表位号

例如，压力控制系统中的压力变送器PIC-207，其中第一位字母"P"表示被测变量为压力，第二位字母"I"表示具有指示功能，第三位字母"C"表示具有控制功能，因此，PIC的组合就表示一台具有指示功能的压力控制器，该压力变送器工段号为2，仪表序号为07。

三、压力表组成

压力表是指以弹性元件为敏感元件，测量并指示高于环境压力的仪表，应用极为普遍，它几乎遍及所有的工业流程和科研领域。尤其在工业过程控制与技术测量过程中，由于机械式压力表的弹性敏感元件具有很高的机械强度以及生产方便等特性，使得机械式压力表得到越来越广泛的应用。在净化厂装置运行中，压力表按智能程度可以分为就地压力表（图3-6-3）与远传压力表（图3-6-4）两大类。

图3-6-3　就地压力表

图3-6-4　远传压力表

（一）就地压力表

就地压力表从外观观察由表盘、二阀组、根部阀三部分组成，如图3-6-5所示。

表盘从外观观察可观察到表的量程、精确度等级、编号、生产厂家等，如图3-6-6所示。

（二）远传压力表

远传压力表（图3-6-7）可将被测介质的压力信号转换成4-20mA DC标准信号叠加HART数字信号，具有完整的自诊断功能和通信功能。

图 3-6-5　现场压力表的组成

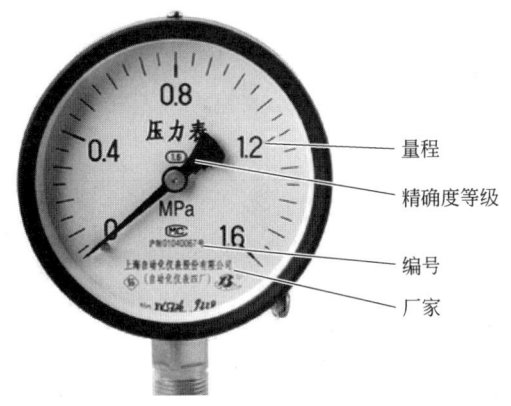

图 3-6-6　压力表表盘的组成

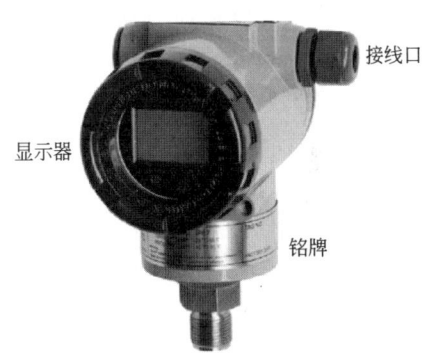

图 3-6-7　远传压力表的组成

压力表铭牌包括型号、输入电压、精度、量程、输出电流范围、生产编号、生产厂家等信息，如图 3-6-8 所示。

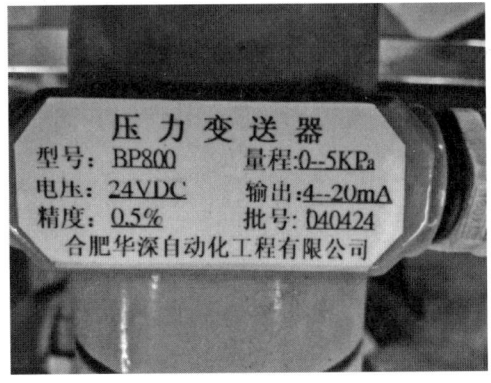

图 3-6-8　压力表铭牌

四、压力表选用及安装要求

（一）压力表选用要求

压力表的选用内容主要包括仪表使用环境、量程范围、精确度、外形尺寸以及是否需要远传和其他功能,如指示、记录、报警控制等。

1. 量程范围选用

(1) 测量稳定的压力时,正常操作压力值应为仪表测量范围上限值的 1/3~2/3;

(2) 测量脉动压力(如泵、压缩机和风机等出口处压力)时,正常操作压力值应为仪表测量范围上限值的 1/3~1/2;

(3) 测量高、中压力(大于 4MPa)时,正常操作压力值不应超过仪表测量范围上限值的 1/2。

2. 精确度选用

计量的精确度指被测量的测得值之间的一致程度以及与其"真值"的接近程度。在工程应用中,为了简单表示测量结果的可靠程度,引入了精确度等级概念,用 A 来表示。

精确度等级以一系列标准百分数值(0.001,0.005,0.02,0.05,…,1.5,2.5,4.0)进行分档。这个数值是测量仪表在规定条件下,其允许的最大绝对误差相对于其测量范围的百分数。它可以用式(3-6-1)表示:

$$A = \Delta A / Y \times 100\% \tag{3-6-1}$$

式中 A——精度;

ΔA——其测量范围允许的最大绝对误差;

Y——量程范围。

所选定精确度小于等于计算值,才能达到允许误差范围。

(二)压力计安装要求

(1) 要选在被测介质直线流动的管段部分,不要选在管路拐弯、分叉、死角或其他易形成漩涡的地方。

(2) 测量液(气)体压力时,取压点应在管道下(上)部,使导压管内不积存气(液)体。

(3) 当被测介质易冷凝或冻结时,必须加设保温伴热。

(4) 取压口到压力计之间应装有切断阀,以备检修压力计时使用。切断阀应装设在靠近取压口的地方。

(5) 压力计应安装在易观察和检修的地方。

(6) 安装地点应力求避免振动和高温影响。若是在振动大的地方测量需用耐振压力表。

(7) 测量蒸汽压力时,应加装凝液管,以防止高温蒸汽直接与测压元件接触。

(8) 对于有腐蚀性介质的压力测量,应加装有中性介质的隔离罐。

第二节 风机

风机(图 3-6-9)是用于输送气体的机械,从能量观点看,它是把原动机的机械能转变为气体能量的一种机械,是对气体压缩和气体输送机械的习惯性简称。

一、风机工作原理

（一）离心风机

离心式风机的叶轮高速旋转时产生的离心力使流体获得能量，即流体通过叶轮后，压能和动能都得到提高，从而能够被输送到高处或远处。

叶轮装在一个螺旋形的外壳内，当叶轮旋转时，流体轴向流入，然后转90°进入叶轮流道并径向流出。叶轮连续转，在叶轮入口处不断形成真空，从而使流体连续不断地被吸入和排出，如图3-6-10所示。

图 3-6-9　风机

图 3-6-10　离心风机工作原理示意图

（二）轴流风机

轴流式风机旋转叶片的挤压推进力使流体获得能量升高其压能和动能。叶轮安装在圆筒形泵壳内，当叶轮旋转时，流体轴向流入，在叶片叶道内获得能量后，沿轴向流出，如图3-6-11所示。轴流式风机适用于大流量、低压力的场所。

（三）往复风机

往复风机（图3-6-12）主要由往复活塞在机壳内做往复运动来吸入和排出气体。当活塞开始自上端位置向下移动时，工作室的容积逐渐扩大，室内压力降低，气体顶开吸气阀，进入活塞所让出的空间，直至活塞移动到极下端为止，此过程为风机的吸气过程。当活塞从下端开始向上端移动时，充

图 3-6-11　轴流风机工作原理示意图

满风机的气体受挤压，将吸气阀关闭，并打开排气阀而排出，此过程称为风机的排气过程。活塞不断往复运动，风机的吸气与排气过程就连续不断地交替进行。此类风机适用于小流量、高压力的场合。

（四）罗茨风机

罗茨风机具有一对互相啮合的齿轮，齿轮（主动轮）固定在主动轴上，轴的一端伸出壳外由原动机驱动，另一个齿轮（从动轮）装在另一个轴上，叶轮旋转时，气体沿吸

气管进入到吸入空间，沿上下壳壁被两个叶轮分别挤压到排出空间汇合（齿与齿啮合前），然后进入排气管排出，如图3-6-13所示。

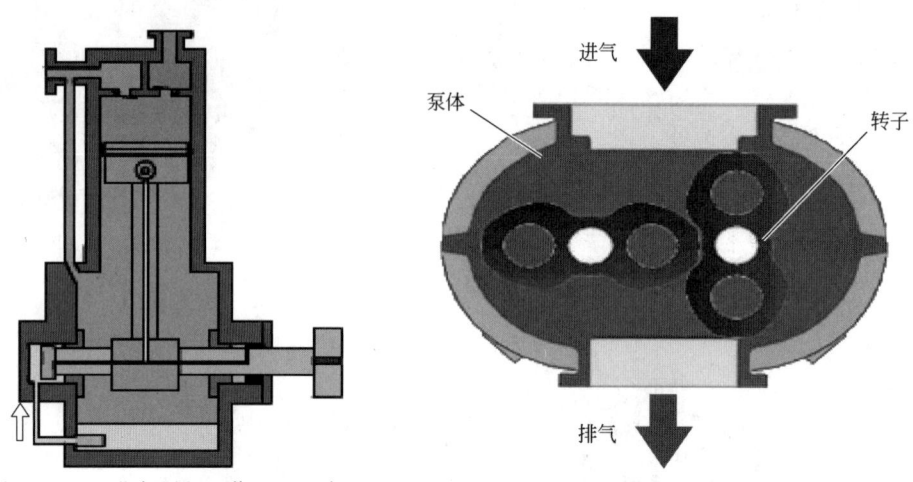

图3-6-12 往复风机工作原理示意图　　图3-6-13 罗茨风机工作原理示意图

（五）螺杆风机

螺杆风机是一种利用螺杆相互啮合来吸入和排出气体的回转式风机。螺杆风机的转子由主动螺杆和从动螺杆组成。主动螺杆与从动螺杆做相反方向转动，螺纹相互啮合，气体从吸入口进入，被螺旋轴向前推进增压至排出口，如图3-6-14所示。此类风机适用于高压力、小流量的场合。

（六）叶片风机

叶片风机的圆柱形壳体内注入一定量的水，星形叶轮偏心地装在壳体内，当叶轮旋转时，水受离心力作用被甩向四周而形成一个相对于叶轮为偏心的封闭水环。被抽吸的气体沿吸气管及接头由吸气孔进入水环与叶轮之间的空间。右边月牙形部分，由于叶轮的旋转，这个空间容积由小逐渐增大，因而产生真空抽吸气体。随着叶轮的旋转，气体进入月牙形部分。因叶轮是偏心旋转的，此空间逐渐缩小，气体逐渐受到压缩升压，气便由排气孔经接头沿排气管排出。

图3-6-14 螺杆风机示意图

二、风机结构

风机主要由风叶、集流器、百叶窗、开窗机构、电动机、皮带轮、进风罩、内框架、蜗壳等部件组成。开机时电动机驱动风叶旋转，并使开窗机构打开百叶窗排风，停机时百叶窗自动关闭，如图3-6-15。

（一）叶轮

叶轮是风机的主要部件，叶轮由叶片、连接和固定叶片的前盘和后盘、轮毂组成，如图3-6-16所示。

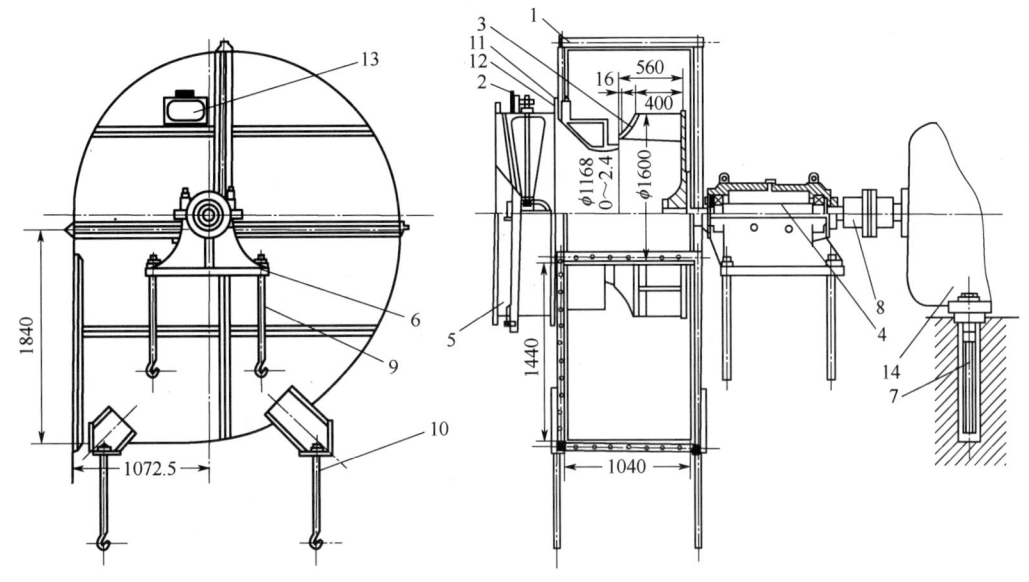

图 3-6-15 风机的结构

1—机壳;2—进风调节门;3—叶轮;4—轴;5—进风口;6—轴承箱;7—地脚螺栓;8—联轴器;
9、10—地脚螺钉;11—垫圈;12—螺栓及螺母;13—铭牌;14—电动机

为了使叶片表面有合理的速度分布,一般采用曲线型叶片,如等厚度圆弧叶片。叶轮通常都有盖盘,以增加叶轮的强度和减少叶片与机壳间的气体泄漏。叶片与盖盘的连接采用焊接,焊接叶轮的重量较轻,流道光滑。后盘与轮毂采用铆接连接。低、中压小型离心风机的叶轮也有采用铝合金铸造的,以保证有足够的强度。鼓风机叶片的前盘一般做成锥形或曲线锥形,与气体的流动方向是一样的,有利于减小阻力,提高风机效率。

图 3-6-16 叶轮

(二) 风叶

离心风机的风叶根据其出口方向和叶轮旋转方向之间的关系可分为后向式、径向式、前向式三种,如图 3-6-17 所示。后向式叶片的弯曲方向与气体的自然运动轨迹完全一致,因此气体与叶片之间的撞击少,能量损失和噪声都小,效率也就高。前向式叶片的弯曲方向与气体的运动轨迹相反,气体被强行改变方向,因此它的噪声和能量损失都较大,效率较低。径向式叶片的特点介于后向式和前向式之间。

(三) 集流器

集流器装置在叶轮前,它使气流能均匀地充满叶轮的入口截面,并且气流通过它时的阻力损失是最小的。集流器的形式如图 3-6-18 所示。

圆筒形:叶轮进口处会形成涡流区,直接从大气进气时效果更差。

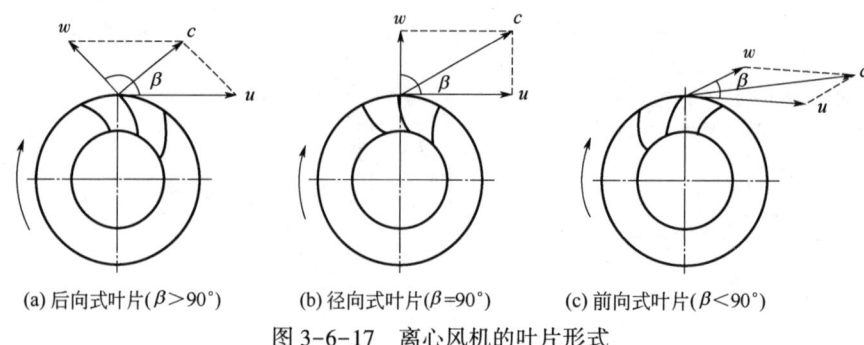

图 3-6-17　离心风机的叶片形式

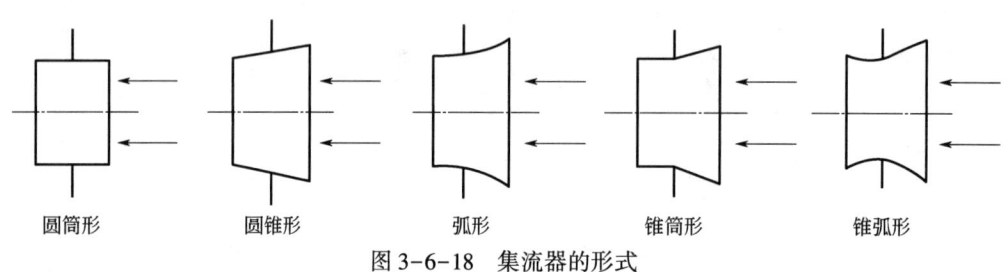

图 3-6-18　集流器的形式

圆锥形：好于圆筒形，但它太短，效果不佳。

弧形：好于前两种。

锥弧形：最佳，高效风机基本上都采用此种集流器。

集流器与叶轮的配合以套口间隙形式为好，对口间隙形式一般较少采用。为了减弱涡流，控制倒流，在风机内部进气口部位加装了一个挡风圈，如图 3-6-19 所示。

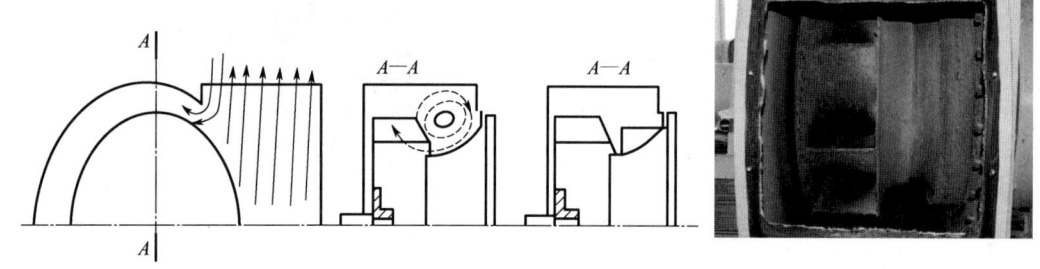

图 3-6-19　集流器的挡风圈

（四）蜗壳

风机性能的好坏、效率的高低主要取决于叶轮，但蜗壳的形状和大小、吸气口的形状等，也会对其有影响。蜗壳的作用是收集从叶轮中甩出的气体，使它流向排气口，并在这个流动的过程中使气体从叶轮处获得的动压能一部分转化为静压能，形成一定的风压。

因为气流从蜗壳流出时向叶轮旋转方向偏斜，所以扩压器一般做成向叶轮一边扩大，其扩散角 ϕ 通常为 $6°\sim8°$，如图 3-6-20 所示。

（五）蜗舌

离心风机的蜗壳出口处有舌状结构，一般称作蜗舌。蜗舌可以防止气体在机壳内循环流动，如图 3-6-21 所示。

尖舌：用于高效率的风机。风机的噪声一般比较大。
深舌：大多用于低转速的风机。
短舌：大多用于高转速的风机。
平舌：用于低效率的风机，风机噪声小。

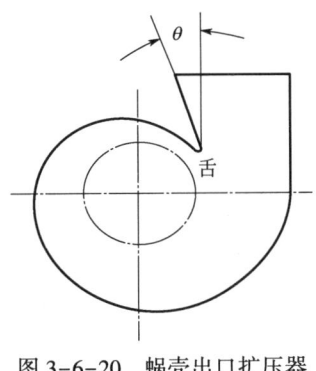

图 3-6-20　蜗壳出口扩压器　　　图 3-6-21　蜗舌
1—尖舌；2—深舌；3—短舌；4—平舌

蜗舌顶端与叶轮外径的间隙 s 对噪声的影响较大。间隙 s 小，噪声大，间隙 s 大，噪声减小，一般取 $s=(0.05\sim0.10)D_2$。蜗舌顶端的圆弧 r 对风机气动力性能无明显影响，但对噪声影响较大。圆弧半径 r 小，噪声会增大，一般取 $r=(0.03\sim0.06)D_2$。

（六）轴承

轴承是风机设备的心脏，风机设备应用领域很广，工况非常复杂，有一颗好的心脏，尤为重要。风机轴承采用滚动轴承，它只承受叶轮所产生的轴向力，如图 3-6-22 所示。

图 3-6-22　轴承

三、风机的应用

（一）锅炉用风机

根据锅炉的规格可选用离心式或轴流式风机，它向锅炉内输送空气把锅炉内的烟气抽走。

(二) 通风换气用风机

这类风机一般是供工厂及各种建筑物通风换气及采暖通风用,要求压力不高,但噪声要求要低,可采用离心式或轴流式风机。

(三) 工业炉用风机

此种风机要求压力较高,一般为 $2940 \sim 14700 N/m^2$,即高压离心风机的范围。因压力高、叶轮圆周速度大,故设计时叶轮要有足够的强度。

(四) 矿井用风机

一种是主风机,用于向井下输送新鲜空气,其流量较大,采用轴流式较合适,也有用离心式的;另一种是局部风机,用于矿井工作面的通风,其流量、压力均小,多采用防爆轴流式风机。

(五) 煤粉风机

输送热电站锅炉燃烧系统的煤粉,多采用离心式风机。煤粉风机根据用途不同可分两种:一种是储仓式煤粉风机,它是将储仓内的煤粉由其侧面吹到炉膛内,煤粉不直接通过风机,要求风机的排气压力高;另一种是直吹式煤粉风机,它直接把煤粉送给炉膛。由于煤粉对叶轮及体壳磨损严重,故应采用耐磨材料。

第三节 阀门

阀门是管路流体输送系统中控制部件,用于改变通路断面和介质流动方向,具有导流、截止、节流、止回、分流或溢流泄压等功能。用于流体控制的阀门,从最简单的截止阀到极为复杂的自控系统中所用的各种阀门,其品种和规格繁多,阀门的公称通径从极微小的仪表阀大至通径达 10m 的工业管路用阀。可用于控制水、蒸汽、油品、气体、泥浆、各种腐蚀性介质、液态金属和放射性流体等各种类型流体流动的阀门的工作压力可以从 0.0013MPa 到 1000MPa 的超高压,工作温度可以从 -270℃ 的超低温到 1430℃ 的高温。

阀门的控制可采用多种传动方式,如手动、电动、液动、气动、涡轮、电磁动、电磁液动、电液动、气液动、正齿轮、伞齿轮驱动等。阀门可以在压力、温度或其他形式传感信号的作用下,按预定的要求动作,或者不依赖传感信号而进行简单的开启或关闭,依靠驱动或自动机构使启闭件作升降、滑移、旋摆或回转运动,从而改变其流道面积的大小以实现其控制功能。

一、阀门分类

(一) 按作用和用途分类

1. 关断阀

这类阀门是起开闭作用的,常设于冷热源进出口、设备进出口、管路分支线(包括立管)上,也可用作放水阀和放气阀。常见的关断阀有闸阀、截止阀、球阀和蝶阀等。

闸阀可分为明杆和暗杆、单闸板与双闸板、楔形闸板与平行闸板等。闸阀关闭严密性不好,大直径闸阀开启困难;沿水流方向阀体尺寸小,流动阻力小,闸阀公称直径跨度大。

截止阀按介质流向分为直通式、直角式和直流式三种,有明杆和暗杆之分。截止阀的关闭严密性较闸阀好，阀体长，流动阻力大，最大公称直径为DN200。

球阀的阀芯为开孔的圆球，扳动阀杆使球体开孔正对管道轴线时为全开，转90°为全闭。球阀有一定的调节性能，关闭较严密。

蝶阀的阀芯为圆形阀板，它可沿垂直管道轴线的立轴转动。当阀板平面与管子轴线一致时，为全开；当闸板平面与管子轴线垂直时，为全闭。蝶阀阀体长度小，流动阻力小，比闸阀和截止阀价格高。

2. 止回阀

这类阀门用于防止介质倒流，利用流体自身的动能自行开启，反向流动时自动关闭，常设于水泵的出口、疏水器出口以及其他不允许流体反向流动的地方。止回阀分为旋启式、升降式和对夹式三种。对于旋启式止回阀，流体只能从左向右流动，反向流动时自动关闭。对于升降式止回阀，流体从左向右流动，阀芯抬起，形成通路，反向流动时阀芯被压紧到阀座上而被关闭。对于对夹式止回阀，流体从左向右流动时，阀芯被开启，形成通路，反向流动时阀芯被压紧到阀座上而被关闭，对夹式止回阀可多位安装、体积小、重量轻、结构紧凑。

3. 调节阀

阀门前后压差一定，普通阀门的开度在较大范围内变化时，其流量变化不大，而到某一开度时，流量急剧变化，即调节性能不佳。调节阀可以按照信号的方向和大小，改变阀芯行程来改变阀门的阻力数，从而达到调节流量目的的阀门。调节阀分为手动调节阀和自动调节阀，而手动或自动调节阀又分许多种类，其调节性能也是不同的。自动调节阀有自力式流量调节阀和自力式压差调节阀等。

4. 真空类阀门

真空类阀门包括真空球阀、真空挡板阀、真空充气阀、气动真空阀等。其作用是在真空系统中，改变气流方向，调节气流量大小，切断或接通管路。

5. 特殊用途类

特殊用途类包括清管阀、放空阀、排污阀、排气阀、过滤器等。

排气阀是管道系统中必不可少的辅助元件，广泛应用于锅炉、空调、石油天然气、给排水管道中，通常安装在制高点或弯头等处，用于排除管道中多余气体、提高管道路使用效率及降低能耗。

（二）按主要参数分类

1. 按公称压力分类

（1）真空阀：指工作压力低于标准大气压的阀门。

（2）低压阀：指公称压力 $PN \leqslant 1.6$ MPa 的阀门。

（3）中压阀：指公称压力 PN 为 2.5MPa、4.0MPa、6.4MPa 的阀门。

（4）高压阀：指公称压力 PN 为 $10.0 \sim 100.0$ MPa 的阀门。

（5）超高压阀：指公称压力 $PN \geqslant 100.0$ MPa 的阀门。

2. 按工作温度分类

（1）超低温阀：用于 t（介质工作温度）<-100 ℃ 的阀门。

（2）常温阀：用于 -40 ℃ $\leqslant t < 120$ ℃ 的阀门。

(3) 中温阀：用于 120℃≤t<450℃ 的阀门。

(4) 高温阀：用于 t≥450℃ 的阀门。

3. 按驱动方式分类

阀门按驱动方式可分为自动阀类、动力驱动阀类和手动阀类。

4. 按公称通径分类

(1) 小通径阀门：公称通径 DN≤40mm 的阀门。

(2) 中通径阀门：公称通径 DN 为 50～300mm 的阀门。

(3) 大通径阀门：公称通径 DN 为 350～1200mm 的阀门。

(4) 特大通径阀门：公称通径 DN≥1400mm 的阀门。

5. 按结构特征分类

按阀门的结构特征分类是指根据关闭件相对于阀座移动的方向分类，可分为：

(1) 截门形：关闭件沿着阀座中心移动，如截止阀。

(2) 旋塞和球形：关闭件是柱塞或球，围绕本身的中心线旋转，如旋塞阀、球阀。

(3) 闸门形：关闭件沿着垂直阀座中心移动，如闸阀、闸门等。

(4) 旋启形：关闭件围绕阀座外的轴旋转，如旋启式止回阀等。

(5) 蝶形：关闭件的圆盘，围绕阀座内的轴旋转，如蝶阀、蝶形止回阀等。

(6) 滑阀形：关闭件在垂直于通道的方向滑动。

6. 按连接方法分类

(1) 螺纹连接阀：阀体带有内螺纹或外螺纹，与管道螺纹连接。

(2) 法兰连接阀门：阀体带有法兰，与管道法兰连接。

(3) 焊接连接阀门：阀体带有焊接坡口，与管道焊接连接。

(4) 卡箍连接阀门：阀体带有夹口，与管道夹箍连接。

(5) 卡套连接阀门：与管道采用卡套连接。

(6) 对夹连接阀门：用螺栓直接将阀门及两头管道穿夹在一起的连接形式。

7. 按阀体材料分类

(1) 金属材料阀门：其阀体等零件由金属材料制成，如铸铁阀门、铸钢阀、合金钢阀、铜合金阀、铝合金阀、铅合金阀、钛合金阀、蒙乃尔合金阀等。

(2) 非金属材料阀门：其阀体等零件由非金属材料制成，如塑料阀、搪瓷阀、陶瓷阀、玻璃钢阀门等。

二、常用阀门

(一) 闸阀

闸阀是指闸板沿通路中心线的垂直方向移动的阀门，在管路中主要作切断用，一般口径 DN≥50mm 的切断装置都选用它，有时口径很小的切断装置也选用闸阀。闸阀结构如图 3-6-23 所示。

1. 闸阀特点

闸阀有以下优点：

(1) 流体阻力小。

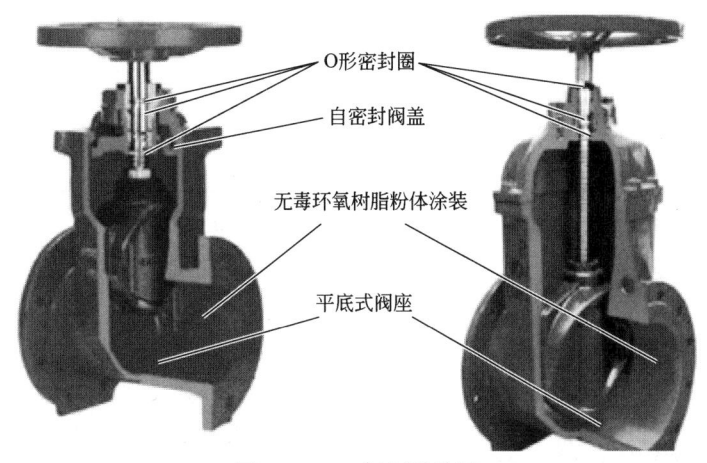

图 3-6-23 闸阀结构图

（2）开闭所需外力较小。

（3）介质的流向不受限制。

（4）全开时，密封面受工作介质的冲蚀比截止阀小。

（5）体形比较简单，铸造工艺性较好。

闸阀也有不足之处：

（1）外形尺寸和开启高度都较大，安装所需空间较大。

（2）开闭过程中，密封面间有相对摩擦，容易引起擦伤现象。

（3）闸阀一般都有两个密封面，给加工、研磨和维修增加一些困难。

2. 闸阀分类

1）按闸板的构造分类

（1）平行式闸阀：密封面与垂直中心线平行，即两个密封面互相平行的闸阀。平行式闸阀又分为单闸板和双闸板，以带推力楔块的结构最为常见，即在两闸板中间有双面推力楔块，这种闸阀适用于低压、中小口径（DN40~DN300mm）闸阀；也有在两闸板间带有弹簧的，弹簧能产生自紧力，有利于闸板的密封。

（2）楔式闸阀：密封面与垂直中心线呈某种角度，即两个密封面呈楔形的闸阀。密封面的倾斜角度一般有 2°52′、3°30′、5°、8°、10°等，角度的大小主要取决于介质温度的高低，一般工作温度越高，所取角度应越大，以减小温度变化时楔住的可能性。

在楔式闸阀中，又有单闸板、双闸板和弹性闸板之分。单闸板楔式闸阀结构简单、使用可靠，但对密封面角度的精度要求较高，加工和维修较困难，温度变化时楔住的可能性很大。

双闸板楔式闸阀在水和蒸气介质管路中使用较多，它的优点是对密封面角度的精度要求较低，温度变化不易引起楔住的现象，密封面磨损时，可以加垫片补偿。但这种结构零件较多，在黏性介质中易黏结，影响密封，更主要是上、下挡板长期使用易产生锈蚀，闸板容易脱落。弹性闸板楔式闸阀具有单闸板楔式闸阀结构简单、使用可靠的优点，又能产生微量的弹性变形弥补密封面角度加工过程中产生的偏差，改善工艺性，应用较为广泛。

2）按阀杆的构造分类

（1）明杆闸阀：阀杆螺母在阀盖或支架上，开闭闸板时，用旋转阀杆螺母来实现阀杆的升降。这种结构对阀杆的润滑有利，开闭程度明显，因此被广泛采用。

（2）暗杆闸阀：阀杆螺母在阀体内，与介质直接接触。开闭闸板时，用旋转阀杆来实现。这种结构的优点是闸阀的高度总保持不变，因此安装空间小，适用于大口径或对安装空间受限制的闸阀。此种结构要装有开闭指示器，以指示开闭程度。这种结构的缺点是阀杆螺纹不仅无法润滑，而且直接受介质侵蚀，容易损坏。

（二）截止阀

截止阀是阀瓣沿阀座中心线移动的阀门，在管路中主要作切断用，结构如图3-6-24所示。

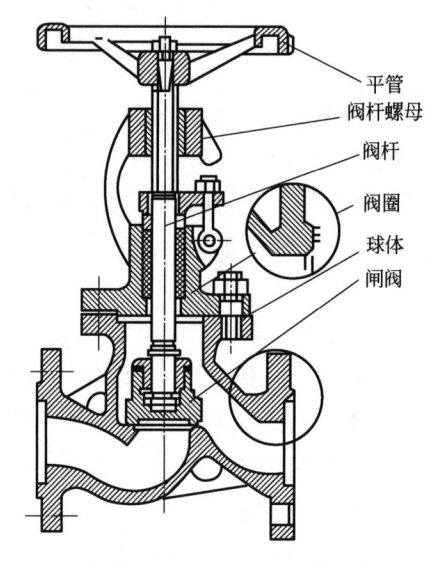

图3-6-24 截止阀结构图

1. 截止阀特点

截止阀有以下优点：

（1）在开闭过程中密封面的摩擦力比闸阀小，耐磨。

（2）开启高度小（通常为公称通径的1/4~1/3）。

（3）通常只有一对密封面，制造工艺好，便于维修。

截止阀使用较为普遍，但由于开闭力矩较大，结构长度较长，一般公称通径都限制在250mm（含）以下。截止阀的流体阻力损失较大，因而限制了截止阀更广泛的使用。

2. 截止阀分类

1）根据阀杆上螺纹的位置分类

（1）上螺纹阀杆截止阀：截止阀阀杆的螺纹在阀体的外面，其优点是阀杆不受介质侵蚀，便于润滑，此种结构采用比较普遍。

（2）下螺纹阀杆截止阀：截止阀阀杆的螺纹在阀体内。这种结构阀杆螺纹与介质直接接触，易受侵蚀，并无法润滑。此种结构用于小口径和温度不高的地方。

2）根据截止阀通道方向分类

根据通道方向截止阀可分为直通式截止阀、直流式截止阀、角式截止阀和三通式截止阀，后两种截止阀通常用于改变介质流向和分配介质。

（三）节流阀

节流阀是指通过改变通道面积达到控制或调节介质流量与压力的阀门。节流阀在管路中主要作节流使用，结构如图 3-6-25 所示。

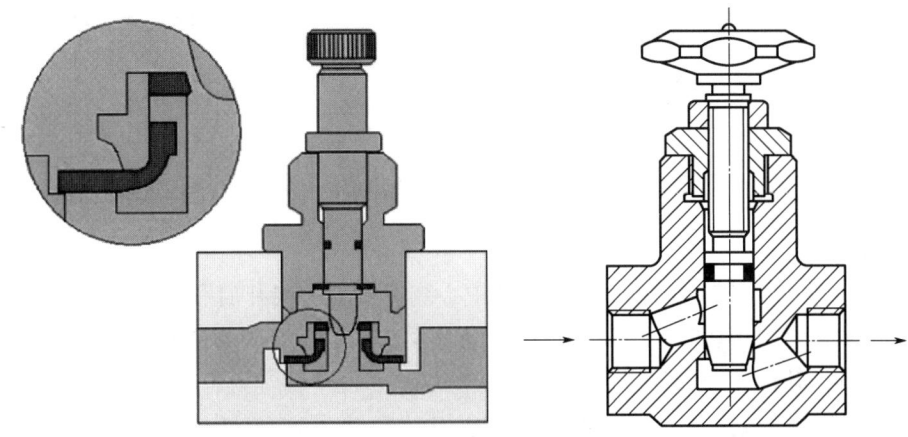

图 3-6-25　节流阀结构图

1. 节流阀特点

最常见的节流阀是采用截止阀改变阀瓣形状后作节流用。但用改变截止阀或闸阀开启高度来作节流用是极不合适的，因为介质在节流状态下流速很高，必然会使密封面冲蚀磨损，失去切断密封作用。同样用节流阀作切断装置也是不合适的。

2. 节流阀分类

节流阀的阀瓣有多种形状，常见的有：

（1）钩形阀瓣，常用于深冷装置中的膨胀阀。

（2）窗形阀瓣，适用于口径较大的节流阀。

（3）塞形阀瓣，适用于中小口径节流阀，使用较普遍。

（四）止回阀

止回阀是指依靠介质本身流动而自动开、闭阀瓣，用来防止介质回流的阀门，如图 3-6-26 所示。

止回阀根据其结构分为：

（1）升降式止回阀：阀瓣沿着阀体垂直中心线滑动的止回阀。升降式止回阀只能安装在水平管道上，在高压小口径止回阀上阀瓣可采用圆球。

升降式止回阀的阀体形状与截止阀一样（可与截止阀通用），因此它的流体阻力系数较大。

（2）旋启式止回阀：阀瓣围绕销轴旋转的止回阀。

（3）碟式止回阀：阀瓣围绕阀座内的销轴旋转的止回阀，碟式止回阀结构简单，只能安装在水平管道上，密封性较差。

（4）其他止回阀：橡胶瓣止回阀、球形止回阀和底阀等。

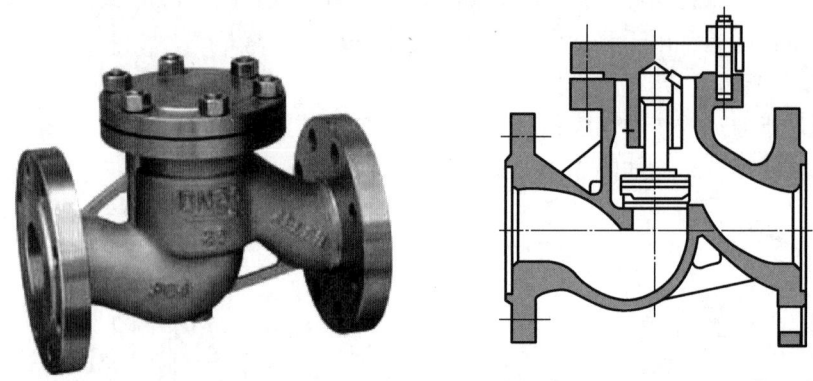

图 3-6-26　止回阀结构图

（五）旋塞阀

旋塞阀（图 3-6-27）是指塞子绕阀体中心线旋转来实现开启和关闭的一种阀门。旋塞阀在管路中主要用于切断、分配和改变介质流动方向。旋塞阀的塞子和塞体是一个配合很好的圆锥体，其锥度一般为 1∶6 和 1∶7。

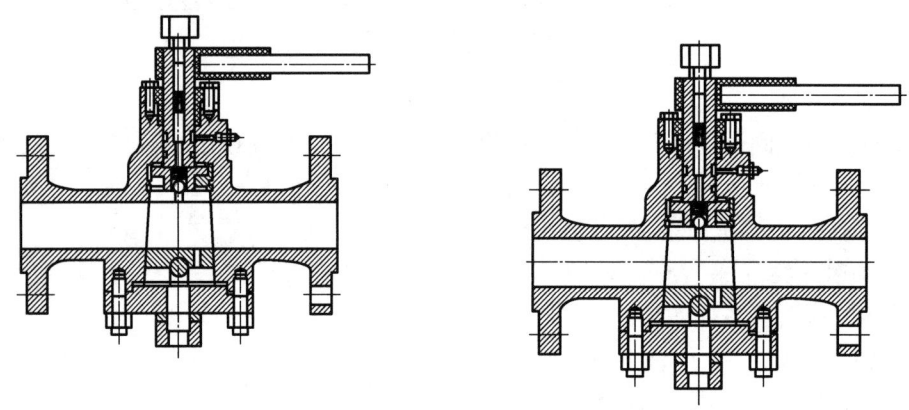

图 3-6-27　旋塞阀结构图

1. 旋塞阀特点

旋塞阀结构简单，开闭迅速（塞子旋转四分之一圈就能完成开闭动作），操作方便，流体阻力小，应用十分广泛。旋塞阀主要用于低压、小口径和介质温度不高的情况下。

2. 旋塞阀分类

（1）紧定式旋塞阀：通常用于低压直通管道，密封性能完全取决于塞子和塞体之间的吻合度好坏，其密封面的压紧是依靠拧紧下部的螺母来实现的，一般用于公称压力不高于 0.6MPa 的情况。

（2）填料式旋塞阀：通过压紧填料来实现塞子和塞体密封的，由于有填料，因此密封性能较好。通常这种旋塞阀有填料压盖，塞子不用伸出阀体，因而减少了一个工作介质的泄漏途径。这种旋塞阀大量用于公称压力不高于 1MPa 的情况。

(3) 自封式旋塞阀：通过介质本身的压力来实现塞子和塞体之间的压紧密封的。塞子的小头向上伸出体外，介质通过进口处的小孔进入塞子大头，将塞子向上压紧，此种结构一般用于空气介质。

(4) 油封式旋塞阀：带有强制润滑使塞子和塞体的密封面间形成一层油膜，这样密封性能更好，开闭省力，防止密封面受到损伤。

(六) 球阀

球阀（图3-6-28）和旋塞阀是同属一个类型的阀门，只是它的关闭件是个球体，球体绕阀体中心线做旋转来达到开启、关闭的目的。球阀在管路中主要用于切断、分配和改变介质的流动方向。

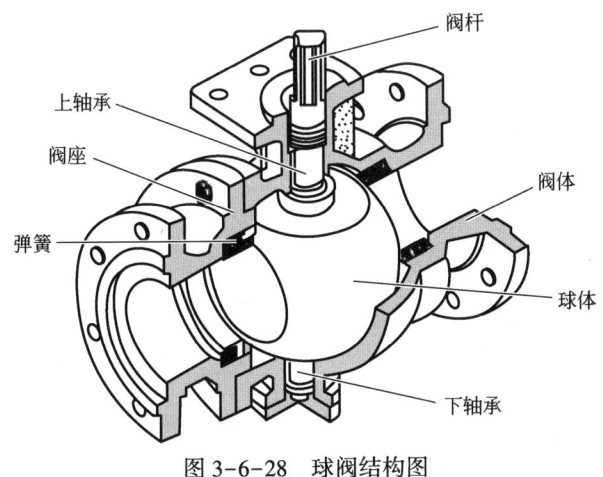

图 3-6-28　球阀结构图

1. 特点

球阀具有以下优点：

(1) 流体阻力小，其阻力系数与同长度的管段相等。

(2) 结构简单、体积小、重量轻。

(3) 紧密可靠，球阀的密封面材料广泛使用塑料，密封性好，在真空系统中也已广泛使用。

(4) 操作方便，开闭迅速，从全开到全关只要旋转90°，便于远距离的控制。

(5) 维修方便，球阀结构简单，密封圈一般都是活动的，拆卸更换都比较方便。

(6) 在全开或全闭时，球体和阀座的密封面与介质隔离，介质通过时，不会引起阀门密封面的侵蚀。

(7) 适用范围广，通径从小到几毫米，大到几米，从高真空至高压力都可应用。

2. 分类

1) 按结构形式分类

(1) 浮动球球阀：球体是浮动的，在介质压力作用下，球体能产生一定的位移并紧压在出口端的密封面上，保证出口端密封。浮动球球阀的结构简单，密封性好，但球体承受工作介质的载荷全部传给了出口密封圈，因此要考虑密封圈材料能否经受得住球体介质的工作载荷。这种结构广泛用于中低压球阀。

(2) 固定球球阀：球体是固定的，受压后不产生移动。固定球球阀都带有浮动阀座，受介质压力后，阀座产生移动，使密封圈紧压在球体上，以保证密封。通常在球体的上、下轴上装有轴承，操作扭矩小，适用于高压和大口径的阀门。为了减少球阀的操作扭矩和增加密封的可靠程度，研发的油封球阀既在密封面间压注特制的润滑油，以形成一层油膜，即增强了密封性，又减少了操作扭矩，更适用高压大口径的情况。

(3) 弹性球球阀：球体是弹性的。球体和阀座密封圈都采用金属材料制造，密封比压很大，依靠介质本身的压力已达不到密封的要求，必须施加外力。这种阀门适用于高温高压介质。

弹性球体是在球体内壁的下端开一条弹性槽而获得弹性。当关闭通道时，用阀杆的楔形头使球体胀开与阀座压紧达到密封。在转动球体之前先松开楔形头，球体随之恢复原形，使球体与阀座之间出现很小的间隙，可以减少密封面的摩擦和操作扭矩。

2) 按位置分类

球阀按位置可分为直通式、三通式和直角式。后两种球阀用于分配介质与改变介质的流向。

（七）蝶阀

蝶板在阀体内绕固定轴旋转的阀门称为蝶阀，如图 3-6-29 所示。

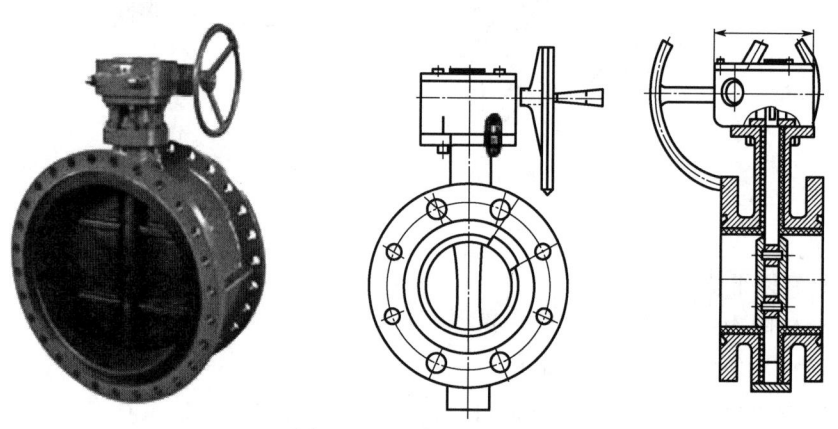

图 3-6-29　蝶阀结构图

1. 特点

蝶阀具有以下特点：

(1) 结构简单，外形尺寸小。由于结构紧凑、结构长度短、体积小、重量轻，适用于大口径的阀门。

(2) 流体阻力小，全开时，阀座通道有效流通面积较大，因而流体阻力较小。

(3) 启闭方便迅速，调节性能好，蝶板旋转 90°即可完成启闭。通过改变蝶板的旋转角度可以分级控制流量。

(4) 启闭力矩较小，由于转轴两侧蝶板受介质作用基本相等，而产生转矩的方向相反，因而启闭较省力。

(5) 低压密封性能好，密封面材料一般采用橡胶、塑料，故密封性能好。受密封圈材料的限制，蝶阀的使用压力和工作温度范围较小，但硬密封蝶阀的使用压力和工作温度范围有很大的提高。

2. 分类

（1）蝶阀根据连接方式分为法兰式和对夹式。

（2）蝶阀根据密封面材料分为软密封和硬密封。

（3）蝶阀根据结构形式分为板式、斜板式、偏置板式和杠杆式。

第四节　装置检修

一、脱硫装置检修

（一）正常停车

1. 停工确认

（1）停工相关人员准备到位（操作人员、化验及将维修人员、安全人员）。

（2）停工工（器）具、材料准备充分。

（3）停工方案培训完成。

（4）硫磺回收单元酸气除硫操作结束。

（5）尾气处理单元停止尾气处理，处于气循环运行状态。

（6）污水处理装置原水池、应急水池处于低液位状态。

（7）火炬及放空装置排液操作完成。

（8）溶液回收储罐清洗合格，具备接收溶液条件。

（9）溶液回收阀及排污阀检查疏通。

（10）凝析油单元及硫磺成型装置进料储罐已具备停运条件。

2. 停气

（1）联系上下游装置，确认停气时间。装置停气前需对硫磺回收装置进行除硫操作。

（2）当上游停止供应原料气之后，缓慢关闭原料气入厂进气阀，产品气停止外输。

（3）根据系统压力，缓慢关闭净化气外输阀。

（4）当酸气流量过低时停止酸气进入硫磺回收单元，硫磺回收单元燃料气除硫。

（5）监控系统压力和各点操作参数。

3. 停运原料气预处理单元

（1）原料气过滤器、分离器排积液。

（2）中压泄压。

（3）氮气置换。

（4）倒闭原料气界区盲板。

（5）空气吹扫。

4. 停运脱硫脱碳单元

（1）湿净化气分离器排积液。

（2）热循环、冷循环。由于富液中还含有大量 H_2S，此时回收溶液是不安全的，容易引起中毒，需通过热循环将富液中的 H_2S 充分解吸出来；取样分析贫液、富液中残存的 H_2S 含量，当两者含量基本上相等时，热循环结束。同时因溶液温度较高，回收溶液时容易造成烫伤事故，因此还要进行冷循环，对锅炉及蒸汽系统降负荷后，当溶液温度降到 60℃ 以下时停止冷循环。

（3）中压段部分泄压。

（4）回收溶液。脱硫装置高压段第一次泄压后，将脱硫设备及管线中的溶液通过低位管线回收至溶液储罐进行储存。回收溶液时应缓慢进行以防止发生窜气，避免设备管道超压损坏。

（5）凝结水水洗。将凝结水或除盐水打入脱硫系统，循环一段时间后，将系统内残留的溶液充分回收。

（6）工业水水洗。加入工业水至脱硫系统，并启动溶液循环泵进行循环，以清洗设备及管线内壁上附着的脏物，并通过排放清洗水将脏物带出。

（7）完全泄压。

（8）氮气置换。将系统完全泄压，脱硫系统设备及管线中残存的天然气应进行氮气置换，置换应缓慢进行，气排放至火炬放空系统，经燃烧后排入大气，各点取样分析：CH_4 含量低于 3%（体积分数）、H_2S 含量低于 $10mg/m^3$ 为合格。

（9）倒换盲板。

（10）空气吹扫。由于检修人员要进入设备进行检修，因此还要进行空气吹扫，各点取样分析，O_2 含量不低于 18%（体积分数）为合格。

5. 设备检修

（1）做好消防准备，确认作业票证是否齐全。

（2）打开需检修设备，确认进入条件，对设备进行检查、清理、调校、维修或更换。

（二）正常开车

1. 开工工（器）具及材料准备

（1）工（器）具、安全防护器材、通信器材准备齐全。

（2）开工所需溶剂、催化剂、活性炭过滤器准备齐全。

（3）检漏试剂、化学试剂等物料准备齐全。

2. 开工人员准备

（1）开工操作人员准备。

（2）开工化验及维修人员准备。

（3）安全及医疗人员准备。

（4）所有人员培训合格、清楚开工方案及开工顺序。

（5）开工节点及开工进度明确清楚。

3. 开工条件确认

（1）确认装置检修项目完成，质量验收合格，设备复位完成。

（2）确认上下游装置已做好开工准备。

（3）确认供电系统、通信系统具备投运条件。

（4）确认所有阀门开关灵活、操作可靠。

(5) 确认 DCS、ESD、F&GS、SCADA 检修完毕，调试合格。

(6) 确认所有现场仪表、远程控制仪表检修完毕，具备投用条件。

(7) 确认所有安全阀校验合格，具备投用条件。

(8) 确认安全防护器材准备齐全到位，安全通道畅通。

4. 投用供电系统

(1) 按供电要求投用照明系统。

(2) 按程序投用 DCS 及仪表供电。

(3) 按程序投用动力系统供电。

5. 投用通信系统

(1) 投用固定电话或移动电话。

(2) 投用广播电话或应急广播系统。

(3) 投用 DCS、ESD、F&GS、SCADA，并分别测试。

6. 投用公用辅助装置

(1) 检查供水系统流程，检查仪表。

(2) 投用供水系统。

(3) 检查消防水系统流程。

(4) 投用消防水系统。

(5) 投用消防水应急水池，检查消防器材备用情况。

7. 投用循环冷却水系统

(1) 检查循环冷却水工艺流程，检查仪表。

(2) 循环冷却水池注水。

(3) 启运循环冷却水泵。

(4) 清洗循环冷却水管网。

(5) 循环冷却水管网系统预膜。

8. 投用工厂风、仪表风、氮气系统

(1) 检查工厂风、仪表风、氮气系统流程，检查仪表。

(2) 启运空气压缩机。

(3) 投运工厂风系统。

(4) 投运干燥器系统。

(5) 仪表风水露点合格后投运仪表风系统。

(6) 投运制氮系统。

(7) 氮气合格后投运氮气系统。

9. 投用燃料气系统

(1) 检查燃料气系统流程，检查仪表。

(2) 燃料气系统氮气置换、试压。

(3) 导通燃料气系统盲板，燃料气系统进气。

(4) 联系相关的单元，燃料气系统供气。

10. 投用火炬及放空装置

(1) 检查火炬及放空装置工艺流程，检查仪表。

(2) 联系所有单元停止使用放空系统。

(3) 放空系统氮气置换。

(4) 氮气置换合格后，火炬点火。

(5) 联系相关单元，恢复火炬及放空装置使用。

11. 投用蒸汽及凝结水系统

(1) 检查蒸汽及凝结水系统流程，检查仪表。

(2) 投运除盐水处理装置。

(3) 投运除氧水处理装置。

(4) 投运锅炉给水系统。

(5) 锅炉上水试压。

(6) 锅炉联锁程序测试。

(7) 锅炉点火、升温。

(8) 投用锅炉加药系统。

(9) 蒸汽及凝结水系统管网暖管。

(10) 蒸汽系统供汽。

(11) 投用凝结水系统。

12. 投用污水处理装置

(1) 检查污水处理装置工艺流程，检查仪表。

(2) 投运污水原水收集装置。

(3) 投用原水撇油、配水设备。

(4) 投用厌氧处理装置。

(5) 投用好氧处理装置。

(6) 厌氧池、好氧池微生物驯化。

(7) 投用保险水池和外排水池。

13. 投用原料气预处理单元

(1) 检查工艺流程，检查仪表并投用。

(2) 空气吹扫。

(3) 氮气置换。

(4) 投用原料气放空管网。

(5) 分等级试压检漏，检漏合格后等待进气生产。

14. 投用脱硫脱碳单元

(1) 检查工艺流程、检查仪表并投用。

(2) 空气吹扫。凡是经动火、动焊、更新的设备和管线，都要使用工厂风吹扫，以便清除氧化铁、焊渣及其杂物，吹扫气排至大气中。吹扫可按高压、中压、低压系统或气、液系统划分。

(3) 氮气置换。装置经检修之后，设备及管线中充满空气，在天然气进入系统之前，先要进行氮气置换，置换气排入大气，各点取样分析，O_2 含量低于 3%（体积分数）为合格。置换需低压、低流量缓慢进行。

（4）投用湿净化气及酸气放空管网。

（5）分段、分等级试压检漏。气相高压系统采用原料气按照压力等级逐级进行试压检漏，气相中压、低压系统采用氮气进行试压检漏。升压速度不大于 0.3MPa/min，在各压力阶梯，压力达到要求时应稳压 10~15min，认真检漏，发现问题停止升压，待整改合格后继续试压。溶液系统试压检漏在水洗过程中进行。

（6）工业水水洗。工业水水洗前进行化学清洗，配制 3% 浓度碱液，建立液位，系统建压，溶液热循环 24h 后排液；当系统内排除的碱液 pH 值小于 8 时停止，排液。

（7）凝结水水洗。用除盐水除去装置系统内残留的碱液，将设备管线内壁上的脏物及钙、镁等有害离子去除。水洗时同时进行仪表调校。

（8）进溶液冷循环。将停车时回收的溶液通过溶液补充泵打至脱硫系统，并启动溶液循环泵建立溶液循环，向再生塔重沸器供给蒸汽，逐渐升温，逐步投运酸气空冷器和水冷器，胺液温度到 60℃，将溶液循环量调大，进气后再调量，各点工艺参数具备正常生产运行条件。

（9）热循环。

（10）联锁及自控程序投运。

（11）调整工艺参数，等待进气生产。装置开车完成上述步骤之后，打开装置界区进口阀，输入原料气，打开出站放空，待产品气检测合格后，打开装置界区出口阀，天然气外输。

二、脱水装置检修

（一）正常停车

（1）停止进气，缓慢关闭产品气出口阀，保持系统压力稳定。

（2）系统热循环 3~4h，停重沸器加热，关闭加热燃料气和汽提气阀门。

（3）加大循环量，系统冷循环，待重沸器温度降至 65℃ 时，停循环泵，半小时后关闭冷却水。

（4）关闭吸收塔、闪蒸罐、重沸器液位调节阀和前切断阀。

（5）将系统压力泄压到 0.4~0.8MPa。

（6）利用系统余压将系统溶液回收到溶液储罐中，高压、中压、低压分段回收。

（7）溶液回收干净后，系统进新鲜水水洗，合格后停止水洗，排尽水。

（8）系统泄压至零，进氮气置换，当取样分析可燃气体和有毒有害气体含量合格时，停止置换。

（9）用空气吹扫系统，取样分析系统氧含量达到 18% 以上时，停止吹扫。

（10）按照要求加装盲板，做好记录，挂牌工作。

（11）通知有关人员开启人孔，用工厂风或鼓风机强制通风。

（12）取样分析各项检修作业数据，合格后通知人员检修。

（二）紧急情况下停车

（1）打开进料气放空阀，控制好系统压力，关闭净化气出口阀。

（2）关闭吸收塔液位调节阀和前切断阀。

（3）停循环泵，关闭循环泵出口阀。

（4）关闭闪蒸罐液位调节阀和前切断阀。

（5）关闭重沸器燃料气和汽提气阀，停重沸器。

（6）系统全面检查，做好记录并汇报。

（三）正常开车

（1）全面检查，确认检修完成，具备开车条件。

（2）系统空气吹扫，清渣除锈。

（3）系统氮气置换。

（4）用氮气和天然气建压，按等级进行分段试压检漏。

（5）凝结水洗及仪表调校。

（6）检漏合格后，确认辅助公用单元已正常运行，水电气能正常供给。

（7）打开溶液储罐到循环泵或溶液补充泵的阀门，启泵，系统进溶液。

（8）当吸收塔液位达到60%时，打开吸收塔液调阀，控制吸收塔液位。

（9）当闪蒸罐、重沸器、缓冲罐液位均达到60%以上时，停循环泵，关闭溶液储罐到泵的阀门。

（10）导通循环泵正线阀门，高点排气，启循环泵，系统冷循环。

（11）冷循环期间，各项仪表进行联校。

（12）确认冷循环正常后，重沸器点火，对溶液升温，开始热循环。

（13）升温前2h按15℃/h进行，然后按30℃/h进行，升温到150℃恒温8h，然后再继续升温至（202+2）℃。

（14）热循环正常后，适当加大循环量、重沸器燃料气量，准备进气生产。

（15）缓慢开启进料气入塔阀门及产品气放空阀门，控制好系统压力。

（16）当处理量达到正常的50%时，取样分析产品气质量，合格后加大处理量至设计值。

（17）将净化气倒入输气管线，关闭放空，正常生产。

（18）做好记录，加强巡检。

三、天然气净化厂检修后开车必要条件

（一）物料与工（器）具

（1）开车所需的化学药剂、试剂、催化剂、活性炭、过滤元件等物料已到场，经分析、验收，质量合格。

（2）设备运行所需润滑油、润滑脂等已准备。

（3）工（器）具已准备。

（4）原料气气质、气量在工艺参数规定范围内。

(二) 技术资料

(1) 开车方案已编制,经批准后发至岗位。

(2) 工艺变动过的地方已编制技术资料,并发至岗位。

(3) 岗位记录、原始数据记录表格等资料已发至岗位。

(4) 开车必要条件确认表已编制,并发至相关人员手中。

(三) 开工组织

(1) 开工组织成立,职责明确,人员到位。

(2) 正常运行所需岗位操作人员已全部上岗。

(3) 化验分析人员到位。

(4) 机、电、仪等保运人员到位。

(5) 食宿、交通运输、物料供应人员到位。

(6) 治安、消防、保卫人员到位。

(7) 开车方案、新编技术资料等已培训。

(四) 项目验收

(1) 施工项目质量验收合格。

(2) 设备润滑油脂已经加注,并润滑良好,随时可以投运。

(3) 转动设备试运正常。

(4) 阀门保养完毕,并合格。

(5) 现场施工临时设施已拆除。

(6) 催化剂、活性炭、过滤元件等已填装。

(7) 场地清洁。

(五) 公用及辅助装置

(1) 供配电系统投运正常,各电气设备可以正常投运。

(2) DCS、联锁系统和报警系统,在线分析仪表、现场仪表及化验仪器已投运。

(3) 新鲜水系统投运正常。

(4) 循环水系统已经预膜,并投运正常。

(5) 工厂风及仪表风系统投运正常。

(6) 软化水系统投运正常。

(7) 氮气系统投运正常。

(8) 废水处理系统投运正常。

(9) 燃料气系统投运正常。

(10) 火炬及放空系统投运正常。

(11) 蒸汽及凝结水系统投运正常。

(12) 硫磺成型装置可以正常投运。

(六) 主要生产装置

1. 脱硫、脱水装置

(1) 工艺检查完成,发现的问题已经及时整改。

(2) 氮气置换已完成。

(3) 水洗和仪表联校已完成。

(4) 进气检漏试压完成。

(5) 进溶液冷循环、热循环已完成。

(6) 工艺参数在规定范围内，符合进气条件。

2. 硫磺回收及尾处理装置

(1) 装置吹扫、检漏、暖锅等已完成。

(2) 尾气灼烧炉、主燃烧炉等炉类已点火烘炉，催化剂已硫化，各点参数达到开车条件。

(七) 安全、环保和消防

(1) 防火、防爆、防中毒、逃生通道等安全标识齐全。

(2) 安全环保及应急预案已培训完毕。

(3) 劳保用品穿戴符合要求，安全防护器材配备到位。

(4) 消防、抢险、维修、逃生通道畅通。

(5) 消防器材已备齐。

(6) 应急池可随时投入使用。

第七章 天然气净化电气、仪表、化学知识

第一节 天然气净化电气知识

一、净化厂电气技术

天然气净化厂与发电厂一样，用户涉及千家万户，其重要性不用细说，因而它的安全平稳生产至关重要。影响天然气净化厂安全平稳生产的因素有许多，但其中供电的安全是重要因素之一。

天然气净化厂的供配电网是一个系统，它从电力部门引来电源，到厂后经变电，再配电到生产岗位。这过程环环相扣，哪一个环节都不能出问题，否则就会影响净化厂的安全平稳生产。

（一）净化厂供配电系统示例

某净化厂于2019年11月份投产运行，建设初期，净化厂两条进线由工业园区143Ⅰ号专线和工业园区143Ⅱ号专线分别给净化厂高压配电柜两路电源供电，经高压出线柜至变压器降压，达到所要求的电源电压后，输送到低压配电室低压进线柜中，同时将低压进线柜开关推送至合闸位置后，低压配电柜将全部带电。同时，根据生产要求分别给运行电气设备进行单独供电。

净化厂同时配备临时备用电源，即柴油发电机，此电源仅限于两路市电出现停电或故障的情况下临时给生产设备区与办公区域供电。

1. 高压配电室的构成

高压配电室由高压配电柜与交直流配电室组成。高压配电室共有2台进线柜、2台变压器柜、4台出线柜、2台消弧消谐柜、1台隔离柜和1台母联柜共计12台高压配电柜组成，而交直流配电室由4台配电柜组成，如图3-7-1和图3-7-2所示。

高压配电室配电柜运行方式为双回路单运行模式，即两台高压配电柜同时带电，根据供电要求投运一段进线柜或二段进线柜，如若需要两端同时供电，需将母联柜断开，防止两路电源相互碰撞，从而引发电气爆炸。

2. 低压配电柜

低压配电室是由21台低压配电柜组成，加上管道公司两台配电柜共计23台配电柜组成，其中包含4台电容柜、3台MDEA循环泵软启柜和3台变频器柜，分别为三甘醇再生橇变频柜、空冷器变频器柜和电加热器变频柜。

低压配电室低压配电柜运行方式为双回路单运行模式，即高压配电柜投运一段，则低压配电柜投运二段进线，高压配电柜投运二段，则低压配电柜投运二段进线。如需要低压进线柜两路同时供电，则需要将低压配电柜母联柜断开，防止两路电源相互碰撞，从而引发电气爆炸。

图 3-7-1 高压配电室

图 3-7-2 交直流配电室

(二) 生产设备区电气设备

1. 照明系统

照明系统是以提供照明为基础的系统，包括自然光照明系统、人工照明系统以及二者结合构成的系统，是利用计算机、无线通信数据传输、计算机智能化信息处理、扩频电力载波通信技术及节能型电气控制等技术组成的分布式无线遥测、遥控、遥信控制系统，可实现照明应用的安全性、节能性、便利性、舒适性、艺术性。

净化厂照明系统分为路灯照明、管廊照明及设备照明。

2. 供热系统

净化厂供热系统由电伴热带及电加热器组成。

其中，电伴热带是由导电高分子复合材料和两根平行金属导线及绝缘护套构成的扁形带状电缆，其特性是导电高分子复合材料具有正温度系数热敏材料特性，且相互并联，能随被加热体系的温度变化自动调节输出功率，自动限制加热的温度。正温度系数热敏材料特性即正温度系数效应，是指材料电阻率随着温度升高而增大，并在一定温度区间电阻率急剧增大的特性。

电加热器可将电能转换为热能，从而使通过电加热器内部的天然气进行升温。

3. 动力系统

动力系统包括动力机及其配套装置，是整个机器工作的动力源。按能量转换性质的不同，动力机可分为一次动力机和二次动力机。

一次动力机是把自然界的能源（一次能源）直接转变为机械能的机械，如内燃机、汽轮机、燃气轮机等，其中内燃机广泛用于各种车辆、船舶、农业机械、工程机械等移动作业机械，汽轮机、燃气轮机多用于大功率高速驱动的机械。以一次动力机为动力源的机器比较多，比如汽车、飞机、轮船、潜艇等都是以一次动力机为动力源的。

二次动力机是把二次能源（电能）或由电能产生的液能、气能转变为机械能的机械，如电动机、液压马达、气动马达等。它们在各类机械中都有广泛的应用，其中尤以电动机应用更为普遍。比如，各种类型的机床、洗衣机、电风扇、水泵、油泵等，都是以二次动力机作为机器的动力源。

净化厂动力系统主要包括生产设备区所有电机设备，通过它们可以使整个天然气净化装置正常平稳运行。

（三）高低压送电、停电步骤

1. 高压配电柜送电步骤

首先确保所有高压柜小车处于摇出状态。如果用高压柜 1 号专线送电（查看进线柜地刀是否处于分闸状态），首先将 1 号专线高压柜的小车摇进，再按合闸按钮，此时一段高压柜 1 号进线柜和三个出线柜母排带电，然后再合一段消弧消谐柜。此时一段母排全部带电（此时要注意消弧消谐柜显示三相电压是否平衡、各仪表显示是否正常）。若要二段母排带电，再把母联柜小车摇进，隔离柜小车摇进按合闸按钮，此时二段非专线进柜和三个出线柜带电，然后再合二段消弧消谐柜，与此同时 12 台高压柜母排一段、二段全部带电。根据实际需要若要给 1 号变压器送电，则把 1 号变压器出线柜小车摇进，再按合闸按钮，1 号变压器带电。要给 2 号变压器送电方法一样。高压配电室送电方式为 2 进 1 母联，切忌 1 号专线和 2 号专线同时送电，隔离、母联（PT）开关柜不能合闸，一段母线消弧消谐和二段母线消弧消谐柜根据实际情况，若并联运行可以用一台消弧消谐柜，并在隔离柜上打到并联运行方式。

2. 低压配电柜送电步骤

首先根据实际需要合 1 号变压器或 2 号变压器进线柜总负荷开关，在合闸之前，检查所有柜子的抽屉是否为抽出状态，软启柜、变频柜闸刀是否为分闸状态。确认以后根据实际情况依次送电。不能同时合闸，低压配电柜送电方式为 3 合 2，意思为当母联柜处于合闸状态时，只能合一个总负荷开关柜，且另一台进线柜总负荷开关处于实验位置，若要两排并列运行则需要断开母联开关柜。

3. 高低压停电步骤

先停低压，再停高压，顺序与送电流程相反。

首先断开生产设备区所有大型用电设备电源，然后将投运的 1 号进线柜或 2 号进线柜断开（此时低压配电柜已经全部断电），断开后立即观看 UPS 运行情况，查看 UPS 蓄电池输出是否正常，待运行正常后，将高压配电室高压出线柜按分闸按钮，并将小车摇出至分闸状态，将母联柜、隔离柜小车依次摇出至分闸状态，再将消弧消谐柜按分闸按钮，并将小车摇出至分闸状态,最后将高压1号或2号进线柜按分闸按钮,并将小车摇出至分闸状态。至此,高低压配电室所有电源已全部停电。

注意事项:以上停送电过程,最少两人进行,一人监护、一人操作,并且必须严格按照《安全用电管理制度》穿戴好劳保防护用品。

二、UPS

UPS,即不间断电源,是一种含有储能装置,以逆变器为首要组成部分的恒压恒频的不间断电源。

在UPS发展初期,仅被视为一种备用电源。后来,由于电压浪涌、电压尖峰、电压瞬变、电压跌落、持续过压或者欠压甚至电压中断等电网质量问题,使计算机等设备的电子系统受到干扰,造成敏感元件受损、信息丢失、磁盘程序被冲掉等严重后果,引起巨大的经济损失。因此,UPS日益受到重视,并逐渐发展成一种具备稳压、稳频、滤波、抗电磁和射频干扰、防电压浪涌等功能的电力保护系统。

(一) UPS优点

与传统的供电系统相比,UPS有以下优点:

(1) 良好的输出特性。UPS的输出电压和频率是稳定和持久的,厂用电交流电源的波动不影响UPS的输出。

(2) 免受电力干扰。UPS通过AC--DC-AC双转换技术,所有的厂用电交流电源干扰都被滤除掉,能保证负载的可靠运行。

(3) 不受断电影响。正常情况下,逆变器由整流器供电,发生断电时,蓄电池对逆变器供电,真正实现不间断供电。

(二) UPS系统组成

一个完备的UPS系统,是由UPS主机、电池、市电(发电机)、后台监控或网络监控软/硬件等单元共同组成的,如图3-7-3所示。

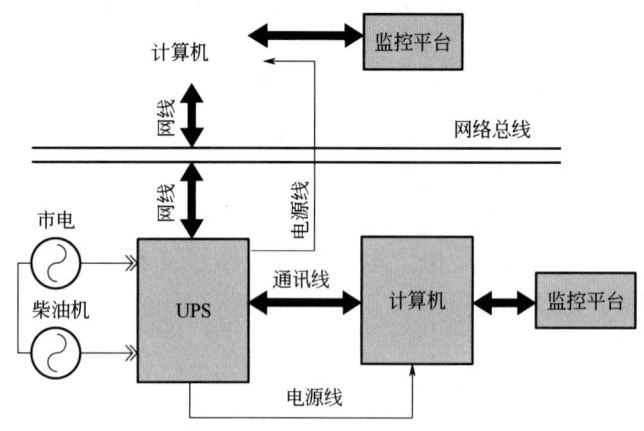

图3-7-3 UPS系统组成

(三) UPS使用与维护注意事项

如果UPS使用不当或不注意维护保养,会引起UPS本身发生故障。

使用时应注意以下事项：

（1）接UPS的配电箱所使用的开关不宜用老式的刀闸开关，因为这种开关在开关电源时有拉弧现象，会对电网产生干扰。此外，使用熔断丝，过流响应速度慢，在负载或UPS短路时，不能及时切断电源，从而会对设备造成危害，所以应采用空气开关，这种开关负载短路时响应速度快，且有消弧、漏电保护和过热保护等功能。

（2）空气开关的容量选用应适中。开关容量过大会造成在过流或负载发生短路时起不到保护作用，过小又会经常造成市电中断。

（3）UPS所在的市电线路不应带感性负载，如空调机、电动机等负载，否则会对电网及UPS产生很大的冲击，应把感性负载接到其他市电线路中。

（4）当重点负载的UPS发生故障时，不应盲目关机，应用旁路继续供电，然后通知UPS维修工程师解决故障。有条件的可采用热备份，进行双重保护。

（5）在UPS匹配功率时，应留有余量，不应过载，按UPS功率的80%来匹配负载即可。一般如打印机、绘图仪等设备对供电要求不高，可以直接接入市电，而不经过UPS，从而可以使UPS输出的电用到更重要的设备上，节约能源和开支。

（6）开关UPS要有顺序。开机时，应先开UPS电源输入开关，再开逆变器开关，关机时相反。

（7）不用UPS时应关机。如果工作完后不关电源，在市电长时间停电的情况下，由于UPS一直处于工作状态，即使不带负载，UPS也会损耗少量的电源能量，这样长时间损耗能量又不及时充电，最后电池就会枯竭，引发UPS故障。

（8）禁止将不同安时数、不同品牌的电池组合使用。

（9）应定期对UPS进行充放电（原则上三个月）以延长电池的使用寿命。

（10）为保护UPS的使用寿命，应同厂商维修人员协商，定期对UPS进行维护保养。

日常维护时应注意以下事项：

（1）UPS主机：经常观察UPS显示板上的状态指示，并记录下观察的结果。

（2）检查并机柜电压转换开关是否灵活，电压显示是否正常（显示值为380V±26.6V）。

（3）蓄电池单节电压在12V以上，表面清洁，连线紧密，无漏液现象。

（4）主机面板显示数据（电压、电流、功率、频率）正常无报警信息，风扇声音正常，无灰尘，机体无过热现象。

（5）检查是否有明显过热的痕迹。

（6）确保位于UPS机柜上的空气过滤网没有堵塞物。

（7）当发现UPS的输出电压异常升高时，应着重检查UPS逆变器的输出滤波电容是否完好。

（8）检查是否有漏液现象。发现漏后要及时与厂家取得联系，对它进行必要的测量。

（9）当UPS电源正常工作时，蓄电池组处于浮充状态，长时间会使电池的内阻增大，在阴极形成大量的硫酸盐，使电池的使用寿命减短。为避免此种现象的出现，需定期对电池组进行放电，激活电池的活性，恢复电池原有的容量数，保证蓄电池的可供实际使用的容量值总是处于或非常接近于电池的标称容量。在对电池组放电时，不宜将电池进行深度放电，一般来说，深度放电会加快电池组的损坏（深度放电次数只有 200~250 次），放电时间宜控制在后备时间的 1/4~2/5；电池组在放电时要对电池的放电数据进行记录，这样可以提早发现电池组存在的潜在问题。

（10）听噪声是否有可疑的变化，特别注意听 UPS 的逆变器输出变压器的响声。当出现异常的"吱吱"声时，则可能存在接触不良或绕组绝缘不良。当出现有低频的"铍铍"声，则意味着变压器存在有明显的偏磁现象。

（11）保证工作环境的整洁，由于 UPS 在工作时要放出大量的热，室内的温度最好控制到 25℃ 以下。同时，由于 UPS 中所用的蓄电池一般都是密封免维护电池，因此对电池的维护仅局限于确保电池的工作环境温度尽可能地被控制在 20~25℃。

（12）UPS 主机旁尽量避免液体类物品的存放等。另外，不宜带电感性负载，不宜带载开关机。

（四）UPS 日常巡检方法

UPS 的日常巡检主要是需要工作人员对其设备进行操作，仔细观察 UPS 运行的电压和电流状态是否正常，同时，检查 UPS 蓄电池连接线有无松动、氧化、电池是否渗液，并按照控制面板上的指示来检查是否有异常。

（五）UPS 故障查询及处理方法

按照巡检时的故障查询，可找到故障代码及故障发生时间，因此可按照故障对其进行相应的处理。

在 UPS 下端负载设备中，如果某些设备因设备短路、断路、接地时，UPS 将进入自我保护状态，自动切断输出电流。

第二节 天然气净化化学知识

一、滴定分析法

滴定分析法（图 3-7-4），又称为容量分析法，是一种已知准确浓度的实际溶液（即标准溶液），通过滴定管加到待测组分溶液中，直到标准溶液和待测溶液组分恰好完全定量反应为止，然后根据标准溶液的浓度和消耗的体积，求算分析组分的含量。它是一种简便、快速和应用广泛的定量分析方法，在常量分析中有较高的准确度。

（一）基本术语

（1）滴定：将滴定剂通过滴管滴入待测溶液中的过程。

（2）滴定剂：浓度准确已知的试样溶液。

（3）指示剂：滴定分析中能发生颜色改变而指示终点的试剂。

（4）滴定终点：滴定分析中指示剂发生颜色改变的那一点。

（5）化学计量点：滴定剂与待测溶液按化学计量关系反应完全的那一点。

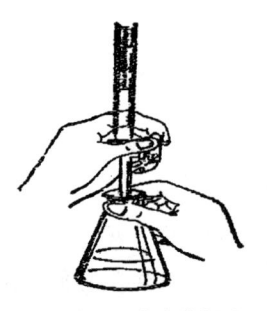

图 3-7-4 滴定分析法

（二）常见滴定分析方法

1. 酸碱滴定法

酸碱滴定法，也称中和法，是以质子传递反应为基础的滴定分析方法，可以用酸作为标准溶液滴定碱性物质，也可以用碱作为标准溶液测定酸性物质。其基本反应：

$$H^+ + OH^- = H_2O$$

2. 配位滴定法

配位滴定法是以配位反应为基础的一种滴定分析方法，可用于对金属离子进行测定。若采用EDTA作配位剂，其反应为：

$$M^{n+} + Y^{4-} = MY^{(n-4)-}$$

其中，M^{n+}表示金属离子，Y^{4-}表示EDTA的阴离子。

3. 氧化还原滴定法

氧化还原滴定法是以溶液中氧化剂和还原剂之间的电子转移为基础的一种滴定分析方法，可用于对具有氧化还原性质的物质或某些不具有氧化还原性质的物质进行测定，如重铬酸钾法测定铁，其反应如下：

$$Cr_2O_7^{2-} + 6Fe^{2+} + 14H^+ = 2Cr^{3+} + 6Fe^{3+} + 7H_2O$$

4. 沉淀滴定法

沉淀滴定法是以沉淀生成反应为基础的一种滴定分析法，可用于对Ag^+、CN^-、SCN^-及类卤素等离子进行测定，如银量法，其反应如下：

$$Ag^+ + Cl^- = AgCl$$

（三）滴定分析实验误差

1. 误差来源

滴定分析实验误差的来源主要包括仪器方面、人员操作方面、指示剂方面和标准溶液方面四个方面。

1）仪器方面误差

（1）仪器检查不彻底，滴定管漏液；滴定管、移液管使用前没有润洗或者润洗不到位。

（2）在注入标准溶液后滴定管下端产生了气泡。

（3）读数时滴定管、移液管等量器与水面不垂直，液面不稳定，仰视（或俯视）刻度（正确方法是平视前方）。

（4）液体温度与量器所规定的温度相差太远，移液时移液管中液体没有自然地全部流下。

2）人员操作方面误差

（1）滴定过程中左手对酸式滴定管旋塞控制不当，旋塞松动导致旋塞处漏液。

（2）操作过程中右手握锥形瓶没有摇动，待测液反应不完全或者摇动用力过大，以致前后振荡溅出液体。

（3）进行滴定反应时，没有控制好流速，偶尔出现滴加过量的标准溶液。在滴定的开始阶段，采取"逐滴滴加"的方法，保持液滴"呈串不呈线"状态，滴定速度控制在3~4滴/s。接近终点时，滴定速度放缓，采取"一滴一滴加入"方式，保持"呈滴不呈串"状态,就是要求每滴加一滴滴定剂,要迅速摇匀,观察溶液颜色变化情况后再加入下一滴。临近终点时,滴定反应基本完成,采取"半滴半滴加入"方式,即保持"挂而不滴"状态,也就是小心放出溶液让溶液挂于滴定管的尖嘴处,用锥形瓶内壁将其蹭落,倾斜锥形瓶使液滴进入溶液,并迅速摇匀。

(4) 操作者对溶液颜色反应不够灵敏,出现标准溶液过量现象。

(5) 滴定停止后,立即读数也会产生误差,应等1~2min,等到滴定管内壁附着液体自然流下再读数。

3) 指示剂方面误差

(1) 指示剂用量过多或浓度过大,使其变色迟钝。指示剂本身也是一种弱酸或者弱碱,能多消耗滴定剂。

(2) 强酸滴定弱碱时因生成的盐水解,在颜色突变点时溶液显酸性。强碱滴定弱酸在颜色突变点时溶液呈碱性。若指示剂选用不当,化学计量点与滴定终点产生差距。

(3) 在接近滴定终点时,没按操作要求通过多次加半滴标准溶液,并用蒸馏水淋洗锥形瓶壁来准确判断滴定终点。

4) 标准溶液方面误差

(1) 标准溶液浓度的大小也会造成误差。应使用适当浓度的标准溶液,从而控制溶液的体积。通常情况下,称量的试剂质量不小于 0.2g,才能保证称量误差小于 0.1%;一般使用的滴定体积控制在 20~40mL 可使测量体积的相对误差小于 0.1%。

(2) 标准溶液的配制不规范造成的误差。一是化学试剂没有达到分析纯的要求;二是在使用分析水平存在称量误差;三是在配制标准溶液时,使用烧杯、玻璃棒、容量瓶时操作不规范。

2. 减少分析误差对策

1) 仪器误差方面对策

(1) 酸试滴定管使用前,要检查活塞与活塞套是否配合紧密;洗涤滴定管;活塞涂凡士林,通过旋转使活塞和活塞套上的凡士林层全部透明,检查是否漏水;用蒸馏水润洗三次,将管的外壁擦干备用,选用合适的实验仪器。

(2) 碱试滴定管使用前,要检查乳胶管和玻璃球是否完好。若胶管已老化,玻璃球过大(不易操作)或过小(漏水),应予更换;洗涤滴定管;用蒸馏水润洗三次,擦干外壁备用,选用合适的实验仪器。

2) 人员操作误差方面对策

操作是实验的关键部分,因此在实验过程中,一定要严格按照实验步骤进行,一个小小的步骤不到位或者顺序颠倒都可能引起实验结果很大的误差甚至导致实验的失败。因此,在实验操作过程中一定要做到位,不能偷工减料、马虎了事。

基本操作方法:

(1) 用标准溶液润洗滴定管三次,赶尽气泡。

(2) 熟练掌握逐滴连续滴加、只加一滴和加半滴的滴定操作。

(3) 摇锥形瓶时,应使溶液向同一方向做圆周运动(左、右旋均可),但勿使瓶口接触滴定管,溶液也不得溅出,注意观察液滴滴落点周围溶液颜色的变化。

（4）滴定管读数时应待液面稳定后并使滴定管保持水平垂直。对于无色或浅色溶液，应读取弯月面下缘最低点，溶液颜色太深时，可读液面两侧的最高点。读数时使视线与滴定管读数位置的液面成水平，注意初读数与终读数采用同一标准，必须读到小数点后第二位，即要估计到 0.01mL。注意：估计读数时，应该考虑到刻度线本身的宽度。

3）指示剂和标准溶液误差方面对策

（1）要有敏锐的眼睛来观察实验现象。

（2）指示剂不能随便使用，要严格按照检验标准规定的要求选用指示剂，标准溶液在滴定前一定要标定准确，浓度要与操作规程相符。

一般有以下两种配制方法。

① 直接配制法：用分析天平准确地称取一定量的物质，溶于适量水后定量转入容量瓶中，稀释至标线，定容并摇匀。根据溶质的质量和容量瓶的体积计算该溶液的准确浓度。

② 间接配制法：用来配制标准溶液的许多试剂若不能完全符合上述基准物质必备的条件，则不能用直接法配制标准溶液，只能用间接法配制，即先配制成接近于所需浓度的溶液，然后用基准物质来测定其准确浓度。

二、有机化合物

有机化合物指的是含碳元素的化合物，其组成元素除碳外，通常还含有氢、氧、氮、硫、磷、卤素等。含碳元素的化合物不一定都是有机化合物，例如 CO、CO_2、H_2CO_3、碳酸盐、碳酸氢盐、氰化物（KCN 等）、氰酸盐（NH_4CNO 等）、硫氰酸盐（KSCN 等）、金属碳化物（CaC_2、Fe_3C 等）、SiC 等，它们在组成、结构、性质上与无机化合物相近，故仍属无机化合物。

有机物与无机物之间没有绝对界限，可以相互转化。

例如 1828 年德国化学家乌勒第一次由无机化合物合成了有机化合物——尿素。

有机物化合种类繁多的原因：

（1）碳原子的最外层有 4 个电子，可以与其他原子形成 4 个共价键。

（2）碳原子跟碳原子之间可形成共价键（单键、双键、三键），既可成链，又可成环。

（3）有机物存在同分异构现象。

(一) 有机化合物特点

（1）一般熔沸点低。

原因：有机化合物的晶体一般属于分子晶体，分子晶体在熔化、汽化时只需克服范德华力（有的有氢键）。

（2）一般难溶于水，易溶于有机溶剂。

原因：有机分子一般是非极性分子或弱极性分子，水是极性分子。根据有机化合物的概念、特点及相似相溶原理（极性分子容易溶于极性溶剂中，非极性分子容易溶于非极性溶剂中）可得出此结论。

常见有机物的溶解性：

难溶于水：烷、烯、炔、苯及苯的同系物、卤代烃、硝基苯、溴苯、酯、高级醇、芳醛、高级酮、高级一元羧酸、高级酰胺等。

易溶于水：低级醇、低级醛、低级酮、中级酮、低级羧酸、低级酰胺、苯酚（温度高于70℃）等。

微溶于水：苯甲酸、乙炔、乙醚、苯胺。

（3）大多数是非电解、不导电。

（4）大多数受热易分解，且易燃烧。

（5）一般反应慢且复杂，常伴有副反应发生。

（二）常见有机物化合物性质

1. 烷烃

烷烃是一类有机化合物，分子中的碳原子都以单键相连成链状，其余的价键都与氢结合。烷烃通式为 C_nH_{2n+2}，是最简单的一类有机化合物。烷烃的主要来源是石油和天然气，是重要的化工原料和能源物资。

烷烃并非结构式所画的平面结构，而是立体形状的，所有的碳原子都是 sp 杂化，各原子之间都以 σ 键相连，键角接近109°28′，C—C 键的平均键长为154pm，C—H 键的平均键长为109pm，由于 σ 键电子云沿键轴呈轴对称分布，两个成键原子可绕键轴自由转动。

1）物理性质

低沸点的烷烃为无色液体，有特殊气味；高沸点烷烃为黏稠油状液体，无味。烷烃的密度随相对分子质量增大而增大，这也是分子间相互作用力的结果，分子间引力增大，分子间的距离相应减小，相对密度则增大，密度增加到一定数值后，随相对分子质量增大而密度变化很小，最大接近于 $0.8g/cm^3$ 左右，所以所有的烷烃都比水轻。

2）化学性质

（1）由于烷烃中只含有 C—C 单键和 C—H 单键，这两种键的强度都很大，而且碳和氢的电负性相差很小，所以 C—H 键极性很小，属于弱极性键，因此相对于其他有机化合物来说，烷烃离子型试剂有相当大的化学稳定性，在一般情况下，烷烃与大多数试剂，如强酸、强碱、强氧化剂等都不起反应。但在一定条件下，如在高温或有催化剂存在时，烷烃也可以和一些试剂作用。

（2）烷烃中的氢原子被卤原子（即第七主族元素）取代的反应称为卤化反应，但其中有实用意义的卤化反应是氯化和溴化。

氯化：烷烃处于室温且黑暗的环境中与氯气不反应，但在日光或紫外光照射或在高温（250~400℃）作用下能发生取代反应。烷烃分子中的氢原子能逐步被氯取代，得到不同的氯代烷的混合物。

例如甲烷与氯发生氯代反应生成四种氯代产物的混合物。工业上通过精馏，使混合物一一分开。

（3）甲烷的卤化。

在同类型反应中，可以通过比较决定反应速率一步的活化能大小，了解反应进行的难易程度。

氟与甲烷反应是大量放热的,但仍需 4.2kJ/mol 活化能,一旦发生反应,大量的热难以移走,破坏生成的氟甲烷,而得到碳与氟化氢,因此直接氟化的反应难以实现。碘与甲烷反应,需要大于 141kJ/mol 的活化能,反应难以进行。氯化只需 16.7kJ/mol 活化能,溴化只需 75.3kJ/mol 活化能,故卤化反应主要是氯化、溴化。氯化反应比溴化易于进行。

碘不能与甲烷发生取代反应生成碘甲烷,但其逆反应很容易进行。

2. 烯烃

烯烃是指分子中含有 1 个 C═C 键(碳—碳双键,烯键)的开链碳氢化合物,属于不饱和烃。如果含有 2 个 C═C 键,称为二烯烃。

烯烃分子通式为 C_nH_{2n},常温下 C_2~C_4 为气体,是非极性分子,不溶或微溶于水。双键基团是烯烃分子中的官能团,具有反应活性,可发生氢化、卤化、水合、卤氢化、次卤酸化、硫酸酯化、环氧化、聚合等加成反应,还可氧化发生双键的断裂,生成醛、羧酸等。

1)物理性质

物理状态取决于分子质量。标况或常温下,简单的烯烃中,乙烯、丙烯和丁烯是气体,含有 5~18 个碳原子的直链烯烃是液体,更高级的烯烃则是蜡状固体。标准状况或常温下,C_2~C_4 烯烃为气体,C_5~C_{18} 为易挥发液体,C_{19} 以上为固体。在正构烯烃中,随着相对分子质量的增加,沸点升高。同碳数正构烯烃的沸点比带支链的烯烃沸点高。相同碳架的烯烃,双键由链端移向链中间,沸点、熔点都有所增加。

2)化学性质

烯烃的化学性质比较稳定,但比烷烃活泼。考虑到烯烃中的碳—碳双键比烷烃中的碳—碳单键强,所以大部分烯烃的反应都有双键的断开并形成两个新的单键。

烯烃的特征反应都发生在官能团 C═C 和 C—H 上。

(1)催化加氢反应:

$$CH_2=CH_2+H_2 \longrightarrow CH_3-CH_3$$

烯烃与氢作用生成烷烃的反应称为加氢反应,又称氢化反应。加氢反应的活化能很大,即使在加热条件下也难发生,而在催化剂的作用下反应能顺利进行,故称催化加氢。

在有机化学中,加氢反应又称还原反应。

(2)亲电加成反应:

① 加卤素反应。烯烃容易与卤素发生反应,是制备邻二卤代烷的主要方法:

$$CH_2=CH_2+X_2 \longrightarrow CH_2X-CH_2X$$

这个反应在室温下就能迅速反应,实验室用它鉴别烯烃的存在(溴的四氯化碳溶液是红棕色,溴消耗后变成无色)。不同的卤素反应活性规律,氟反应激烈,不易控制;碘是可逆反应,平衡偏向烯烃这边,常用的卤素是 Cl_2 和 Br_2,且反应活性 $Cl_2>Br_2$。烯烃与溴反应得到的是反式加成产物,产物是外消旋体。

② 加质子酸反应。

烯烃能与质子酸进行加成反应:

$$CH_2=CH_2+HX \longrightarrow CH_3-CH_2X$$

3. 苯

苯环是最简单的芳香烃，由六个碳原子构成一个六元环，每个碳原子接一个基团，苯的 6 个基团都是氢原子。

1）物理性质

苯的沸点为 80.1℃，熔点为 5.5℃，在常温下是一种无色、味甜、有芳香气味的透明液体，易挥发。苯的密度比水的密度低，为 0.88g/mL。苯难溶于水，1L 水中最多溶解 1.7g 苯。但苯是一种良好的有机溶剂，溶解有机分子和一些非极性的无机分子的能力很强，除甘油、乙二醇等多元醇外，能与大多数有机溶剂混溶。除碘和硫稍溶解外，无机物在苯中不溶解。苯对金属无腐蚀性。

2）化学性质

苯参加的化学反应大致有 3 种：第一种是其他基团和苯环上的氢原子之间发生的取代反应；第二种是发生在苯环上的加成反应（注：苯环无碳碳双键，而是一种介于单键与双键的独特的键）；第三种是普遍的燃烧反应（氧化反应，不能使酸性高锰酸钾褪色）。

三、石油中硫化物、氧化物

（一）氧化物

原油中的氧大部分集中在胶状、沥青状物质中，除此之外，原油中氧均以有机化合物状态存在，这些含氧化合物可分为酸性氧化物和中性氧化物两类。

酸性氧化物中有环烷酸、脂肪酸以及酚类，总称为石油酸。中性氧化物有醛、酮等，它们在原油中含量极少。在原油的酸性氧化物中，以环烷酸为最重要，它约占原油酸性氧化物的 90% 左右。环烷酸的含量，因原油产地不同而异，一般多在 1% 以下。

环烷酸在原油馏分中的分布规律很特殊，在中间馏分中（沸程为 250~350℃），环烷酸含量最高，而在低沸轻馏分以及高沸重馏分中环烷酸含量比较低。

（二）硫化物

活性硫化物主要包括元素硫、硫化氢和硫醇等，它们的共同特点是对金属设备有较强的腐蚀作用；非活性硫化物主要包括硫醚、二硫化物和噻吩等对金属设备无腐蚀作用的硫化物，但经受热分解后一些非活性硫化物将会转变成活性硫化物。

第八章　天然气净化装置知识

第一节　气动球阀

气动球阀就是球阀配上气动执行器,如图 3-8-1 所示。气动执行器的执行速度相对较快,最快的开关速度 0.05s/次,所以通常又称气动快速切断球阀。气动球阀通常配置各种附件,比如电磁阀、气源处理三联件、限位开关、定位器、控制箱等,以实现就地控制和远距离集中控制,在控制室里就可以控制阀门的开关,不需要跑到现场或者高空和危险地带来手动控制,在很大程度上节约了人力资源以及时间和安全性。

通常认为球阀最适合直接做开闭运用,当球旋转 90°时,在进口、出口处应全部出现球面,然后切断流动。气动球阀只需要通过压缩空气进入气动执行器,气源带动球芯旋转 0°~90°的操作和很小的转动力矩就能控制球阀的开关,可根据工况需求装配阀门定位器,从而控制球阀球芯的开度来对介质流量进行调节。

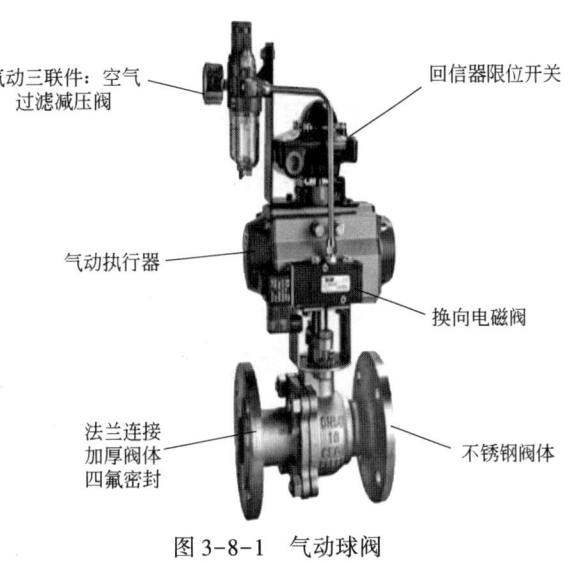

图 3-8-1　气动球阀

一、气动执行器

执行器按其能源形式分为气动、电动和液动三大类,它们各有特点,适用于不同的场合。气动执行器是执行器中的一种类别。

气动执行器是一种能提供直线或旋转运动的驱动装置,它利用某种驱动能源(氮气)并在某种控制信号作用下工作。

气动执行器可以分为单作用和双作用两种类型。

单作用气动执行器是在气源动力驱动下完成开动作,开启的过程和双作用气动执行器基本相似,但单作用气动执行器的反向管嘴为排气孔而非压缩器入口。单作用气动执行器的关闭动作是由弹簧动力带动阀门而完成的,如图 3-8-2 所示。

双作用气动执行器是在气源动力驱动下完成开关动作的,压缩空气从气动执行器的管嘴输入气动执行器内,气体会推动活塞向两端运动,通过齿条带动旋转轴上的齿轮转动,从而开启阀门。气动执行器关闭时,气源是从反向管嘴进入,将活塞推动向中间运动,带动阀门关闭,如图 3-8-3 所示。

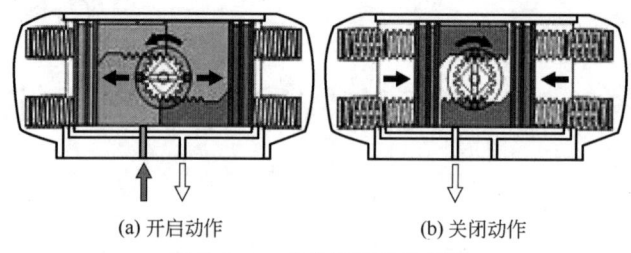

(a) 开启动作　　　　(b) 关闭动作

图 3-8-2　单作用气动执行器

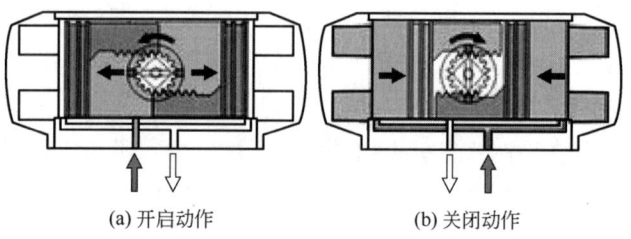

(a) 开启动作　　　　(b) 关闭动作

图 3-8-3　双作用气动执行器

二、气动球阀常用配件

气动球阀常用配件主要包括空气过滤器、减压阀、电磁阀、阀门限位开关、气缸，如图 3-8-4 所示。

图 3-8-4　气动球阀常用配件

（一）空气过滤器

空气过滤器（图 3-8-5）对气动气源进行过滤，主要是对气源的清洁，可过滤压缩空气中的水分，避免水分随气体进入装置，对气源进行净化处理，但是这个过滤器的过滤效果是有限的。

（二）减压阀

减压阀（图 3-8-5）可对气源进行稳压，使气源处于恒定状态，可减小气源气压突变时对阀门或执行器等硬件的损伤。

(三) 电磁阀

电磁阀是用来控制流体的自动化基础元件，属于执行器，并不限于液压、气动。电磁阀用在工业控制系统中调整介质的方向、流量、速度和其他的参数。电磁阀可以配合不同的电路来实现预期的控制，而控制的精度和灵活性都能够保证。电磁阀有很多种，不同的电磁阀在控制系统的不同位置发挥作用，最常用的是单向阀、安全阀、方向控制阀、速度调节阀等。

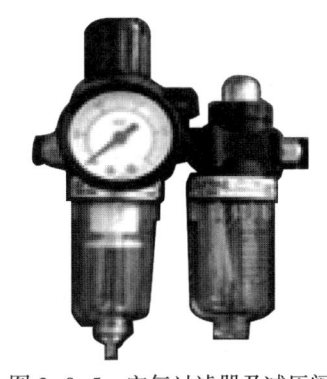

图 3-8-5　空气过滤器及减压阀

电磁阀（图 3-8-6）里有密闭的腔，在不同位置开有通孔，每个孔连接不同的气管，腔中间是活塞，两面是两块电磁铁，哪面的磁铁线圈通电阀体就会被吸引到哪边，通过控制阀体的移动来开启或关闭不同的孔，而进气孔是常开的，气就会进入不同的管，然后通过气的压力来推动气缸的活塞，活塞又带动活塞杆，活塞杆带动机械装置。这样通过控制电磁铁的电流通断就控制了机械运动。

(四) 阀门限位开关

阀门限位开关（图 3-8-7）是自动控制系统中检测阀门状态一种现场仪表，用以将阀门的开启位置或关闭位置以开关量的信号输出，被程控器接收或计算机寻访采样，确认后执行下一步程序。该产品也可用于自控系统中重要的阀门联锁保护及远程报警指示。

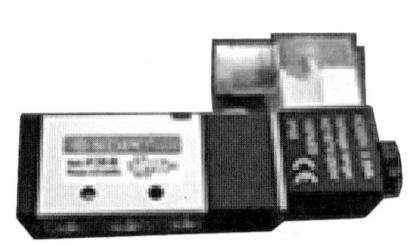　　

图 3-8-6　电磁阀　　　　　图 3-8-7　阀门限位开关

第二节　离心泵

一、离心泵常见故障及其处理方法

离心泵在使用中故障种类比较多，一些常见的离心泵故障原因分析及处理如下。

（1）泵不能启动或启动负荷大。

原因①：原动机或电源不正常。

处理方法：检查电源和原动机情况，查看电源是否缺相。

原因②：泵卡住。

处理方法：用手盘动联轴器检查，必要时解体检查，清除故障。

原因③：填料压得太紧。

处理方法：放松填料。

原因④：排出阀没关。

处理方法：关闭排出阀，重新启动。

原因⑤：平衡管不通畅。

处理方法：疏通平衡管。

（2）泵不排液。

原因①：正吸入压头过低。

处理方法：在入口处提高液位，提高吸入压头，在吸入容器中通过外部装置加压。

原因②：吸入或排出管路调节阀关闭。

处理方法：打开阀门，检查是否所有阀门均打开。

原因③：吸入管路有空气或漏气。

处理方法：排出空气或检查管路法兰连接处是否漏气，如有漏气，应加垫片用螺栓紧固以消除漏气点。

原因④：排液管阻力太大。

处理方法：清洗排液管或减少管件。

原因⑤：输入容器压力过高。

处理方法：调整塔内压力。

原因⑥：被输送液体温度过高。

处理方法：降低液体的温度。

原因⑦：吸入管路堵塞。

处理方法：排出杂物，清理管路。

原因⑧：转向错误。

处理方法：改变转向。

原因⑨：泵没有注满液体。

处理方法：停泵注水。

（3）泵排液后中断。

原因①：吸入管路漏气。

处理方法：检查吸入侧管道连接处及填料函密封情况。

原因②：灌泵时吸入侧气体未排完。

处理方法：要求重新灌泵。

原因③：吸入侧突然被异物堵住。

处理方法：停泵处理异物。

原因④：吸入大量气体。

处理方法：检查入口是否有漩涡，淹没深度是否太浅。

（4）流量不足。

原因①：吸水阀或叶轮被堵塞。

处理方法：检查吸水阀门和叶轮内是否有异物，及时清理。

原因②：吸入高度过大。

处理方法：降低吸入高度。

原因③：进入弯管头过多，阻力过大。

处理方法：拆除不必要的弯头，减小流体流量阻力。

原因④：泵体或吸入管漏气。

处理方法：紧固泵体或吸入管法兰螺栓，可采用加石棉垫圈或加密封圈的方法加在泵体与吸入法兰间，紧固螺栓，直至不漏气为止。

原因⑤：密封圈磨损过大。

处理方法：更换密封圈。

原因⑥：叶轮腐蚀、磨损。

处理方法：更换叶轮。对于被介质腐蚀以及运转过程中的叶轮要仔细检查，尤其是铸铁材质的叶轮，可能存在气孔或夹渣等缺陷，这些缺陷和局部磨损都不均匀，极易破坏转子的平衡，使离心泵产生振动或上水量不足，必须更换叶轮。

二、离心泵选用和选型

（一）离心泵选用原则

（1）根据所输送的流体性质选择不同用途、不同类型的泵。

（2）流量、扬程必须满足工作中所需要的最大负荷。

（3）从节能观点选泵，一方面要尽可能选用效率高的泵，另一方面必须使泵的运行工作点长期位于高效区之内。

（4）为防止发生汽蚀，要求泵的必需汽蚀量小于装置汽蚀余量。

（5）按输送介质的特殊要求选泵。

（6）所选择的泵应具有结构简单、易于操作与维修、体积小、重量轻、设备投资少等特点。

（7）当符合用户要求的泵有两种以上的规格时，应以综合标高者为最终选定的泵型号。

（二）离心泵选型

1. 离心泵选型方法

离心泵在实际选型过程中要用到泵型谱和泵性能表选择两种方法：

（1）将所需要的流量 q_v 和扬程 H 画到该形式离心泵的系列型谱图上，看其交点 M 落在哪个切割工作区四边形中，即可读出该四边形内所标注的离心泵型号。如果交点 M 不是恰好落在四边形的上边线上，则选用该泵后，可应用切割叶轮直径或降低工作转速的方法改变泵的性能曲线，使其通过 M 点。这就应从泵样本或系列性能表中查出该泵的泵性能曲线，以便换算。如果交点 M 并不落在任一个工作区的四边形中，说明没有一台泵能满足工作要求。在这种情况下，可适当改变泵的台数或改变泵所需要的流量和扬程（如用排出阀调节）等来满足要求。

（2）根据初步确定的泵的类型，在这种类型的泵性能表中查找与所需要的流量和扬程相一致或接近的一种或几种型号泵。若有两种或两种以上都能满足基本要求，再对其进行比较，权衡利弊，最后选定一种。如果在这种形式泵系列中找不到合适的型号，则可换一种系列或暂选一种比较接近要求的型号，通过改变叶轮直径或改变转速等措施，使其满足使用要求。

2. 离心泵选型步骤

（1）收集原始数据：针对选型要求，搜集过程生产中所输送介质、流量和所需的扬程参数以及泵前泵后设备的有关参数的原始依据。

（2）泵参数的选择及计算：根据原始数据和实际需要，留出合理的裕量，合理确定运行参数，作为选择泵的计算依据。

（3）选型：按照工作要求和运行参数，采用合理的选择方法，选出均能满足使用要求的几种形式，然后进行全面的比较，最后确定一种形式。

（4）核算：形式选定后，进行有关校核计算，验证所选的泵是否满足使用要求。如所要求的工况点是否落在高效工作区等。

第三节　加热炉

加热炉是石油化工、炼制、化肥、润滑油、化纤工业等化工行业中使用的重要加热设备，在乙烯、润滑油、加氢精制等生产过程中已成为进行裂解、转化反应的心脏设备，对整个装置的生产质量、产品收率、能耗、长周期安全运行起着重要作用。

一、加热炉的作用

加热炉在生产工艺过程中作用：利用燃料在炉内燃烧时产生高温火焰与烟气的热能加热炉管中高速流动的物料，使其达到后续工艺过程所要求的温度或在炉管中进行化学反应。

二、加热炉常见故障分析与排除

（一）火焰脉动

脉动火焰表现为火焰上下跳动，并伴有犬声或者呼吸声等低频噪声，加热炉局部振动。

对于气体燃烧器，原因：烟囱抽力过小；瓦斯压力波动；空气量不足。

对于油燃烧器，原因：喷头结垢；燃料油中存在水分或异物；每个燃烧器所烧的燃料过少；燃料油中含有较多轻质组分而被过度预热，形成蒸汽层。

脉动火焰可导致耐火材料的破裂及脱落、火道砖的损坏和局部脱落、炉管和仪表的破裂。脉动火焰出现后，应根据上述原因采取相应的措施进行处理，操作时应注意先降低燃料量，使氧含量逐步上升，建立稳定火焰后，再调整风门和烟道挡板，使氧含量达到要求。在建立稳定火焰之前，严禁增加空气量，如果增加空气量，炉内可能充满大量的燃料和空气的混合物，会导致爆燃而损坏加热炉。如果通过调整问题无法解决，只能停炉处理。

（二）火焰冲击炉管

火焰冲击是指燃烧室内火焰直接接触炉管外表面，使炉管局部形成焦炭，工艺介质压降升高，辐射传热效率下降，对应部位炉膛温度上升，炉管颜色呈现红色或橙色或者管壁凹凸不平，炉管产生局部过热点，最终导致炉管的破裂。

火焰冲击的原因：

（1）燃烧过程中燃烧空气不足，致使火焰在燃烧室内寻找额外的空气；
（2）空气泄漏造成局部过度燃烧；
（3）火嘴喷嘴安装位置和方向有误；
（4）火嘴喷嘴孔口局部堵塞或腐蚀，改变了火焰方向；
（5）火道砖的损坏改变了火焰方向；
（6）烟道气的循环可能将火嘴火焰推向管路表面。

发生火焰冲击炉管故障后，操作人员应按上述可能性查找出原因，并及时处理，排除火焰冲击炉管。

（三）回火或脱火

回火的原因是气体燃料和预混空气的混合物流出火孔的速度小于火焰传播速度。回火时火焰在文氏管或混合器内燃烧，造成火嘴混合器或文氏管损坏，加热能力下降，产生安全隐患。处理措施：提高燃料气压力以保证混合物喷出速度或及时清理喷嘴，降低混合物中空气含量以降低火焰燃烧速度，都可有效避免回火的发生。

脱火的原因为气体燃料与预混空气的混合物喷出火孔的速度大于脱火极限，使混合气离开火孔较大距离才着火甚至火焰熄灭，严重时燃料聚集炉内产生爆炸。处理措施：发现脱火应立即降低燃料和雾化汽量并调小空气量使火焰贴近火孔，如无效应停止火嘴并检查修理燃烧器。

（四）火焰不规则

在单个火嘴上，火焰不规则表现为火焰焰形不对称，在多火嘴上，当每个火嘴的燃料压力和空气量相同时，火焰大小不齐。不规则火焰会使炉管产生局部过热点。

火焰不规则的原因：

（1）燃烧过程中燃烧空气不足，致使火焰在燃烧室内寻找额外的空气。
（2）火嘴喷嘴安装位置和方向有误。
（3）火嘴喷嘴孔口局部堵塞或腐蚀，改变了火焰方向。
（4）火道砖损坏改变了火焰方向。
（5）各火嘴的燃料压力或空气压力不同。

不规则火焰出现后，操作人员应充分考虑并寻找原因，及时调整，使问题得到解决。

（五）油枪漏油

燃料油在雾化效果不好或燃料油直接喷到火道砖的侧面时易造成油枪漏油。

油枪漏油的原因：

（1）喷嘴安装位置偏低或长度不够，燃料油喷到火道上。

(2) 喷嘴孔口局部堵塞或腐蚀，使燃料油喷出角度过大，喷到火道砖上。

(3) 燃料油油温低、黏度高、油气比不合理，造成燃料油雾化效果不佳，喷出油滴过大。

(4) 油枪枪头密封不严，漏油。

发现油枪漏油后，应首先检查油枪的安装位置、燃料油在火嘴处的温度和油气比。调整处理后，若问题得不到解决，可停下油枪，检查油枪孔口的清洁度，以及油枪的尺寸和孔口的腐蚀情况，如有问题及时更换新油枪。

(六) 发烟长火焰

发烟的长火焰，会使加热炉炉膛温度上升，传热效果下降，燃料消耗增加、对流段积灰加快。

发烟长火焰的原因：

(1) 火嘴的空气供应不足。

(2) 火盆和火道损坏或一次风、二次风比例不当、火嘴的安装位置不标准。

(3) 燃料油温度低、黏度高、油气比不合理而使雾化不好。

(4) 油枪喷头磨损、堵塞或松动。

(5) 燃烧器与燃料不适应。

处理方法：应先检查喷头安装位置，调整油气比和一次风门、二次风门使燃烧速度加快，火焰高度降低；如仍未好转则检查维修燃烧器喷头。

(七) 火嘴点火失败或熄灭及燃料压力过高

原因：

(1) 长明枪与主枪位置有误。

(2) 燃料系统有惰性气体。

(3) 工艺流程不通或管内堵塞使燃料、空气、蒸气未到喷头。

(4) 燃料气带液或雾化气带水。

(5) 空气中断或空气过多。

(6) 燃料油温度、压力或雾化气压力不足。

处理方法：

(1) 调整长明枪与主枪位置。

(2) 清除燃料系统中惰性气体。

(3) 用蒸汽吹扫。

(4) 脱液。

(5) 调整风门并采用限位。

(6) 调整温度和压力。

长明火嘴一般不允许熄灭并要有足够高的火焰以保证随时点燃主火嘴，应特别注意点火前的检查，以确保系统正常和按规程操作监督，防止爆燃事故。

燃料压力过高可能引起火焰不稳冲击炉管而使炉管局部过热，还可能出现燃烧不好现象。其原因有控制失灵或部分喷头堵塞致使单个火嘴燃料增多，应做好控制系统维护工作，注意燃料过滤，尽量多投用火嘴并做到每个火嘴燃料量均匀。

（八）排烟温度高及烟筒冒黑烟

在正常操作情况下，排烟温度应接近设计值，排烟温度高则加热炉效率低、燃料消耗高、对流段过热。排烟温度过高时，有可能是燃烧不完全，在漏入空气的对流段产生二次燃烧。

排烟温度升高时应先调整烟风挡板，降低过剩空气量，有吹灰器的应进行吹灰，正常情况下，应每天进行一次彻底的吹灰以保证受热面清洁、传热效果好，要加强吹灰器维护管理，保证随时好用。当排烟温度过高产生二次燃烧时，应立即给对流段通消防蒸汽灭火，然后调整燃烧。当出现炉管泄漏或炉内件严重损坏时应紧急停炉。平时应加强燃烧调节和对燃烧器的维护管理，防止出现不完全燃烧冒黑烟的故障。

燃烧不完全时烟筒冒黑烟，应及时调节燃料与空气配比或调节燃油与雾化气配比。当燃烧器损坏时，检修燃烧器；当燃气带液时，及时脱液，使燃烧正常；当炉管破裂时紧急停炉并对炉膛通蒸汽冷却，防止爆燃和损坏炉管。

（九）对流段炉板过热及炉管烧焦

对流室正压漏出烟气易使对流段过热，应合理调节防止正压并加强对流段堵漏、保温工作。另外，火焰中心上移和未燃的可燃物在对流段燃烧（二次燃烧），也可造成对流段过热，应加强燃烧调节。当出现二次燃烧时应立即采用消防蒸汽灭火冷却或视情况紧急停炉。

结焦较轻的加热炉一般在装置停工检修时进行烧焦工作，结焦较重的加热炉则根据运行情况定期烧焦，通常采用蒸汽-空气烧焦法。

第四节 润滑剂

一、润滑油

润滑油主要技术指标：

（1）黏度：在一定温度下润滑油流动的速度，它会随着温度的变化而变化。一般国际上采用40℃和100℃时的黏度作为标准。黏度是各种润滑油分类分级的指标，对质量鉴别和确定有决定性意义。

（2）黏度指数：油品随温度变化这个特性的一个约定量值。黏度指数越高，表示油品的黏度随温度变化越小。

（3）倾点和凝点：倾点是在规定的条件下被冷却的试样能流动时的最低温度，凝点是试样在规定的条件下冷却到停止移动时的最高温度，均以℃表示。倾点或凝点是一个条件试验值，并不等于实际使用的流动极限。

（4）闪点：润滑油的储存、运输和使用的一个安全指标，同时也是润滑油的挥发性指标。闪点低的润滑油，挥发性高，容易着火，安全性差，润滑油挥发性高，在工作过程中容易蒸发损失，严重时甚至引起润滑油黏度增大，影响润滑油的使用。从安全角度考虑，石油产品的安全性是根据其闪点的高低而分类的：闪点在45℃以下的为易燃品，闪点在45℃以上的产品为可燃品。重质润滑油的闪点如突然降低，可能发生轻油混入事故。

（5）燃点：又称着火点，是指可燃性液体表面上的蒸气和空气的混合物与火接触而发生火焰能继续燃烧不少于5s时的温度，可在测定闪点后继续在同一标准仪器中测定。可燃性液体的闪点和燃点表明其发生爆炸或火灾的可能性的大小，对运输、储存和使用的安全有极大关系。

（6）灰分：润滑油在规定的条件下完全燃烧后剩下的残留物（不燃物）。润滑油的灰分主要是由润滑油完全燃烧后生成的金属盐类和金属氧化物所组成。含有添加剂的润滑油的灰分较高。润滑油中灰分的存在，使润滑油在使用中积炭增加。润滑油的灰分过高时，将造成机械零件的磨损。

（7）残炭值：润滑油中的沥青质、胶质及多环芳香烃的叠合物是形成残炭的主要物质。因此残炭是油品中胶状物质和不稳定化合物的间接指标。残炭越大，油品中不稳定的烃类和胶状物质就越多，反之，则越少。根据残炭的大小，可大致判定油品在压缩机中结炭的倾向。对于润滑油来讲，残炭值可间接表示润滑油的精制程度，精制程度越深的润滑油，残炭值就越小。

二、润滑脂

润滑脂是指将稠化剂分散在润滑油基础油中制成的固体或半流体状润滑材料，也可加入改善某些特殊性能的其他组分。润滑脂主要用于不宜使用润滑油的轴承、齿轮等部位。

（一）工作原理

润滑脂的工作原理是稠化剂将油保持在需要润滑的位置上，有负载时，稠化剂将油释放出来，从而起到润滑作用。在常温和静止状态时润滑脂像固体，能保持自己的形状而不流动，能黏附在金属上而不滑落。在高温或受到超过一定限度的外力时，它又像液体能产生流动。润滑脂在机械中受到运动部件的剪切作用时，能产生流动并进行润滑，降低运动表面间的摩擦和磨损。当剪切作用停止后，它又能恢复一定的稠度，润滑脂的这种特殊的流动性，决定它可以在不适于用润滑油的部位进行润滑。此外，由于它是半固体状物质，其密封作用和保护作用都比润滑油好。

（二）分类

润滑脂根据稠化剂可分为皂基脂和非皂基脂两类。皂基脂的稠化剂常用锂、钠、钙、铝、锌等金属皂，也用钾、钡、铅、锰等金属皂。非皂基脂的稠化剂用石墨、炭黑、石棉、聚脲、膨润土等。

润滑脂根据用途可分为通用润滑脂和专用润滑脂两种，前者用于一般机械零件，后者用于拖拉机、铁道机车、船舶机械、石油钻井机械、阀门等。主要质量指标是滴点、针入度、灰分和水分等。

润滑脂根据所起的作用可分为减磨润滑脂和保护润滑脂。绝大多数润滑脂用于润滑，称为减摩润滑脂。减摩润滑脂主要起降低机械摩擦，防止机械磨损的作用，同时还兼起防止金属腐蚀及密封防尘的作用。一些润滑脂主要用来防止金属生锈或腐蚀，称为保护润滑脂。例如工业凡士林等有少数润滑脂专作密封用，称为密封润滑脂，例如螺纹脂。

(三) 主要技术指标

（1）滴点：在规定的条件下加热达到一定流动性时的温度。它大体上可以决定润滑脂的使用温度（滴点比使用温度高 15~30℃）。

（2）锥入度：在规定的温度和负荷下试验锥体在 5s 内自由垂直刺入油脂中的深度（单位为 1/10mm）。它是润滑脂稠度和软硬程度的衡量指标。

（3）胶体安定性（析油性）：在外力作用下润滑脂能在其稠化剂的骨架中保存油的能力，用分油量来判定。当润滑脂的析油量超过 5%~20% 时，此润滑脂基本上不能使用。

（4）氧化安定性：润滑脂在储存和使用中抵抗氧化的能力。

（5）机械安定性：润滑脂在机械工作条件下抵抗稠度变化的能力。机械安定性差，易造成润滑脂的稠度下降。

（6）蒸发损失：在规定条件下，其损失量所占总量的百分数。它是影响润滑脂使用寿命的一项重要因素。

（7）抗水性：在水中不溶解、不从周围介质中吸收水分和不被水洗掉等的能力。

（8）相似黏度：其非牛顿流体流动时的剪应力与剪速之比值。转速高时其黏度低，反之则黏度较高。

（9）胶体安定性是润滑脂在储存和使用中保持胶体稳定，液体矿油不从脂中析出的性能。

（10）机械安定性是表示润滑脂在机械工作条件下抵抗稠度变化的性能。

本节介绍用于各种机械上以减少摩擦和磨损，保护机械及加工件的液体润滑剂。

三、润滑剂作用

（1）减摩抗磨，降低摩擦阻力以节约能源，减少磨损以延长机械寿命，提高经济效益。

（2）冷却，随时将摩擦热排出机外。

（3）密封，防泄漏、防尘、防窜气。

（4）抗腐蚀防锈，保护摩擦表面不受油变质影响或外来侵蚀。

（5）清净冲洗，把摩擦面积垢清洗排除。

（6）应力分散缓冲，分散负荷和缓冲冲击及减震。

（7）动能传递，如液压系统和遥控马达及摩擦无级变速等。

四、润滑剂选用原则

(一) 负荷

负荷大，应选用黏度大或油性、极压性好的润滑油；反之，负荷小，应选用黏度小的润滑油。间歇性的或冲击力较大的机械运动，容易破坏油膜，应选用黏度较大或极压性较好的润滑油，或用这种润滑油制成的锥入度较小（较硬）的润滑脂。

(二) 速度

速度高，需选用黏度较小的润滑油或用黏度较小的润滑油制成的润滑脂；反之，则用黏度较大的润滑油或用黏度较大的润滑油制成的润滑脂。

(三) 温度

在高温条件下,应选用黏度较大、闪点较高、润滑性好以及氧化安定性好的润滑油或用热安定性好的基础油和稠化剂(锂皂、负荷钙皂、负荷铝皂等)制成的滴点较高的润滑脂。在低温条件下,应选用黏度较小、凝点低的润滑油或用这种油制成的低温性能较好的润滑脂。温度变化大的摩擦部位,应选用黏温性能较好的润滑油或使用温度范围较宽的润滑脂(如通用锂基脂)。

(四) 湿度

在潮湿的工作环境里,或者与水接触较多的工作条件下,应选用抗乳化能力较强的润滑性、防锈性能较好的润滑油和润滑脂,不能选用钠基脂。

(五) 摩擦表面精度

表面粗糙,要求使用黏度较大或锥入度较小的润滑油和润滑脂。反之,应选用黏度较小或锥入度较大的润滑油和润滑脂。

(六) 摩擦表面位置

在垂直导轨、丝杠上,润滑油容易流失,应选用黏度较大的润滑油。立式轴承宜选用润滑脂,这样可以减少流失,保持润滑。

(七) 润滑方式

在循环润滑系统中,要求换油周期长、散热快,应选用黏度较小,抗泡沫性和抗氧化安定性较好的润滑油。在飞溅及油雾润滑系统中,为减轻润滑油的氧化作用,应选用加有抗氧、抗泡添加剂的润滑油。在集中润滑系统中,为便于输送,应选用低稠度的 0 号或 1 号润滑脂。

第五节　火炬及放空系统

火炬及放空系统是以一种安全、可控、有效的方式将可燃废气燃烧净化的装置,要求在生产装置正常或事故时能够及时通过火炬系统排放燃烧废气,并满足环保要求。火炬及放空系统一般设有高压放空系统和低压放空系统及高低压火炬 1 座。

一、火炬及放空系统工艺原理及流程

天然气净化厂火炬及放空系统在装置开车、停车以及紧急情况下,将装置放空的原料气、净化气、酸气等气体通过火炬进行燃烧,将 H_2S、有机硫和烃类等转化成 SO_2 和 CO_2 排放,确保装置安全,减少大气污染。

火炬及放空系统工艺流程如图 3-8-8 所示。

由装置排出的原料气、净化气经放空管网至卧式原料气放空分离器,分离出其中的油、水等杂质后送至高压放空火炬燃烧后排放。

由装置排出的酸气、闪蒸气、燃料气通过酸气放空分离器,分离出液态物质后,送至低压火炬燃烧后排放。

火炬分子封下方设有水封管,火炬投运前,应将分子封水封管中注满水。燃料气在进入火炬前分两路,一路用于点火用气,另一路用于长明灯。

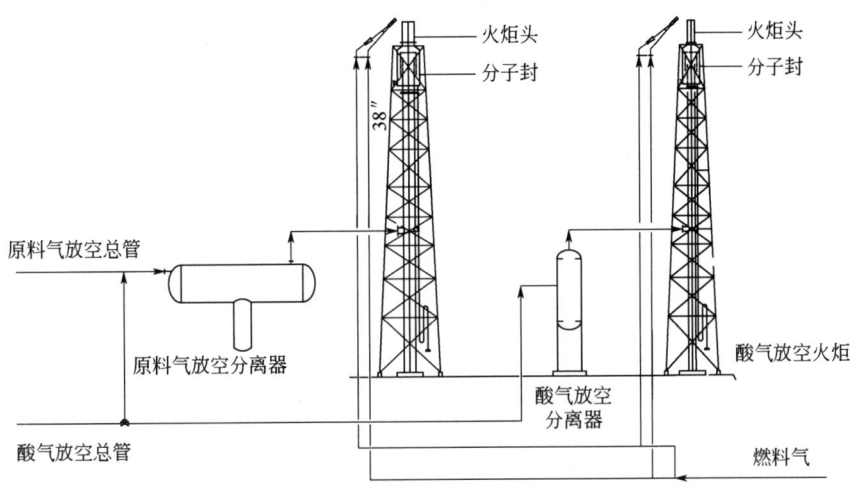

图 3-8-8　火炬及放空系统工艺流程简图

二、火炬及放空系统日常操作

(一) 系统检查和火焰调整

(1) 及时排除或回收放空管网及设备内的积液。

(2) 调整分子封燃料气流量。

(3) 调整火炬长明灯燃料气流量。

(4) 在雷雨和暴风等恶劣天气时，应增大火炬长明灯燃料气流量，防止熄火。若熄火应立即进行点火恢复。

(5) 在酸气或其他可能导致火炬熄灭的气体进入放空系统前，应开大助燃燃料气，防止火炬熄灭。

(二) 火炬点火

火炬长明灯火焰是处于长期燃烧的工作状态，但在装置开工、停工、日常点火测试或熄灭后，均要进行点火操作。

火炬点火方式包括远程自动点火、现场自动点火、现场手动点火。火炬长明灯熄灭时，常采用远程或现场自动点火系统点火，当自动点火系统失灵时，则采用现场手动点火程序点火。

现以某净化厂为例介绍现场点火程序：

(1) 确认放空系统吹扫置换合格，燃料气已供至火炬的分子封。

(2) 确认燃料气、空气、点火电源供给正常。

(3) 确认点火器在按点火按钮开关时能正常产生火花。

(4) 确认分子封水封正常。

(5) 逐个点燃引火嘴（共2个引火嘴，每次点燃其中一个）：打开点火器阀；打开引火器阀；调整空气和燃料气压力；按点火器点火按钮开关，观察是否点火成功；若点不着火，应反复第 (3) 步和第 (4) 步操作；点燃点火嘴后关闭引火嘴阀。

(6) 关闭点火空气阀和燃料气阀。

三、异常情况及事故处理

火炬及放空系统的主要异常情况是系统积液和放空带液；事故一般指火炬闪爆和放空时火炬熄火。

（一）系统积液和放空带液

1. 异常现象

（1）火炬放空时下"火雨"；

（2）放空管线水击、振动；

（3）严重时放空管线变形甚至倒塌。

2. 原因分析

（1）放空分离器液位过高、分离效果不好；

（2）放空管线积液；

（3）放空时气量过大过猛，放空气带液。

3. 处理措施

（1）对放空分离器、放空管网进行低点排液操作；

（2）控制好放空气量及速度；

（3）停产检修。

（二）火炬闪爆

1. 异常现象

（1）火炬头发生闷爆，发出异声、冒烟；

（2）火炬头损坏；

（3）严重时放空管网损坏。

2. 原因分析

（1）放空管网吹扫不彻底，残余大量可燃气体和空气的混合物；

（2）放空管网排液、分离器回收液体后阀门关闭不严或未关，空气进入放空管网；

（3）分子封燃料气流量过小或未开，空气从火炬头进入放空系统；

（4）过滤器或其他设备更换元件时未关放空阀，打开封头时空气吸入放空管网。

3. 处理措施

（1）酸气放空时应及时打开助燃气体；

（2）放空初期应缓慢进行，然后逐步增加；

（3）定期排除放空管网内的积液，控制好放空速率。

（三）放空时火炬熄火

1. 异常现象

放空时火炬长明灯熄灭。

2. 原因分析

（1）酸气放空或惰性气体排至放空火炬时，助燃燃料气异常，未形成稳定的火焰造成熄火；

（2）放空时气量过大过猛，造成火焰脱火熄灭；

(3) 放空气中带有大量液体造成火焰熄灭。

3. 处理措施

(1) 酸气放空时应及时打开助燃气体；
(2) 放空初期应缓慢进行，然后逐步增加；
(3) 定期排除放空管网内的积液，控制好放空速率。

第六节 油（液）气分离器

一、油（液）气分离器分类

（一）按功能分类

按功能，油（液）气分离器可分为计量分离器和生产分器两类。计量分离器的主要作用是完成油、气、水的初步分离并计量，一般属于低压分离器；生产分离器的主要作用是初步完成多口生产井集中分离后密闭输送，属于中高压分离器。在海洋平台上，由于空间有限，不能对每口油气井进行连续计量，因此多采用计量分离器与生产分离器相结合的生产方式。

（二）按工作压力分类

按工作压力，油（液）气分离器可以分为真空分离器（小于0.1MPa）、低压分离器（0.1~1.5MPa）、中压分离器在（1.5~6MPa）、高压分离器（大于6MPa）。

（三）按工作原理分类

根据工作原理，油（液）气分离器主要可分为三大类，即重力分离器、旋风分离器和过滤分离器，其他类型的还有螺道式分离器、百叶窗式分离器。

1. 重力分离器

重力式分离器有各种各样的结构形式，但其主要分离作用都是利用生产介质和被分离物质的密度差（即重力场中的重度差）来实现的。

重力式分离器根据功能可分为两相分离分离器（气液分离）和三相分离分离器（油气水分离）两种；按形状又可分为立式分离器、卧式分离器及球形分离器。根据各形状分离器在分离效率、分离后流体的稳定性、变化条件的适应性、操作的灵活性、处理能力、处理起泡原油和安装所需空间等方面的优缺点比较，作为海上处理设备的分离器，首选的是卧式三相分离器，其次是立式两相，球形基本上不采用。

1) 立式分离器

立式重力分离器占地面积小，易于清除筒体内污物，便于实现排污与液位自动控制，适于处理较大含液量的气体，但单位处理量成本高于卧式。

立式两相重力分离器的主体为一立式圆筒体，气流一般从该筒体的中段进入，顶部为气流出口，底部为液体出口。立式两相分离器结构如图3-8-9所示。

初级分离段：气流入口处，气流进入筒体后，由于气流速度突然降低，呈股状的液体或大的液滴由于重力作用被分离出来直接沉降到积液段。为了提高初级分离的效果，常在气液入口处增设入口挡板或采用切线入口方式。

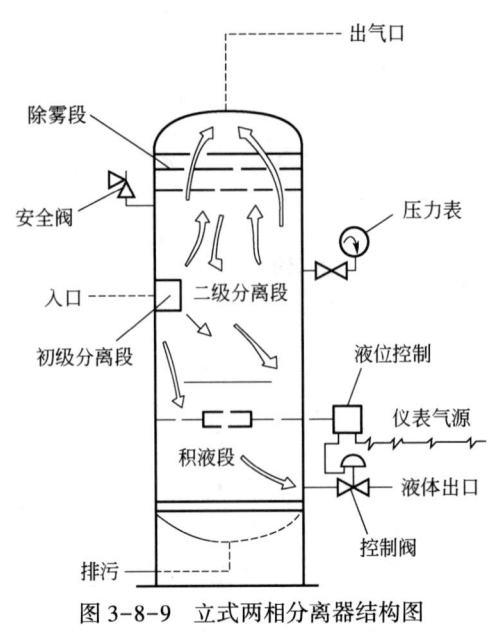

图 3-8-9 立式两相分离器结构图

二级分离段：沉降段，经初级分离后的天然气流携带着较小的液滴向气流出口以较低的流速向上流动。此时，由于重力的作用，液滴则向下沉降与气流分离。本段的分离效率取决于气体和液体的特性、液滴尺寸及气流的平均流速与扰动程度。

积液段：主要收集液体。一般积液段还应有足够的容积，以保证溶解在液体中的气体能脱离液体而进入气相。分离器的液体排放控制系统也设置在积液段。为了防止排液时的气体旋涡，除了保留一段液封外，也常在排液口上方设置挡板类的破旋装置。

除雾段：主要设置在紧靠气体流出口前，用于捕集沉降段未能分离出来的较小液滴（10~100μm）。微小液滴在此发生碰撞、凝聚，最后结合成较大液滴下沉至积液段。

立式三相分离器如图 3-8-10 所示。

流体经过侧面的进口进入分离器，在进口挡板处，流体分离出大量气体。分离出的液体经降液管输送到油气接口处而不影响撇沫。连通管上下的压力通过连通管平衡。油气水混合物经降液管出口处的分配器进入油水接口，气体从此处上升，油水也由于重力的原因分别向上、向下运动，从而最终达到分离油、气、水的目的。

有时三相分离器的底部也会采用锥形底。如果在生产中有较多量的沙粒时就可以使用这种结构。锥体通常与水平线呈 45°和 60°，以有助于产出的沙子抵抗静止角达到排污的目的。

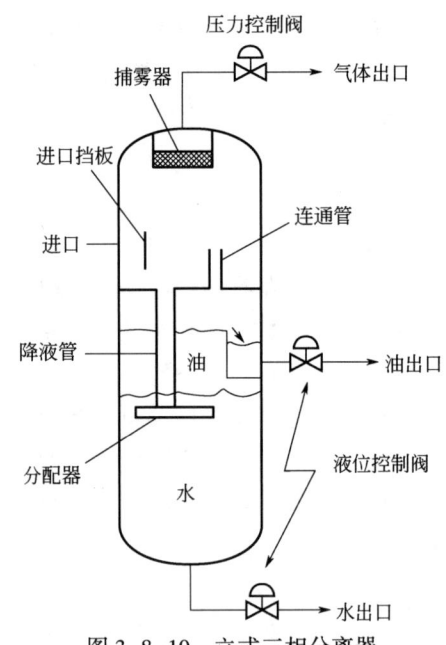

图 3-8-10 立式三相分离器

2）卧式分离器

与立式分离器相比，卧式重力分离器具有处理能力较大、安装方便和单位处理量成本低等优点，但也有占地面积大、液体控制比较困难和不易排污等缺点。

卧式重力式分离器（图 3-8-11）的主体为一卧式圆筒体，气流一端进入，另一端流出，其作用原理与立式分离器大致相同。

入口初级分离段：可具有不同的入口形式，其目的也在于对气体进行初级分离。除了入口挡板外，有的在入口内增设一个小内旋器，即在入口对气-液进行一次旋风分离。

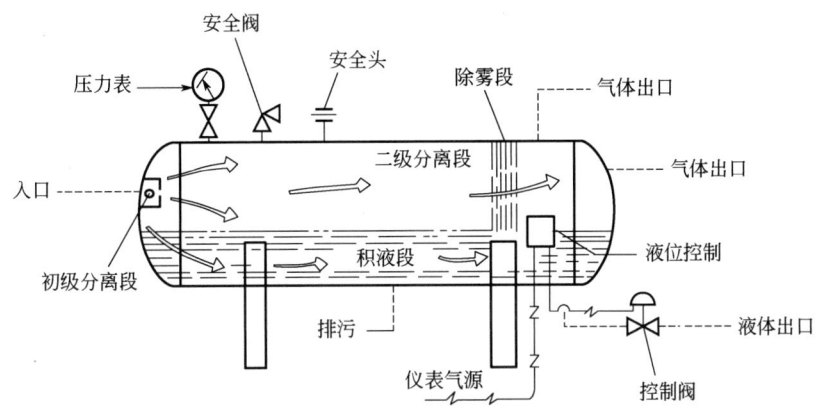

图 3-8-11　卧式两相分离器结构图

沉降二级分离段：此段是气体与液滴实现重力分离的主体。在立式重力分离器的沉降段内，气流一般向上流动，而液滴向下运动，两者方向完全相反，因而气流对液滴下降的阻力较大。而卧式重力分离器的沉降段内，气流水平流动与液滴下降成 90° 夹角，因而对液滴下降阻力小于立式重力分离器，通过计算可知卧式重力分离器的气体处理能力比同直径立式重力分离器的气体处理能力大。

除雾段：此段可设置在筒体内，也可设置在筒体上部紧接气流出口处，除雾段除设置纤维或金属网丝外，也可采用专门的除雾芯子。

液体储存段（积液段）：此段设计常需考虑液体必须在分离器内停留的时间，一般储存高度按 $D/2$ 考虑。

泥沙储存段：这段实际上在积液段下部，主要是由于在水平筒体的底部，泥砂等污物有 45°~60° 的静止角，因排污比立式分离器困难，有时此段需增设两个以上的排污口。

卧式三相分离器带有接口控制器和堰板，如图 3-8-12 所示。

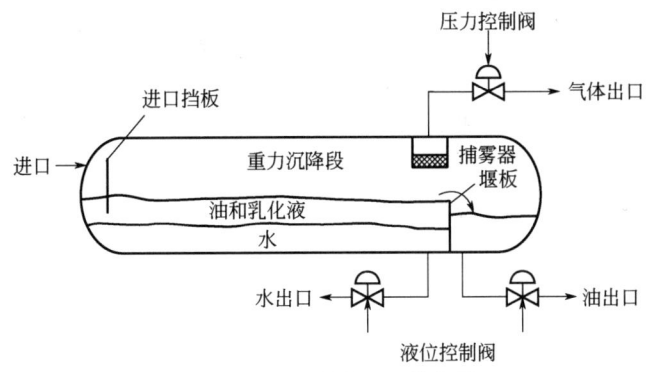

图 3-8-12　卧式三相分离器

流体进入分离器并冲击到进口挡板上，由于液流的动量突然变化，就产生液体和气体的初始预分离。进口挡板包括一个降液器，将液流导向油气接口的下边，到达油水界面的附近。分离器的重力沉降段提供足够的时间，以便油和乳化液位于上层，游离水沉降到底部。堰板保持油位。油掠过堰板,堰板下游的油位则由液位控制器操纵排油阀来控制。

废水经过排水阀流出。界面控制器接收油水界面高度的信号,然后控制器就将此信号传送到排水阀,这样就使规定的水量从分离器内流走以保持油水接口稳定在设计的高度。

气体水平方向流经除雾器而流出,通过压力控制阀来保持分离器内的压力不变。

图 3-8-13 表示"槽和堰"设计的代替结构,这种结构就不需要液体接口控制器,油和水二者流经堰板,堰板处液位的控制是用简单的变位浮子来实现的。油溢过堰板,进到油槽内。而油槽内的液位是由一个能操纵放油阀的液位控制器来控制。水从油槽下面流过,然后再流过水堰板,这个堰板下的液位是由一个能操纵放水阀的液位控制器来控制。

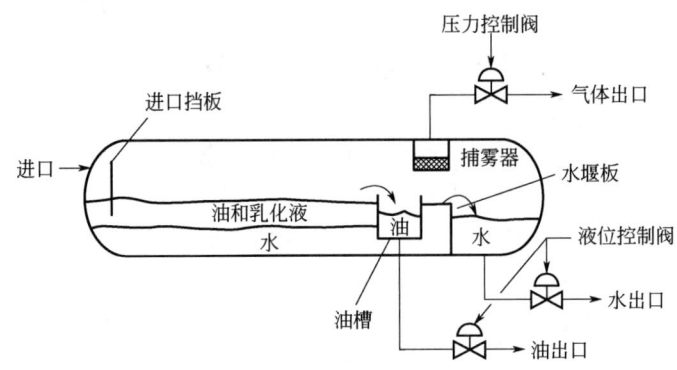

图 3-8-13 油槽和堰板结构的卧式三相分离器

3) 卧式重力式分离器与立式重力式分离器的比较和选择

在选定分离器的尺寸时,必须考虑其有足够的容量,能适应瞬时最高液流流速,即能处理油井不稳定液流(段塞流)或间歇流的能力。一般对分离器的容积(即处理能力)根据油田产能在设计上都考虑增加 30%~50% 的处理余量。

相比较卧式重力式分离器与立式重力式分离器分离纯气体或液体的处理能力,如果卧式分离器的直径与立式分离器的直径相同,则卧式分离器的沉降工作面积大于立式分离器的沉降工作面积。因此,当直径相同时,卧式分离器的工作效率高于立式分离器的工作效率。这样,在处理大产量的气体时,卧式分离器通常效果更好一些。但是,卧式分离器存在下列缺点,需要在选用时予以考虑:

(1) 在处理固体颗粒方面,卧式分离器不如立式分离器效果好。立式分离器的液体排放口一般布置在设备底部中心处。这样利于固、液杂质的排除,不会出现固体杂质堆积的问题。而在卧式分离器中,为了消除固体杂质的 45°~60° 的静止角影响,则需要沿着分离器长度布置多个排污口。

(2) 在实现相同分离操作时,卧式分离器需用占地面积大于立式分离器。

(3) 卧式分离器具有较小的液体波动容量。当给定一个液面升高变化时,在卧式分离器内,液体体积增加量明显比处理相同流量的立式分离器大。然而,由于卧式分离器的几何形状,使得任何高液位的开关装置均安装在紧靠正常工作液位的地方。而立式分离器的开关装置则可以安装在液位控制器所允许的相当高的位置，利于排液阀等装置对波动有足够时间作出反应。

当然，立式分离器也有与生产过程无关的某些缺点：

（1）由于立式分离器的几何形状，泄压阀和某些控制器在没有特别的扶梯和平台时，可能是难以操作维修的。

（2）由于高度的限制，分离器在搬动时必须从滑橇上拆卸下来。

总之，选择分离器的类型应充分考虑生产物的特点。例如，对于气水井和泥砂井，适宜选用立式油气分离器；对于泡沫排水井和起泡性原油井，适宜选用卧式分离器；对于凝析气井，则使用三相分离器较为理想。

2. 旋风分离器

旋风分离器又称离心分离器，由筒体、锥形管、螺纹叶片、中心管和集液包等组成，如图 3-8-14 所示。旋风分离器的主要特点是气体和被分离液体沿分离器筒体壁切线方向以一定速度进入分离器，并沿筒体内壁做旋转运动。由于被分离液滴的密度远大于气体，因而液滴在此旋转运动中被抛向筒体壁，并附着在筒体壁上，聚集成较大液滴而沿筒体壁向下流动，最后流入分离器的集流段而被排放出去。

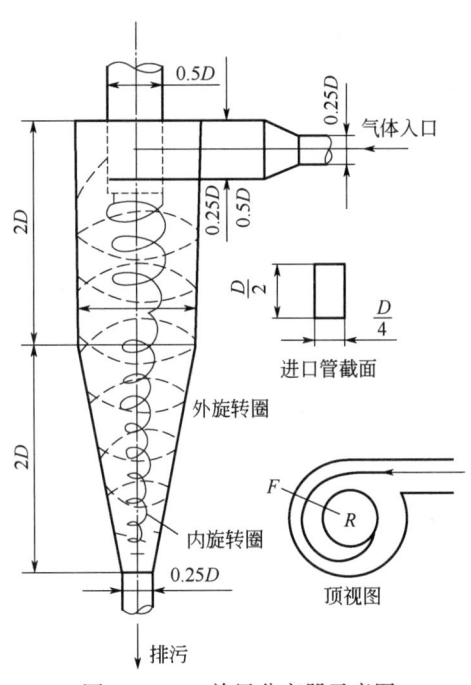

图 3-8-14　旋风分离器示意图

旋风分离器体积小，效率高，但它的分离效果对流速很敏感，因而一般要求旋风分离器的处理负荷应相对稳定，这就限制了旋风分离器的使用范围。

二、油（液）气分离器常见故障及其处理方法

当油（液）气分离器发生故障时，应迅速查明原因，并按操作规程及时处理，避免引起原油处理系统关断，影响平台的正常生产，造成产量的损失。油（液）气分离器常

见故障及其处理方法见表 3-8-1。

表 3-8-1 分离器常见故障处理

常见故障	可能原因	处理措施
操作压力过高	(1) 天然气管线冻结或严重堵塞； (2) 压力控制系统失灵； (3) 报警系统失灵	通过压力表检查分离器的操作压力；若压力正常，属原因 (3)，检修报警系统；若压力过高，属原因 (1)，检查天然气及燃料气系统，解堵或解冻即可；若属原因 (2)，则检修压力控制系统
操作压力过低	(1) 管线或容器渗漏； (2) 压力控制系统失灵； (3) 报警系统失灵	通过压力表检查分离器的操作压力；若压力正常，属原因 (3)，检修报警系统；若压力低于设定值，属原因 (1)，关闭系统进行检修，若属原因 (2)，则检修压力控制系统
操作水位过高	(1) 水排出管线堵塞； (2) 水位控制系统失灵； (3) 报警系统失灵	通过液位计检查分离器水位；若水位正常，属原因 (3)，检修报警系统；如果水位高于设定值，属原因 (1)，检查出口截止阀；若属原因 (2)，则关闭上下游截止阀，由旁通阀调节水位控制系统
操作水位过低	(1) 容器或管线渗漏； (2) 水位控制系统失灵； (3) 报警系统失灵； (4) 排放阀打开； (5) 设定值偏高	通过液位计检查分离器的操作水位；如果水位低于设定值，属原因 (1)，关闭系统进行检修；属原因 (2)，打开旁通阀并关闭上下游截止阀，由旁通阀调节水位，对水位控制系统进行检修；属原因 (4)，关闭排放阀；属原因 (5)，调整设定值。如果分离器水位正常，属原因 (3)，则检修报警系统
操作油位过高	(1) 出油管线堵塞； (2) 油位控制系统失灵； (3) 设定值偏低； (4) 报警系统失灵	通过液位计检查分离器的油位；如果油高于设定值，属原因 (1)，检查油出口管线上截止阀；属原因 (2)，打开旁通阀并关闭上下游截止阀，由旁通阀手动调节油位，并对油位控制系统进行检修；属原因 (3)，重新调整设定值。如果油位正常，则属原因 (4)，检修报警系统
操作油位过低	(1) 管线或容器渗漏； (2) 油位控制系统失灵； (3) 容器出口堵塞； (4) 排放阀打开； (5) 设定值偏高； (6) 报警系统失灵	通过液位计检查分离器的操作油位；如果油位低于设定值，属原因 (1)，关闭系统后全面检查；属原因 (2)，检查油位控制系统；属原因 (3)，检查分离器入口阀门；属原因 (4)，关闭排放阀；属原因 (5)，重新调整设定值。如果分离器油位正常，则属原因 (6)，检修报警系统

理论知识模拟试题及答案

模拟试题一

一、单项选择题（每题有4个选项，只有1个是正确的，请将正确答案字母填入题前的括号中，每题1分，共45分）

1. 烯烃的化学性质（　　）。
   A. 活泼　　　B. 非常活泼　　　C. 较活泼　　　D. 不活泼
2. 直线管道连接时，两个相邻的环形焊缝间距应大于管径，并不得小于（　　）。
   A. 50mm　　　B. 80mm　　　C. 100mm　　　D. 150mm
3. 下列工具中适用于拧紧和松开狭窄空间和特殊部位六角螺栓的是（　　）。
   A. 活动扳手　　　B. 套管扳手　　　C. 管钳　　　D. 钢丝钳
4. 下列工具中不是管工常用工具的是（　　）。
   A. 活动扳手　　　B. 管子丝板　　　C. 管钳　　　D. 游标卡尺
5. 库仑滴定中加入大量无关电解质的作用是（　　）。
   A. 降低迁移速度　B. 增大迁移电流　C. 增大电流效率　D. 保证电流效率100%
6. 下列关于滴定分析法特点的描述错误的是（　　）。
   A. 加入滴定剂物质的量与被测物质的量恰好是化学计量关系
   B. 适用于被测组分含量在10%以上物质的测定，有时也可以测定微量组分
   C. 所需仪器设备简单，与重量分析法相比较，操作简单、快捷，便于进行多次平行测定，有利于提高测定结果的精密度
   D. 测定结果的准确度一般较高，其滴定误差在1%左右
7. 下列原因中不是离心泵发生振动的原因的是（　　）。
   A. 泵产生汽蚀　　　　　　　B. 轴封泄漏
   C. 轴承磨损大　　　　　　　D. 泵轴与电动机轴不在同一中心线
8. GB/T 2589—2020《综合能耗计算通则》规定，企业综合能耗分为（　　）。
   A. 五大类　　　B. 六大类　　　C. 七大类　　　D. 八大类
9. 阀门的选用主要应从（　　）两方面考虑。
   A. 装置无故障操作和经济　　　B. 阀门标准和材质
   C. 阀门安全和材质　　　　　　D. 阀门公称压力和公称直径
10. HSE管理体系中，环境因素的评价依据是（　　）。
    A. 环境影响的范围　　　　　　B. 环境影响的持续性和可恢复性
    C. 环境影响的频率　　　　　　D. 以上选项均正确

11. 某控制系统采用比例积分作用调节器，某人用先比例后加积分的凑试法来整定调节器的参数。若比例带的数值已基本合适，在加入积分作用的过程中，则（　　）。

　　A. 应适当减小比例带　　　　　　B. 应适当增大比例带
　　C. 无须改变比例带　　　　　　　D. 可以任意改变比例带，均不会产生影响

12. 为了预防胺法装置的腐蚀，应尽可能维持（　　）的重沸器温度。

　　A. 最高　　　B. 较低　　　C. 固定　　　D. 温度不影响腐蚀

13. 脱硫装置的初步设计的内容包括（　　）。

　　A. 设计说明书、设备及材料表、图纸、开停车、联锁项目和紧急情况的处理方案、单项工程概算

　　B. 设计说明书、设备及材料表、工艺流程图和物料平衡表、环境保护专篇、安全卫生及消防专篇

　　C. 设计说明书、开停车、联锁项目和紧急情况的处理方案、图纸、单项工程概算、环境保护专篇、安全卫生及消防专篇

　　D. 设计说明书、设备及材料表、图纸、单项工程概算、环境保护专篇、安全卫生及消防专篇

14. 《重点用能单位节能管理办法》中对重点用能单位的界定是（1）年综合能源消费量（　　）标准煤以上的用能单位；（2）国务院有关部门或者省、自治区、直辖市人民政府管理节能工作的部门指定的年综合能源消费量（　　）及以上不满（　　）标准煤的用能单位。

　　A. 10000t、5000t、10000t　　　　B. 30000t、6000t、20000t
　　C. 50000t、7000t、30000t　　　　D. 70000t、8000t、40000t

15. 在 DCS 上调整工艺参数时，发现记录曲线发生突变或跳到最大或最小，故障很可能出现在（　　）。

　　A. 现场仪表系统　　　　　　　　B. DCS
　　C. 工艺操作系统　　　　　　　　D. 以上选项均不正确

16. 管道材料选用的基本原则是（　　）。

　　A. 明确化工工艺装置生产过程中各种介质的操作工况和使用条件

　　B. 全面了解各种工程材料的特性，正确地选择所使用的材料，认真分析生产过程中可能出现的各种材料问题，同时考虑所选材料加工工艺性和经济性

　　C. 对于新型材料和特殊材料的选用要严格建立在试验与生产考验的基础上，经过充分论证后方可选择用

　　D. 以上选项均正确

17. 技术改造主要能达到（　　）的效果。

　　A. 降低设备腐蚀　　　　　　　　B. 增加溶液浓度
　　C. 提高设备利用率和节能降耗　　D. 以上选项均不正确

18. 净化厂脱水装置的检修方案编制中可以不涉及（　　）的内容或影响。

　　A. 脱硫装置　　　　　　　　　　B. 硫磺回收装置
　　C. 循环水装置　　　　　　　　　D. 空压、空分装置

19. 在其他条件不变的情况下，原料气温度过低，三甘醇脱水效果（　　）。
   A. 下降　　　　　B. 增大　　　　　C. 无法确定　　　D. 保持不变
20. 对于每种醇胺，其浓度越高，腐蚀率（　　）。
   A. 越小　　　　　B. 越大　　　　　C. 维持原状　　　D. 每种醇胺变化不同
21. 在设计计算时，蒸汽冷凝水流速选（　　）。
   A. 0.2~0.5m/s　　B. 0.5~1.5m/s　　C. 1.5~2.0m/s　　D. 1.5~2.5m/s
22. 润滑脂最重要的一项质量指标是（　　）。
   A. 针入度　　　　B. 水分　　　　　C. 氧化安定性　　D. 抗磨性
23. 操作通道、平台所需净空高度为（　　）。
   A. 1500mm　　　　B. 1800mm　　　　C. 2100mm　　　　D. 2500mm
24. 装置开停车计划的内容应包括（　　）。
   A. 组织机构　　　B. 施工管理　　　C. 安全预案　　　D. 以上选项均正确
25. 为了预防胺法装置的腐蚀，应尽可能地（　　）。
   A. 维持较高的重沸器温度　　　　　B. 将溶液浓度控制在较高水平
   C. 使交换器内富液走壳程　　　　　D. 降低固体颗粒和降解产物
26. 一般润滑油的黏度变化超过（　　）就应更换润滑油。
   A. 10%　　　　　 B. 20%　　　　　 C. 30%　　　　　 D. 50%
27. HSE 管理体系中，清洁生产的方法不包括（　　）。
   A. 末端治理法　　B. 废物减量法　　C. 源消减　　　　D. 现场循环回收利用
28. 下列物质中是 MDEA 的氧化降解产物的是（　　）。
   A. 环氧乙烷　　　B. 三甲胺　　　　C. 甲醇　　　　　D. 乙酸盐
29. 用经验凑试法来整定调节器时，在整定中，观察到曲线振荡很频繁，需（　　）以减小振荡。
   A. 增大比例度　　B. 减小比例度　　C. 增大积分时间　D. 减少积分时间
30. 生产经营单位（　　）应急预案是国家安全生产应急预案体系的重要组成部分。
   A. 环境事故　　　B. 安全生产事故　C. 交通事故　　　D. 抢险
31. 需要装订的图样，图框线用（　　）绘制。
   A. 细虚线　　　　B. 粗虚线　　　　C. 细实线　　　　D. 粗实线
32. 在水平管路上没有或只有很小垂直位移并允许在轴向和横向有位移的地方，可装设（　　）。
   A. 焊接支架　　　B. 水泥支架　　　C. 活动支架　　　D. 固定支架
33. 换热器设计时冷却水两端温度差可取（　　）。
   A. 10~20℃　　　　B. 5~10℃　　　　C. 2~4℃　　　　 D. 8~15℃
34. 三甘醇吸收的芳香烃量随其分压上升而（　　）。
   A. 降低　　　　　B. 增大　　　　　C. 无法确定　　　D. 维持原状
35. 提高酸气 H_2S 浓度的首选方法是（　　）。
   A. 甲基二乙醇胺压力选吸　　　　　B. 物理溶剂法
   C. 酸气提浓　　　　　　　　　　　D. 富液分级再生以获得富 H_2S 酸气

36. 设备布置图中标注的标高、坐标以（　　）为单位。
   A. km   B. m   C. cm   D. mm

37. 确定胺液装置管线的液体流速时，碳钢管道流速不超过（　　）。
   A. 15m/s   B. 5m/s   C. 3m/s   D. 1m/s

38. 下列选项中不属于基本技能的是（　　）。
   A. 装置巡检、操作   B. 故障判断及处理
   C. 编写检修方案   D. 装置管理

39. 《中华人民共和国节约能源法》是于（　　）施行的。
   A. 1998年1月1日   B. 2007年10月28日
   C. 2008年4月1日   D. 2009年4月2日

40. 对于泡罩塔板，塔板效率推荐采用（　　）。
   A. 20%   B. 25%   C. 30%   D. 35.0%

41. 组织装置开停车应做的工作有（　　）。
   A. 组织编制检修项目表   B. 组织编制停车检修操作规程
   C. 协调指挥开停车工作   D. 以上选项均正确

42. 脱硫装置的化工设计计算包括（　　）。
   A. 物理计算   B. 物性计算   C. 等差计算   D. 微分计算

43. 下列不属综合技能的是（　　）。
   A. 工艺流程   B. 装置开车、停车
   C. 编制作业文件明细表   D. 编写检修方案

44. 下列提高离心泵抗汽蚀性能的措施正确的是（　　）。
   A. 改变泵进口的结构参数，降低抗汽蚀性能
   B. 泵壳采用耐汽蚀材料
   C. 提高离心泵的有效汽蚀余量
   D. 采用较小的吸入管直径或较高的安装高度

45. 绘制零件图时标注一般以（　　）为单位。
   A. km   B. m   C. cm   D. mm

二、多项选择题（每题有4个选项，至少有2个是正确的，请将正确答案字母填入题前的括号中，每题1分，共15分）

1. 螺纹千分尺按读数形式分为（　　）。
   A. 标尺式   B. 数显式   C. 中径   D. 螺距

2. 烙铁嘴温度低的原因可能是（　　）。
   A. 烙铁嘴衍生氧化物和碳化物
   B. 烙铁嘴破损
   C. 发热元件破损或发热元件电阻值偏小
   D. 以上选项均不正确

3. 滴定分析法按滴定方式可以分为（　　）。
   A. 直接滴定法   B. 返滴定法   C. 置换滴定法   D. 间接滴定法

4. 当现场仪表系统出现故障时，可能出现的现象是（　　）。

A. 记录曲线发生突变

B. 以前仪表记录曲线一直表现正常，出现波动后记录曲线变得毫无规律或使系统难以控制，甚至连手动操作也不能控制

C. 当 DCS 显示仪表不正常时，到现场检查同一直观仪表的指示值，发现它们差别很大

D. 记录曲线跳到最大或最小

5. 现代 CAD 系统二维图形的基本变换有（　　）。

A. 恒等变换　　　B. 比例变换　　　C. 对称变换　　　D. 错切变换

6. 下列物质是装置腐蚀的重要化学因素的是（　　）。

A. 有机酸　　　B. H_2S　　　C. CO_2　　　D. H_2O

7. 硫磺回收装置检修后，开车时在液硫封中加入固体硫磺或液硫的目的不包括（　　）。

A. 检查液硫封保温情况　　　　B. 形成液封

C. 开车时便于确认硫磺生产情况　　　D. 无任何目的

8. 天然气的能量计量是（　　）的组合。

A. 流量计量　　　B. 发热量计量　　　C. 组成分析　　　D. 质量计量

9. 下列说法中错误的是（　　）。

A. HSE 作业文件必须要管理强　　　B. HSE 作业文件必须要程序性强

C. HSE 作业文件必须要操作性强　　　D. HSE 作业文件必须要逻辑性强

10. 以下不是 CNG 脱水常采用方法的是（　　）。

A. 三甘醇法　　　B. 氯化钙法　　　C. 压缩及冷却法　　　D. 分子筛法

11. 往复泵轴承发热的原因有（　　）。

A. 润滑油不足　　　　　　　B. 填料函过紧

C. 泵轴与电动机轴不在同一中心线　　　D. 底座松动

12. 下列关于塔类设备的分类描述正确的是（　　）。

A. 按操作压力分为加压塔、常压塔及减压塔

B. 按单元操作分为精馏塔、吸收塔、解吸塔、反应塔及干燥塔等

C. 按结构类型分为浮阀塔、泡罩塔、筛板塔及喷射型塔板

D. 按内件结构分为板式塔和填料塔

13. 下列容器中属于按制造材料分类的容器的是（　　）。

A. 搅拌容器　　　B. 金属容器　　　C. 组合材料容器　　　D. 非金属容器

14. 当调节过程不稳定时，可通过（　　）使其稳定。

A. 增大积分时间　B. 减少积分时间　C. 加大比例度　　D. 减小比例度

15. 不是 20 世纪 80 年代后天然气净化工艺发展的重要推动力的是（　　）。

A. 改善经济性　　　　　　　B. 实践提出的新课题

C. 环保要求　　　　　　　　D. 安全要求

三、**判断题**（正确的打"√"，错误的打"×"，每题1分，共40分）

(   ) 1. 焊接电流和电弧电压的乘积就是电弧的功率。
(   ) 2. 烯烃的化学性质非常活泼。
(   ) 3. 醇可脱水生成烯烃，而硫醇加热到高温时，则脱除硫化氢生成烯烃，这是氧化反应。
(   ) 4. 硫醇是一种臭味剂，可把它加入有害有毒气体中，以便检查管道是否泄漏。
(   ) 5. 使用极性色谱柱（GC）分析样品，先出锋的组分是极性小的组分。
(   ) 6. 用PHS-3B型酸度计测被测溶液的pH值时，可以直接测量。
(   ) 7. 质量优良的润滑油，其颜色是均一的、澄清的、无沉淀的。
(   ) 8. 应急预案应形成体系，且应明确事前、事发、事中、事后的各个过程中相关部门和有关人员的职责。
(   ) 9. 所有检修项目必须经现场调度和安全人员检查验收。
(   ) 10. 输送液体流量较小且扬程高时，宜选用往复泵。
(   ) 11. 为了预防胺法装置的腐蚀，应将溶液浓度控制在满足净化要求的最高水平。
(   ) 12. 天然气净化工理论培训不包含电气仪表专业的内容。
(   ) 13. 调节器参数整定的任务是根据已定的控制方案来确定调节器的最佳参数，包括比例带、积分时间、微分时间，使系统能获得最佳的调节质量。
(   ) 14. 硫磺回收装置检修期间，转化器床层除硫应降低转化器入口温度15~30℃。
(   ) 15. 重大危险源是指长期或临时生产、加工、搬运、使用或储存危险物质，且危险物质的数量等于或超过临界量的单元（包括场所和设施）。
(   ) 16. AutoCAD只是一个公共的平台，许多专业方向的内容需要在此基础上开发，根据行业的不同而侧重点不同。
(   ) 17. 按照能源的计量方式，能源计量单位可以有3种表示方式：一是用能源的实物量来表示，例如煤的吨数（t）；二是用热功单位来表示，例如焦耳（J）、千瓦时（kW·h）等；三是用能的当量值来表示，常见的如煤当量和油当量。
(   ) 18. 操作规程一经制定，就成为人人严格遵守的操作行为指南，不需要修订完善。
(   ) 19. 阀门壳体压力试验最短保压时间为5min。
(   ) 20. 现场施工临时设施拆除工作必须在装置投料开车前完成。
(   ) 21. 技术改造主要能达到降低设备腐蚀的目的。
(   ) 22. DCS上温度指示值突然变到最大或最小，一般为DCS故障。
(   ) 23. 对装置进行小改小革，要根据设备需要改造的具体内容制定方案，抓住中心和要点。
(   ) 24. 在进行管道柔性计算时，计算温度取正常操作温度不一定是偏于安全的。
(   ) 25. 用经验凑试法整定调节器时，在整定过程中，如果曲线振荡很厉害，需把微分时间降到最小或不加微分作用。
(   ) 26. 系统性属于生产方法选择的原则。
(   ) 27. 抽气速率是指单位时间内真空泵在残余压力下从进气管吸入的气体容积，即真空泵的生产能力。

( ) 28. 在化工设计过程中，进行物料衡算的依据是质量守恒定律，进行能量衡算的定律是能量守恒定律。

( ) 29. 往复泵的填料函过紧不会造成泵压力不足。

( ) 30. CNG 装置脱水一般采用三甘醇法。

( ) 31. HSE 作业文件必须要操作性强。

( ) 32. MDEA 等溶液复活可以收到良好的效果，这只是问题的一方面，另一方面设法控制与抑制变质反应，这可能是更加积极的措施。

( ) 33. 容器选择时首先应确定容积。

( ) 34. 脱水装置开停车方案中包括设备检修质量验收标准。

( ) 35. 管道支架、吊架的组装可不在施工现场进行。

( ) 36. 由于甲基二乙醇胺与 CO_2 不可能反应生成氨基甲酸盐，而伯胺及仲胺的降解都是氨基甲酸盐的进一步转化造成的，所以甲基二乙醇胺不存在 CO_2 所致的化学降解。

( ) 37. 三甘醇脱水工艺中，三甘醇进吸收塔的温度应控制在 30~50℃。

( ) 38. 国家《节能中长期专项规划》要求，到 2010 年我国主要产品单位能耗指标总体达到或接近 20 世纪 90 年代初期国际先进水平，其中大中型企业达到国际先进水平。

( ) 39. CAD 是计算机辅助设计的英文缩写。

( ) 40. 图纸幅面按尺寸大小可分为 5 种。

模拟试题一答案

一、单项选择题

1. B	2. C	3. B	4. D	5. D	6. B	7. B	8. B	9. A	10. D
11. B	12. B	13. D	14. A	15. B	16. D	17. C	18. B	19. A	20. B
21. C	22. D	23. C	24. D	25. D	26. B	27. A	28. D	29. A	30. B
31. D	32. C	33. B	34. B	35. A	36. B	37. D	38. C	39. A	40. B
41. D	42. D	43. C	44. C	45. D					

二、多项选择题

1. AB 2. ABC 3. ABCD 4. ACD 5. ABCD 6. ABC 7. ACD
8. ABC 9. ABD 10. ABC 11. ABC 12. ABD 13. BCD 14. AC
15. ABD

三、判断题

1. √ 2. √ 3. × 4. √ 5. √ 6. × 7. √ 8. √ 9. × 10. √ 11. √ 12. × 13. √
14. × 15. √ 16. √ 17. √ 18. × 19. √ 20. √ 21. × 22. × 23. √ 24. × 25. √

26. × 27. √ 28. √ 29. √ 30. × 31. √ 32. √ 33. √ 34. × 35. × 36. × 37. √
38. × 39. √ 40. √

模拟试题二

一、单项选择题（每题有4个选项，只有1个是正确的，请将正确答案字母填入题前的括号中，每题1分，共45分）

1. 普通螺纹用（　　）表示。
   A. M　　　　　　B. S　　　　　　C. B　　　　　　D. Tr
2. 通常焊接电弧弧柱温度的变化范围为（　　）。
   A. 2000~5000K　　　　　　　　B. 6000~10000K
   C. 5000~30000K　　　　　　　 D. 10000~90000K
3. 聚四氟乙烯生料带可用作（　　）连接管道的密封材料。
   A. 螺纹　　　　　B. 法兰　　　　　C. 承插　　　　　D. 焊接
4. 苯的分子式是（　　）。
   A. C_6H_6　　　　B. C_6H_{12}　　　　C. $C_{12}H_8$　　　　D. $C_{12}H_{24}$
5. 用滤纸过滤时，玻璃棒下端（　　），并尽可能接近滤纸。
   A. 对着一层滤纸的一边　　　　B. 对着滤纸的锥顶
   C. 对着三层滤纸的一边　　　　D. 对着滤纸的边缘
6. 紫外可见光的波长范围为（　　）。
   A. 100~1000nm　B. 200~750nm　C. 300~600nm　D. 800~1500nm
7. 下列说法不正确的是（　　）。
   A. 增加工艺物流速度，可增加传热系数
   B. 增加流速，可以降低磨损和振动破坏
   C. 压力降增加，动力增加
   D. 增加流速可使换热器紧凑
8. 工艺专业在脱硫装置的初步设计阶段应进行（　　）的工作。
   A. 编制管道命名表　　　　　　B. 编制化验分析条件
   C. 物料衡算和热量衡算　　　　D. 编制管道仪表流程图
9. 以下不是脱硫装置化工设计热量衡算步骤的是（　　）。
   A. 确定热量衡算的步骤，收集物性数据、操作条件数据和热性质数据
   B. 选择衡算的计算基准和能量基准，列出各种关系式，包括热量衡算式、焓方程式及物料衡算方程式
   C. 将计算结果整理列成热量评分表，并进行验算
   D. 计算总热量
10. 较相应的其他胺液 H_2S 与 CO_2 在砜胺溶液中的吸收热（　　）。
    A. 高　　　　　　B. 低　　　　　　C. 差不多　　　　D. 无法确定

11. CNG 装置脱水一般采用（　　）。
   A. 三甘醇法　　　B. 氯化钙法　　　C. 压缩及冷却法　　　D. 分子筛法

12. 离心泵输送的液体中溶解或夹带的气体不宜大于（　　）。
   A. 3%（体积分数）　　　　　　B. 5%（体积分数）
   C. 8%（体积分数）　　　　　　D. 10%（体积分数）

13. 大型釜式反应器底部进行固体催化剂卸料时，反应器底部需留有不小于（　　）的净空。
   A. 1500mm　　　B. 2000mm　　　C. 3000mm　　　D. 4000mm

14. HSE 管理体系是企业整个管理体系的有机组成部分之一，它将与（　　）密切相关的管理体系科学地结合在一起。
   A. 质量、健康和安全　　　　　B. 健康、安全和环保
   C. 质量、安全和环保　　　　　D. 安全和环保

15. GB 18218—2018《危险化学品重大危险源辨识》中规定，生产场所天然气数量超过（　　）的临界量即可判定为重大危险源。
   A. 50t　　　B. 20t　　　C. 5t　　　D. 10t

16. 脱硫装置初步设计的内容包括（　　）。
   A. 设计说明书，设备及材料表，图纸，开停车、联锁项目和紧急情况的处理方案，单项工程概算
   B. 设计说明书，设备及材料表，工艺流程图和物料平衡表，环境保护专篇，安全卫生及消防专篇
   C. 设计说明书，开停车、联锁项目和紧急情况的处理方案，图纸，单项工程概算，环境保护专篇，安全卫生及消防专篇
   D. 设计说明书，设备及材料表，图纸，单项工程概算，环境保护专篇，安全卫生及消防专篇

17. 用经验凑试法来整定调节器时，当整定中曲线波动较大时，应（　　）。
   A. 增大比例度　　B. 增大积分时间　　C. 减少积分时间　　D. 减少微分时间

18. 下列原因中不是离心泵轴承发热原因的是（　　）。
   A. 润滑油过多　　B. 润滑油过少　　C. 机组不同心　　D. 电动机负荷过高

19. 管段图上的指北方向不得指向（　　）。
   A. 正上方　　　B. 右上方　　　C. 左上方　　　D. 下方

20. 小型天然气脱水装置的气体/贫三甘醇换热器常设置在（　　）。
   A. 吸收段至捕雾器之间　　　　B. 捕雾器至干气出口之间
   C. 分离器至吸收段之间　　　　D. 干气出口之后

21. 下列对活塞式空气压缩机排气温度偏高原因的分析错误的是（　　）。
   A. 吸入口气体温度偏高
   B. 压缩比偏大
   C. 气缸工作不正常或气缸气阀、活塞环漏气
   D. 安全阀漏气

22.《中华人民共和国节约能源法》是于（ ）施行的。
   A. 1998年1月1日   B. 2007年10月28日
   C. 2008年4月1日   D. 2009年4月2日
23. 进入脱水塔检修前必须（ ）。
   A. 将塔内泄至常压   B. 用空气置换容器内气体
   C. 回收塔内溶液   D. 取塔内的介质进行分析
24. 在选用风机时，风机的实际流量和压力与理论计算的最大流量和最大压力相比，（ ）。
   A. 前者高一些   B. 前者低一些   C. 二者相等   D. 前者高很多
25. 在设计计算时，蒸汽冷凝水流速选（ ）。
   A. 0.2~0.5m/s   B. 0.5~1.5m/s   C. 1.5~2.0m/s   D. 1.5~2.5m/s
26. 美国气体加工和供应者协会建议吸收塔底部5层塔板、再生塔顶部5层塔板及酸气冷凝器使用（ ）。
   A. 不锈钢   B. 碳钢   C. PVC   D. 塑钢
27. HSE管理体系中，环境因素的评价依据是（ ）。
   A. 环境影响的范围   B. 环境影响的持续性和可恢复性
   C. 环境影响的频率   D. 以上选项均正确
28. 在设计计算时，水及黏度与水相似的液体在低压离心泵出口的流速选（ ）。
   A. 10~15m/s   B. 10~25m/s   C. 20~35m/s   D. 20~25m/s
29. 对于每种醇胺，其浓度越高，腐蚀率（ ）。
   A. 越小   B. 越大   C. 维持恒定   D. 每种醇胺变化不同
30. 20世纪80年代后，天然气净化工艺发展的重要推动力是（ ）。
   A. 改善经济性   B. 实践提出的新课题
   C. 环保要求   D. 安全要求
31. 润滑脂最重要的一项质量指标是（ ）。
   A. 锥入度   B. 水分   C. 氧化安定性   D. 抗磨性
32. 以下对流量系统采用的仪表及投运方法的理解不够全面的是（ ）。
   A. 启停灌隔离液的差压流量计的方法与一般差压流量计的启停方法相同
   B. 差压法测流量采用开方器，一是为了读数线性化，二是防止负荷变化影响系统的动态特性
   C. 流量控制系统一般不采用阀门定位器
   D. 流量控制系统仅采用PI调节器，不采用PID调节器
33. 下列关于往复泵振动原因的说法不正确的是（ ）。
   A. 底座松动   B. 泵内有气体
   C. 发生汽蚀   D. 泵轴与电动机轴不在同一中心线
34. 检修期间安全员的职责是（ ）。
   A. 安全检查
   B. 识别危险源并制定应对和处理紧急情况措施
   C. 施工人员的安全培训
   D. 以上选项均正确

35. 只作为生产润滑脂企业的控制指标，一般不作为润滑脂使用的质量指标的是（　　）。
A. 水分和灰分　　　　　　　　B. 机械杂质
C. 抗氧化性　　　　　　　　　D. 抗磨性

36. 下列选项不属于基本技能的是（　　）。
A. 装置巡检、操作　　　　　　B. 故障判断及处理
C. 编写检修方案　　　　　　　D. 装置管理

37. H_2S 与 CO_2 在砜胺溶液中的吸收热随溶液中环丁砜浓度的上升（　　）。
A. 下降　　　B. 不变　　　C. 升高　　　D. 无法确定

38. 实践证明，任何三甘醇脱水吸收塔至少要有4块实际塔板才有良好的脱水效果，一般采用（　　）。
A. 4~12块　　　B. 4~10块　　　C. 4~8块　　　D. 4~6块

39. 按照国家能源的计量方式，能源计量单位可以有（　　）表示方式。
A. 2种　　　B. 3种　　　C. 4种　　　D. 5种

40. 应急预案编制过程中，应注重（　　）的参与和培训，使所有与事故有关人员均掌握危险源的危险性、应急处置方案和技能。
A. 技术人员　　　B. 管理人员　　　C. 操作人员　　　D. 全体人员

41. 某控制系统采用比例积分作用调节器，某人用先比例后加积分的凑试法来整定调节器的参数。若比例带的数值已基本合适，在加入积分作用的过程中，则（　　）。
A. 应适当减小比例带　　　　　B. 应适当增加比例带
C. 无须改变比例带　　　　　　D. 可以任意改变比例带，均不会产生影响

42. 下列物质中不是 MDEA 与 CO_2 所致的降解产物的是（　　）。
A. 环氧乙烷　　　B. 三甲胺　　　C. 硫代硫酸　　　D. 乙二醇

43. 绘制零件图时标注一般以（　　）为单位。
A. km　　　B. m　　　C. cm　　　D. mm

44. 填料塔润滑速率的计算公式为（　　）。
A. 填料比表面积/淋洒密度　　　B. 淋洒密度/填料比表面积
C. 填料层的周边长/液体体积流量　　　D. 液体体积流量/填料层比表面积

45. 装置内消防通道的净空应不小于（　　）。
A. 5000mm　　　B. 5500mm　　　C. 6000mm　　　D. 4000mm

二、多项选择题（每题有4个选项，至少有2个是正确的，请将正确答案字母填入题前的括号中，每题1分，共15分）

1. 聚四氟乙烯生料带不可用作（　　）连接管道的密封材料。
A. 螺纹　　　B. 法兰　　　C. 承插　　　D. 焊接

2. 下列工具中是管工常用工具的是（　　）。
A. 活动扳手　　　B. 管子丝板　　　C. 管钳　　　D. 游标卡尺

3. 重量分析法中称量前须经过（　　）。
A. 过滤　　　　　　　　　　　B. 洗涤
C. 烘干或灼烧　　　　　　　　D. 以上选项均不正确

4. 以下不是 20 世纪 80 年代后天然气净化工艺发展的重要推动力的是（   ）。
   A. 改善经济性   B. 实践提出的新课题
   C. 环保要求   D. 安全要求
5. 下列关于 PID 参数的说法错误的是（   ）。
   A. 微分时间越长，微分作用越弱   B. 微分时间越长，微分作用越强
   C. 积分时间越长，积分作用越强   D. 比例度越大，比例控制越强
6. 现代 CAD 系统在设计过程中可以完成的主要功能有（   ）。
   A. 建立几何模型   B. 工程分析
   C. 设计审查与评价   D. 自动绘图
7. 以下属于板式塔的是（   ）。
   A. 浮阀塔   B. 泡罩塔
   C. 筛板塔及喷射型塔板   D. 填料塔
8. 图样中书写的汉字、数字和字母，必须做到（   ）。
   A. 字体工整   B. 笔画清楚   C. 间隔均匀   D. 排列整齐
9. 下列有关开工组织的说法正确的是（   ）。
   A. 正常运行所需岗位操作人员已全部上岗
   B. 化验分析人员到位
   C. 机、电、仪等保运人员因装置检修完毕可以不到位
   D. 治安、消防、保卫人员到位
10. 细点画线主要用于（   ）的标注。
    A. 轴线   B. 对称中心线   C. 剖切线   D. 孔系分布的中心线
11. 三甘醇装置排放的芳香烃有（   ）。
    A. 苯   B. 甲苯   C. 乙苯   D. 二甲苯
12. 根据有关规定，下列介质可归属于压力管道的是（   ）。
    A. 可燃、易爆、有毒、有腐蚀性液体
    B. 工作温度不低于工况时沸点的液体
    C. 工作温度低于标准沸点的液体
    D. 最高工作温度不低于标准沸点的液体
13. 下列物质中是装置腐蚀的重要化学因素的是（   ）。
    A. 有机酸   B. H_2S C. CO_2 D. H_2O
14. 以下方法可以提高脱水三甘醇贫液质量的是（   ）。
    A. 控制合理的再生温度   B. 加强溶液过滤
    C. 提高循环量   D. 防止氧气进入系统
15. 各类天然气脱硫、脱碳工艺中，应用不是最多、最广泛的是（   ）。
    A. 化学溶剂法 B. 分子筛法   C. 直接转化法   D. 膜分离法

三、**判断题**（正确的打"√"，错误的打"×"，每题 1 分，共 40 分）

（   ）1. 苯酚在常温下为无色结晶固体，微溶于水。

（　）2. 醇可脱水生成烯烃，而硫醇加热到高温时，则脱除硫化氢生成烯烃，这是氧化反应。
（　）3. 直线管道连接时，两个相邻的环形焊缝间距应大于管径，并不得小于100mm。
（　）4. 硫醇不仅能与碱金属生成盐，还可与重金属汞、铜、银、铅等生成不溶于水的硫醇盐。
（　）5. 沉淀滴定法是将待测组分转化为某种可称重量的物质后，依靠称重来进行测定的分析方法。
（　）6. 利用比较溶液颜色深浅的方法来确定溶液中有色物质含量的方法称为比色分析法。
（　）7. 管道接口交错排列，其错开长度不小于30cm。
（　）8. CNG装置脱水一般采用三甘醇法。
（　）9. AutoCAD只是一个公共的平台，许多专业方向的内容需要在此基础上开发，根据行业的不同而侧重点不同。
（　）10. 提高酸气H_2S浓度的首选方法是甲基二乙醇胺压力选吸。
（　）11. 润滑油中有两类杂质，一类是机械杂质，另一类是使用过程中氧化变质生产的杂质。
（　）12. 企业综合能耗是在统计报告期内企业的主要生产系统、辅助生产系统和附属生产系统的综合能耗总和。能源及耗能工质在企业内部进行储存、转换及分配供应（包括外销）中的损耗，也应计入企业综合能耗。
（　）13. 物料和能量衡算一般在工艺路线与生产方法的确定工作完成之后进行。
（　）14. 天然气燃烧是将化学能转换为热能和光能。
（　）15. 在101.3kPa和204℃时，不采用提浓措施的条件下，常压再生可得到98.6%的三甘醇浓度。
（　）16. 胺液的腐蚀性与其反应性能有关，反应性能越强，腐蚀也越强。
（　）17. 天然气净化工理论培训不包含电气仪表专业的内容。
（　）18. 图纸幅面按尺寸大小可分为5种。
（　）19. 选择性胺法脱硫最初的工业应用是高温选吸。
（　）20. 进入置换合格的容器内作业时可以不办理有限空间作业票。
（　）21. 润滑脂中机械杂质的多少对设备影响不大。
（　）22. 硫磺回收装置检修期间，转化器床层除硫应降低转化器入口温度15～30℃。
（　）23. 泵的主要性能参数有流量、扬程、汽蚀余量、功率和效率。
（　）24. 操作规程一经制定，就成为人人严格遵守的操作行为指南，不需要修订完善。
（　）25. 可以采用关闭出口阀来调节旋涡泵的流量。
（　）26. 管道平面图尺寸线终端一般采用箭头形式。
（　）27. 往复泵的填料函过紧不会造成泵压力不足。
（　）28. 往复泵的填料函过紧会造成泵压力不足。
（　）29. 在一定操作压力和操作温度下，塔板数和三甘醇浓度固定时，循环量越大则露点降越大，当循环量升高到一定程度后，露点降的增加值明显增加。

( ) 30. 脱水装置检修方案与脱硫装置检修方案基本相同。
( ) 31. 在脱硫装置的化工设计进行热量衡算时，通常以单位时间内某物流的流量作为基准。
( ) 32. 应急救援是在应急响应过程中，为消除、减少事故危害，防止事故扩大或恶化，最大限度地降低事故造成的损失或危害而采取的救援措施或行动。
( ) 33. 为了预防胺法装置的腐蚀，应将溶液浓度控制在满足净化要求的最高水平。
( ) 34. 在实际生产中，物料完全分离难以实现，而完全不分离效果最差，通常采用部分分离，分离设备的投资随分离要求的提高而提高。
( ) 35. 输送液体流量较小且扬程高时，宜选用往复泵。
( ) 36. 编写月度技术总结重点是本月在工艺技术上做了哪些工作。
( ) 37. 调节器参数整定的任务是根据已定的控制方案来确定调节器的最佳参数，包括比例带、积分时间、微分时间，使系统能获得最佳的调节质量。
( ) 38. 阀门的选用主要从输送流体的性质，操作的功能，切断、调节、开启速度，允许压力损失，温度和压力范围来考虑。
( ) 39. 基本技能主要包括装置巡检、装置操作、故障判断及处理、装置管理。
( ) 40. 物料衡算时希望找到不变的量作为基准，对于气体是其中惰性气体的流率，对于液体是其中溶质的流率。

模拟试题二答案

一、单项选择题

1. A　　2. C　　3. A　　4. A　　5. C　　6. B　　7. B　　8. C　　9. D　　10. A
11. D　　12. B　　13. C　　14. B　　15. A　　16. D　　17. B　　18. D　　19. D　　20. A
21. D　　22. A　　23. D　　24. A　　25. C　　26. A　　27. D　　28. A　　29. B　　30. C
31. D　　32. A　　33. C　　34. D　　35. A　　36. C　　37. C　　38. A　　39. B　　40. D
41. B　　42. C　　43. D　　44. B　　45. B

二、多项选择题

1. BCD　　2. ABC　　3. ABC　　4. ABD　　5. ACD　　6. ABCD　　7. ABC
8. ABCD　　9. ABD　　10. ABCD　　11. ABCD　　12. AD　　13. ABC　　14. ABD
15. BCD

三、判断题

1. √　2. ×　3. √　4. √　5. ×　6. √　7. √　8. ×　9. √　10. √　11. √　12. √　13. √
14. √　15. √　16. √　17. ×　18. ×　19. ×　20. ×　21. ×　22. ×　23. √　24. ×　25. ×
26. ×　27. √　28. ×　29. ×　30. √　31. √　32. √　33. √　34. √　35. √　36. √　37. √
38. ×　39. √　40. √

模拟试题三

一、单项选择题（每题有4个选项，只有1个是正确的，请将正确答案字母填入题前的括号中，每题1分，共45分）

1. 苯的分子式是（　　）。
   A. C_6H_6　　　B. C_6H_{12}　　　C. $C_{12}H_{12}$　　　D. $C_{12}H_{24}$
2. 聚四氟乙烯生料带用作（　　）连接管道的密封材料。
   A. 螺纹　　　B. 法兰　　　C. 承插　　　D. 焊接
3. 楔键是一种紧键连接，能传输转矩和承受（　　）。
   A. 单向径向力　　　　　　B. 单向轴向力
   C. 双向径向力　　　　　　D. 双向轴向力
4. 烯烃最容易完成（　　）。
   A. 加成反应　　B. 取代反应　　C. 聚合反应　　D. 氧化反应
5. 库仑滴定中加入大量无关电解质的作用是（　　）。
   A. 降低迁移速度　　　　　B. 增大迁移电流
   C. 增大电流效率　　　　　D. 保证电流效率100%
6. 重量分析对沉淀形式的要求包括（　　）。
   A. 沉淀物的溶解度要小，要求溶解损失小于0.2mg
   B. 沉淀物必须纯净，易于过滤和洗涤
   C. 沉淀物易于转化为称量形式
   D. 以上选项均正确
7. 下列对润滑油变质原因的分析正确的是（　　）。
   A. 润滑油颜色变深表明是有水分进入润滑油剂中
   B. 润滑油黏度下降主要是因为润滑油氧化降低了润滑油分子的相对分子质量
   C. 润滑油中不溶物增加，一定是杂质或者齿轮磨损产生的金属屑引起的
   D. 润滑油黏度上升主要是润滑油氧化或是水分和乳液产生油泥造成的
8. 三甘醇过滤应使其中的固体杂质含量低于（　　）。
   A. 0.03%　　　B. 0.02%　　　C. 0.01%　　　D. 0.04%
9. 需要装订的图样的图框线用（　　）绘制。
   A. 细虚线　　B. 粗虚线　　C. 细实线　　D. 粗实线
10. 编写脱硫检修方案应从（　　）来确定方案和步骤。
    A. 理论方面　　　　　　　B. 实际方面
    C. 理论和实际两方面　　　D. 以上选项均不正确
11. 管段图上的指北方向，不得指向（　　）。
    A. 正上方　　B. 右上方　　C. 左上方　　D. 下方
12. 脱硫醇胺本身对碳钢（　　）。
    A. 腐蚀较强　　B. 腐蚀较弱　　C. 无腐蚀　　D. 腐蚀很强

13. 对装置进行小改小革的主要目的是（　　）。
　　A. 提高产量　　　　　　　　　　B. 降低成本和节约能源
　　C. 降低腐蚀　　　　　　　　　　D. 提高溶液质量
14. 确定三甘醇循环量时必须考虑的因素有（　　）。
　　A. 三甘醇进吸收塔浓度　　　　　B. 塔板数（填料高度）
　　C. 要求的露点降　　　　　　　　D. 以上选项均正确
15. 在脱硫装置的化工设计计算中，不能作为物料衡算计算式的是（　　）。
　　A. 能量平衡关联式　　　　　　　B. 总质量平衡关联式
　　C. 组分平衡关联式　　　　　　　D. 元素平衡关联式
16. 阀门的选用主要应从（　　）两方面考虑。
　　A. 装置无故障操作和经济　　　　B. 阀门标准和材质
　　C. 阀门安全和材质　　　　　　　D. 阀门公称压力和公称直径
17. 在水平管路上没有或只有很小垂直位移并允许在轴向和横向有位移的地方，可装设（　　）。
　　A. 焊接支架　　B. 水泥支架　　C. 活动支架　　D. 固定支架
18. 净化厂正常检修后开车技术资料的准备内容包括（　　）。
　　A. 开车方案已编制，经批准后发至岗位
　　B. 工艺变动过的地方已编制技术资料，并发至岗位
　　C. 岗位记录、原始数据记录表格等资料已发至岗位
　　D. 以上选项均正确
19. 下列关于管壳式换热器流体流动通道选择原则的叙述正确的是（　　）。
　　A. 不洁净和易结垢的流体宜走壳程
　　B. 腐蚀性的流体宜走壳程
　　C. 压力低的流体宜走壳程
　　D. 被冷却的流体宜走管程
20. 一般润滑油的黏度变化超过（　　）就应更换润滑油。
　　A. 10%　　　　B. 20%　　　　C. 30%　　　　D. 50%
21. 某控制系统采用比例积分作用调节器，某人用先比例后加积分的凑试法来整定调节器的参数。若比例带的数值已基本合适，在加入积分作用的过程中，则（　　）。
　　A. 应适当减小比例带　　　　　　B. 应适当增加比例带
　　C. 无须改变比例带　　　　　　　D. 可以任意改变比例带，均不会产生影响
22. 以下对流量系统采用的仪表及投运方法的理解不够全面的是（　　）。
　　A. 启停灌隔离液的差压流量计的方法与一般差压流量计的启停方法相同
　　B. 差压法测流量采用开方器，一是为了读数线性化，二是防止负荷变化影响系统的动态特性
　　C. 流量控制系统一般不采用阀门定位器
　　D. 流量控制系统仅采用PI调节器，不采用PID调节器
23. 操作规程必须以（　　）为依据，确保技术指标、技术要求、操作方法的科学

合理。
A. 工程设计 B. 生产实践
C. 工程设计和生产实践 D. 以上选项均不正确

24. 为了预防胺法装置的腐蚀,应尽可能地( )。
A. 维持较高的重沸器温度 B. 将溶液浓度控制在较高水平
C. 使交换器内富液走壳程 D. 降低固体颗粒和降解产物含量

25. 标注线用( )制图。
A. 细虚线 B. 粗虚线 C. 细实线 D. 粗实线

26. 润滑油水分过多会使润滑油乳化变质而失去润滑性能,一般要求润滑油中水分含量小于( )。
A. 1% B. 3% C. 5% D. 10%

27. 脱硫装置的化工设计计算包括( )。
A. 物理计算 B. 物性计算 C. 等差计算 D. 微分计算

28. 选择性再生是利用胺液中 H_2S 与 CO_2 ( )的差别,将吸收的酸气分为两部分,一部分是 H_2S 浓缩的酸气,另一部分则基上是 CO_2。
A. 吸收速度 B. 解吸速度 C. 物理性质 D. 化学性质

29. 确定胺液装置管线的液体流速时,碳钢管道流速不超过( )。
A. 15m/s B. 5m/s C. 3m/s D. 1m/s

30. 操作通道、平台所需净空高度为( )。
A. 1500mm B. 1800mm C. 2100mm D. 2500mm

31. 绘制零件图时标注一般以( )为单位。
A. km B. m C. cm D. mm

32. GBZ 1—2010《工业企业设计卫生标准》规定,当外界气温在33℃以上时,工作场所或作业地点的温度不能超过环境温度( )。
A. 2℃ B. 3℃ C. 5℃ D. 10℃

33. 三甘醇脱水溶液循环比最高不应超过( )。
A. 15L/kg 水 B. 17L/kg 水 C. 33L/kg 水 D. 40L/kg 水

34. 硫磺回收装置开停车过程中,为保证冷凝器的温度,通常保持末级冷凝器的水位为( )。
A. 高水位 B. 低水位 C. 低水位或无水位 D. 以上选项均正确

35. 三甘醇再生釜贫液汽提柱填料高度一般为( )。
A. 1~1.5m B. 1.2~1.6m C. 1.5~2.5m D. 2~3m

36. 下列关于往复泵振动原因的说法不正确的是( )。
A. 底座松动 B. 泵内有气体
C. 发生汽蚀 D. 泵轴与电动机轴不在同一中心线

37. 应急预案编制过程中,应注重( )的参与和培训,使所有与事故有关人员均掌握危险源的危险性、应急处置方案和技能。
A. 技术人员 B. 管理人员 C. 操作人员 D. 全体人员

38. 《重点用能单位节能管理办法》中对重点用能单位的界定是（1）年综合能源消费量（　　）标准煤以上的用能单位；（2）国务院有关部门或者省、自治区、直辖市人民政府管理节能工作的部门指定的年综合能源消费量（　　）及以上不满（　　）标准煤的用能单位。

    A. 10000t、5000t、10000t   B. 30000t、6000t、20000t

    C. 50000t、7000t、30000t   D. 70000t、8000t、40000t

39. 用经验凑试法来整定调节器时，在整定中，当曲线波动较大时，应（　　）。

    A. 增大比例度   B. 增大积分时间

    C. 减少积分时间   D. 减少微分时间

40. 下列选项中不是管子和组成件选材的基本准则的是（　　）。

    A. 公称压力   B. 试验压力及最大工作压力

    C. 公称直径   D. 温度、压力额定值

41. 填料塔润滑速率计算公式为（　　）。

    A. 填料比表面积/淋洒密度   B. 淋洒密度/填料比表面积

    C. 填料层的周边长/液体体积流量   D. 液体体积流量/填料层比表面积

42. 对于每种醇胺，其浓度越高，腐蚀率（　　）。

    A. 越小   B. 越大   C. 维持不变   D. 每种醇胺变化不同

43. 在101.3kPa和204℃条件下，不采用提浓措施，常压再生可得到（　　）的三甘醇浓度。

    A. 99.7%   B. 99.5%   C. 99.0%   D. 98.6%

44. 三甘醇的比循环量通常为每千克水循环（　　）三甘醇。

    A. 10L   B. 17~24L   C. 45L   D. 50L

45. GB 18218—2018《危险化学品重大危险源辨识》中规定，生产场所天然气数量超过（　　）的临界量即可判定为重大危险源。

    A. 50t   B. 20t   C. 5t   D. 10t

二、多项选择题（每题有4个选项，至少有2个是正确的，请将正确答案字母填入题前的括号中，每题1分，共15分）

1. 要鉴别己烯中是否混有少量甲苯，下列实验方法错误的是（　　）。

    A. 先加足量的酸性高锰酸钾溶液，然后再加入溴水

    B. 先加足量溴水，然后再加入酸性高锰酸钾溶液

    C. 点燃这种液体，然后再观察火焰的颜色

    D. 加入浓硫酸与浓硝酸后加热

2. 下列工具中是管工常用工具的是（　　）。

    A. 活动扳手   B. 管子丝板   C. 管钳   D. 游标卡尺

3. 在分光光度分析中，常出现工作曲线不过原点的情况。下列选项中会引起这一现象的是（　　）。

    A. 测量和参比溶液所用吸收池不对称   B. 参比溶液选择不当

    C. 显色反应的灵敏度太低   D. 试样溶液不含 KIO_4

4. 以下属于工艺流程图的是（　　）。
A. 工艺流程草图　　　　　　　　B. 工艺物料流程图
C. 带控制点的工艺流程图　　　　D. 管道仪表流程图
5. 下列选项不是我国 CNG（压缩天然气）水露点执行的现行标准的是（　　）。
A. GB/T 17676—1999《天然气汽车和液化石油气汽车　标志》
B. SY/T 6276—2014《石油天然气工业健康、安全与环境管理体系》
C. SY/T 7546—1996《汽车用压缩天然气》
D. GB 18047—2017《车用压缩天然气》
6. HSE 管理体系包含（　　）。
A. 质量　　　　　B. 健康　　　　　C. 安全　　　　　D. 环保
7. 为了设法控制与抑制醇胺的变质反应，以下选项中是可采取措施的是（　　）。
A. 选择恰当的醇胺
B. 使用惰性气体保护溶液
C. 使用蒸汽作热源时选用高压饱和蒸汽
D. 溶液再生时防止胺液温度过高
8. 工程项目顶管施工组织设计方案中的安全技术措施必须有（　　）。
A. 针对性　　　　B. 时效性　　　　C. 原则性　　　　D. 不同性
9. 在化工设计过程中，以下步骤需要主管部门批准的是（　　）。
A. 编制项目建议书　　　　　　　B. 可行性研究报告
C. 施工图设计，提出预算　　　　D. 扩大初步设计，提出总概算
10. 下列选项中是胺法脱硫装置容易发生腐蚀的敏感区域的是（　　）。
A. 再生塔及其内部构件　　　　　B. 贫富液换热器的壳程
C. 贫富液换热器的管程　　　　　D. 有游离酸气和较高温度的重沸器
11. 三甘醇装置排放的芳香烃有（　　）。
A. 苯　　　　　　B. 甲苯　　　　　C. 乙苯　　　　　D. 二甲苯
12. 以下选项中不是规定的耗能体系在一段时间内实际消耗的各种能源实物量按规定的计算方法和单位分别折算为一次能源后的总和的是（　　）。
A. 综合能耗　　　B. 耗能工质　　　C. 综合能耗单耗　　D. 产品消耗
13. 天然气净化生产操作规程的内容应包括（　　）。
A. 工艺技术规程和操作指南
B. 开工规程和停工规程
C. 设备操作规程、事故处理预案、仪表控制系统操作和安全生产及环境保护等要求
D. 以上选项均不正确
14. 脱水装置开停车方案的内容包括（　　）。
A. 开停车时间安排
B. 开停车步骤
C. 氮气和空气的吹扫置换路线及控制指标
D. 设备检修质量验收标准

15. 离心泵发生的原因有（　　）。
A. 泵产生汽蚀　　　　　　　　　　B. 轴封泄漏
C. 轴承磨损大　　　　　　　　　　D. 泵轴与电动机轴不在同一中心线

三、判断题（正确的打"√"，错误的打"×"，每题1分，共40分）

（　）1. X形坡口适用于双面焊接的大口径厚壁管道。
（　）2. 管钳的规格是按它的长度划分的。
（　）3. 大多数有机化合物都可以燃烧，有些有机化合物很容易燃烧。
（　）4. 套管扳手适用于拧紧和松开狭窄空间和特殊部位六角螺栓。
（　）5. 光度分析中，测定的吸光度越大，测定结果的相对误差越小。
（　）6. 利用比较溶液颜色深浅的方法来确定溶液中有色物质含量的方法称为比色分析法。
（　）7. 编写装置开工、停工计划，主要是制定好开、停工步骤方案。
（　）8. 填料塔润滑速率计算公式为淋洒密度/填料比表面积。
（　）9. 天然气燃烧是将化学能转换为热能和光能。
（　）10. 润滑油的黏度温度特性是指润滑油的黏度一般随温度升高而降低，随温度下降而增高。
（　）11. 用于抽取气体产生负压的机器称为真空泵。
（　）12. 用经验凑试法整定调节器时，在整定过程中，如果曲线振荡很厉害，需把微分时间降到最小或不加微分作用。
（　）13. AutoCAD只是一个公共的平台，许多专业方向的内容需要在此基础上开发，根据行业的不同而侧重点不同。
（　）14. 当调节过程不稳定时，可增大积分时间或加大比例度，使其稳定。
（　）15. 系统性属于生产方法选择的原则。
（　）16. 对装置进行小改小革，要根据设备需要改造的具体内容制定方案，抓住中心和要点。
（　）17. 输送液体流量较小且扬程高时，宜选用往复泵。
（　）18. 标注角度时，尺寸线应画成圆弧，其圆心是该角的顶点。
（　）19. HSE作业文件必须要操作性强。
（　）20. 编写装置开工、停工计划，不但要制定好开工、停工步骤方案，还要有开产、停产过程中的安全要求、技术要求、质量检验方案等。
（　）21. CNG装置脱水一般采用三甘醇法。
（　）22. 为了设法控制与抑制醇胺的变质反应，使用蒸汽作热源时选用高压饱和蒸汽。
（　）23. 三甘醇贫液入塔温度不会影响脱水效果。
（　）24. 提高酸气H_2S浓度的首选方法是甲基二乙醇胺压力选吸。
（　）25. 所有检修项目必须经现场调度和安全人员检查验收。
（　）26. 操作规程编制不需要操作层次人员参加。
（　）27. 离心泵的常见故障有性能、机械、轴封故障和腐蚀磨损。

( ) 28. 绘制零件图时标注一般以 mm 为单位。

( ) 29. 三甘醇脱水装置精馏柱的理论塔板数一般为 3 块，即底部重沸器、填料段和顶部回流冷凝器。

( ) 30. 溶液循环泵叶轮一般采用碳钢。

( ) 31. 国家《节能中长期专项规划》提出"十一五"期间组织实施十项节能重点工程，包括燃煤工业锅炉（窑炉）改造工程、区域热电联产工程、余热余压利用工程、节约和替代石油工程、电机系统节能工程、能量系统优化工程、建筑节能工程、绿色照明工程、政府机构节能工程以及节能监测和技术服务体系建设工程等。

( ) 32. 在一定范围内，随三甘醇溶液 pH 值的增加，腐蚀速率减小。

( ) 33. 在选用离心泵时，为满足操作条件，所选泵的性能参数应比理论值稍大一些。

( ) 34. 编写月度技术总结重点在汇总装置生产数据。

( ) 35. 调节器参数整定的任务是根据已定的控制方案来确定调节器的最佳参数，包括比例带、积分时间、微分时间，使系统能获得最佳的调节质量。

( ) 36. 实践证明，离心泵叶轮的材料强度和韧性越高，硬度和化学稳定性越高，叶轮的表面越光，则抗汽蚀性能越好。

( ) 37. 管道接口交错排列，其错开长度不小于 30cm。

( ) 38. 管沟敷设可充分利用地下空间，提供了较方便的检查维修条件，不需要敷设排水点等。

( ) 39. 企业综合能耗是在统计报告期内企业的主要生产系统、辅助生产系统和附属生产系统的综合能耗总和。能源及耗能工质在企业内部进行储存、转换及分配供应（包括外销）中的损耗，也应计入企业综合能耗。

( ) 40. GB 18047—2017 是我国 CNG 的水露点执行的现行标准。

模拟试题三答案

一、单项选择题

1. A	2. A	3. B	4. A	5. D	6. D	7. D	8. C	9. D	10. C
11. D	12. C	13. B	14. D	15. C	16. A	17. C	18. D	19. C	20. B
21. B	22. A	23. C	24. D	25. C	26. B	27. D	28. B	29. D	30. C
31. D	32. A	33. C	34. C	35. B	36. C	37. D	38. A	39. B	40. C
41. B	42. B	43. D	44. B	45. A					

二、多项选择题

1. ACD	2. ABC	3. ABD	4. ABCD	5. ABC	6. BCD	7. ABD
8. AB	9. ABD	10. ACD	11. ABCD	12. BCD	13. ABC	14. ABC
15. ACD						

三、判断题

1. √ 2. √ 3. √ 4. √ 5. × 6. √ 7. × 8. √ 9. √ 10. √ 11. √ 12. √ 13. √
14. √ 15. × 16. √ 17. √ 18. √ 19. √ 20. √ 21. × 22. × 23. √ 24. √ 25. ×
26. × 27. √ 28. √ 29. √ 30. × 31. √ 32. √ 33. √ 34. × 35. √ 36. √ 37. √
38. × 39. √ 40. √

模拟试题四

一、单项选择题（每题有4个选项，只有1个是正确的，请将正确答案字母填入题前的括号中，每题1分，共45分）

1. 乙炔与空气能组成爆炸性混合物，在空气中含有体积分数为（　　）的乙炔时，点火即能引起爆炸。
   A. 3%～81%　　B. 13%～81%　　C. 9%～81%　　D. 19%～81%
2. 下列工具中不是管工常用工具的是（　　）。
   A. 活动扳手　　B. 管子丝板　　C. 管钳　　D. 游标卡尺
3. 下列物质中不是有机化合物的是（　　）。
   A. 甲烷　　B. 醋酸　　C. 二氧化碳　　D. 蛋白质
4. 以焊接方式连接的管道，管壁厚度不小于（　　）的管子加工坡口后方可焊接。
   A. 1.5mm　　B. 2.5mm　　C. 3.5mm　　D. 4.5mm
5. 下列关于气相色谱特点的说法不正确的是（　　）。
   A. 应用范围不广　　　　　　B. 效率和灵敏度高
   C. 速度快　　　　　　　　　D. 操作简单迅速
6. 紫外可见光的波长范围为（　　）。
   A. 100～1000nm　　　　　　B. 200～750nm
   C. 300～600nm　　　　　　 D. 800～1500nm
7. 应急救援是指在应急响应过程中，为消除、减少事故危害，防止事故扩大或恶化，最大限度地降低事故造成的损失或危害而采取的（　　）或行动。
   A. 预防措施　　B. 救援措施　　C. 安全措施　　D. 应急措施
8. 硫磺回收装置开停车过程中，为保证冷凝器的温度，通常保持末级冷凝器的水位为（　　）。
   A. 高水位　　　　　　　　　B. 低水位
   C. 低水位或无水位　　　　　D. 以上选项均正确
9. 下列选项中不是离心泵振动原因的是（　　）。
   A. 泵产生汽蚀　　　　　　　B. 轴封泄漏
   C. 轴承磨损大　　　　　　　D. 泵轴与电动机轴不在同一中心线
10. 下列选项中不是CNG装置脱水特点的是（　　）。
    A. 处理量小　　B. 间歇操作　　C. 压力高　　D. 脱水深度不高

11. 用经验凑试法来整定调节器时，在整定中，当曲线波动较大时，应（　　）。
A. 增大比例度　　B. 增大积分时间　　C. 减少积分时间　　D. 减少微分时间

12. 一般润滑油的黏度变化超过（　　）就应更换润滑油。
A. 10%　　B. 20%　　C. 30%　　D. 50%

13. 三甘醇再生釜贫液汽提柱填料高度一般为（　　）。
A. 1~1.5m　　B. 1.2~1.6m　　C. 1.5~2.5m　　D. 2~3m

14. 对于每种醇胺，其浓度越高，腐蚀率（　　）。
A. 越小　　B. 越大　　C. 维持恒定　　D. 每种醇胺变化不同

15. 以下不是脱硫装置化工设计热量衡算步骤的是（　　）。
A. 确定热量衡算的步骤，收集物性数据、操作条件数据、热性质数据
B. 选择衡算的计算基准和能量基准，列出各种关系式，包括热量衡算式、焓方程式及物料衡算方程式
C. 将计算结果整理列成热量评分表，并进行验算
D. 计算总热量

16. HSE 作业文件的编写应首先（　　）。
A. 收集和分析现行文件　　　　B. 编写文件编号和标题
C. 编制作业文件明细表　　　　D. 确认目的和适用范围

17. 脱硫装置初步设计的内容包括（　　）。
A. 设计说明书，设备及材料表，图纸，开停车、联锁项目和紧急情况的处理方案，单项工程概算
B. 设计说明书，设备及材料表，工艺流程图和物料平衡表，环境保护专篇，安全卫生及消防专篇
C. 设计说明书，开停车、联锁项目和紧急情况的处理方案，图纸，单项工程概算，环境保护专篇，安全卫生及消防专篇
D. 设计说明书，设备及材料表，图纸，单项工程概算，环境保护专篇，安全卫生及消防专篇

18. 下列关于 PID 参数的说法正确的是（　　）。
A. 微分时间越长，微分作用越弱　　B. 微分时间越长，微分作用越强
C. 积分时间越长，积分作用越强　　D. 比例度越大，比例控制越强

19. 选择离心泵时，若在生产中流量有很大的变动，一般应以（　　）为准。
A. 最小流量　　B. 最大流量　　C. 平均流量　　D. 以上选项均正确

20. 对装置进行小改小革的主要目的是（　　）。
A. 提高产量　　　　　　　　B. 降低成本和节约能源
C. 降低腐蚀　　　　　　　　D. 提高溶液质量

21. 下列胺法脱硫装置的设备构件中，一般不使用不锈钢材料的是（　　）。
A. 吸收塔内部构件　　　　　B. 重沸器管子
C. 酸气冷凝器壳体　　　　　D. 再生塔内部构件

22. 选择性再生是利用胺液中 H_2S 与 CO_2（　　）的差别，将吸收的酸气分为两部

分，一部分是 H_2S 浓缩的酸气，另一部分则基上是 CO_2。
  A. 吸收速度   B. 解吸速度   C. 物理性质   D. 化学性质
23. 贫三甘醇的入塔温度应比塔内气温高（　）。
  A. 3~8℃   B. 10℃   C. 12℃   D. 14℃
24. 生产过程中消耗的不作原料使用、也不进入产品，制取时又需要消耗能源的工作物质是（　）。
  A. 综合能耗   B. 耗能工质   C. 综合能耗单耗   D. 产品消耗
25. 管道布置设计时可不遵循或采用（　）。
  A.《建筑设计防火规范》   B. 相关专业提供的条件表和条件图
  C. 设备布置平面图   D. 管道仪表流程图
26. 操作规程必须保证操作步骤的（　），有利于装置和设备的可靠运行。
  A. 完整   B. 细致   C. 准确、量化   D. 以上选项均正确
27. 操作规程必须以（　）为依据，确保技术指标、技术要求、操作方法的科学合理。
  A. 工程设计   B. 生产实践
  C. 工程设计和生产实践   D. 以上选项均不正确
28. 直径1.5m以上的塔，板径应不小于（　）。
  A. 600mm   B. 650mm   C. 500mm   D. 550mm
29. 下列因素中不是管子和组成件选材的基本准则的是（　）。
  A. 公称压力   B. 试验压力及最大工作压力
  C. 公称直径   D. 温度、压力额定值
30. 离心泵的常见故障有（　）。
  A. 腐蚀和磨损   B. 腐蚀、磨损和机械故障
  C. 性能故障和机械故障   D. 性能、机械、轴封故障和腐蚀磨损
31. CO_2 与醇胺的变质产物是（　）。
  A. 恶唑烷酮   B. 二硫代氨基甲酸盐
  C. 乙二胺衍生物   D. 咪唑啉酮
32. 实践证明，三甘醇脱水吸收塔至少要有4块实际塔板才有良好的脱水效果，一般使用（　）。
  A. 4~12块   B. 4~10块   C. 4~8块   D. 4~6块
33. 进入脱水塔检修前必须（　）。
  A. 将塔内泄至常压   B. 用空气置换容器内气体
  C. 回收塔内溶液   D. 取塔内的介质进行分析
34. 在三甘醇脱水塔操作温度为40℃、贫三甘醇浓度为99.7%、吸收达到平衡时，水的露点温度为（　）。
  A. -20℃   B. -30℃   C. -40℃   D. -50℃
35. 装置开停车计划的内容应包括（　）。
  A. 组织机构   B. 施工管理   C. 安全预案   D. 以上选项均正确

36. "计算机辅助设计"的英文缩写是（　　）。
   A. CAD　　　B. CAM　　　C. CAE　　　D. CAT
37. GBZ 1—2010《工业企业设计卫生标准》规定，当外界气温在33℃以上时，工作场所或作业地点的温度不能超过环境温度（　　）。
   A. 2℃　　　B. 3℃　　　C. 5℃　　　D. 10℃
38. 组织装置开停车应做的工作有（　　）。
   A. 组织编制检修项目表　　　B. 组织编制停车检修操作规程
   C. 协调指挥开停车工作　　　D. 以上选项均正确
39. 下列泵中可以获得较高真空度或超高真空度的是（　　）。
   A. 水蒸气喷射泵　　　B. 水喷射泵
   C. 油扩散泵和油增压泵　　　D. 空气喷射泵
40. 技术改造主要能达到（　　）的效果。
   A. 降低设备腐蚀　　　B. 增加溶液浓度
   C. 提高设备利用率和节能降耗　　　D. 以上选项均不正确
41. 下列对润滑油变质原因的分析正确的是（　　）。
   A. 润滑油颜色变深表明是有水分进入润滑油剂中
   B. 润滑油黏度下降主要是因为润滑油氧化降低了润滑油分子的相对分子质量
   C. 润滑油中不溶物增加，一定是杂质或者齿轮磨损产生的金属屑引起的
   D. 润滑油黏度上升主要是润滑油氧化或是水分和乳液产生油泥造成的
42. 设备布置图中标注的标高以（　　）为单位。
   A. km　　　B. m　　　C. cm　　　D. mm
43. 三甘醇过滤应使其中的固体杂质含量小于（　　）。
   A. 0.03%　　　B. 0.02%　　　C. 0.01%　　　D. 0.04%
44. 规定的耗能体系在一段时间内实际消耗的各种能源实物量按规定的计算方法和单位分别折算为一次能源后的总和，称为（　　）。
   A. 综合能耗　　　B. 耗能工质　　　C. 综合能耗单耗　　　D. 产品消耗
45. 润滑油水分过多会使润滑油乳化变质而失去润滑性能，一般要求润滑油中水分含量低于（　　）。
   A. 1%　　　B. 3%　　　C. 5%　　　D. 10%

二、多项选择题（每题有4个选项，至少有2个是正确的，请将正确答案字母填入题前的括号中，每题1分，共15分)

1. 能直接与加工设备的金属作用，造成加工设备腐蚀的有机硫化物称为活性硫化物，这类硫化物包括（　　）。
   A. 硫醇　　　B. H_2S　　　C. 硫酚　　　D. 单质硫
2. 游标卡尺按其读数值可分为（　　）。
   A. 0.1mm　　　B. 0.02mm　　　C. 0.05mm　　　D. 0.5mm
3. 电化学分析法的特点包括（　　）。
   A. 准确度和灵敏度高　　　B. 有较好的选择性
   C. 仪器简单，高度集成化　　　D. 方便易用，能自动化

4. 以下不是 20 世纪 80 年代后天然气净化工艺发展的重要推动力的是（ ）。
   A. 改善经济性　　　　　　　　　B. 实践提出的新课题
   C. 环保要求　　　　　　　　　　D. 安全要求

5. 循环水处理缓蚀剂分为（ ）。
   A. 有机缓蚀剂　B. 无机缓蚀剂　　C. 氧化膜缓蚀剂　　D. 沉淀型缓蚀剂

6. 以下关于硫磺回收装置检修后，开车时在液硫封中加入固体硫磺或液硫的目的叙述不正确的是（ ）。
   A. 检查液硫封保温情况　　　　　B. 形成液封
   C. 开车时便于确认硫磺生产情况　D. 无任何目的

7. 下列关于离心泵选型的说法正确的是（ ）。
   A. 要根据液体性质确认离心泵的类型
   B. 要根据工艺要求确认离心泵的类型
   C. 在选用离心泵时，为满足操作条件，所选泵的性能参数应比理论值稍大一些
   D. 在选用离心泵时，为满足操作条件，所选泵的性能参数应比理论值越大越好

8. 当现场仪表系统出现故障时，可能出现的现象是（ ）。
   A. 记录曲线发生突变
   B. 以前仪表记录曲线一直表现正常，出现波动后记录曲线变得毫无规律或使系统难以控制，甚至连手动操作也不能控制
   C. 当 DCS 显示仪表不正常时，到现场检查同一直观仪表的指示值，发现它们差别很大
   D. 记录曲线跳到最大或最小

9. 全塔热量衡算的步骤包括（ ）。
   A. 进入系统的热量　　　　　　　B. 离开系统带出的热量
   C. 全塔热量衡算　　　　　　　　D. 塔釜加热蒸汽消耗量计算

10. 下列关于浮阀标记的说法正确的是（ ）。
    A. Q 表示"轻阀"　　　　　　　B. Q 表示"重阀"
    C. A 表示材料为 1Cr13　　　　 D. A 表示材料为 1Cr18Ni9Ti

11. 连续精馏塔的物料衡算包括（ ）。
    A. 全塔的物料衡算　　　　　　　B. 部分物料衡算
    C. 精馏段　　　　　　　　　　　D. 提馏段的物料衡算

12. HSE 管理体系包含（ ）。
    A. 质量　　　B. 健康　　　C. 安全　　　D. 环保

13. 图样中书写的汉字、数字和字母，必须做到（ ）。
    A. 字体工整　　B. 笔画清楚　　C. 间隔均匀　　D. 排列整齐

14. 生产单位应急预案应根据（ ）要求进行制定。
    A.《中华人民共和国安全生产法》　B.《国家安全生产事故灾难应急预案》
    C. 本单位技术资料　　　　　　　D. 个人经验

15. 天然气净化生产操作规程的内容包括（　　）。
A. 工艺技术规程和操作指南
B. 开工规程和停工规程
C. 设备操作规程、事故处理预案、仪表控制系统操作和安全生产及环境保护等要求
D. 以上选项均不正确

三、判断题（正确的打"√"，错误的打"×"，每题1分，共40分）

（　　）1. 直线管道连接时，两个相邻的环形焊缝间距应大于管径，并不得小于100mm。
（　　）2. 发生电弧磁偏吹时，电弧一般偏向连接导线的一侧。
（　　）3. 绘制工件草图就是根据已有的实际零件，以目测的方式徒手画出它的形状。
（　　）4. 为了使锉削表面光滑，锉刀的锉齿应沿锉刀轴线方向有规律倾斜排列。
（　　）5. 光度分析中，测定的吸光度越大，测定结果的相对误差越小。
（　　）6. 用PHS-3B型酸度计测被测溶液的pH值时，可以直接测量。
（　　）7. 在化工设计过程中，进行物料衡算的依据是质量守恒定律，进行能量衡算的定律是能量守恒定律。
（　　）8. 物料和能量衡算一般在工艺路线与生产方法的确定工作完成之后进行。
（　　）9. 管道接口交错排列，其错开长度不小于30cm。
（　　）10. 三甘醇贫液入塔温度不会影响脱水效果。
（　　）11. 管道平面图尺寸线终端一般采用箭头形式。
（　　）12. 进入容器检修时，除保证常温、常压、无毒外，还应保持空气畅通。
（　　）13. 管道支架、吊架的组装可不在施工现场进行。
（　　）14. 设备布置图一般以联合布置的装置或独立的主项为单元绘制，一般只绘平面图，当平面图表示不清时可绘制剖视图。
（　　）15. 在设计及操作正确的装置中，导致胺液变质的主要因素是氧化降解。
（　　）16. 用经验凑试法整定调节器时，在整定过程中，如果曲线振荡很厉害，需把微分时间降到最小或不加微分作用。
（　　）17. 填料材质的选择主要考虑填料的价格和机械强度。
（　　）18. 选择性胺法脱硫最初的工业应用是高温选吸。
（　　）19. 管理作业文件必须操作性强，并得到本活动相关部门负责人同意和接受，以及有关部门对接口关系的认可，经过审批后实施。
（　　）20. 进入置换合格的容器内作业时可以不办理有限空间作业票。
（　　）21. 编写月度技术总结重点是本月在工艺技术上做了哪些工作。
（　　）22. 往复泵的填料函过紧不会造成泵压力不足。
（　　）23. 胺液的腐蚀性与其反应性能有关，反应性越强，腐蚀也越强。
（　　）24. 板式塔操作时多少有些液沫夹带，液沫可以增加传质面积。
（　　）25. 绘制零件图时标注一般以mm为单位。
（　　）26. 现场施工临时设施拆除工作必须在装置投料开车前完成。
（　　）27. 浮阀塔在安装塔盘时，应检查浮阀腿在塔板孔内的挂连情况。

(　　) 28. 天然气净化工理论培训不包含电气仪表专业的内容。
(　　) 29. 硫磺回收装置检修期间，转化器床层除硫应降低转化器入口温度15～30℃。
(　　) 30. DCS上温度指示值突然变到最大或最小，一般为DCS故障。
(　　) 31. 容器选择应综合考虑工艺条件、介质特性、场地条件、容积大小、设置位置、施工方便、造价和耗材量等因素。
(　　) 32. 脱水装置开停车方案中包括设备检修质量验收标准。
(　　) 33. 可以采用关闭出口阀的方式来调节旋涡泵的流量。
(　　) 34. 三甘醇被固体杂质、盐分、缓蚀剂和液烃污染是其起泡的化学原因。
(　　) 35. 硫磺回收装置检修前，除硫应降低15～30℃转化器入口温度。
(　　) 36. 在一定范围内，随三甘醇溶液pH值的增加，腐蚀速率减小。
(　　) 37. MDEA等溶液复活可以收到良好的效果，这只是问题的一方面，另一方面设法控制与抑制变质反应，这可能是更加积极的措施。
(　　) 38. 所有检修项目必须经施工单位和技术人员检查验收。
(　　) 39. 输送液体流量较小且扬程高时，宜选用往复泵。
(　　) 40. 与各坐标平面平行的圆在各种轴侧图中投影为椭圆，但在斜二侧中正面投影仍为圆。

模拟试题四答案

一、单项选择题

1. A	2. D	3. C	4. C	5. A	6. B	7. B	8. C	9. B	10. D
11. B	12. B	13. B	14. B	15. D	16. B	17. D	18. B	19. B	20. B
21. C	22. B	23. A	24. B	25. A	26. A	27. C	28. A	29. C	30. D
31. A	32. A	33. D	34. B	35. D	36. A	37. A	38. D	39. C	40. C
41. D	42. B	43. C	44. A	45. B					

二、多项选择题

1. ABCD　2. ABC　3. ABCD　4. ABD　5. AB　6. ACD　7. ABC
8. ACD　9. ABCD　10. AC　11. ACD　12. BCD　13. ABCD　14. ABC
15. ABC

三、判断题

1. √　2. ×　3. √　4. √　5. ×　6. ×　7. √　8. √　9. √　10. ×　11. ×　12. √　13. ×
14. √　15. ×　16. √　17. ×　18. ×　19. √　20. ×　21. √　22. √　23. √　24. √　25. √
26. √　27. √　28. ×　29. ×　30. ×　31. √　32. √　33. ×　34. √　35. √　36. ×　37. √
38. √　39. √　40. √

模拟试题五

一、单项选择题（每题有4个选项，只有1个是正确的，请将正确答案字母填入题前的括号中，每题1分，共45分）

1. 在一定反应条件下，烷烃从一种异构体变成另一种异构体的反应称为（   ）。
   A. 卤代反应   B. 异构变化   C. 热裂化反应   D. 氧化和燃烧反应
2. 硫化反应是将苯和浓硫酸共热到（   ），苯与浓硫酸起反应的现象。
   A. 70~80℃   B. 50~60℃   C. 40~50℃   D. 30~40℃
3. HRC符号代表金属材料的（   ）。
   A. 布氏硬度   B. 洛氏强度   C. 屈服强度   D. 维氏硬度
4. 一管道实际长度5m，它在图样上的长度为1cm，则该图样比例为（   ）。
   A. 1∶50   B. 1∶500   C. 50∶1   D. 500∶1
5. 重量分析对沉淀形式的要求包括（   ）。
   A. 沉淀物的溶解度要小，要求溶解损失小于0.2mg
   B. 沉淀物必须纯净，易于过滤和洗涤
   C. 沉淀物易于转化为称量形式
   D. 以上选项均正确
6. 在气相色谱中，由于各组分在（   ）上的差异，因此与固定相发生作用的大小、强弱也有差异，在同一推动力作用下，不同组分在固定相滞留时间有长有短，从而按先后不同的次序从固定相中流出。
   A. 性质   B. 结构   C. 浓度   D. 性质和结构
7. 美国气体加工和供应者协会建议吸收塔底部5层塔板、再生塔顶部5层塔板，以及酸气冷凝器使用（   ）。
   A. 不锈钢   B. 碳钢   C. PVC   D. 塑钢
8. MDEA溶液中，与CO_2相比，H_2S的解吸速度（   ），故可先以较缓和的条件使H_2S几乎完全解吸，而CO_2仅有一部分解吸，从而获得富H_2S酸气。
   A. 大   B. 小   C. 基本相同   D. 无法确定
9. 按照国家能源的计量方式，能源计量单位可以有（   ）表示方式。
   A. 2种   B. 3种   C. 4种   D. 5种
10. 以下不是脱硫装置化工设计计算中物料衡算步骤的是（   ）。
    A. 了解体系的特点、过程性质、未知变量情况，判断采用何种解法
    B. 收集物性数据、操作条件数据，画出流程图并选择体系，标注进出体系的物流
    C. 计算物流的热量变化
    D. 选择计算基准并列出体系物流表
11. 在三甘醇脱水塔操作温度为40℃、贫三甘醇浓度为99.7%、吸收达到平衡时，水的露点温度为（   ）。
    A. -20℃   B. -30℃   C. -40℃   D. -50℃

12. 下列溶液吸收 CO_2 的速率最慢的是（   ）。
    A. 一乙醇胺   B. DFA   C. 二异丙醇胺   D. 甲基二乙醇胺

13. 工艺专业在脱硫装置的初步设计阶段应（   ）。
    A. 考虑开停车、联锁项目和紧急情况的处理方案
    B. 确定主要设备操作条件
    C. 编制化学药品表
    D. 提出特殊用电要求

14. 以下只作为生产润滑脂企业的控制指标，一般不作为润滑脂使用的质量指标的是（   ）。
    A. 水分和灰分   B. 机械杂质   C. 抗氧化性   D. 抗磨性

15. 填料塔内除填料外，还有一些必要的附件。下列选项中不是填料塔的附件的是（   ）。
    A. 填料支撑板   B. 液体淋洒装置
    C. 液体再分布器   D. 溢流堰

16. 用经验凑试法来整定调节器时，在整定中，当曲线波动较大时，应（   ）。
    A. 增大比例度   B. 增大积分时间
    C. 减少积分时间   D. 减少微分时间

17. 三甘醇装置腐蚀主要是（   ）造成的。
    A. 有机酸及溶解的 H_2S 等   B. 溶解的 CO_2
    C. 溶液 pH 值过高   D. 溶液发泡

18. 在可能影响 MDEA 降解速率的因素中，（   ）是最主要的因素。
    A. MDEA 浓度   B. 操作温度   C. 操作压力   D. CO_2 分压

19. 下列不能用于硫回收装置检修前除硫的是（   ）。
    A. 酸气   B. 350℃的过热蒸汽
    C. 空气   D. 天然气

20. 操作通道、平台所需净空高度为（   ）。
    A. 1500mm   B. 1800mm   C. 2100mm   D. 2500mm

21. CAD 是计算机主要应用领域之一，它的含义是（   ）。
    A. 计算机辅助教育   B. 计算机辅助测试
    C. 计算机辅助设计   D. 计算机辅助管理

22. 对于每种醇胺，其浓度越高，腐蚀率（   ）。
    A. 越小   B. 越大   C. 维持恒定   D. 每种醇胺变化不同

23. HSE 作业文件是程序文件的（   ）文件，一个程序文件可分解成几个作业性文件。
    A. 重要性   B. 必要性   C. 支持性   D. 相关性

24. 对大直径薄壁管道，在无特殊要求下，宜（   ）在梁架或者管道支架上。
    A. 焊接   B. 用螺栓固定
    C. 用衬托加强板保护   D. 用管卡固定

25. HSE 管理体系是企业整个管理体系的有机组成部分之一，它将与（   ）密切相关的管理体系科学地结合在一起。
   A. 质量、健康和安全   B. 健康、安全和环保
   C. 质量、安全和环保   D. 安全和环保

26. 依据腐蚀试验结果，总热稳定盐量要求不超过溶液的（   ）。
   A. 0.5%   B. 1.0%   C. 1.5%   D. 2.0%

27. 选择性再生是利用胺液中 H_2S 与 CO_2（   ）的差别，将吸收的酸气分为两部分，一部分是 H2S 浓缩的酸气，另一部分则基上是 CO_2。
   A. 吸收速度   B. 解吸速度   C. 物理性质   D. 化学性质

28. 在选用离心泵时，为满足操作条件，所选泵的性能参数应（   ）。
   A. 比理论值稍小一些   B. 比理论值稍大一些
   C. 是理论值的 2 倍以上   D. 越大越好

29. 三甘醇脱水溶液循环比最高不应超过（   ）。
   A. 15L/kg 水   B. 17L/kg 水   C. 33L/kg 水   D. 40L/kg 水

30. 下列泵中可以获得较高真空度或超高真空度的是（   ）。
   A. 水蒸气喷射泵   B. 水喷射泵
   C. 油扩散泵和油增压泵   D. 空气喷射泵

31. 确定胺液装置管线的液体流速时，碳钢管道流速不超过（   ）。
   A. 15m/s   B. 5m/s   C. 3m/s   D. 1m/s

32. 醇胺法脱硫装置的腐蚀与（   ）之外的工艺条件有关。
   A. 操作温度   B. 操作压力   C. 流体流速   D. 醇胺本身

33. 在设计计算时，蒸汽冷凝水流速选（   ）。
   A. 0.2~0.5m/s   B. 0.5~1.5m/s
   C. 1.5~2.0m/s   D. 1.5~2.5m/s

34. 编写 HSE 作业文件时应首先（   ）。
   A. 收集和分析现行文件   B. 编写文件编号和标题
   C. 编制作业文件明细表   D. 确认目的和适用范围

35. 装置检修组织机构应包括（   ）。
   A. 简介   B. 组织安排   C. 联系方式   D. 以上选项均正确

36. GB/T 2589—2020《综合能耗计算通则》规定企业综合能耗分为（   ）。
   A. 五大类   B. 六大类   C. 七大类   D. 八大类

37. 三甘醇过滤应使其中的固体杂质含量小于（   ）。
   A. 0.03%   B. 0.02%   C. 0.01%   D. 0.04%

38. 下列选项中不是离心泵振动原因的是（   ）。
   A. 泵产生汽蚀   B. 轴封泄漏
   C. 轴承磨损大   D. 泵轴与电动机轴不在同一中心线

39. 在输送温度一定的情况下，液体黏度大于 $650mm^2/s$ 时宜选用（   ）。
   A. 离心泵   B. 容积式泵   C. 旋涡泵   D. 轴流泵

40. 净化厂脱水装置的检修方案编制中可以不涉及（　　）的内容或影响。
A. 脱硫装置　　　B. 硫磺回收装置　　C. 循环水装置　　　D. 空压、空分装置

41. 以下不是脱硫装置化工设计热量衡算步骤的是（　　）。
A. 确定热量衡算的步骤，收集物性数据、操作条件数据、热性质数据
B. 选择衡算的计算基准和能量基准，列出各种关系式，包括热量衡算式、焓方程式及物料衡算方程式
C. 将计算结果整理列成热量评分表，并进行验算
D. 计算总热量

42. 标注线用（　　）制图。
A. 细虚线　　　B. 粗虚线　　　C. 细实线　　　D. 粗实线

43. 装置停车方案应包括（　　）。
A. 停车进度表　B. 停车准备工作　C. 停车方案　　D. 以上选项均正确

44. 对于泡罩塔板，其塔板效率推荐采用（　　）。
A. 20%　　　　B. 25%　　　　C. 30%　　　　D. 35%

45. 在DCS上调整工艺参数时，发现记录曲线发生突变或跳到最大或最小，故障很可能出现在（　　）。
A. 现场仪表系统　　　　　　　　B. DCS
C. 工艺操作系统　　　　　　　　D. 以上选项均不正确

二、多项选择题（每题有4个选项，至少有2个是正确的，请将正确答案字母填入题前的括号中，每题1分，共15分）

1. 在画零件的外螺纹时，以下不能表示螺纹的牙顶的是（　　）。
A. 粗实线　　　B. 细实线　　　C. 虚线　　　　D. 波浪线

2. 下列关于硫醇性质的说法正确的是（　　）。
A. 硫醇是一种臭味剂，可把它加入有害有毒气体中，以便检查管道是否泄漏
B. 硫醇的性质与醇类既有相似的地方又有差别
C. 乙硫醇与乙醇物理性质一样
D. 硫醇易被缓和的氧化剂氧化为二氧化硫

3. 电化学分析法根据检测的参数分类可分为（　　）。
A. 电位分析法　B. 电导分析法　C. 库仑分析法　D. 伏安分析法

4. 下列软件可以进行物料衡算的是（　　）。
A. AspenONE　　B. PRO/Ⅱ　　　C. ChemCAD　　D. PDsoft

5. 填料的选择原则有（　　）。
A. 单位体积填料的表面积要大，气液相接触的自由体积要大
B. 对气相阻力要小，即空隙面积小
C. 质量要小，机械强度要高，耐介质腐蚀，经久耐用，价格低廉
D. 根据操作压力和介质来选择填料的材质

6. 化工计算包括工艺设计中的（　　）。
A. 物料衡算　　B. 能量衡算　　C. 能量守恒　　D. 设备的选型和计算

7. 下列关于旋涡泵特点的说法正确的是（　　）。
   A. 旋涡泵适用于输送高黏度液体
   B. 旋涡泵的结构简单，铸件形状不太复杂，制造加工容易
   C. 大多数旋涡泵都具有自吸能力
   D. 旋涡泵是结构最简单的高扬程泵

8. 以下不是硫磺回收装置检修后，开车时在液硫封中加入固体硫磺或液硫目的的是（　　）。
   A. 检查液硫封保温情况　　　　　　B. 形成液封
   C. 开车时便于确认硫磺生产情况　　D. 无任何目的

9. 下列选项中是胺法脱硫装置容易发生腐蚀的敏感区域的是（　　）。
   A. 再生塔及其内部构件　　　　　　B. 贫富液换热器的壳程
   C. 贫富液换热器的管程　　　　　　D. 有游离酸气和较高温度的重沸器

10. 离心泵发生振动的原因有（　　）。
    A. 泵产生汽蚀　　　　　　　　　　B. 轴封泄漏
    C. 轴承磨损大　　　　　　　　　　D. 泵轴与电动机轴不在同一中心线

11. 下列对操作规程的描述正确的是（　　）。
    A. 必须人人遵守　　　　　　　　　B. 只有操作人员才遵守
    C. 必须及时修订、补充和完善　　　D. 必须满足安全环保要求

12. 确定三甘醇循环量时必须考虑的因素有（　　）。
    A. 三甘醇进吸收塔浓度　　　　　　B. 塔板数（填料高度）
    C. 要求的露点降　　　　　　　　　D. 吸收剂浓度

13. 泵的主要性能参数包括（　　）。
    A. 流量　　B. 扬程　　C. 汽蚀余量　　D. 功率和效率

14. 管段图上的指北方向，可以指向（　　）。
    A. 正上方　　B. 右上方　　C. 左上方　　D. 下方

15. 以下不是20世纪80年代后天然气净化工艺发展的重要推动力的是（　　）。
    A. 改善经济性　　　　　　　　　　B. 实践提出的新课题
    C. 环保要求　　　　　　　　　　　D. 安全要求

三、判断题（正确的打"√"，错误的打"×"，每题1分，共40分）

（　　）1. 为了使锉削表面光滑，锉刀的锉齿应沿锉刀轴线方向有规律倾斜排列。
（　　）2. 在正立投影面上得到的视图称为主视图。
（　　）3. 苯是无色的液体，熔点为5.5℃。
（　　）4. 乙苯的分子式是 $C_6H_5-C_2H_5$。
（　　）5. 利用比较溶液颜色深浅的方法来确定溶液中有色物质含量的方法称为比色分析法。
（　　）6. 沉淀滴定法是将待测组分转化为某种可称重量的物质后，依靠称重来进行测定的分析方法。

(   ) 7. 国家《节能中长期专项规划》要求,到 2010 年我国主要产品单位能耗指标总体达到或接近 20 世纪 90 年代初期国际先进水平,其中大中型企业达到国际先进水平。

(   ) 8. 硫磺回收装置检修期间,转化器床层除硫应降低转化器入口温度 15~30℃。

(   ) 9. AutoCAD 只是一个公共的平台,许多专业方向的内容需要在此基础上开发,根据行业的不同而侧重点不同。

(   ) 10. 在化工设计过程中,进行物料衡算的依据是质量守恒定律,进行能量衡算的定律是能量守恒定律。

(   ) 11. 编写装置开工、停工计划,不但要制定好开工、停工步骤方案,还要有开产、停产过程中的安全要求、技术要求、质量检验方案等。

(   ) 12. 天然气净化工理论培训的目的是追赶超越。

(   ) 13. 用于抽取气体产生负压的机器称为真空泵。

(   ) 14. 填料材质的选择主要考虑填料的价格和机械强度。

(   ) 15. 实际塔板数即理论塔板数乘以塔板效率。

(   ) 16. 管道支架、吊架的组装可不在施工现场进行。

(   ) 17. 现场施工临时设施拆除工作可以在装置投料开车后进行。

(   ) 18. 管沟敷设可充分利用地下空间,提供了较方便的检查维修条件,不需要敷设排水点等。

(   ) 19. 进入置换合格的容器内作业时可以不办理有限空间作业票。

(   ) 20. DCS 上全部或部分控制画面不会刷新甚至无法切换到另外的控制画面,控制指令无法发出,但鼠标还能正常工作,这种现象通常是 CRT 上控制画面打开过多,操作过于频繁引起的。

(   ) 21. 操作规程编制不需要操作层次人员参加。

(   ) 22. 应急救援是在应急响应过程中,为消除、减少事故危害,防止事故扩大或恶化,最大限度地降低事故造成的损失或危害而采取的救援措施或行动。

(   ) 23. 国家《节能中长期专项规划》提出"十一五"期间组织实施十项节能重点工程,包括燃煤工业锅炉(窑炉)改造工程、区域热电联产工程、余热余压利用工程、节约和替代石油工程、电机系统节能工程、能量系统优化工程、建筑节能工程、绿色照明工程、政府机构节能工程以及节能监测和技术服务体系建设工程等。

(   ) 24. 脱硫装置新建和技改的设计前期工作和初步设计要在项目审批后进行。

(   ) 25. 在进行管道柔性计算时,计算温度取正常操作温度不一定是偏于安全的。

(   ) 26. 质量优良的润滑油,其颜色是均一的、澄清的、无沉淀的。

(   ) 27. 为了设法控制与抑制醇胺的变质反应,使用蒸汽作热源时选用高压饱和蒸汽。

(   ) 28. 泵的主要性能参数有流量、扬程、汽蚀余量、功率和效率。

(   ) 29. 润滑油中有两类杂质,一类是机械杂质,另一类是使用过程中氧化变质生产的杂质。

(   ) 30. 编写月度技术总结重点在汇总装置生产数据。

( ) 31. 与各坐标平面平行的圆在各种轴侧图中投影为椭圆，但在斜二侧中正面投影仍为圆。

( ) 32. 抽气速率是指单位时间内真空泵在残余压力下从进气管吸入的气体容积，即真空泵的生产能力。

( ) 33. 在设计计算时，空气在离心鼓风机排出管流速选 15~20m/s。

( ) 34. 重大危险源是指长期或临时生产、加工、搬运、使用或储存危险物质，且危险物质的数量等于或超过临界量的单元（包括场所和设施）。

( ) 35. 往复泵的填料函过紧不会造成泵压力不足。

( ) 36. 板式塔操作时多少有些液沫夹带，液沫可以减小传质面积。

( ) 37. 所有检修项目必须经施工单位和技术人员检查验收。

( ) 38. GBZ 1—2010《工业企业设计卫生标准》规定，生产或使用剧毒物质的高风险度工业企业必须在工作地点附近设置紧急救援站或有毒气体防护站。

( ) 39. 硫磺回收装置检修前，除硫应降低转化器入口温度 15~30℃。

( ) 40. 企业综合能耗是在统计报告期内企业的主要生产系统、辅助生产系统和附属生产系统的综合能耗总和。能源及耗能工质在企业内部进行储存、转换及分配供应（包括外销）中的损耗，也应计入企业综合能耗。

模拟试题五答案

一、单项选择题

1. B 2. A 3. B 4. D 5. D 6. D 7. A 8. A 9. B 10. C
11. B 12. D 13. D 14. A 15. D 16. B 17. A 18. B 19. C 20. C
21. C 22. B 23. C 24. A 25. B 26. A 27. B 28. C 29. C 30. C
31. D 32. D 33. C 34. B 35. B 36. B 37. C 38. B 39. B 40. B
41. D 42. C 43. D 44. B 45. B

二、多项选择题

1. BCD 2. ABD 3. ABCD 4. ABC 5. ACD 6. ACD 7. BCD
8. ACD 9. ACD 10. ACD 11. ACD 12. ABC 13. ABCD 14. ABC
15. ABD

三、判断题

1. √ 2. √ 3. √ 4. √ 5. √ 6. × 7. × 8. × 9. √ 10. √ 11. √ 12. × 13. √
14. × 15. × 16. × 17. × 18. × 19. × 20. √ 21. × 22. √ 23. √ 24. × 25. ×
26. √ 27. × 28. √ 29. √ 30. × 31. √ 32. √ 33. √ 34. √ 35. √ 36. × 37. √
38. √ 39. √ 40. √

第四部分

高级技师技能操作试题

试题一　组织装置开车

一、准备通知单

（一）试题名称
组织装置开车。

（二）准备要求
（1）安全、劳保用品准备。

序号	名称	数量	备注
1	安全帽		自备
2	工作服		自备
3	工作鞋		自备
4	劳保手套		自备
5	便携式H_2S、CH_4检测仪	各1个	

（2）工具准备。

序号	名称	数量	序号	名称	数量
1	笔	1支	7	装置开车操作卡	1份
2	大、小F形扳手	各1把	8	活动扳手	1把
3	听诊器	1根	9	梅花扳手	1套
4	油盆	1个	10	便携式测温仪	1个
5	检漏瓶	2个	11	便携式振动仪	1个
6	工具包	1个			

（3）配合人员。

工种	人数
天然气净化操作工	2人以上

（4）材料准备。

序号	名称	数量	备注
1	润滑油	若干	
2	棉纱	若干	
3	检漏试剂	若干	
4	各类化学药品	若干	

二、试题正文

(一) 试题名称

组织装置开车。

(二) 考核内容

(1) 操作指令；

(2) 安全、劳保用品准备；

(3) 工具准备；

(4) 配合人员；

(5) 材料准备；

(6) 开车条件的确认；

(7) 开车顺序安排；

(8) 辅助装置、公用装置开车操作；

(9) 脱硫装置开车操作；

(10) 脱水装置开车操作；

(11) 硫磺回收装置开车操作；

(12) 填写记录；

(13) 收工具；

(14) 汇报。

(三) 考核时限

(1) 准备时间：5min。

(2) 正式操作时间：45min。

(3) 计时从正式操作开始，至操作完毕结束。

(4) 规定时间内全部完成；每超时1min，从总分中扣1分；超时10min，停止作业。

(四) 评分记录表

序号	考核内容	评分要素	配分	评分标准	检测结果	扣分	得分	备注
1	操作指令	接收指令，明确任务	3	未在装置开车操作卡上填写姓名并表示按时完成扣3分				
2	安全、劳保用品准备	安全帽	0.5	1. 漏选一件扣0.5分； 2. 便携式 H_2S、CH_4 检测仪未选或未开启扣1分； 3. 未正确穿戴劳保用品扣0.5				
		工作服	0.5					
		工作鞋	0.5					
		劳保手套						
		便携式 H_2S、CH_4 检测仪	1.5					
3	工具准备	笔、操作卡	0.5	1. 漏选一件扣0.5分； 2. 工具未放入工具包扣0.5分				
		大、小F形扳手	0.5					
		听诊器	0.5					

续表

序号	考核内容	评分要素	配分	评分标准	检测结果	扣分	得分	备注
3	工具准备	工具包	0.5	1. 漏选一件扣0.5分； 2. 工具未放入工具包扣0.5分				
		活动扳手	0.5					
		梅花扳手	0.5					
		便携式测温仪	0.5					
		便携式振动仪	0.5					
		检漏瓶	0.5					
		油盆	0.5					
4	配合人员	天然气净化工2人以上	1	无人监护操作扣1分				
5	材料准备	润滑油	0.5	漏选一件扣0.5分				
		棉纱	0.5					
		检漏试剂	0.5					
		脱硫溶液	0.5					
		脱水溶液	0.5					
		盐酸	0.5					
		NaOH	0.5					
		其他化学药品	0.5					
6	开车条件的确认	确认检修项目	2	1. 未确认本装置检修项目已完成扣2分； 2. 未确认本装置所有的设备、管线、仪表都检修完毕，并经过检修质量验收，具备开车运转条件扣1分； 3. 未确认现场液位计、压力表清晰灵敏扣1分； 4. 未确认各种温度检测正常扣1分； 5. 未确认DCS已调试完成扣1分； 6. 未确认水、电、汽、气等具备开车条件扣2分； 7. 未确认所有阀门灵活、完好，阀门处于应当开（或关）的位置扣1分； 8. 未确认检查各安全阀已进行定压试验，并加了铅封扣1分； 9. 未确认各类化学药品数量充足、质量符合要求扣1分； 10. 未确认各机泵油位正常且对不足的补充扣1分				
		确认设备、管线、仪表	3					
		DCS已调试完成	1					
		确认公用供给	2					
		确认阀门	2					
		确认各类化学药品数量、质量	1					
		确认机泵油位	1					
7	开车顺序安排	公用装置助装置开车顺序	7	1. 首先启用循环冷却水、消防水、工业水系统，其次启运空气及氮气生产系统，之后启用污水处理系统，再启运锅炉给水系统，后燃料气系统，后是酸气及原料气防空系统、锅炉及蒸汽系统，顺序答错扣7分； 2. 未启运原料气预处理设备扣1分； 3. 未同时启运脱硫装置扣1分； 4. 未同时启运脱水装置扣1分； 5. 燃料气未切换（需要切换）扣1分； 6. 未后投运硫磺回收装置扣1分； 7. 未投运尾气及酸水汽提处理装置（如有该装置）扣1分； 8. 未投运硫磺成型系统扣1分				
		主体装置开车顺序	6					
		投运硫磺成型装置	1					

续表

序号	考核内容	评分要素	配分	评分标准	检测结果	扣分	得分	备注
8	辅助装置、公用装置开车操作	新鲜水供给	1	1. 未打开界区阀供给新鲜水扣1分; 2. 未组织循环水系统的清洗、预膜扣1分; 3. 循环水系统未正常投运扣1分; 4. 未组织空气及氮气系统正常投运扣1分; 5. 未组织污水处理系统正常投运扣1分; 6. 未组织锅炉给水系统正常投运扣1分; 7. 未组织燃料气系统正常投运扣1分; 8. 未组织酸气及原料气放空系统正常投运扣1分; 9. 未组织锅炉及蒸汽系统正常投运扣1分				
		循环水系统投运	2					
		空气及氮气系统投运	1					
		污水处理系统投运	1					
		锅炉给水系统投运	1					
		燃料气系统投运	1					
		组织酸气及原料气放空系统投运	1					
		组织锅炉及蒸汽系统投运	1					
9	脱硫装置开车操作	空气吹扫	2	1. 未组织对系统进行空气吹扫、把杂质吹出、吹扫气排大气(首次)扣2分; 2. 未组织对系统进行氮气置换、置换气排大气、未确认吹扫到各排气口的O_2含量低于3%(体积分数)停止置换扣2分; 3. 未组织按试压等级用惰性气体或产品气(低含硫原料气)对系统进行逐级缓慢升压检漏扣2分; 4. 试压完后未向系统加入工业水扣1分; 5. 未组织对系统进行工业水水洗扣2分; 6. 未进行锅炉水洗扣1分; 7. 未组织向系统加入溶液扣2分; 8. 未组织系统进行冷循环扣1分; 9. 未组织系统进行热循环扣2分; 10. 未按时达到进气生产条件扣2分; 11. 少操作一步为不合格,设为否定项(鉴定要素内的步骤)				否定项
		氮气置换	2					
		升压检漏	2					
		工业水水洗	3					
		锅炉水水洗	1					
		进溶液、循环、热循环	5					
		待进气生产	2					
10	脱水装置开车操作	空气吹扫	1	1. 未组织对系统进行空气吹扫、把杂质吹出、吹扫气排大气(首次)扣1分; 2. 未组织对系统进行氮气置换、置换气排大气、确认吹扫到各排气口的O_2含量3%(体积分数)停止置换扣2分; 3. 未组织按试压等级用惰性气体或产品气(低含硫原料气)对系统进行逐级缓慢升压检漏扣2分; 4. 试压完后未向系统加入工业水扣1分; 5. 未组织对系统进行工业水水洗扣2分; 6. 未进行锅炉水洗扣1分; 7. 未组织向系统加入溶液扣2分; 8. 未组织系统进行冷循环扣1分; 9. 未组织系统进行热循环扣2分; 10. 未使装置处于待进气生产状态扣1分				
		氮气置换	2					
		升压检漏	2					
		工业水水洗	3					
		锅炉水水洗	1					
		进溶液、冷循环、热循环	5					
		待进气生产	1					

续表

序号	考核内容	评分要素	配分	评分标准	检测结果	扣分	得分	备注
11	硫磺回收装置开车操作	启运主风机，空气吹扫	2	1. 未组织正常启运主风机进行空气吹扫扣2分； 2. 未组织用空气建压到规定值，对系统进行检漏扣2分； 3. 未组织对系统进行保温、暖锅操作扣2分； 4. 未组织按点火程序点燃主燃烧炉主火嘴及再热炉和灼烧炉扣2分； 5. 未组织对大修中拆卸过的部位进行热紧固扣1分； 6. 未组织将各反应器升温至进气要求扣2分				
		检漏	2					
		保温、暖锅	2					
		点火	2					
		热紧固	1					
		各反应器升温	2					
12	填写记录	在装置正常开车操作卡上作好记录	1	少一步扣1分				
		填上所有操作人员姓名	1					
13	收工具	打扫场地卫生	1	1. 未收拾工具、用具扣1分； 2. 未打扫场地卫生扣1分				
		收拾工具、用具	1					
14	汇报	汇报、开车完成，设备运转正常	1	1. 未汇报扣1分； 2. 未按时巡检并作好记录扣1分				
		组织按时巡检，作好记录	1					
15	安全文明生产	组织严格按操作规程操作		1. 每违反一项操作规定扣1分，严重的停止操作； 2. 每超时1min扣1分，超时10min停止操作				从总分中扣除
		组织遵守安全要求						
		组织规定时间内完成操作						
	合计		100					

试题二 组织装置停车

一、准备通知单

（一）试题名称

组织装置停车。

（二）准备要求

（1）安全、劳保用品准备。

序号	名称	数量	备注
1	安全帽		自备
2	工作服		自备
3	工作鞋		自备
4	劳保手套		自备
5	便携式 H_2S、CH_4 检测仪	各1个	

（2）工具准备。

序号	名称	数量	序号	名称	数量
1	笔	1支	6	装置的正常停车操作卡	1份
2	大、小F形扳手	各1把	7	活动扳手	1把
3	听诊器	1根	8	梅花扳手	1套
4	油盆	1个	9	便携式测温仪	1个
5	工具包	1个	10	便携式振动仪	1个

（3）配合人员。

工种	人数
天然气净化操作工	2人以上

（4）材料准备。

序号	名称	数量	备注
1	盲板	若干	
2	铅封锁	若干	

二、试题正文

（一）试题名称

组织装置停车。

(二) 考核内容

(1) 操作指令；

(2) 安全、劳保用品准备；

(3) 工具准备；

(4) 配合人员；

(5) 材料准备；

(6) 停车准备工作；

(7) 停车顺序；

(8) 脱硫装置停车操作；

(9) 脱水装置停车操作；

(10) 硫磺回收装置停车操作；

(11) 辅助装置、公用装置停车操作；

(12) 填写记录；

(13) 收工具；

(14) 汇报。

(三) 考核时限

(1) 准备时间：5min。

(2) 正式操作时间：45min。

(3) 计时从正式操作开始，至操作完毕结束。

(4) 规定时间内全部完成；每超时 1min，从总分中扣 1 分；超时 10min，停止作业。

(四) 评分记录表

序号	考核内容	评分要素	配分	评分标准	检测结果	扣分	得分	备注
1	操作指令	接收指令，明确任务	3	未在装置的正常停车操作卡上填写姓名并表示按时完成扣 3 分				
2	安全、劳保用品准备	安全帽	0.5	1. 漏选一件扣 0.5 分； 2. 便携式 H_2S、CH_4 检测仪未选或未开启扣 1 分； 3. 未正确穿戴劳保用品扣 0.5 分				
		工作服	0.5					
		工作鞋	0.5					
		劳保手套	0.5					
		便携式 H_2S、CH_4 检测仪	1.5					
3	工具准备	笔、操作卡	0.5	1. 漏选一件扣 0.5 分； 2. 工具未放入工具包扣 0.5 分				
		大、小 F 形扳手	0.5					
		听诊器	0.5					
		工具包	0.5					
		活动扳手	0.5					
		梅花扳手	0.5					
		便携式测温仪	0.5					

续表

序号	考核内容	评分要素	配分	评分标准	检测结果	扣分	得分	备注
3	工具准备	便携式振动仪	0.5	1. 漏选一件扣0.5分； 2. 工具未放入工具包扣0.5分				
		油盆	0.5					
4	配合人员	天然气净化操作工	0.5	无人监护操作扣0.5分				
5	材料准备	盲板	1	漏选一件扣1分				
		铅封锁	1					
6	停车准备工作	清洗溶液储罐	1	1. 未组织提前清理并清洗各溶液储罐扣1分； 2. 未组织对各气体过滤分液器（罐）进行排液操作扣1分； 3. 未组织将凝析油水闪蒸罐液位压至低位（如果有）扣1分； 4. 未组织将凝析油水储罐的油水排至规定地方扣1分； 5. 未组织将脱水塔捕液段（或进塔分液器）溶液回收扣1分； 6. 未组织对湿净化器分液罐溶液进行回收扣1分； 7. 未组织进行原料气（产品气）放空管线低点、分液罐检查、排液扣1分； 8. 未组织进行酸气放空管线低点、分液罐检查、排液扣1分； 9. 未组织利用系统压力提前疏通溶液的低位回收点扣1分				
		排油水	3					
		回收分液罐溶液	2					
		放空系统检查排液	2					
		疏通溶液的低位回收点	1					
7	停车顺序	主体单元停车顺序	9					
		公用装置及辅助装置停车顺序	7	1. 程序严重操作失误为不合格； 2. 未关原料气、产品气进出口大阀扣1分； 3. 未组织停原料气预处理设备扣1分； 4. 未同时停脱硫装置扣1分； 5. 未同时停脱水装置扣1分； 6. 未组织燃料气切换（如果有）扣1分； 7. 未同时停硫磺回收装置扣1分； 8. 未后停硫磺成型系统扣1分； 9. 未停尾气及酸水汽提处理装置扣1分； 10. 未后停原料气放空系统扣1分； 11. 未停运锅炉扣1分； 12. 未停锅炉给水系统扣1分； 13. 未停燃料气系统扣1分； 14. 未停酸气放空系统扣1分； 15. 未停污水处理系统扣1分； 16. 未停空气及氮气生产系统扣1分； 17. 未停循环冷却水、消防水、工业水系统扣1分				

续表

序号	考核内容	评分要素	配分	评分标准	检测结果	扣分	得分	备注
8	脱硫装置停车操作	停气	1	1. 少操作一步为不合格，设为否定项（鉴定要素内的步骤）； 2. 未组织关原料气进口大阀扣1分； 3. 未组织系统进行热循环扣1分； 4. 未组织取富液样进行分析，当富液中H_2S含量未达到或低于规定值时停止热循环扣1分； 5. 未组织系统进行冷循环扣1分； 6. 未组织回收完系统溶液扣2分； 7. 未组织将工业水加入系统扣1分； 8. 未组织对系统进行循环水水洗扣1分； 9. 未组织装置泄压到零扣1分； 10. 未组织对系统进行氮气置换，使H_2S、CH_4含量小于规定值扣2分； 11. 未组织对需要加盲板的地方加盲板扣1分； 12. 未组织关闭到火炬放空的所有阀门，同时熄灭原料气放空火炬扣1分； 13. 未组织对系统进行工厂风吹扫扣2分； 14. 未组织把系统所有动力电源关闭扣1分； 15. 未组织对溶液罐等正在检修不能开阀的设备阀门打铅封锁扣1分； 16. 未组织关闭安全阀截止阀扣1分； 17. 未组织维修人员开人孔进行检修扣1分				
		系统热循环	2					
		系统冷循环	1					
		溶液回收	2					
		工业水水洗	2					
		泄压	1					
		氮气置换	3					
		工厂风吹扫	3					
		停转动设备动力电源	1					
		对溶液罐等在检修时不能开阀的设备阀门打铅封锁	1					
		关闭安全阀截止阀	1					
		开人孔进行检修	1					
9	脱水装置停车操作	停气	1	1. 未组织关产品气出口大阀扣1分； 2. 未组织停运再生釜扣1分； 3. 未组织系统进行冷循环扣1分； 4. 未组织回收系统溶液扣2分； 5. 未组织将工业水加入系统扣2分； 6. 未组织对系统进行循环水水洗扣1分； 7. 未组织装置泄压到零扣1分； 8. 未组织对系统进行氮气置换，使H_2S、CH_4含量小于规定值扣1分； 9. 未组织对需要加盲板的地方加盲板扣1分； 10. 未组织关闭到火炬放空的所有阀门扣1分； 11. 未组织对系统进行工厂风吹扫扣1分； 12. 未组织把所有系统所有动力电源关闭扣1分； 13. 未组织对溶液罐等在检修时不能开阀的设备阀门打铅封锁扣1分； 14. 未组织关闭安全阀截止阀扣1分； 15. 未组织维修人员开人孔进行检修扣1分				
		系统冷循环	2					
		溶液回收	2					
		工业水水洗	3					
		泄压	1					
		氮气置换	2					
		工厂风吹扫	2					
		停转动设备电源	1					
		对溶液罐等在检修时不能开阀的设备阀门打铅封锁	1					
		关闭安全阀截止阀	1					
		开人孔进行检修	1					

续表

序号	考核内容	评分要素	配分	评分标准	检测结果	扣分	得分	备注
10	硫磺回收装置停车操作	酸气除硫	1	1. 未组织酸气除硫扣1分； 2. 未组织惰性气体除硫扣2分； 3. 未组织各再热熄火、停炉扣2分； 4. 未组织逐步增加主燃烧炉的空气量，使烟气中 O_2 含量逐渐增加扣2分； 5. 未组织主燃烧炉熄火、停炉扣2分； 6. 未组织装置冷却扣1分； 7. 未组织停尾气灼烧炉扣1分； 8. 未组织输送硫磺池液硫扣1分； 9. 未组织把所有系统动力电源关闭扣1分； 10. 未组织维修人员开人孔进行检修扣1分				
		惰性气体除硫	2					
		熄火、停炉	6					
		装置冷却	1					
		停尾气灼烧炉	1					
		输送硫磺池液硫	1					
		停转动设备电源	1					
		开人孔进行检修	1					
11	辅助、公用装置停车操作	停运锅炉及蒸汽系统	2	1. 未组织正常停运锅炉及蒸汽系统扣2分； 2. 未组织正常停锅炉给水系统扣1分； 3. 未组织正常停燃料气系统扣1分； 4. 未组织正常停酸气放空系统扣1分； 5. 未组织正常停污水处理系统扣1分； 6. 未组织正常停空气及氮气生产系统扣1分； 7. 未组织正常停循环冷却水、消防水、工业水系统扣1分				
		停燃料气系统	1					
		停酸气放空系统	1					
		停污水处理系统	1					
		停空气及氮气生产系统	1					
		停循环冷却水、消防水、工业水系统	1					
12	填写记录	在装置正常停车操作卡上作好记录	0.5	记录少、错一步扣0.5分				
		填上所有操作人员姓名	0.5					
13	收工具	组织打扫场地卫生	1	1. 未收拾工具、用具扣1分； 2. 未打扫场地卫生扣1分				
		组织收拾工具、用具	1					
14	汇报	汇报停车完成	1	1. 未汇报扣1分； 2. 未按时巡检并作好记录扣1分				
		组织巡检，作好记录	1					
15	安全文明生产	组织严格按操作规程操作		1. 每违反一项操作规定扣1分，严重的停止操作； 2. 每超时1min扣1分，超时10min停止操作				从总分中扣除
		组织遵守安全要求						
		组织规定时间内完成操作						
	合计		100					

试题三　分析脱硫贫液达不到质量要求的原因并处理

一、准备通知单

（一）试题名称

分析脱硫贫液达不到质量要求的原因并处理。

（二）准备要求

(1) 安全、劳保用品准备。

序号	名称	数量	备注
1	安全帽		自备
2	工作服		自备
3	工作鞋		自备
4	劳保手套		自备
5	便携式 H_2S、CH_4 检测仪	各1个	

(2) 工具准备。

序号	名称	数量	序号	名称	数量
1	笔	1支	3	工具包	1个
2	大、小F形扳手	各1把	4	活动扳手	1把

(3) 配合人员。

工种	人数
天然气净化操作工	1人以上

二、试题正文

（一）试题名称

分析脱硫贫液达不到质量要求的原因并处理。

（二）考核内容

(1) 现象；

(2) 操作指令；

(3) 安全、劳保用品准备；

(4) 工具准备；

(5) 配合人员；

(6) 原因判断；

(7) 处理；

(8) 填写记录；

(9) 收工具；

(10) 汇报。

(三) 考核时限

(1) 准备时间：5min。

(2) 正式操作时间：30min。

(3) 计时从正式操作开始，至操作完毕结束。

(4) 规定时间内全部完成；每超时 1min，从总分中扣 1 分；超时 10min，停止作业。

(四) 评分记录表

序号	考核内容	评分要素	配分	评分标准	检测结果	扣分	得分	备注
1	现象	贫液中 H_2S 含量增加	2	少答一个现象按配分扣分				
		贫液中 CO_2 含量增加	1					
		产品气 H_2S 含量上升	2					
		产品气总硫含量上升	2					
		酸气量下降	2					
		严重时产品气 H_2S 不合格	2					
		贫液组成发生变化	2					
		硫磺回收主燃烧炉温度下降	2					
		硫磺产量下降	1					
2	操作指令	接收指令，明确任务	3	未在异常情况操作及处理卡上填写姓名并表示按时完成扣 3 分				
3	安全、劳保用品准备	安全帽	1	1. 漏选一件扣 1 分； 2. 便携式 H_2S、CH_4 检测仪未选或未开启扣 2 分； 3. 未正确穿戴劳保用品扣 1 分				
		工作服	1					
		工作鞋	1					
		劳保手套	1					
		便携式 H_2S、CH_4 检测仪	2					
4	工具准备	笔	1	1. 漏选一件扣 1 分； 2. 工具未放入工具包扣 1 分				
		大、小 F 形扳手	1					
		工具包	1					
		活动扳手	1					
5	配合人员	天然气净化操作工 1 人以上	1	无人监护操作扣 1 分				
6	原因判断	蒸汽品质下降	2	原因判断错误按配分扣分				
		蒸汽量不足	2					
		补充胺液的 H_2S 含量过高	2					
		溶液降解严重，降解产物含量高	2					

续表

序号	考核内容	评分要素	配分	评分标准	检测结果	扣分	得分	备注
6	原因判断	再生塔操作压力过高	2	原因判断错误按配分扣分				
		系统操作波动大、频繁	2					
		溶液组成发生变化	2					
		重沸器凝结水疏水器故障，疏水不畅通	2					
		重沸器换热效果差	2					
		重沸器内部结构故障，换热接触面减小	2					
		再生塔拦液	3					
		再生塔内汽、液接触不良	2					
		再生塔内溶液成沟流	3					
		再生塔塔盘垮塌	2					
		再生塔受液槽泄漏	2					
		贫富液换热器换热出现窜漏	2					
7	处理	提高蒸汽品质	3	未根据事故原因进行处理按配分扣分				
		提高锅炉负荷，增加蒸汽供应	2					
		加强工艺管理，禁止富液进入补充溶液系统	2					
		加强溶液过滤	2					
		加强原料气预处理	2					
		加强溶液复活操作	2					
		降低再生塔操作压力	2					
		调整系统操作，确保系统稳定	2					
		及时调整溶液组成	2					
		检查疏水器，确保疏水器正常工作	2					
		提高重沸器换热效果	2					
		检查、检修贫富液换热器，防止贫富液窜漏	3					
		检查、检修重沸器内部构件，恢复换热接触面	2					
		停车检修再生塔	2					

续表

序号	考核内容	评分要素	配分	评分标准	检测结果	扣分	得分	备注
8	填写记录	作操作及检查记录	1	记录少、错一步扣1分				
		填上所有操作人员姓名	1					
9	收工具	打扫场地卫生	1	按配分扣分				
		收拾工具、用具	1					
10	汇报	汇报处理结果	1	按配分扣分				
		按时巡检，作好记录	1					
11	安全文明生产	组织严格按操作规程操作		1. 每违反一项操作规定扣1分，严重的停止操作； 2. 每超时1min扣1分，超时10min停止操作				从总分中扣除
		组织遵守安全要求						
		组织规定时间内完成操作						
	合计		100					

试题四　整定调节器 PID 运行参数

一、准备通知单

(一) 试题名称
整定调节器 PID 运行参数。

(二) 准备要求

序号	名称	数量	备注
1	安全帽		自备
2	工作服		自备
3	工作鞋		自备
4	劳保手套		自备
5	便携式 H_2S、CH_4 检测仪	各1个	

二、试题正文

(一) 试题名称
整定调节器 PID 运行参数。

(二) 考核内容
(1) 整定前现象；

(2) 原因判断；

(3) 安全、劳保用品准备；

(4) PID 控制简介；

(5) PID 控制的原理和特点；

(6) 比例（P）控制；

(7) 积分（I）控制；

(8) 微分（D）控制；

(9) PID 调试一般原则；

(10) PID 调试；

(11) PID 控制器的参数整定；

(12) 汇报。

(三) 考核时限
(1) 准备时间：5min。

(2) 正式操作时间：60min。

(3) 计时从正式操作开始，至操作完毕结束。

（4）规定时间内全部完成；每超时 1min，从总分中扣 1 分；超时 10min，停止作业。

（四）评分记录表

序号	考核内容	评分要素	配分	评分标准	检测结果	扣分	得分	备注
1	整定前现象	现场调节阀动作迟缓	1	少答一个现象扣1分				
		不能达到控制要求	1					
		系统波动频繁	1					
		系统反应慢	1					
		系统反应超前较大	1					
2	原因判断	确认现场旁通阀是否开启	1	原因判断错误按配分扣分				
		确认调节阀前后截止阀是否全开	1					
		检查接线是否正常	1					
		检查负反馈	2					
		检查PID参数设置	2					
3	安全、劳保用品准备	安全帽	1	1. 漏选一项扣0.5分； 2. 便携式 H_2S、CH_4 检测仪未选或未开启扣1分； 3. 未正确穿戴劳保用品扣1分				
		工作服	1					
		工作鞋	1					
		劳保手套	1					
		便携式 H_2S、CH_4 检测仪	1					
4	PID控制简介	PID解决了自动控制理论所要解决的最基本问题，即系统的稳定性、快速性和准确性	1	少掌握一个点按配分扣分				
		调节PID的参数，可实现在系统稳定的前提下，兼顾系统的带载能力和抗扰能力	1					
		在PID调节器中引入积分项，系统增加了一个零积分点，使之成为一阶或一阶以上的系统，这样系统阶跃响应的稳态误差就为零	1					
		一个控制系统包括控制器、传感器、变送器、执行机构、输入输出接口	2					
		开环控制系统是指被控对象的输出（被控制量）对控制器的输出没有影响	1					
		在开环控制系统中，不依赖将被控量反送回来以形成任何闭环回路	1					
		闭环控制系统的特点是系统被控对象的输出（被控制量）会反送回来影响控制器的输出，形成一个或多个闭环	1					

续表

序号	考核内容	评分要素	配分	评分标准	检测结果	扣分	得分	备注
4	PID 控制简介	闭环控制系统有正反馈和负反馈，若反馈信号与系统给定值信号相反，则称为负反馈，若极性相同，则称为正反馈，一般闭环控制系统均采用负反馈，又称为负反馈控制系统	1	少掌握一个点按配分扣分				
		阶跃响应是指将一个阶跃输入加到系统上时，系统的输出	1					
		稳态误差是指系统的响应进入稳态后，系统的期望输出与实际输出之差	1					
		稳是指系统的稳定性，一个系统要能正常工作，首先必须是稳定的，从阶跃响应上看应该是收敛的	1					
		准是指控制系统的准确性、控制精度，通常用稳态误差来描述，它表示系统输出稳态值与期望值之差	2					
		快是指控制系统响应的快速性，通常用上升时间来定量描述	2					
5	PID 控制的原理和特点	PID 控制器就是根据系统的误差，利用比例、积分、微分计算出控制量进行控制的	1	少掌握一个点按配分扣分				
		工程实际中，应用最为广泛的调节器控制规律为比例、积分、微分控制，简称 PID 控制，又称 PID 调节	1					
		PID 控制器因结构简单、稳定性好、工作可靠、调整方便而成为工业控制的主要技术之一	1					
		当被控对象的结构和参数不能完全掌握，或得不到精确的数学模型时，且控制理论的其他技术难以采用时，系统控制器的结构和参数必须依靠经验和现场调试来确定，这时应用 PID 控制技术最为方便	1					
		PID 控制，实际中也有 PI 控制和 PD 控制	1					

续表

序号	考核内容	评分要素	配分	评分标准	检测结果	扣分	得分	备注
6	比例（P）控制	比例控制是一种最简单的控制方式	1	少掌握一个点按配分扣分				
		比例控制器的输出与输入误差信号成正比关系	1					
		当仅有比例控制时系统输出存在稳态误差	2					
7	积分（I）控制	积分控制中，控制器的输出与输入误差信号的积分成正比关系	2	少掌握一个点扣2分				
		对一个自动控制系统，如果在进入稳态后存在稳态误差，则称这个控制系统是有稳态误差的，或简称有差系统	2					
		为了消除稳态误差，在控制器中必须引入积分项	2					
		积分项对误差取决于时间的积分，随着时间的增加，积分项会增大	2					
		这样，即便误差很小，积分项也会随着时间的增加而加大，它推动控制器的输出增大使稳态误差进一步减小，直到等于零	2					
		比例控制器+积分控制器，可以使系统在进入稳态后无稳态误差	2					
8	微分（D）控制	微分控制中，控制器的输出与输入误差信号的微分（误差的变化率）成正比关系	2	少掌握一个点按配分扣分				
		自动控制系统在克服误差的调节过程中可能会出现振荡甚至失稳。其原因是有较大惯性组件（环节）或有滞后组件，具有抑制误差的作用，其变化总是落后于误差的变化	2					
		解决的办法是使抑制误差的作用变化"超前"，即在误差接近零时，抑制误差的作用就应该是零	2					

续表

序号	考核内容	评分要素	配分	评分标准	检测结果	扣分	得分	备注
8	微分（D）控制	在控制器中仅引入"比例"项往往是不够的，比例项的作用仅是放大误差的幅值，而目前需要增加的是"微分项"，它能预测误差变化的趋势，这样，具有比例+微分的控制器，就能够提前使抑制误差的控制作用等于零，甚至为负值，从而避免了被控量的严重超调	2	少掌握一个点按配分扣分				
		对有较大惯性或滞后的被控对象，比例+微分控制器（PD）能改善系统在调节过程中的动态特性	2					
9	PID 调试一般原则	在输出不振荡时，增大比例增益 P	2	少掌握一个点扣 2 分				
		在输出不振荡时，减小积分时间常数 T_i	2					
		在输出不振荡时，增大微分时间常数 T_d	2					
10	PID 调试	确定比例增益 P	2	少掌握一个点扣 2 分				
		首先去掉 PID 的积分和微分项，使 PID 为纯比例调节	2					
		输入设定为系统允许的最大值的 60%~70%，由 0 逐渐加大比例增益 P，直至系统出现振荡	2					
		再反过来，从此时的比例增益 P 逐渐减小，直至系统振荡消失，记录此时的比例增益 P	2					
		设定 PID 的比例增益 P 为当前值的 60%~70%，比例增益 P 调试完成	2					
		确定积分时间常数 T_i	2					
		比例增益 P 确定后，设定一个较大的积分时间常数 T_i 的初值，然后逐渐减小 T_i，直至系统出现振荡	2					
		之后再反过来，逐渐加大 T_i，直至系统振荡消失	2					

续表

序号	考核内容	评分要素	配分	评分标准	检测结果	扣分	得分	备注
10	PID 调试	记录此时的 T_i，设定 PID 的积分时间常数 T_i 为当前值的 150%~180%，积分时间常数 T_i 调试完成	2	少掌握一个点扣 2 分				
		确定积分时间常数 T_d						
		积分时间常数 T_d 一般不用设定，为 0 即可	2					
		若要设定，与确定 P 和 T_i 的方法相同，取不振荡时的 30%	2					
11	PID 控制器的参数整定	系统空载、带载联调，再对 PID 参数进行微调，直至满足要求	3	少掌握一个点按配分扣分				
		PID 控制器参数的工程整定，各种调节系统中 PID 参数可参照以下经验数据	2					
		温度 T：$P=20\%~60\%$，$T=180~600s$，$D=3~180s$	1					
		压力 P：$P=30\%~70\%$，$T=24~180s$	1					
		液位 L：$P=20\%~80\%$，$T=6~60s$	1					
12	汇报	汇报处理结果	1	1. 未汇报扣 1 分； 2. 未按时巡检并作好记录扣 1 分				
		按时巡检，作好记录	1					
13	安全文明生产	严格按操作规程操作		1. 每违反一项操作规定扣 1 分，严重的停止操作； 2. 每超时 1min 扣 1 分，超时 10min 停止操作				从总分中扣除
		严格遵守安全要求						
		在规定时间内完成操作						
		合计	100					

试题五 绘制零件加工图

一、准备通知单

(一) 试题名称
绘制零件加工图。

(二) 准备要求
(1) 材料工具准备。

序号	名称	数量	备注
1	答题卡	1张	根据考试而定
2	拟绘制零件	1个	根据考试而定

(2) 场地及工具、用具、量具准备。

序号	名称	规格	数量	备注
1	铅笔	HB、2B、3B	各1支	
2	绘图工具用具		1套	
3	橡皮		1块	
4	教室		1间	根据考试而定

(三) 考场准备。
(1) 考核场地整洁规范，无干扰。
(2) 安全防护齐全，且符合标准。

二、试题正文

(一) 试题名称
绘制零件加工图。

(二) 考核内容
1. 操作程序
(1) 将已确定规格大小的图纸，画好边框。
(2) 根据零件的结构、形状等选择合适的视图。
(3) 根据零件的大小确定合适的图纸比例。
(4) 绘制零件草图，测绘零件尺寸。
(5) 在图纸上布置视图。
(6) 画出零件图底稿。
(7) 检查、描深图纸。

(8) 在图纸上画出剖面线。

(9) 标注尺寸、加工精度。

(10) 用仿宋字标注零件的技术要求。

(11) 填写标题栏内容。

2. 考核规定及说明

(1) 选择视图时，应根据零件的具体情况选择合适的视图，尽可能地便于绘制和识别。

(2) 选择图纸的比例时，应大小适宜。

(3) 视图布置合理，图面清晰。

(4) 零件图所有线条必须符合制图标准要求。

3. 考核方式说明

本项目为室内笔试操作，考核结果按考核内容及评分标准进行评分。

4. 考核技能说明

本项目主要测试考生对零件测量及绘制的技能。

(三) 考核时限

(1) 提前 15min 进入考场。

(2) 正式操作 60min。

(3) 计时从正式操作开始，至操作完毕。

(4) 超时 1min 从总分中扣 5 分，超时 3min 停止操作。

(四) 评分记录表

序号	考核内容	评分要素	配分	评分标准	检测结果	扣分	得分	备注
1	边框	边框距幅面每一边距离	5	边框距幅面每一边的距离错扣 2 分				
2	标题栏	标题栏的格式	10	标题栏的格式不对扣 3 分，缺一项扣 2 分				
3	测绘零件	画草图	3	未画草图扣 3 分				
		测量尺寸	7	测量尺寸与实际尺寸误差大于 ±0.1mm 扣 2 分，缺一数据扣 5 分				
4	绘制零件加工图	视图选择	10	视图选择不当扣 10 分，不能反映出零件局部具体形状或尺寸扣 5 分				
		绘制零件底稿	10	未留底稿痕迹扣 5 分，底稿错误或模糊一处扣 2 分，剖面线不均匀一处扣 2 分				
		绘制零件加工图	20	不能反映零件基本图形扣 20 分，轮廓线不明显一条扣 2 分，须剖未剖扣 5 分				
		标注尺寸和加工精度	10	尺寸和加工精度标注错误一处扣 2 分，漏缺一处扣 2 分				

续表

序号	考核内容	评分要素	配分	评分标准	检测结果	扣分	得分	备注
5	技术要求	技术要求用文字或符号说明	5	技术要求用仿宋体文字写在标题栏正上方缺扣5分，错、漏一项扣1分				
6	图幅布局零件图比例	放大或缩小	15	图纸整体布局不当扣15分，零件图比例不当扣5分，未完全按比例画图一处扣5分				
7	图纸	图纸整洁	5	图纸不整洁、不清晰扣5分，出现错别字一处扣1分				
	合计		100					

试题六　编写锅炉检修方案

一、准备通知单

（一）试题名称

编写锅炉检修方案。

（二）准备要求

（1）安全、劳保用品准备。

序号	名称	数量	备注
1	安全帽		自备
2	工作服		自备
3	工作鞋		自备
4	劳保手套		自备
5	对讲机	1对	
6	防爆电筒或其他防爆照明工具	2个	
7	防护镜	2副	
8	安全带		

（2）工具、用具准备。

序号	名称	数量	序号	名称	数量
1	笔	1支	5	锅炉检修方案	1份
2	大、小F形扳手	各1把	6	工具包	1个
3	防爆六角扳手	2把	7	钢丝钳	1把
4	梅花扳手	1套			

（3）配合人员。

工种	人数
天然气净化操作工	2人以上
检修工	2人

（4）材料准备。

序号	名称	数量	备注
1	密封垫子	若干	
2	棉纱	若干	

续表

序号	名称	数量	备注
3	密封脂	1盒	
4	皮管	20m	
5	松动剂	若干	
6	黄油	若干	
7	耐火材料	若干	
8	螺栓	若干	
9	防火纤维毡	若干	

二、试题正文

（一）试题名称

编写锅炉检修方案。

（二）考核内容

（1）编制简介；

（2）组织措施；

（3）安全、劳保用品准备；

（4）工具准备；

（5）检修人员；

（6）材料准备；

（7）检修条件（准备工作）；

（8）安全措施；

（9）检修内容；

（10）检修方法及质量标准（技术措施）；

（11）验收。

（三）考核时限

（1）准备时间：5min。

（2）正式操作时间：60min。

（3）计时从正式操作开始，至操作完毕结束。

（4）规定时间内全部完成；每超时1min，从总分中扣1分；超时10min，停止作业。

（四）评分记录表

序号	考核内容	评分要素	配分	评分标准	检验结果	扣分	得分	备注
1	编制简介	编制方案的目的	1	少编制一项按配分扣分				
		编制方案的依据	1					
		编制方案的适用范围	1					
		其他相关事项	1					

续表

序号	考核内容	评分要素	配分	评分标准	检验结果	扣分	得分	备注
1	编制简介	停车时间安排	0.5	少编制一项按配分扣分				
		清洗时间安排	0.5					
		检修时间安排	0.5					
		检修完成时间	0.5					
2	组织措施	设立该项工作的组织机构，明确该机构的职责	0.5	少编制一项按配分扣分				
		停车、置换负责人的姓名和应负的主要责任	0.5					
		检修负责人的姓名和应负的主要责任	0.5					
		清洗安全负责人的姓名、应负的主要责任和应做的工作	0.5					
		检修安全负责人的姓名、应负的主要责任和应做的工作	0.5					
		清洗技术负责人的姓名、应负的主要责任和应做的工作	0.5					
		检修技术负责人的姓名、应负的主要责任和应做的工作	0.5	少编制一项按配分扣分				
		清洗现场工作负责人的姓名、应负的主要责任和应做的工作	0.5					
		检修现场工作负责人的姓名、应负的主要责任和应做的工作	0.5					
		后勤负责人的姓名、应负的主要责任和应做的工作	0.5					
		清洗作业人员的分工情况和相关要求	0.5					
		检修作业人员的分工情况和相关要求	0.5					
		检修作业人员的分工情况和相关要求	0.5					
		准备工作的安排情况	0.5					
		全体工作人员的联系方式	0.5					
3	安全、劳保用品准备	安全帽	1	少编制一项按配分扣分				
		工作服	1					
		工作鞋	1					

续表

序号	考核内容	评分要素	配分	评分标准	检验结果	扣分	得分	备注
3	安全、劳保用品准备	劳保手套	0.5	少编制一项按配分扣分				
		安全带	0.5					
		防爆电筒或其他防爆照明工具	1					
		对讲机	0.5					
		防护镜	0.5					
4	工具准备	笔	0.5	少编制一项按配分扣分				
		大、小F形扳手	0.5					
		工具包	0.5					
		防爆六角扳手	0.5					
		压力容器的试压操作卡	0.5					
		梅花扳手	0.5					
		钢丝钳	0.5					
5	检修人员	检修工	0.5	无人监护操作各扣0.5分				
		天然气净化操作工	0.5					
6	材料准备	密封垫子的数量及型号	0.5	少编制一项按配分扣分				
		棉纱	0.5					
		密封脂的数量	0.5					
		皮管	0.5					
		松动剂的数量	0.5					
		黄油的数量	0.5					
		螺栓的数量及型号	0.5					
		耐火砖的数量（如果有）	0.5					
		防火纤维毡	0.5					
7	检修条件（准备工作）	锅炉熄火	1	少编制一项按配分扣分				
		蒸汽包泄压	1					
		锅炉水置换、降温	1					
		空气对锅炉的吹扫	1					
		隔绝措施的安排	1					
		分析取样的安排	0.5					
8	安全措施	工作票的办理和执行情况	1	少编制一项按配分扣分				
		用电安全措施	1					
		炉内作业的安全措施	2					
		锅炉内作业环境的监测	2					
		工（器）具的外观检查和载荷试验情况	1					

续表

序号	考核内容	评分要素	配分	评分标准	检验结果	扣分	得分	备注
8	安全措施	工（器）具在使用时与相关构件的匹配情况	1	少编制一项按配分扣分				
		防止高空坠落和物体打击的措施	1					
		出现异常情况时的处理方法	1					
9	检修内容	拆装炉门	2	少编制一项按配分扣分				
		检查锅炉受压部件外部有无缺陷渗漏	2					
		检查炉墙有无变形、裂缝，隔烟墙有无断路	2					
		检查安全附件的可靠性与准确性	2					
		消除管道的跑、冒、滴、漏	2					
		清洗锅炉，对锅炉及附属设备进行全面内外部检查	2					
		修复受压元件的缺陷	2					
		检修、校验安全附件及保护仪表	2					
		检修水处理系统、给水装置及排污系统	2					
		修补或砌筑损坏的炉墙、隔烟墙	2					
		对受压部件进行全面的技术鉴定和评价	2					
		更换不能正常使用的炉管，校正或更新联箱，修补汽包	2					
		检查、紧固地脚螺栓	2					
		锅炉及附件除锈、刷漆，检查及修补保温层	2					
		TSG 11—2020《锅炉安全技术规程》中规定的定期检查项目	1					
10	检修方法及质量标准（技术措施）	锅筒质量要求	10	1. 未编制内壁及管孔周围的检修要求及方法扣1分； 2. 未编制人孔和孔盖的检修要求及方法扣1分； 3. 未编制锅炉管弯曲度检查要求及方法扣1分；				

续表

序号	考核内容	评分要素	配分	评分标准	检验结果	扣分	得分	备注
10	检修方法及质量标准（技术措施）	锅筒质量要求	10	4. 未编制活动支座的检修要求及方法扣1分； 5. 未编制固定支座的检修要求及方法扣1分； 6. 未编制校验水位计的要求扣1分； 7. 未编制保温层检查及修复方法扣1分； 8. 未编制缺陷修理的要求及方法扣1分； 9. 未编制联箱检查、检修要求及方法扣1分； 10. 未编制锅炉内附件检查、检修要求及方法扣1分				
		炉管质量要求	4	1. 未编制管外壁清扫要求及方法扣1分； 2. 未编制管外检查要求及方法扣1分； 3. 未编制割管检查要求及方法扣1分； 4. 未编制缺陷修理或更新管技术要求及方法扣1分				
		其他部件质量要求	8	1. 未编制支架、吊架、拉筋检查要求及方法扣1分； 2. 未编制钢架、炉墙、烟道和烟囱检查、检修要求及方法扣1分； 3. 未编制省煤器检查、检修要求及方法扣1分； 4. 未编制燃气系统检查、检修要求及方法扣1分； 5. 未编制安全附件及保护仪表检查、检修要求及方法扣1分； 6. 未编制锅炉辅助设备检查、检修要求及方法扣1分； 7. 未编制水压试验要求及程序扣1分； 8. 未编制停炉保养要求及方法扣1分				
11	验收	验收质量要求	1	少编制一项按配分扣分				
		人孔封闭前检查内部结构的检修质量	1					
		各附件安装齐全	1					
		水压试验或气密试验记录齐全	1					
		安全阀定压已按规定进行校正	1					

续表

序号	考核内容	评分要素	配分	评分标准	检验结果	扣分	得分	备注
12	安全文明检修	严格按检修规程操作		1. 每违反一项扣1分,严重的停止操作; 2. 每超过1min扣1分,超过10min停止操作				从总分中扣除
		严格遵守安全要求						
		在规定时间内完成操作、检修						
	合计		100					

试题七　编制脱硫吸收塔检修方案

一、准备通知单

（一）试题名称

编制脱硫吸收塔检修方案。

（二）准备要求

（1）安全、劳保用品准备。

序号	名称	数量	备注
1	安全帽		自备
2	工作服		自备
3	工作鞋		自备
4	劳保手套		自备
5	安全带	2根	
6	H_2S 报警仪	1个	
7	对讲机	1对	
8	防爆电筒或其他防爆照明工具	2个	
9	口罩	若干	

（2）工具、用具准备。

序号	名称	数量	序号	名称	数量
1	笔	1支	5	脱硫吸收塔的检修方案	1份
2	大、小F形扳手	各1把	6	工具包	1个
3	防爆六角扳手	2把	7	钢丝钳	1把
4	梅花扳手	1套	8	测厚仪	1台

（3）配合人员。

工种	人数
天然气净化操作工	2人以上
检修工	2人

（4）材料准备。

序号	名称	数量	备注
1	密封垫子	若干	

续表

序号	名称	数量	备注
2	棉纱	若干	
3	密封脂	1盒	
4	皮管	20m	
5	松动剂	若干	
6	黄油	若干	
7	螺栓	若干	
8	填料	若干	
9	浮阀	若干	

二、试题正文

(一) 试题名称

编制脱硫吸收塔检修方案。

(二) 考核内容

(1) 编制简介；

(2) 组织措施；

(3) 安全、劳保用品准备；

(4) 工具准备；

(5) 检修人员；

(6) 材料准备；

(7) 检修条件（准备工作）；

(8) 安全措施；

(9) 检修内容；

(10) 检修方法；

(11) 质量标准（技术措施）；

(12) 验收。

(三) 考核时限

(1) 准备时间：5min。

(2) 正式操作时间：60min。

(3) 计时从正式操作开始，至操作完毕结束。

(4) 规定时间内全部完成；每超时1min，从总分中扣1分；超时10min，停止作业。

(四) 评分记录表

序号	考核内容	评分要素	配分	评分标准	检验结果	扣分	得分	备注
1	编制简介	编制方案的目的	0.5	少编制一项按配分扣分				
		编制方案的依据	0.5					

续表

序号	考核内容	评分要素	配分	评分标准	检验结果	扣分	得分	备注
1	编制简介	编制方案的适用范围	0.5	少编制一项按配分扣分				
		其他相关事项	0.5					
		停车时间安排	0.5					
		清洗时间安排	0.5					
		检修时间安排	0.5					
		检修完成时间	0.5					
2	组织措施	设立该项工作的组织机构，明确该机构的职责	0.5	少编制一项按配分扣分				
		停车、置换负责人的姓名和应负的主要责任	0.5					
		检修负责人的姓名和应负的主要责任	0.5					
		清洗安全负责人的姓名、应负的主要责任和应做的工作	0.5					
		检修安全负责人的姓名、应负的主要责任和应做的工作	0.5					
		清洗技术负责人的姓名、应负的主要责任和应做的工作	0.5					
		检修技术负责人的姓名、应负的主要责任和应做的工作	0.5					
		清洗现场工作负责人的姓名、应负的主要责任和应做的工作	0.5					
		检修现场工作负责人的姓名、应负的主要责任和应做的工作	0.5					
		后勤负责人的姓名、应负的主要责任和应做的工作	0.5					
		清洗作业人员的分工情况和相关要求	0.5					
		检修作业人员的分工情况和相关要求	0.5					
		准备工作的安排情况	0.5					
		全体工作人员的联系方式	0.5					

续表

序号	考核内容	评分要素	配分	评分标准	检验结果	扣分	得分	备注
3	安全、劳保用品准备	安全帽	0.5	少编制一项按配分扣分				
		工作服	0.5					
		工作鞋	0.5					
		劳保手套	0.5					
		安全带	0.5					
		H_2S报警仪	0.5					
		防爆电筒或其他防爆照明工具	0.5					
		对讲机	0.5					
		口罩	0.5					
4	工具准备	笔	0.5	少编制一项按配分扣分				
		大、小F形扳手	0.5					
		工具包	0.5					
		梅花扳手	0.5					
		脱硫吸收塔的检修方案	0.5					
		防爆六角扳手	0.5					
		测厚仪	0.5					
		钢丝钳	0.5					
5	检修人员	检修工	0.5	无人监护操作各扣0.5分				
		天然气净化操作工	0.5					
6	材料准备	密封垫子的数量及型号	0.5	少编制一项按配分扣分				
		棉纱	0.5					
		密封脂的数量	0.5					
		皮管	0.5					
		松动剂的数量	0.5					
		黄油的数量	0.5					
		螺栓的数量及型号	0.5					
		填料的数量及型号（如果有）	0.5					
		浮阀的数量级型号	0.5					
7	检修条件（准备工作）	塔内介质的回收	1	少编制一项按配分扣分				
		塔内气体的置换	1					
		空气吹扫	2					
		隔绝措施的安排	2					
		分析取样的安排	2					

续表

序号	考核内容	评分要素	配分	评分标准	检验结果	扣分	得分	备注
8	安全措施	工作票的办理和执行情况	1	少编制一项按配分扣分				
		塔内作业的安全措施	1					
		塔内作业环境的监测	1					
		工（器）具的外观检查和载荷试验情况	1					
		工（器）具在使用时与相关构件的匹配情况	1					
		防止高空坠落和物体打击的措施	1					
		出现异常情况时的处理方法	1					
9	检修内容	拆装人孔	1	少编制一项按配分扣分				
		拆装塔内通道板	2					
		对塔进行清洗，清除内部脏污	2					
		检查、补齐或更换浮阀	1					
		检查或更换破沫网（如果有）	2					
		检查、清洗、补充损失的填料（如果有）	2					
		检查、修理或更换栅板、喷淋装置	2					
		检查、修理外部附件（安全阀、液位计、压力表、进出口阀门、平台、梯子等）	2					
		检修水处理系统、给水装置及排污系统	2					
		全部塔盘检查、修理或更换	2					
		检查塔壁及内构件腐蚀情况	2					
		塔壁测厚	2					
		检查修补塔体	2					

续表

序号	考核内容	评分要素	配分	评分标准	检验结果	扣分	得分	备注
9	检修内容	检查塔基础有无裂纹、下沉；检查、紧固地脚螺栓	1	少编制一项按配分扣分				
		塔体除锈、刷漆，检查及修补保温层	2					
		TSG 21—2016《固定式压力容器安全技术监察规程》中规定的定期检查项目	1					
10	检修方法	塔盘拆装时按编号顺序进行	1	少一项扣1分				
		塔内分层作业，中间要用挡板隔开，以防上层落物伤人	1					
11	质量标准（技术措施）	塔盘质量标准	14	1. 编制塔盘所用材质及机械性能不符合设计图样要求扣1分； 2. 未编制塔盘边缘不应有尖锐毛刺扣1分； 3. 未编制塔盘不平度不大于3mm、水平度允许差为3mm扣1分； 4. 未编制塔板长度允许差为-4～0mm、宽度允许差为-2～0mm扣1分； 5. 未编制浮阀塔踏板相邻阀孔中心距允许误差扣1分； 6. 未编制浮阀重量允许误差和不平度检查、所有浮阀开启应灵活扣1分； 7. 未编制浮阀塔的制作要求扣1分； 8. 未编制塔内结构标准扣1分； 9. 未编制支撑圈与塔壁焊接后上面的水平度误差要求扣1分； 10. 未编制相邻两层和任意两层支撑圈允许误差要求扣1分； 11. 未编制受液盘和降液板的不平度要求扣1分； 12. 未编制可调堰板顶端与支撑端上表面的距离允许误差扣1分； 13. 未编制降液板定位尺寸的偏差要求扣1分； 14. 未编制喷淋装置边缘无毛刺、水平度误差要求、标高要求扣1分； 15. 未编制塔体的不垂直度要求扣1分；				

续表

序号	考核内容	评分要素	配分	评分标准	检验结果	扣分	得分	备注
11	质量标准（技术措施）	塔体质量要求	11	16. 未编制塔的不直度要求扣1分； 17. 未编制塔体衬里要求扣1分； 18. 未编制塔体保温材料要求扣1分； 19. 未编制清洗后塔壁的要求扣1分； 20. 未编制塔体塔体不应有裂纹、明显坑蚀，腐蚀程度在设计要求内扣1分； 21. 未编制人孔、法兰密封面要求扣1分； 22. 未编制用于更换的螺栓、螺母、垫片材料规格要求扣1分； 23. 未编制更换的内外构件材料及安装要求扣1分； 24. 未编制塔定期检验说明扣1分； 25. 未编制水压试验或气密试验说明扣1分				
12	验收	验收质量要求	1	少编制一项按配分扣分				
		人孔封闭前检查内部结构的检修质量	1					
		各附件安装齐全	1					
		水压试验或气密试验记录齐全	1					
		安全阀定压已按规定进行校正	1					
13	安全文明检修	严格按检修规程操作		1. 每违反一项扣1分，严重的停止操作； 2. 每超过1min扣1分，超过10min停止操作				从总分中扣除
		严格遵守安全要求						
		在规定时间内完成操作、检修						
		合计	100					

试题八　编写罐类设备检修方案

一、准备通知单

（一）试题名称
编写罐类设备检修方案。

（二）准备要求
（1）安全、劳保用品准备。

序号	名称	数量	备注
1	安全帽		自备
2	工作服		自备
3	工作鞋		自备
4	劳保手套		自备
5	安全带	2根	
6	H_2S 报警仪	1个	
7	对讲机	1对	
8	防爆电筒或其他防爆照明工具	2个	
7	口罩	若干	

（2）工具、用具准备。

序号	名称	数量	序号	名称	数量
1	笔	1支	5	罐类设备检修方案	1份
2	大、小F形扳手	各1把	6	工具包	1个
3	防爆六角扳手	2把	7	钢丝钳	1把
4	梅花扳手	1套	8	测厚仪	1台

（3）配合人员。

工种	人数
天然气净化操作工	2人以上
检修工	2人

（4）材料准备。

序号	名称	数量	备注
1	密封垫子	若干	

续表

序号	名称	数量	备注
2	棉纱	若干	
3	密封脂	1盒	
4	皮管	20m	
5	松动剂	若干	
6	黄油	若干	
7	螺栓及配套螺母	若干	

二、试题正文

(一) 试题名称

编写罐类设备检修方案。

(二) 考核内容

(1) 编制简介；

(2) 组织措施；

(3) 安全、劳保用品准备；

(4) 工具准备；

(5) 检修人员；

(6) 材料准备；

(7) 检修条件（准备工作）；

(8) 安全措施；

(9) 检修内容；

(10) 检修方法及质量标准；

(11) 验收。

(三) 考核时限

(1) 准备时间：5min。

(2) 正式操作时间：60min。

(3) 计时从正式操作开始，至操作完毕结束。

(4) 规定时间内全部完成；每超时1min，从总分中扣1分；超时10min，停止作业。

(四) 评分记录表

序号	考核内容	评分要素	配分	评分标准	检验结果	扣分	得分	备注
1	编制简介	编制方案的目的	1	少编制一项按配分扣分				
		编制方案的依据	1					
		编制方案的适用范围	1					
		其他相关事项	1					
		停车时间安排	0.5					

续表

序号	考核内容	评分要素	配分	评分标准	检验结果	扣分	得分	备注
1	编制简介	清洗时间安排	0.5	少编制一项按配分扣分				
		检修时间安排	0.5					
		检修完成时间	0.5					
2	组织措施	设立该项工作的组织机构，明确该机构的职责	0.5	少编制一项按配分扣分				
		停车、置换、吹扫负责人的姓名、应负的主要责任和应做的工作	0.5					
		检修负责人的姓名、应负的主要责任和应做的工作	0.5					
		填写安全负责人的姓名、应负的主要责任和应做的工作	0.5					
		检修安全负责人的姓名、应负的主要责任和应做的工作	0.5					
		填写技术负责人的姓名、应负的主要责任和应做的工作	0.5					
		检修技术负责人的姓名、应负的主要责任和应做的工作	0.5					
		清洗现场工作负责人的姓名、应负的主要责任和应做的工作	0.5					
		检修现场工作负责人的姓名、应负的主要责任和应做的工作	0.5					
		后勤负责人的姓名、应负的主要责任和应做的工作	0.5					
		填写作业人员的分工情况和相关要求	0.5					
		检修作业人员的分工情况和相关要求	0.5					
		准备工作的安排情况	0.5					
		全体工作人员的联系方式	0.5					
3	工具使用	安全帽	1	少编制一项按配分扣分				
		工作服	1					
		工作鞋	1					
		劳保手套	0.5					
		安全带	0.5					

续表

序号	考核内容	评分要素	配分	评分标准	检验结果	扣分	得分	备注
3	工具使用	H$_2$S 报警仪	1	少编制一项按配分扣分				
		防爆电筒或其他防爆照明工具	0.5					
		对讲机	0.5					
		口罩	0.5					
4	工具准备	笔	0.5	少编制一项按配分扣分				
		大、小 F 形扳手	0.5					
		工具包	0.5					
		防爆六角扳手	0.5					
		梅花扳手	0.5					
		测厚仪	0.5					
		钢丝钳	0.5					
5	检修人员	检修工	0.5	无人监护操作各扣 0.5 分				
		天然气净化操作工	0.5					
6	材料准备	密封垫子的数量及型号	0.5	少编制一项按配分扣分				
		棉纱	0.5					
		密封脂的数量	0.5					
		皮管	0.5					
		松动剂的数量	0.5					
		黄油的数量	0.5					
		螺栓的数量及型号	1					
7	检修条件（准备工作）	罐内介质的回收	1	少编制一项按配分扣分				
		罐内气体的置换	1					
		空气对罐吹扫	2					
		隔绝措施的安排	2					
		分析取样的安排	2					
8	安全措施	工作票的办理和执行情况	1	少编制一项按配分扣分				
		罐内作业的安全措施	2					
		罐内作业环境的监测	2					
		用电安全措施	1					
		动火安全措施	1					
		防 FeS 自燃措施	1					
		工（器）具的外观检查和载荷试验情况	2					
		工（器）具在使用时与相关构件的匹配情况	2					

续表

序号	考核内容	评分要素	配分	评分标准	检验结果	扣分	得分	备注
8	安全措施	防止高空坠落和物体打击的措施	1	少编制一项按配分扣分				
		出现异常情况时的处理方法	1					
9	检修内容	拆装人孔	2	少编制一项按配分扣分				
		清洗罐内污垢	2					
		检查、更换损坏的内部构件	2					
		清洗液位计	2					
		检查、更换不锈钢丝网（如果有）	2					
		检查罐壁及内部构件腐蚀情况	2					
		检查、修补罐内壁防腐衬里（如果有）	2					
		罐壁测厚	2					
		检查修理外部附件	2					
		检查、修补保温层	2					
		检查、紧固地脚螺栓	2					
		罐体除锈、刷漆	2					
		TSG 21—2016《固定式压力容器安全技术监察规程》中规定的定期检查项目	1					
10	检修方法及质量标准（技术措施）	内部构件质量要求	8	1. 未编制器壁变形、各部位腐蚀程度的要求及方法扣2分； 2. 未编制内部构件与器壁连接及安装要求扣2分； 3. 未编制器壁、内部构件除锈、清洗的质量要求和方法扣2分； 4. 未编制人孔、手孔及接管法兰等连接处密封要求扣2分； 5. 未编制压力表、液位计等附件质量要求扣1分； 6. 未编制压力表、液位计等附件清洗、试压、安装要求扣1分； 7. 未编制罐的基础质量要求扣2分； 8. 未编制罐的安装螺栓要求扣2分； 9. 未编制罐体外观及保温要求扣1分； 10. 未编制换罐上安装转动设备要求（如果有）扣1分； 11. 未编制罐定期检验说明扣1分； 12. 未编制水压试验或气密试验说明扣1分				
		安装质量要求	10					

续表

序号	考核内容	评分要素	配分	评分标准	检验结果	扣分	得分	备注
11	验收	验收质量要求	1	少编制一项按配分扣分				
		人孔封闭前检查内部结构的检修质量	1					
		各附件安装齐全	1					
		水压试验或气密试验记录齐全	1					
		检查、修理、鉴定及测厚记录表	1					
		定期检验记录表	1					
		安全阀的定压校正记录表	1					
12	安全文明检修	严格按检修规程操作		1. 每违反一项扣1分，严重的停止操作；2. 每超过1min扣1分，超过10min停止操作				从总分中扣除
		严格遵守安全要求						
		在规定时间内完成操作、检修						
	合计		100					

试题九　编写过滤器、分离器检修方案

一、准备通知单

（一）试题名称
编写过滤器、分离器检修方案。

（二）准备要求
（1）安全、劳保用品准备。

序号	名称	数量	备注
1	安全帽		自备
2	工作服		自备
3	工作鞋		自备
4	劳保手套		自备
5	H_2S 报警仪	1个	
6	对讲机	2对	
7	电筒或其他照明工具	2个	

（2）工具、用具准备。

序号	名称	数量	序号	名称	数量
1	笔	1支	5	过滤器、分离器检修方案	1份
2	大、小F形扳手	各1把	6	工具包	1个
3	防爆六角扳手	2把	7	钢丝钳	1把
4	梅花扳手	1套	8	测厚仪	1台

（3）配合人员。

工种	人数
天然气净化操作工	2人以上
检修工	2人

（4）材料准备。

序号	名称	数量	备注
1	密封垫子	若干	
2	棉纱	若干	
3	密封脂	1盒	

续表

序号	名称	数量	备注
4	皮管	20m	
5	松动剂	若干	
6	黄油	若干	
7	螺栓及配套螺母	若干	
8	捕集网	若干	
9	过滤元件	若干	

二、试题正文

(一) 试题名称

编写过滤器、分离器检修方案。

(二) 考核内容

(1) 编制简介；

(2) 组织措施；

(3) 安全、劳保用品准备；

(4) 工具准备；

(5) 检修人员；

(6) 材料准备；

(7) 检修条件（准备工作）；

(8) 安全措施；

(9) 检修内容；

(10) 检修方法及质量标准（技术措施）；

(11) 验收。

(三) 考核时限

(1) 准备时间：5min。

(2) 正式操作时间：60min。

(3) 计时从正式操作开始，至操作完毕结束。

(4) 规定时间内全部完成；每超时1min，从总分中扣1分；超时10min，停止作业。

(四) 评分记录表

序号	考核内容	评分要素	配分	评分标准	检验结果	扣分	得分	备注
1	编制简介	编制方案的目的	2	少编制一项按配分扣分				
		编制方案的依据	2					
		编制方案的适用范围	2					
		其他相关事项	2					
		停车时间安排	1					

续表

序号	考核内容	评分要素	配分	评分标准	检验结果	扣分	得分	备注
1	编制简介	清洗时间安排	1	少编制一项按配分扣分				
		检修时间安排	1					
		检修完成时间	1					
2	组织措施	设立该项工作的组织机构,明确该机构的职责	1	少编制一项按配分扣分				
		停车、置换、吹扫负责人的姓名和应负的主要责任	1					
		检修负责人的姓名和应负的主要责任	1					
		清洗安全负责人的姓名、应负的主要责任和应做的工作	1					
		检修安全负责人的姓名、应负的主要责任和应做的工作	1					
		填写技术负责人的姓名、应负的主要责任和应做的工作	1					
		检修技术负责人的姓名、应负的主要责任和应做的工作	1					
		填写现场工作负责人的姓名、应负的主要责任和应做的工作	1					
		检修现场工作负责人的姓名、应负的主要责任和应做的工作	1					
		后勤负责人的姓名、应负的主要责任和应做的工作	1					
		填写作业人员的分工情况和相关要求	1					
		检修作业人员的分工情况和相关要求	1					
		准备工作的安排情况	1					
		全体工作人员的联系方式	1					
3	安全、劳保用品准备	安全帽	1	少编制一项按配分扣分				
		工作服	1					
		工作鞋	1					
		劳保手套	1					
		H_2S报警仪	1					
		电筒或其他照明工具	1					
		对讲机	1					

续表

序号	考核内容	评分要素	配分	评分标准	检验结果	扣分	得分	备注
4	工具准备	笔	1	少编制一件按配分扣分				
		大、小F形扳手	2					
		工具包	1					
		防爆六角扳手	1					
		梅花扳手	1					
		测厚仪	1					
		钢丝钳	1					
5	检修人员	检修工	0.5	无人监护操作各扣0.5分				
		天然气净化操作工	0.5					
6	材料准备	密封垫子的数量及型号	0.5	少编制一件按配分扣分				
		棉纱	0.5					
		密封脂的数量	0.5					
		皮管	0.5					
		松动剂的数量	0.5					
		黄油的数量	0.5					
		螺栓及配套螺母的数量及型号	1					
		过滤元件的数量及型号（如果有）	1					
		捕集网的数量及型号（如果有）	1					
7	检修条件（准备工作）	过滤器、分离器内介质的回收	1	少编制一项按配分扣分				
		过滤器、分离器内气体的置换	1					
		空气对过滤器、分离器的吹扫	1					
		隔绝措施的安排	1					
		分析取样的安排	1					
8	安全措施	工作票的办理和执行情况	1	少编制一项按配分扣分				
		分离器内作业的安全措施	1					
		用电安全措施	1					
		FeS自燃的防护措施	1					
		过滤器、分离器内作业环境监测	1					
		工（器）具的外观检查和载荷试验情况	1					
		工（器）具在使用时与相关构件的匹配情况	1					
		防止高空坠落和物体打击的措施	1					
		出现异常情况时的处理方法	1					

续表

序号	考核内容	评分要素	配分	评分标准	检验结果	扣分	得分	备注
9	检修内容	拆装人孔、手孔、接管法兰、封头	1	少编制一项按配分扣分				
		检查、清洗或更换破沫网或捕集网	2					
		检查、清洗或更换过滤元件	2					
		清除内部污垢	2					
		更换打开的人孔、手孔、接管法兰、封头法兰的垫片	2					
		清洗液位计	2					
		检查器壁与内部构件腐蚀情况	2					
		对器壁测厚	2					
		更换内部构件	2					
		检查、修理外部附件	2					
		器壁除锈、刷漆，检查及修补保护层	2					
		TSG 21—2016《固定式压力容器安全技术监察规程》中规定的定期检查项目	2					
10	检修方法及质量标准（技术措施）	内构件质量要求	3	1. 未编制更换的破沫网或捕集网、过滤元件的材料、规格及安装要求及方法扣1分； 2. 未编制器壁、内构件除锈、清洗的质量要求和方法扣1分； 3. 未编制用于更换的螺栓、螺母、垫片的材料、规格要求及方法扣1分； 4. 未编制器壁变形，各部位腐蚀程度的要求及方法扣1分； 5. 未编制人孔、手孔及接管法兰等连接处密封要求扣1分； 6. 未编制过滤分离器上的快开盲板的开启与关闭要求扣1分； 7. 未编制水试压或气密性试验要求扣1分； 8. 未编制水试压或气密性试验程序扣1分； 9. 未编制定期检验说明扣1分				
		安装质量要求	5					
		定期检验说明	1					

续表

序号	考核内容	评分要素	配分	评分标准	检验结果	扣分	得分	备注
11	验收	验收质量要求	1	少编制一项按配分扣分				
		人孔、快开盲板封闭前检查器壁及内部结构的检修质量	1					
		各附件安装齐全	1					
		水压试验或气密试验记录齐全	1					
		检查、修理、鉴定及测厚记录表	1					
		安全阀定压校正记录表	1					
12	安全文明检修	严格按检修规程操作		1. 每违反一项扣1分，严重的停止操作；2. 每超过1min扣1分，超过10min停止操作				从总分中扣除
		严格遵守安全要求						
		在规定时间内完成操作、检修						
	合计		100					

试题十　编写离心泵维护及检修方案

一、准备通知单

（一）试题名称

编写离心泵维护及检修方案。

（二）准备要求

（1）安全、劳保用品准备。

序号	名称	备注
1	安全帽	自备
2	工作服	自备
3	工作鞋	自备
4	劳保手套	自备

（2）工具、用具准备。

序号	名称	数量	序号	名称	数量
1	笔	1支	5	离心泵的维护及检修方案	1份
2	大、小F形扳手	各1把	6	工具包	1个
3	活动扳手	1把	7	钢丝钳	1把
4	梅花扳手	1套			

（3）配合人员。

工种	人数
天然气净化操作工	2人以上
检修工	2人

（4）材料准备。

序号	名称	数量	备注
1	密封填料	若干	
2	棉纱	若干	
3	密封脂	1盒	
4	皮管	20m	
5	松动剂	若干	
6	润滑油	若干	
7	检修所需零件		

二、试题正文

（一）试题名称

编写离心泵维护及检修方案。

（二）考核内容

（1）编制简介；

（2）组织措施；

（3）安全、劳保用品准备；

（4）工具准备；

（5）检修人员；

（6）材料准备；

（7）检修条件（准备工作）；

（8）安全措施；

（9）维护与检修内容；

（10）检修方法及质量标准（技术措施）；

（11）试车和验收。

（三）考核时限

（1）准备时间：5min。

（2）正式操作时间：60min。

（3）计时从正式操作开始，至操作完毕结束。

（4）规定时间内全部完成；每超时1min，从总分中扣1分；超时10min，停止作业。

（四）评分记录表

序号	考核内容	评分要素	配分	评分标准	检验结果	扣分	得分	备注
1	编制简介	编制方案的目的	1	少编制一项按配分扣分				
		编制方案的依据	1					
		编制方案的适用范围	1					
		其他相关事项	1					
		停车时间安排	1					
		检修时间安排	1					
		检修完成时间	1					
2	组织措施	设立该项工作的组织机构，明确该机构的职责	1	少编制一项按配分扣分				
		停车负责人的姓名和应负的主要责任	1					
		检修负责人的姓名和应负的主要责任	1					

续表

序号	考核内容	评分要素	配分	评分标准	检验结果	扣分	得分	备注
2	组织措施	检修安全负责人的姓名、应负的主要责任和应做的工作	1	少编制一项按配分扣分				
		检修技术负责人的姓名、应负的主要责任和应做的工作	1					
		检修现场工作负责人的姓名、应负的主要责任和应做的工作	1					
		后勤负责人的姓名、应负的主要责任和应做的工作	1					
		检修作业人员的分工情况和相关要求	1					
		准备工作的安排情况	1					
		全体工作人员的联系方式	1					
3	安全、劳保用品准备	安全帽	1	少编制一项按配分扣分				
		工作服	1					
		工作鞋	1					
		劳保手套	1					
4	工具准备	笔	0.5	少编制一件按配分扣分				
		大、小F形扳手	0.5					
		工具包	0.5					
		活动扳手	0.5					
		梅花扳手	0.5					
		钢丝钳	0.5					
5	检修人员	检修工	0.5	无人监护操作各扣0.5分				
		天然气净化操作工	0.5					
6	材料准备	密封填料	1	少编制一件按配分扣分				
		棉纱	1					
		密封脂	1					
		皮管	1					
		松动剂	1					
		黄油	1					
		检修所需的零件数量及型号	1					
		螺栓	1					
7	检修条件（准备工作）	切换后停泵	1	少编制一项按配分扣分				
		停供给电源	1					
		泵内介质的回收	1					
		润滑油回收	1					
		隔绝措施的安排	1					

续表

序号	考核内容	评分要素	配分	评分标准	检验结果	扣分	得分	备注
8	安全措施	工作票的办理和执行情况	1	少编制一项按配分扣分				
		停泵作业的安全措施	2					
		泵检修作业安全措施	2					
		工（器）具的外观检查和载荷试验情况	2					
		工（器）具在使用时与相关构件的匹配情况	2					
		出现异常情况时的处理方法	1					
9	维护与检修内容	日常维护		少编制一项按配分扣分				
		检查泵出口压力的波动和泵体振动情况	2					
		检查泵运转是否正常、有无杂音或异常响声	2					
		检查轴承、密封填料箱、机械密封、油封等的发热情况，有无泄漏	2					
		保持泵体、油窗、冷却水看窗及压力表等的清洁，检查润滑油、冷却水是否正常	2					
		检查润滑油质量，油品对路使用	2					
		备用设备定期盘车和切换	2					
		及时除锈、刷漆，检查修复保温层	2					
		检修	2					
		压填料或检修机械密封	2					
		检查轴承或轴瓦、调整各部分间隙及校核联轴器同轴度等	2					
		检查、修理在运行中发生的缺陷和渗漏或更换零件、更换垫片及紧固各部位连接螺栓	2					
		检查清扫并修理冷却水、油封、过滤器、冷却器、润滑及保温系统等	2					
		解体清洗、检查各零部件的磨损、腐蚀和冲蚀程度	2					
		检查、修理和调校轴弯曲度	2					

续表

序号	考核内容	评分要素	配分	评分标准	检验结果	扣分	得分	备注
9	维护与检修内容	检查和调校转子各部径向跳动、端面跳动及窜动度，必要时测定转子动平衡	2	少编制一项按配分扣分				
		更换轴承、轴瓦	1					
		检查叶轮、轴套、导叶、口环、减压环、平衡盘、压盖、底套、衬套、中间瓦等零部件的各处间隙	2					
		检查测量并调整泵体水平度	1					
10	检修方法及质量标准（技术措施）	日常维护质量要求	5	1. 未编制主轴承检修要求及方法扣1分； 2. 未编制转子的安全跳动范围要求扣1分； 3. 未编制叶轮检修要求及方法扣1分； 4. 未编制轴套检修要求及方法扣1分； 5. 未编制机械密封检修要求扣1分； 6. 未编制平衡盘检修要求及方法扣1分； 7. 未编制轴承检修要求及方法扣1分； 8. 未编制压盖检修要求及方法扣1分； 9. 未编制封油杯检修要求及方法扣1分； 10. 未编制其他间隙检修要求及方法扣1分； 11. 未编制联轴器检修要求及方法扣1分； 12. 未编制基础、地脚螺栓和垫铁检修要求及方法扣1分； 13. 未编制离心泵检修总装的技术要求扣1分				
		检修质量要求	8					
11	试车和验收	验收质量要求	1	少编制一项按配分扣分				
		离心泵检修完成后进行试车和验收，并填写试车记录	1					
		试车前的检查项目	1					
		带负荷试车后应符合的要求	1					
		试车合格后的验收报告填写要求	1					

续表

序号	考核内容	评分要素	配分	评分标准	检验结果	扣分	得分	备注
12	安全文明检修	严格按检修规程操作		1. 每违反一项扣1分,严重的停止操作; 2. 每超过1min扣1分,超过10min停止操作				从总分中扣除
		严格遵守安全要求						
		在规定时间内完成维护、检修						
	合计		100					

试题十一 编写往复泵维护及检修方案

一、准备通知单

(一) 试题名称
编写往复泵维护及检修方案。

(二) 准备要求
(1) 安全、劳保用品准备。

序号	名称	备注
1	安全帽	自备
2	工作服	自备
3	工作鞋	自备
4	劳保手套	自备

(2) 工具、用具准备。

序号	名称	数量	序号	名称	数量
1	笔	1支	5	往复泵的维护及检修方案	1份
2	大、小F形扳手	各1把	6	工具包	1个
3	活动扳手	1把	7	钢丝钳	1把
4	梅花扳手	1套			

(3) 配合人员。

工种	人数
天然气净化操作工	2人以上
检修工	2人

(4) 材料准备。

序号	名称	数量	备注
1	密封填料	若干	
2	棉纱	若干	
3	密封脂	1盒	
4	皮管	20m	
5	松动剂	若干	
6	润滑油	若干	

续表

序号	名称	数量	备注
7	检修所需零件	若干	
8	螺栓	若干	

二、试题正文

(一) 试题名称

编写往复泵维护及检修方案。

(二) 考核内容

(1) 编制简介；

(2) 组织措施；

(3) 安全、劳保用品准备；

(4) 工具准备；

(5) 检修人员；

(6) 材料准备；

(7) 检修条件（准备工作）；

(8) 安全措施；

(9) 维护与检修内容；

(10) 检修方法及质量标准（技术措施）；

(11) 试车和验收。

(三) 考核时限

(1) 准备时间：5min。

(2) 正式操作时间：60min。

(3) 计时从正式操作开始，至操作完毕结束。

(4) 规定时间内全部完成；每超时1min，从总分中扣1分；超时10min，停止作业。

(四) 评分记录表

序号	考核内容	评分要素	配分	评分标准	检验结果	扣分	得分	备注
1	编制简介	编制方案的目的	1	少编制一项按配分扣分				
		编制方案的依据	1					
		编制方案的适用范围	1					
		其他相关事项	0.5					
		停车时间安排	0.5					
		检修时间安排	0.5					
		检修完成时间	0.5					
2	组织措施	设立该项工作的组织机构，明确该机构的职责	0.5	少编制一项按配分扣分				

续表

序号	考核内容	评分要素	配分	评分标准	检验结果	扣分	得分	备注
2	组织措施	停车负责人的姓名和应负的主要责任	0.5	少编制一项按配分扣分				
		检修负责人的姓名和应负的主要责任	0.5					
		检修安全负责人的姓名、应负的主要责任和应做的工作	0.5					
		检修技术负责人的姓名、应负的主要责任和应做的工作	0.5					
		检修现场工作负责人的姓名、应负的主要责任和应做的工作	0.5					
		后勤负责人的姓名、应负的主要责任和应做的工作	0.5					
		检修作业人员的分工情况和相关要求	0.5					
		准备工作的安排情况	0.5					
		全体工作人员的联系方式	0.5					
3	安全、劳保用品准备	安全帽	1	少编制一项按配分扣分				
		工作服	1					
		工作鞋	1					
		劳保手套	0.5					
4	工具准备	笔	0.5	少编制一件按配分扣分				
		大、小F形扳手	0.5					
		工具包	0.5					
		活动扳手	0.5					
		梅花扳手	0.5					
		钢丝钳	0.5					
5	检修人员	检修工	0.5	无人监护操作各扣0.5分				
		天然气净化操作工	0.5					
6	材料准备	密封填料	0.5	少编制一件按配分扣分				
		棉纱	0.5					
		密封脂	0.5					
		皮管	0.5					
		松动剂	0.5					
		黄油	0.5					
		检修所需的零件数量及型号	0.5					
		螺栓	1					

续表

序号	考核内容	评分要素	配分	评分标准	检验结果	扣分	得分	备注
7	检修条件（准备工作）	切换后停泵	1	少编制一项按配分扣分				
		停供给电源	1					
		泵内介质的回收	1					
		润滑油回收	1					
		隔绝措施的安排	2					
8	安全措施	工作票的办理和执行情况	1	少编制一项按配分扣分				
		停泵作业的安全措施	1					
		泵检修作业安全措施	1					
		工（器）具的外观检查和载荷试验情况	1					
		工（器）具在使用时与相关构件的匹配情况	1					
		出现异常情况时的处理方法	1					
9	维护与检修内容	日常维护		少编制一项按配分扣分				
		检查泵出口压力的波动和泵体、进出口阀等的振动情况	2					
		保持泵体、油窗、冷却水看窗及压力表等的清洁，检查润滑油、冷却水是否正常	2					
		检查润滑油质量，油品对路使用	2					
		备用设备定期盘车和切换	2					
		及时除锈、刷漆，检查修复保温层	2					
		检查各部位连接螺栓、传动轴销是否松动	2					
		检查轴承、填料箱、油封等的发热情况、有无泄漏	2					
		开泵前清除各摩擦面的积垢，并加上清洁润滑油，使油眼畅通	2					
		检查各注油点、油杯，检查单向阀和注油器是否灵活正常	2					
		检查泵及减速、安全装置等运转是否正常、有无杂音或异常响声	2					
		往复泵不允许在抽空、超压、超冲次数以及过负荷的情况下运行	2					
		检修						
		检查清扫并修理冷却水、油封、过滤器、冷却器、润滑系统等	2					

续表

序号	考核内容	评分要素	配分	评分标准	检验结果	扣分	得分	备注
9	维护与检修内容	检查泵进出口阀座、阀片、弹簧，并进行研磨或更换	2	少编制一项按配分扣分				
		检修在运行中发生的缺陷和渗漏或更换零件，更换密封填料、垫片及紧固各部位连接螺栓	2					
		检修注油器、单向阀、油泵	2					
		检查泵缸、活塞（或注塞）及各运动部件的磨损情况，必要时进行修理或更换	1					
		检修更换活塞杆、活塞环、拉杆及压套衬套	2					
		检查和调整活塞冲程及前后死点间隙	2					
		检查调校安全阀或自动调压阀	2					
		解体检查、修理或更换密封环、十字头和连杆等	2					
		检查曲轴的臂距差、磨损和修理轴颈	2					
		检查、修理泵缸套或镗缸、镶套	2					
		泵缸水套等检查、除垢，清扫试压	2					
		检查、修理泵转动减速机构	2					
		检查测量并调整泵体水平度	2					
		检查泵基础及地脚螺栓	1					
10	检修方法及质量标准（技术措施）	检修质量要求	9	1. 未编制主轴检修要求及方法扣1分； 2. 未编制泵缸检修要求及方法扣1分； 3. 未编制活塞检修要求及方法扣1分； 4. 未编制曲轴检修要求及方法扣1分； 5. 未编制连杆检修要求及方法扣1分； 6. 未编制十字头检修要求及方法扣1分； 7. 未编制轴向密封检修要求及方法扣1分； 8. 未编制轴承检修要求及方法扣1分； 9. 未编制联轴器检修要求及方法扣1分； 10. 未编制基础、地脚螺栓和垫铁检修要求及方法扣1分； 11. 未编制往复泵检修总装的技术要求扣1分				
		日常维护质量要求	2					

续表

序号	考核内容	评分要素	配分	评分标准	检验结果	扣分	得分	备注
11	试车和验收	验收质量要求	1	少一项扣1分				
		往复泵检修完成后进行试车和验收，并填写试车记录	1					
		试车前的检查项目	1					
		带负荷试车后应符合的要求	1					
		试车合格后的验收报告填写要求	1					
12	安全文明检修	严格按检修规程操作		1. 每违反一项扣1分，严重的停止操作；2. 每超过1min扣1分，超时10min停止操作				从总分中扣除
		严格遵守安全要求						
		在规定时间内完成维护、检修						
	合计		100					

试题十二　组织装置检修后质量验收

一、准备通知单

（一）试题名称
组织装置检修后质量验收。

（二）准备要求
（1）安全、劳保用品准备。

序号	名称	数量	备注
1	安全帽		自备
2	工作服		自备
3	工作鞋		自备
4	劳保手套		自备
5	便携式 H_2S 检测仪	1个	
6	便携式测温仪	1个	
7	便携式振动仪	1个	

（2）工具、用具准备。

序号	名称	数量	序号	名称	数量
1	笔	1支	5	装置检修后的质量验收记录卡	1份
2	大、小F形扳手	各1把	6	工具包	1个
3	听诊器	1根	7	活动扳手	1把
4	油盆	1个	8	梅花扳手	1套

（3）配合人员。

工种	人数
天然气净化操作工	1人以上
机械检修工	1人
电工	1人
仪表维修工	1人

二、试题正文

（一）试题名称
组织装置检修的质量验收。

(二) 考核内容

(1) 操作指令；

(2) 安全、劳保用品准备；

(3) 工具准备；

(4) 配合人员；

(5) 验收步骤；

(6) 单项质量验收；

(7) 装置质量验收；

(8) 装置全面检查验收；

(9) 填写记录；

(10) 收工具；

(11) 汇报。

(三) 考核时限

(1) 准备时间：5min。

(2) 正式操作时间：45min。

(3) 计时从正式操作开始，至操作完毕结束。

(4) 规定时间内全部完成；每超时1min，从总分中扣1分；超时10min，停止作业。

(四) 评分记录表

序号	考核内容	评分要素	配分	评分标准	检测结果	扣分	得分	备注
1	操作指令	接收指令，明确任务	3	未在装置检修后的质量验收记录卡上填写姓名并表示按时完成扣3分				
2	安全、劳保用品准备	安全帽	1	1. 漏选一件按配分扣分； 2. 便携式 H_2S 检测仪未选或未开启扣2分； 3. 未正确穿戴劳保用品扣1分（工作服未正确穿戴扣2分）				
		工作服	2					
		工作鞋	1					
		劳保手套	1					
		便携式 H_2S 检测仪	2					
		便携式测温仪	2					
		便携式振动仪	2					
3	工具准备	笔、验收记录卡	1	1. 漏选一件按配分扣分； 2. 大、小F形扳手漏选一件各扣1分； 3. 工具未放入工具包扣1分				
		大、小F形扳手	2					
		听诊器	1					
		工具包	1					
		活动扳手	1					
		梅花扳手	1					
		油盆	1					

续表

序号	考核内容	评分要素	配分	评分标准	检测结果	扣分	得分	备注
4	配合人员	天然气净化工2人以上	2	无人监护操作各扣1分				
		机械检修工1人	2					
		电工1人	2					
		仪表维修工1人	2					
5	验收步骤	自检	3	少一项扣3分				
		复检	3					
		终检	3					
6	单项质量验收	组织对单台设备按其检修质量标准进行检查验收	3	少一项扣3分				
		组织对仪表按其检修质量标准进行检查验收	3					
		组织对单项工程按其检修质量标准进行检查验收	3					
7	装置质量验收	确认所有隔断点已恢复或处于安全状态	2	少验收一个点或未验收到位按配分扣分				
		确认清洗、吹扫、气密性试验等工作合格	3					
		确认工艺流程通畅	3					
		确认仪表和控制系统处于可工作状态	2					
		确认安全阀及其他安全附件处于可工作状态	2					
		确认检修中的脏物和废弃物已清理干净,操作通道通畅	2					
		验收中发现的问题,要求施工单位整改,整改后再验收	2					
8	装置全面检查验收	确认全装置工艺流程畅通	3	少验收一个点或未验收到位按配分扣分				
		确认全装置仪表及控制系统达到投产条件	3					
		确认水供给条件可靠	3					
		确认电供给条件可靠	3					
		确认气供给条件可靠	3					
		确认工厂内、外通信畅通	3					
		确认消防设施到位	3					
		确认环保设施能正常投入使用	3					

续表

序号	考核内容	评分要素	配分	评分标准	检测结果	扣分	得分	备注
9	填写记录	在每确认一步时都要在装置检修后的质量验收记录卡记录	2	记录少、错一步扣2分				
		填上所有验收人员姓名	2					
10	收工具	验收后打扫场地卫生	2	1. 未收拾工具、用具扣2分； 2. 未打扫场地卫生扣2分				
		收拾工具、用具	2					
11	汇报	汇报验收完成	2					
		提交验收记录	2					
12	安全文明检修	严格按检修规程操作		1. 每违反一项扣1分，严重的停止操作； 2. 每超过1min扣1分，超时10min停止操作				从总分中扣除
		严格遵守安全要求						
		在规定时间内完成操作、检修						
	合计		100					

试题十三 安全检查管理

一、准备通知单

(一) 试题名称

安全检查管理。

(二) 准备要求

(1) 材料准备。

名称	数量	备注
答题卡	1张	根据考试而定

(2) 场地准备。

名称	数量	备注
教室	1间	根据考试而定

(3) 工具、用量、量具准备。

名称	数量	备注
钢笔	1支	

(三) 考场准备

(1) 考核场地整洁规范，无干扰。
(2) 安全防护齐全，且符合标准。

二、试题正文

(一) 试题名称

安全检查管理。

(二) 考核要求

1. 操作程序

(1) 安全检查内容：

① 查思想：查对安全生产的认识是否正确；查安全责任心是否强；查是否敢于与忽视安全生产的思想斗争。

② 查制度：查安全生产制度的建立和健全情况，是否有违章作业情况；查安全检查制度的执行情况，有无违章作业现象。

③ 查纪律：查岗位上劳动纪律的执行情况，有无擅自离岗位，做与生产无关的事情。

④ 查领导：领导是否把安全生产摆在议事日程，对安全生产有功人员是否做到及时表扬和奖励；对忽视安全生产造成事故的责任严肃处理；生产与安全是否做到"五同时"。

⑤ 查隐患：是否做到了文明、安全生产；每台设备是否都有安全装置；场站是否有不安因素；压力容器管道壁厚减薄是否满足工作压力；设备是否有跑、冒、滴、漏现象。

（2）安全检查标准：

① 认真贯彻执行国家生产方针、政策、发令和上级的批示文件；建立健全各种安全管理制度、岗位安全生产责任制和安全操作技术规程，并严格执行。

② 建立安全机构（安全领导小组），按时召开会议，研究解决生产过程中的重大问题、安全承包人到点检查率达100%（每月一次），发现隐患督促整改。

③ 安全设备、安全器材完好；对安全设备、器材进行定期保养维护；生产场所安全警示、警语标志完好。

④ 易燃易爆场所电气设备、电线、管线符合防火、防爆、防雷要求。

⑤ 生产现场标准化，无违章指挥、违章作业，遵守劳动纪律。

⑥ 上岗操作人员能正确穿戴劳保用品、使用消防器具。

⑦ 岗位人员应经过技术和安全知识培训，并经考试合格，特殊人员应持证上岗，外来施工队伍应进行安全技术交底并持准入证进入施工现场。

⑧ 定期开展安全教育、安全法规学习、事故预案应急演练，岗位人员具有一定安全知识和处理突发事故的能力。

⑨ 定期开展安全检查，基层单位每月一次，班组每周一次，安全检查有领导、技术人员、技术员参加。发现问题及时处理，对不能立即整改的安全隐患应落实预防措施，明确整改期限，对无力整改的安全隐患应及时上报整改，并做好上报记录。

⑩ 生产（停用）设备的安全防护装置齐全有效、灵活可靠，有定期检查维护记录，生产设备做到"三清、四无、五不漏"，生产环境清洁卫生规范化。

⑪ 建立安全台账，并认真填写，按时上报安全月报表。

⑫ 发生事故按规定统计上报，及时召开事故分析会，严格按"三不放过"原则处理事故，20天内上报对责任者的处理意见。

（3）检查出隐患的处理方法：

① 每次安全大检查，带队人员应如实填写"安全生产检查情况表"，对检查出的隐患必须认真研究填写存档、上报。

② 根据查出的安全隐患情况进行分类：一类为井站班组整改隐患、二类为基层单位整改隐患、三类为上级主管部门整改隐患。

③ 对井站班组能自行整改的安全隐患，安全领导小组必须发送"安全整改通知书"督促整改，井站班组应按时将整改情况上报安全领导小组存档。

④ 对二类、三类隐患交基层单位主管领导批示处理。

⑤ 技术员、检查人员、指挥人员查出有危及生产、生命、财产安全的重大隐患，有权责令停产、停业或限期整改。

⑥ 隐患整改实行"谁检查、谁验收"的原则。

(4) 管理内容：

① 周末碰头会上总结本周安全上工作，部署下周安全生产工作，对存在安全隐患提出整改意见，发放隐患整改通知书。

② 每月召开一次安委会，学习安全文件，总结本月安全生产工作，部署下月安全生产工作，向安委会提交遗留安全隐患、事故分析报告。

③ 开展安全生产竞赛活动，每月生产会上表彰先进，处理违章、事故。每月进行一次安全大检查，严格执行奖罚考核制度。

④ 组织员工学习本岗位安全技术操作规程和设备保养规程，达到"四懂三会"，即懂设备性能、懂设备作用、懂设备的一般结构原理、懂设备事故的预防和处理，会使用、会维护、会保养。

⑤ 组织职工学习各项安全管理规定和各类事故典型案例，检查事故隐患，纠正非标准化动作和习惯性错误操作。

⑥ 组织职工修改安全生产制度，促使员工自觉执行规定规范。

⑦ 学习新工艺、新技术，不断提高领导干部、员工的业务素质，加强新工人、大中专（技校）毕业生、外来人员入厂安全教育培训工作，做好各项培训、活动记录。

⑧ 定期召开安委会，及时调整安委会成员，公布领导对要害生产部位检查情况。

(5) 安全生产管理考核：按照《安全生产管理考核规定》进行考核（具体考核从略）。

2. 考核规定及说明

(1) 安全检查必须要全面、细致发现问题及时整改。

(2) 安全检查必须落到实处。

3. 考核方式说明

本项目为室内笔试操作，考试结果按考核内容及评分标准进行评分。

4. 考核技能说明

本项目主要测试考生对安全检查内容的熟悉程度。

(三) 考核时限

(1) 准备时间：考生提前15min进入考场（不计入考核时间）。

(2) 正式操作时间：60min。

(3) 提前完成答题不加分，到时交卷。

(四) 评分记录表

序号	考核内容	评分要素	配分	评分标准	扣分	得分	备注
1	准备工作	安全检查文件、记录、标准	5	缺一件扣1分			
2	安全检查内容	1. 查思想； 2. 查制度； 3. 查纪律； 4. 查领导； 5. 查隐患	10	缺一件扣4分			

续表

序号	考核内容	评分要素	配分	评分标准	扣分	得分	备注
3	安全检查标准	1. 制度，机构建成立； 2. 设备、器材保养维护； 3. 生产场所安全，建立警示、警语标志； 4. 防火、防爆、防雷要求； 5. 生产现场标准化，无违章指挥、违章作业； 6. 劳动纪律； 7. 劳保用品，消防器具； 8. 安全教育、培训、考试，持证上岗，安全交底； 9. 安全台账，报表； 10. 定期开展安全检查； 11. 事故分析、处理	30	缺一件扣5分			
4	管理内容	周末碰头会；月安委会；安全生产竞赛活动；员工岗位业务、技术学习；员工安全管理、制度学习；新工外来人员学习培训；领导要害生产部位检查	25	缺一件扣10分			
5	对隐患处理	隐患研究分析、填写存档、上报；隐患分类整改；重大隐患处理；隐患整改原则	25	缺一件扣5分			
6	安全生产考核	按照《安全生产管理考核规定》进行考核（只要求此项工作，不作具体考核）	5	不进行考核扣5分			
7	考核时限	在规定时限内完成		正式操作时间60min，提前完成答题不加分，到时交卷			
	合计		100				

试题十四　进入容器检修前准备

一、准备通知单

(一) 试题名称

进入容器检修前准备工作。

(二) 准备要求

(1) 材料准备。

序号	名称	数量	备注
1	取样工具	1套	包括监测仪器
2	空气或惰性气体	若干	也可用蒸气和水
3	盲板	2~5块	
4	活兔	1只	

(2) 工具、用具准备。

序号	名称	规格	数量	备注
1	活动扳手	200~350mm	1~3把	
2	梅花扳手	14~24in	1~3把	
3	F形扳手		1把	
4	布手套		1双	
5	鼓风机		1台	
6	防护用品		1~2副	

(3) 设备准备。

名称	数量	备注
容器	1台	

(三) 考场准备

(1) 设备现场配套设施齐全。
(2) 能够提供考核中所需各种材料。

二、试题正文

(一) 试题名称

进入容器检修前准备工作。

(二) 考核内容

(1) 将容器泄压至常压。

(2) 根据情况用空气、惰性气体、蒸气或水等进行置换吹扫。

(3) 将容器的进出口加盲板，切断所有进出来源。

(4) 取容器内介质进行分析，确定无有毒物质或含量不超标时，方可打开人孔或头盖。

(5) 测仪进行监测，监测后，用活兔再进行试验合格方可进入容器内。

(6) 进入容器前，还应有专人监护，以及准备好急救措施和防护用品。

（三）考核时限

(1) 准备时间：15min。

(2) 正式操作时间：40min。

(3) 计时从正式操作开始，至操作完毕结束。

(4) 规定时间内全部完成；每超时1min，从总分中扣1分；超时10min，停止作业。

（四）评分记录表

序号	考核项目	评分要素	配分	评分标准	检测结果	扣分	得分	备注
1	进入容器检修前注意事项	将容器泄压，用空气和蒸气、水等进行置换	20	未将容器压力泄完压扣10分，未进行置换扣10分				
		将容器的进出口加盲板	20	漏掉一处未加盲板扣20分				
		对容器内介质进行取样分析	15	未取样分析扣15分				
		打开人孔，用监测仪进行监测和活兔试验	20	未用监测仪监测扣10分；未用活兔试验扣10分				
2	安全劳保穿戴及其他	进入容器前有专人监护	10	无人监护扣10分				
		准备好急救措施和防护用品	10	未配齐防护用品扣10分				
		劳保穿戴整齐	5	未穿戴劳保扣5分				
	总计		100					

试题十五　安全教育培训

一、准备通知单

（一）试题名称
安全教育培训。

（二）准备要求
（1）材料准备。

名称	数量	备注
答题卡	若干	

（2）场地准备。

名称	数量	备注
教室	1间	根据考试而定

（3）工具准备。

名称	数量	备注
钢笔	1支	

（三）考试准备
（1）考试场地整洁规范，无干扰。
（2）安全防护齐全，且符合标准。

二、试题正文

（一）试题名称
安全教育培训。

（二）考核内容
1. 准备工作
（1）工服穿戴正规。
（2）材料、设备准备完善。
2. 操作过程
1）目的和范围
培训目的：为保证生产和建设任务完成，避免或减少伤亡事故、财产损失，贯彻安全生产方针政策和法令，认真遵守企业有关安全生产的规章制度，保证实现安全生产。

培训范围：适用于从事天然气生产员工（包括新工人、实习生、代培人员、新调入人员、合同工、临时工、外来施工人员、参加生产劳动的待业人员、家属工等）。

2）培训组织机构及主要职责

基层劳资教育部门负责组织工作，技安部门负责进行安全教育培训。

3）安全教育内容

（1）日常安全教育：

① 基层单位每月组织一次安全学习，总结本月安全工作、布置下月安全工作。

② 井站班组每周开展一次安全活动，并作好记录。

（2）安全学习内容：

① 学习国家安全生产方针政策和法令，上级安全文件，有关安全生产规章制度。

② 学习安全常识、安全生产责任制、事故预案等，提高岗位人员安全技能。

③ 学习安全、消防器材的使用方法，掌握工艺设备操作规程，提高业务水平。

④ 分析事故案例、生产中的异常现象及处理方法，从中吸取教训。

⑤ 做好事故预案的演练。

（3）新工人安全教育的主要内容：

① 基层单位入厂教育：宣传安全生产方针政策和法令、上级指示决定；介绍本气矿生产任务、性质、特点、安全规章制度，气矿内外典型经验和事故教训等；劳动纪律、安全生产制度及注意事项；安全生产组织形式及负责人；劳动安全保护；防火、防爆、防毒。

② 井站班组教育：介绍井站生产工艺设备的特点、危险区域及安全标志和防护知识；从事的生产工作队伍、岗位责任；防火、防爆、防中毒、防泄漏等基本常识；防火、防爆、防中毒、防洪、防冻、防暑、防泄漏等基本常识；介绍本班组的机器、工艺设备、工具的性能、特点，安全装置、防护设施的性能、作用和维护方法；保持工作场地、工艺设备整洁，正确排放污水，杜绝或减少污染事故的发生；个人劳动保护用品的正确使用和保管方法；预防事故的措施及发生事故后应采取的应急措施与报告方式，安全生产的经验教训。

（4）特殊工种教育：

① 凡从事车辆驾驶、电气、铲车、焊接、放射性等特殊作业的人员，必须进行体检及安全技术培训，并经理论和实际考试合格，领取"安全操作证"后方能独立操作。

② 特殊作业工种人员每隔一定时期须经人事、技安部门考核复试，不合格者吊销"安全操作证"，直至考试合格方能上岗。

③ 转工教育：更换新工种、采用新工艺、新技术、新设备的工人，工作单位的领导和技安或技术员应对其进行操作规程、生产特点、设备性能及注意事项的培训教育。教育执行人应对教育内容、时间、姓名、工种和考核成绩等作出详细记录，由单位领导或技安员转交技安办填入"教育卡片"备查。

④ 复工教育：对受伤职工，所属单位领导或技安员必须对其进行复工教育，并作好记录。凡脱离本岗位半年以上的职工，复工前由所属工作单位的领导负责进安全操作规程，有关制度和注意事项的教育，并作好记录。

4)安全教育培训组织计划

(1)基层工会主席负责组织安全教育培训工作,人事部门负责培训计划拟订、召集工作,生产技安部负责具体培训工作。

(2)基层生产单位行政正职领导负责组织领导安全教育培训工作及培训经费落实工作,技安员负责培训计划拟订、召集、具体培训工作。

(3)保证专业培训学时:

① 基层行政领导专业培训不得少于20h。

② 技术干部、技安员每年接受技安教育的时间不得少于60h。

③ 采气工、输气工、增压工、调度工、打水工、巡逻工、阴极防腐工每年劳动保护教育培训不少于40h。

④ 焊工、电工、仪表工等特殊工种每两年专业培训不得少于1次(20天)。

3. 使用工具

(1)正确选取所需工具。

(2)按照规范使用工具。

4. 安全及其他

(1)本项目主要测试考生编制员工培训方案的能力。

(2)本项目为室内笔试和现场答题操作,考核过程按评分标准及操作过程进行评分。

(3)培训方案各要素要求全面、准确、可操作性强。

(4)考核采用百分制。

(三)考核时限

(1)准备时间:考生提前15min进入考场(不计入考核时间)。

(2)笔试时间:120min。

(3)提前完成答题不加分,到时交卷。

(4)采用笔试或仿真等其他方式考核时,考评员可根据实际调整考核时间。

(四)评分记录表

序号	考核内容	评分要素	配分	评分标准	检测结果	扣分	得分	备注
1	准备工作	文件、记录	5	格式不规范扣2分				
2	安全教育培训	培训目的范围	10	(1)无培训目的扣5分; (2)无培训范围扣5分 (3)叙述内容不清晰扣5分				
		培训组织机构及主要职责	5	每缺一项扣5分				
		培训内容: (1)日常安全教育; (2)安全学习内容; (3)新工人的安全教育; (4)特殊工种教育; (5)转工教育; (6)复工教育	60	(1)每缺一项扣10分; (2)培训内容与培训目的不符扣15分				

续表

序号	考核内容	评分要素	配分	评分标准	检测结果	扣分	得分	备注
2	安全教育培训	教育培训组织计划： （1）职务； （2）工种； （3）学时	15	每缺一项扣5分				
3	卷面整洁	卷面整洁干净	5	卷面不整洁干净扣5分				
4	考试时限	在规定时间内完成		笔试要求120min内完成，到时交卷				
	合 计		100					

参 考 文 献

[1] 莫里斯·斯特沃,肯·阿诺德. 天然气脱水现场手册. 王智,胡风涛,译. 北京:中国石化出版社,2017.
[2] 曹英斌. 天然气净化装置分析化验. 北京:中国石化出版社,2014.
[3] 中国石油天然气集团公司人事服务中心. 天然气净化操作工:上册. 北京:石油工业出版社,2005.
[4] 中国石油天然气集团公司人事部. 天然气净化操作技师培训教程. 北京:石油工业出版社,2012.
[5] 中国石油天然气集团公司职业技能鉴定指导中心. 天然气净化操作工. 北京:石油工业出版社,2008.
[6] 中国石油天然气集团公司职业技能鉴定指导中心. 天然气净化分析工. 北京:石油工业出版社,2012.
[7] 王开岳. 天然气净化工艺:脱硫脱碳、脱水、硫磺回收及尾气处理. 2版. 北京:石油工业出版社,2015.
[8] 中国石油天然气集团有限公司人事部. 天然气净化操作工:上册. 北京:石油工业出版社,2019.
[9] 中国石油天然气集团有限公司人事部. 天然气净化操作工:下册. 北京:石油工业出版社,2019.
[10] 中国石油天然气集团公司职业技能鉴定指导中心. 天然气净化操作工. 北京:石油工业出版社,2011.
[11] 王遇冬. 天然气处理与加工工艺. 北京:石油工业出版社,1999.
[12] 尹玉英. 有机化学. 北京:高等教育出版社,1993.
[13] 白玉珉. 电气工程安装及调试技术手册. 3版. 北京:机械工业出版社,2013.
[14] 孙林岩. 人因工程. 北京:高等教育出版社,2008.